谨以此书

献 给

所有热爱厦门大学的人们

校 友 文 化 系 列

厦大建筑
流淌的故事

主编

潘世墨

顾问

邬大光　朱水涌

编委

潘世墨　蒋东明　黄茂林　张建霖

厦门大学出版社
XIAMEN UNIVERSITY PRESS
国家一级出版社
全国百佳图书出版单位

图书在版编目（CIP）数据

厦大建筑 ：流淌的故事 / 潘世墨主编. -- 厦门 ：
厦门大学出版社，2025. 3. -- ISBN 978-7-5615-9715-6

Ⅰ. TU244.3-092

中国国家版本馆 CIP 数据核字第 2025US7134 号

责任编辑　刘　璐

美术编辑　李夏凌

技术编辑　朱　楷

出版发行　厦门大学出版社

社　　址　厦门市软件园二期望海路 39 号

邮政编码　361008

总　　机　0592-2181111　0592-2181406(传真)

营销中心　0592-2184458　0592-2181365

网　　址　http://www.xmupress.com

邮　　箱　xmup@xmupress.com

印　　刷　厦门集大印刷有限公司

开　本　720 mm×1 020 mm　1/16

印　张　38.5

插　页　2

字　数　465 千字

版　次　2025 年 3 月第 1 版

印　次　2025 年 3 月第 1 次印刷

定　价　149.00 元

厦门大学出版社
微信二维码

厦门大学出版社
微博二维码

序言
prologue

石不能言最可人

潘世墨 *

凡是厦大人，甚至略知厦大的人，都知道在厦门大学思明校区有个大南新村。它之所以引人注目，在于它展示出与众不同的建筑风格和透露出浓厚深沉的历史沧桑感。但令人惊讶的是，这个位于学校核心区域的别墅群，在学校的历史档案里，只有片言只语；在诸多有关校史的著述中，也是语焉不详。人们熟悉它的模样，却不了解它的身世。在世人面前，百年楼宇被蒙上了一层厚重的面纱。2023年清明时节，我与这个别墅群的一位主人久别重逢，我们回忆往昔，围绕大南新村的话题，获悉许多鲜为人知的故事。于是，我萌生追寻大南新村历史踪迹的念头。经过几个月的查档、采访、动笔写作，完成了《大南新村的故事》这篇文章，并在自媒体晒出，继而《厦门大学报》破例用四个整版篇幅全文刊载，引起校内外校友的热烈反响，完全出乎我的意料。我知道，这并非文章文笔优美或思想深邃，而是源于厦大人对学校历史建筑的深厚感情、从内心深处对母校的

---

* 潘世墨，厦门大学原常务副校长，教授。

依依恋情、对校主陈嘉庚的深深敬仰。这对我是一个极大的鼓励，由此，我又萌生一个新的念头，组织一组关于"厦大建筑"的稿件，讲述厦大建筑里的故事。经过不到一年的功夫，这部书稿可以付梓了。

在《厦大建筑：流淌的故事》这本书中，所谓的"厦大建筑"，其内涵不仅是"为我所有"的建筑，也包含"为我所用"的建筑；它的外延是位于学校思明校区的建筑，主要是"高龄"的历史建筑，也包括部分校外的建筑，但未涉及学校其他校区的建筑。所谓的"流淌的故事"，其含义是介绍各栋建筑的前世今生，讲述发生在建筑里的故人与往事。

本书汇集38篇各自独立的文章，各篇的作者，主要是厦大的老教师或其子女，或者是厦大校友，还有在校的大学生，个别作者虽与厦大"非亲非故"，但喜欢厦大，认同厦大，可以视为"校友"。文章所讲述的故事，是各位作者的亲历、亲见、亲闻，辅以查询有关档案资料、采访当事人撰写而成的。他们讲的就是自己的家庭轶事，或者是发生在身边的凡人趣事，可以生动、具体、直观地还原历史的面貌。编者对各篇文章的要求，既强调故事的可信度（真实性），又兼顾故事的趣味性（可读性）。缘于此，这本书不是正史（由官方组织撰写）或者口述史（使用口头史料来研究），也不是野史（有道听途说之嫌）或者杂史（多是记录一时一事），而是微观史（采用非虚构的写作方式，从某个人或某事件的小历史探寻其所处时代的大历史）。

衷心感谢各位作者的信任和支持，他们以极大的热忱和负责任的态度，奉献出高水平的文稿。特别感谢著名的文化学者邬大光教授、朱水涌教授的热情指导，建筑学专家张建霖教授的专业支持，出版业专家蒋东明编审、黄茂林编审的倾力加盟。画家唐绍云教授贡献出他的《美丽厦大》油画作品编入其中，更为本书增光添彩。

非常感谢厦门大学出版社各位编辑的齐心协力，以及学校宣传部、校友总会、基建处、资产处等单位同志的大力支持。对于我而言，组织这本书，是跨界（跨专业）的尝试，如果没有上述专家与单位的支持，是难以完成的。

通过主编《厦大建筑：流淌的故事》，激起我对厦门大学的大学建筑与大学文化、大学精神的沉思。以"嘉庚建筑"为主体的厦大建筑群，以其独特的美学价值和文化内涵，体现了厦大建筑理念的精髓，成为厦门大学校园文化的重要组成部分。诸多厦大建筑，不同于北京大学的"燕东园"，也有别于复旦大学的"玖园"，在设计上融合了中西方的文化元素，主楼突出中式风格，从楼则融入了西式的设计，既保留了闽南地区传统红砖民居的特色，又巧妙地吸收了南洋的建筑风格，展示出厦门大学被誉为"南方之强"的大学文化底蕴，以及校园被赞为"美尽东南"的自然之美与人文之光。厦门大学是中国近代教育史上第一所由华侨创办的高等学府，从校主陈嘉庚创办大学，到抗战内迁长汀坚持办学，从新中国成立获得新生，到改革开放以来发生翻天覆地的巨变，厦门大学百年历程既体现中国大学所具有的"爱国、革命、自强、科学"优良校风，更凸显学校与"侨"息息相关——创建得益于"侨"、建筑得益于"侨"、文化得益于"侨"、以"侨"为首的"侨、台、特、海"办学方向，彰显一脉相承、一以贯之的人文底蕴和陈嘉庚先生"爱国、重教"的伟大精神。

希望《厦大建筑：流淌的故事》能够抛砖引玉，有更多的厦大人参与讲述厦大建筑物里鲜为人知的故事；不但讲老建筑，也要讲新建筑；不但讲思明校区的建筑，也要讲漳州校区、翔安校区，乃至跨越重洋的吉隆坡马来西亚分校的建筑。希望有更多的厦大人、热爱厦大的人探寻厦大建筑，讲好厦大故事，让厦大建筑里的感人故事涓涓流入人们的心田；愿由此形成的家国情怀，成为维系人们奋勇前行的力量之源。

　　"石不能言最可人"（陆游《闲居自述》）。我与所有厦大人一样，对厦大校园的一草一木、一砖一瓦总有一份割舍不断的情感。厦大建筑，是一部厚重的"无字大书"。一页一页，翻开这本"大书"，宛如走进不同的历史时期，仿佛欣赏一件件精美的艺术品，聆听一首首优美的歌曲，阅读一个个感人的故事。行走于黉门楼舍之间，仿佛置身于中华古典文化的殿堂之中，目睹多少爱国侨胞慷慨解囊，多少敬业大师杏坛耕耘。我默默地凝视着居住在楼宇里的那些不应该被遗忘的故人，回想着那些不应该被湮没的往事，细细地聆听他们（它们）的倾诉……

2025年1月8日

目录
Contents

"开基厝"群贤楼群的那些事

朱水涌*

　　群贤楼群是厦门大学校舍的第一幢楼群，是厦门大学起跑线上的黉宫圣殿，校主陈嘉庚先生称她是厦门大学的"开基厝"。建筑是无声的历史，这座"开"厦大之先"基"的楼群，奠定了厦门大学嘉庚建筑的风格与特色，更积淀着一所百年学府的厚重文化与精神。一百多年来，在漫长的历史风雨烟云中，群贤楼群承载且演绎着厦门大学许许多多不

---

* 朱水涌，厦门大学原人文学院副院长、教授。

可淹没的故事，跳动着一颗颗永不消逝的心灵。

奠基石与石匣子

1921年5月9日，陈嘉庚亲领着一百多名厦大师生，从集美学校渡海来到位于厦门岛南端的演武场，为厦门大学的第一幢主楼群举行奠基仪式。楼群规划五栋，主楼背倚五老主峰，南向南太武高峰，面对蔚蓝色的大海，楼群建成后取名为群贤楼群。按陈嘉庚的设计，主楼两侧东西各两栋从楼，对称展开，两两相对，一主四从，一字排开。这一天，天刮着风，飘着细雨，天空有些灰暗，陈嘉庚手捧着一个用花岗岩雕琢的石匣子，他望了望苍茫的天和海，耳边再次回响起那掷地有声的演讲：

> 彼野心家能剐我之肉，而不能伤我之生；能断我手臂，而不能得我之心。民心不死，国脉尚存，以四万万之民族，决无甘居人之下之理。今日不达，尚有来日，及身不达，尚有子孙，如精卫之填海，愚公之移山，终有贯彻目的之日。①

这是1919年7月陈嘉庚所作的《筹办厦门大学演讲词》中的一段话，那精致的石匣子里装的便是陈嘉庚的这份演讲词。精卫填海，女娲补天，愚公移山，神州舜尧，五千年中华文明的血液就这样流淌在一位海外赤

---

① 陈嘉庚：《筹办厦门大学演讲词》，《厦门大学校史资料》第一辑，厦门大学出版社1987年版。

子的身躯里，为了"四万万之民族不居人下"，陈嘉庚就如那痴绝的精卫，衔着一块块五彩石，在故乡垒就了一座贯穿着基础教育与职业教育的集美学校后，又开始为造就一座高等教育的黉宫而不息奋斗了；他又像移山的愚公一样，在荒芜的演武场上，开始坚韧地为创办一所能与世界相颉颃的中国现代大学而艰苦打拼了。

面前的大海风聚集着云雨，波涛万顷，背后的五老峰细雨纷纷，依然呈现着春的葱俊。陈嘉庚沉静地将石匣子放在主楼前墙基础的中央，然后将一块四方形的奠基碑石竖立其上，细雨飘洒在刚刚竖立墙基的碑石上，碑石上镌刻着这么几行字：

中华民国十年五月九日

厦门大学校舍开工

◇◇◇ 厦门大学第一座校舍楼群奠基石

5月9日这一天就这样嵌入了厦门大学的史册，一个装载着"四万万之民族不居人下"的石匣子就这样埋进被陈嘉庚称为厦门大学"开基厝"

的奠基石下。建筑房屋是一个人一辈子重要的人生大事之一，按闽南的文化风俗，一栋房屋的建设要经历最重要的三个步骤与仪式：奠基、上梁与落成。奠基仪式是第一要做的重要步骤与仪式。人们在奠基仪式上，一定会在奠基石下埋下五谷、花生和货币金钱，期盼着在这座房子中居住的子孙万代丰衣足食、人丁兴旺、财源滚滚、家庭幸福，但陈嘉庚置放在奠基石下的则是一个装着《筹办厦门大学演讲词》的石匣子，一份"四万万之民族，决无甘居人下之理"的铿锵话语，这是一种信心，一种宏愿，一种对民族复兴的强烈祈盼。

望着烟雨苍茫的天空，陈嘉庚心里并不因为奠基石的奠定而平静下来，这位熟谙地理生态并懂得择取黄道吉日的闽南人，偏偏选择了5月9日来奠定厦大大厦的基石，是因为那个时期这一天被教育界定为国耻纪念日，厦大为雪耻而诞生，厦大为"四万万之民族不居人下"而创办。

5月9日之所以被定为国耻日，是这个日子联系着一个卖国求荣的事件。1914年，第一次世界大战爆发，日本于当年8月对德国宣战，出兵占领了德国在中国的势力范围山东半岛。1915年1月18日，日本政府乘着袁世凯企图世袭总统的机会，向袁世凯秘密提出"二十一条"，要求中国政府承认日本继承德国在山东的特权，确认日本在南满洲及东部内蒙古享有优越地位，甚至提出"中国中央政府须聘用有力之日本人充为政治、财政、军事等各顾问"的要求，企图独占中国的权益。从1月到4月，中日政府为此进行了持续的谈判，中国谈判代表多次拒绝条款中的部分内容，迫使日本作出让步；日方则以武力进行威胁，妄图将中国作为自己的附庸国。5月7日，日本向中国发出最后通牒，限袁世凯于5月9日前作出答复，强权霸道，北洋政府于5月9日晚11时接受了日本"二十一条"中的第一至第四号要求。偌大的中华民族，由于自身的贫弱，就这样任由他人威逼宰割，此恨绵绵何时休，于是北洋政府统治时期的全国教育联合会就将5月9日这一天定为国耻纪念日。

自鸦片战争以来，中华民族在这一百多年历史发展中，海外华人由于身处异邦的土地，在异族的眼皮之下生存，他们对于祖国摆脱耻辱、民族崛起振兴的渴望，往往比苦难中的同胞儿女更加敏锐更加强烈。身居异国他乡拼搏奋斗的陈嘉庚，那种"久客南洋，志怀祖国，希图报效，已非一日"的赤子之情，极为深沉，极为深刻，对自己祖国母亲无比赤胆忠诚。厦门大学首批校舍的奠基，奠定的是不忘国耻、自强不息的意志，是心怀祖国、希图报效的基因，是"四万万之民族不居人下"与中华民族伟大复兴的信心和宏愿紧紧相连的初心使命。

选校址与赓历史

从集美学校到厦门大学，陈嘉庚胸中勾画的是一个宏伟的南方现代教育王国的蓝图，他需要一块足以充分发展的土地来建设心中的"世界之大学"。

陈嘉庚说："校址问题乃创办首要。"①他很清楚"教育事业无止境"，必须有"远虑"。为了选好厦门大学的校址，陈嘉庚很是费了一番周折和一番心思。1919年6月26日，沪上名流、教育家黄炎培赶到厦门，按

---

① 陈嘉庚:《南侨回忆录·倡办厦门大学》，新加坡南洋印刷社1946年版，第20页。

照他与陈嘉庚在新加坡的约定，他们要一起考察、选择厦门大学的校址。第二天，陈嘉庚早上7时到达厦门，8时便带着黄炎培来到演武亭，陈嘉庚对黄炎培说："知君必急吾之急，亦乐吾之乐也。"几天后，黄炎培在返回上海的船上写道，陈嘉庚一面带他参观演武场，一面为他解释演武场的优势：空气新鲜，交通利便，地广数千亩，空间上足备后日扩张；环境上，则背山面海，南太武山隔海为屏；其东波涛浩渺，一白无际，船舶南北往来，必取此道。黄炎培说那时陈嘉庚就想象着3年之后，凡过闽海者，无论外轮国轮，遥望山坡上下，栋宇巍峨，弦歌之声，与海潮相答，自有一番鼓荡自由之景象。[①]后来，陈嘉庚在自己的回忆录中写道："校址当以厦门为最宜，而厦门地方有以演武场附件山麓最佳，背山面海，坐北向南，风景秀美，地场广大。"[②]他说，演武场及其周边"西自许家屯，东至胡里山炮台，北至五老山，南至海边，统计面积两千余亩"，同时，"厦门港阔水深，数万吨巨轮出入便利，为我国沿海各省之冠"，"凡川走南洋欧美及本国东北洋轮船，出入厦门者概当由厦门大学前经过"。在陈嘉庚眼中，演武场及其周边足备厦大的后日扩张，而且，能让南来北往的船舶看到一座与海潮弦歌互答的中国学府，是"勿用多赘"的风水宝地，他决定"校址当以厦门为最宜，为厦门地方尤以演武场福建山麓最佳"。将厦门大学的校址确定在演武场，除了山海秀丽的自然环境外，更重要的是这块土地有着陈嘉庚梦魂牵绕的远方，他深知这块土地承载着民族一段可歌可泣的历史。

---

① 　黄炎培：《陈嘉庚毁家兴学记》（1919年7月30日于厦门至上海舟次），选自《集美学校二十周年纪念刊》，集美印各公司1933年10月。

② 　陈嘉庚：《南侨回忆录·倡办厦门大学》，新加坡南洋印刷社1946年版，第20页。

从自然环境看，演武场北面，五老山蜿蜒苍翠犹如一条躬身向大海伸展而去的长龙，龙头与龙尾的延伸与五老主峰构成一座大自然的屏障，稳稳地坐落在厦门岛南端的大地上；南面是浩瀚的大海，碧波荡漾中吞吐着串串白浪，浪涛中可以清晰地看见金门岛屿，水天连接处是突兀而起的南太武山峰，这里是可以行驶万吨巨轮的厦金海峡。

但在陈嘉庚选址时，演武场左右远近荒冢累累，怪石错立，是厦门南端一处偏僻荒凉的荒郊野地，要来到这个地方，倘若步行，则要先经过属于厦门边远城郊的鸿山大生里，再越过铺头山、蜂巢山、澳岭和赤岭，虽说闽南海岛上的山岭不高不峻，却也是要攀缘登越，一路下来不免精疲力竭。所以，当年有到演武场的人，大多走的是水路，从市区的码头搭船，沿着鹭江道到厦门港的海面行驶，过虎头山，绕厦门港，在沙坡尾上岸。1926年鲁迅走进厦大，就是从厦门的水仙码头乘着小舢板到的沙坡尾，再步行到学校。从沙坡尾到厦大的群贤楼群，途经一条连接着大海与陆地的金黄色沙滩带，这是一片有二百多亩大小的坚实平坦的沙质地，四处没有人烟。所以鲁迅才在给许广平和川岛的信中，很得意地"形容"厦大是"硬将一排洋房，摆在荒岛的海边"（《两地书》）。

然而，这块荒僻的海角山冢，却融汇着不凡的历史沧桑，在陈嘉庚心中，这里吟咏着壮怀激烈的史诗。明末清初，演武场是民族英雄郑成功麾下练武的地方。1646年清军南下，郑成功以金门、厦门为据点，整军经武，自造货币，推行海上贸易，屡次大败清军，建立起以恢复大明王朝为目标的南明小王朝。在郑成功"据金厦两岛，抗天下全师"时期，他的军事根据地和练武的中心主要有两个地方：一个是鼓浪屿的日光岩，郑成功在岩上筑水操台，指挥训练水上千帆万马；一个就是演武场，

厦大建筑流淌的故事

主要训练陆军虎兵。他在这里建筑演武亭楼台，搭建兵房，"以便驻宿，教练观兵"。20世纪50年代，厦大演武场出土的"练胆"石匾，有人考证为郑成功所题。那时演武场练兵有一高招，就是将一个重达三百斤的石狮置于演武场中央，倘有军士能举起石狮绕场三周者，便可成为追随郑成功左右的"虎卫亲军"，成为军中"铁人"。鼓浪屿与演武场就这样成为郑成功反清复明和收复台湾的两个大本营。永历十二年（1658），郑成功已拥有戈船八千，甲士二十四万，"铁士"八千，号称"八十万众"。八十万众在郑成功的统领下，不仅占据了中国南部大片的海域，开展海上贸易与海上练兵，建立明代的海上帝国，而且浩浩荡荡地兴师北伐，进长江，克瓜州，破镇江，围南京，在搭救大明王朝的江山社稷的征程上踊跃奋战，但历史狂澜终究无法力挽，郑军的北伐失败，郑成功于永历十五年（1661）带领战船三百多艘，将十二万五千人，从厦门、金门出发，经澎湖列岛，攻打被荷兰殖民者侵占的台湾，经过九个月的围攻，迫使荷兰投降，收回祖国宝岛台湾。

◇◇◇ 演武亭遗址碑

正是这段历史，让演武场成为闽南人心中一块圣地，这块土地也伴随着历史的风风雨雨，多次变幻着自己的容颜。郑成功之后，它曾是施琅东征台湾、训练水战军士的基地；之后，又作为清政府的海防军事重地，五百尊铁炮的炮阵严阵以待海上入侵的侵略者；小刀会起义爆发时，演武场又成了闽南小刀会的主要驻地。郑成功据厦反清复明以来的两百多年岁月里，演武场一直是个军事要塞或厮杀的战场。直至光绪三十四年（1908），美国海军舰队进入厦门港，将演武场开辟为跑马场，演武场一改其萧索杀气，变成中美国际交谊大会的会场，后来还一度改造成高尔夫球场。风云变幻，沧海桑田，到陈嘉庚倡办厦门大学时，已被废置长久不用的演武场已经变成一片荒芜墓冢之地了。但陈嘉庚经过"数次往勘演武亭地势"①后，毫不犹疑地选中演武场作为厦大的校址。像所有闽南的孩子一样，少年陈嘉庚也是在郑成功的故事中长大的，延平故垒、国姓爷井、水操台、演武亭等郑成功遗址，在陈嘉庚心中总散发着一位民族英雄的精气神，流淌着一股为担当天下大任而不折不挠的生命潜流，他对郑成功的演武场以及郑成功军队所留下的土地情有独钟。建设集美学校时，他选址延平故垒建起了3层30间的教学楼，取名为"延平楼"，以表示对郑成功的缅怀和承续之志。如今，他又要在郑成功当年的演武场上上演一幕教育救国的大剧了。

取地照与买土地

校址一经确定取得用地的地照便是重中之重。然而，演武场一带的

① 陈嘉庚：《南侨回忆录》，新加坡南洋印刷社1946年版，第14页。

地照并不容易获得，"该地为政府公产"，批拨须向省政府申请。陈嘉庚便亲往省城福州，在厦门道尹陈培锟的引见下见了福建督军李厚基。

李厚基是个政治上见风使舵、人品极不地道的军阀，是北洋段祺瑞皖系干将，自1917年9月始，集福建全省军、政大权于一身，他积极扩军，扩建兵工厂，筹备军饷，并成立造币厂，仿制广东毫洋，大量发行债券、证券，预收全省钱粮、正税，强迫农民栽种鸦片（名为种烟），在五四爱国主义运动爆发期间，逮捕爱国的《求是报》主笔王醒才与革命党人多人，在福州"台江事件"中解散福建学生联合会，查封了学生联合会所办的《学术周刊》，激起全国民众的愤恨，陈嘉庚对他深恶痛绝，但为了厦大的地照，他还是亲自前往福州督军府。

李厚基见要地的是大华侨陈嘉庚，便伸手向陈嘉庚要四万元的公债钱。陈嘉庚明知道这是李厚基借公债中饱私囊，为了地照也只好向好友黄奕住募捐了四万元公债。黄奕住买下四万元公债后，李厚基却翻脸不认人，一定要陈嘉庚个人捐买方可算数。陈嘉庚无奈之下不得不又掏出两万元买了李厚基的公债。陈嘉庚毕竟是个诚毅耿直的硬汉，他未曾将李厚基这类卑劣小人放在眼里，在争取厦大地照的同时，他干脆发动闽南新闻媒体，将李厚基暗中操纵的彩票骗局公之于众，怒斥李厚基逼民众种烟从中渔利，揭发李厚基仅民国九年"一人私入百万元"的罪行[1]，同时发起组织闽南烟草禁种会，晋省请愿禁烟，最后棒喝督军为"李贼厚基"。李厚基此人生平有两忌，一是害怕武力比自己强大者；二是忌讳财力比自己雄厚者，在陈嘉庚的正气凛然之下，李厚基只好将厦门演

---

[1]　陈嘉庚:《抗议闽南种烟苗演词》,《新民国日报》1922年10月30日。

武场批拨给陈嘉庚创建厦门大学。

群贤楼群初建时，厦大也只是"向政府请求演武场四分之一为校址"。但陈嘉庚有宏伟的规划，他要的是整个演武场的广阔空间，经过不懈努力，经由总司令部及思明县公署校准，1923年9月对厦大校址作了确切划定："计西自中营炮台旧址起，缘埔头山、蜂巢蒂山，越澳岭、赤岭而上鼓山，以达五老山之极峰为界，东南自西边社起，缘和尚山后河，越覆鼎山、观音山后、许坪钟山，汇西来界线于五老山之极峰为界，南至海为界。"至此，厦门大学校址的东南西北的四至界线敲定，面积达数千亩之多。

新界线内的官有土地是给了厦大，但界线内的私人拥有的房产田产地产，则要由厦大依照当年土地收用法收买使用，演武场这块原本荒芜的土地马上价值连城了。群贤楼群开建时，厦门大学建筑史上的第一件事情便是买地，据记载，以大银柒拾元正向澳仔桥头社陈某某购置在演武场边的"承祖父建置物业水田一坵"（今同安楼），以"大银伍拾捌元正"，向过溪仔李某某购置"坐在演武亭右畔"的"承父祖建置物业水田一坵"（今映雪楼）；以"银壹佰元正"向李某某购置"坐在演武场右畔"的"承父祖管得有水田一段"（今囊萤楼）。之后，为建设笃行楼、兼爱楼和水池，先后又花了一千四百多大银买下了厦大界限内的私人田产房产，保证了厦大建设的顺利进行。与此同时，作为通商商埠上的各国籍民以为有机可乘、有利可图，便借端滋事，在校址界内混买土地，投税管印，企图获利，妨碍厦大的建设。厦大因此特别函请思明县公署要求"在此界线范围内，如有籍民混买土地，执新立契据向贵署投税或会印者，即系籍端图利，请予一律驳回，并希将新定之界线布告附近人民知照"。1923年9月，思明县公署发布了"所有大学校舍四至界线以

内土地勿得私相买卖，倘有故违，所有买卖契据，概作无效"的公告。

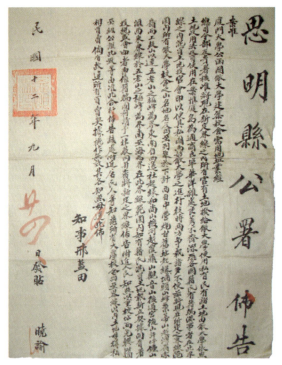

◇◇◇◇ 思明公署1923年9月24日布告

　　混买土地事端解决后，另一事端又生发开来。原来校址界内公私坟墓密如鱼鳞，群贤楼群奠基后，从就地取材的方针出发，陈嘉庚让石工开取演武场的巨石作建筑材料，演武场上坟墓的墓主便纠集着来学校交涉，说原本的石头是风水天成，各有名称，不让开采。学校虽"婉言解释"，却也不得"暂停工以顺其意"，直等到墓主走后才再动工。这样，几天之后，巨石大多被陆续开采过，墓主"虽再来交涉亦莫可如何，悒然回去"。数月后学校又在厦门登报安民告示，规定迁墓津贴和迁移费限自迁或代迁，并为墓主另处卖地备作迁葬地。同时请思明公署出公告，就"厦门大学收用附近土地建筑校舍一案"作出告示，布告"各改业户人等，务各遵限前向具领地价，将坟迁移别葬，交付起盖，倘敢延迟，定即派队协同厦门大学代为迁移，其各凛遵勿违"。在此期间，厦大迁移坟墓达四万多座（含湖南会馆丛冢），校舍建设由此得以顺利进行。

这样，厦门大学的校址，"西自许家村，东至湖里山炮台，北自五老山，南至海边"[①]，总计数千亩土地，校址面积之大空间之广阔，为当时人不敢想象，也为后人赞叹不已。陈嘉庚曾对当时负责厦大基建的宗兄陈延庭先生说，他之所以非要拿下整个演武场一带的开阔空间创办厦大，是"鉴于集美当时无远虑与宏愿"的教训，以致集美学校发展受到束缚，"贻后千悔莫及"。当时演武场虽是一片荒冢乱岗，荆棘丛生，但陈嘉庚却说："厦大校址，将来可以扩充至广，虽沿海山岗，坟墓如麟及城垣炮台，多属私家与军人权势之手，总是他日必完全归入厦大，无论谁人万不能鼾睡寸土，了无疑义。"他兴奋地将厦大的校址比喻成"一匹新布"，可以任他剪裁成各式衣裳，"预有算划，庶免后悔"[②]。

实际上，厦门大学成立时，首届学生仅有98人，教职员不上20人，总共也只有118人，但陈嘉庚却一下子要下数千亩土地，并要将厦大"扩充至广"到整个演武场的左右上下，不让任何人有"鼾睡寸土"的梦想，这位经历过岁月沧桑跨越过大洋的中国人，他的眼光放得很远很远，他的胸襟袒得很宽很大，他有一种常人所难于企及的高远胆识。厦大刚刚成立时，陈嘉庚心中就有四个五年设想：

---

① 陈嘉庚：《南侨回忆录》，新加坡南洋印刷社1946年版，第14页。
② 陈嘉庚1924年3月8日致陈延庭函。

首期五年，每年添招新生三百，至第五年，在校学生可二千人；

次期五年，每年添招新生五百，至第十年，在校生四千五百人；

三期五年，每年添招新生八百，至第十五年，在校生可八千五百人；

再后五年，距今二十年，前后毕业生，可达二万余人。

陈嘉庚就像他的儿子陈国庆说的："父亲天生的是一个敢挡风险的人，他喜欢冒险去做那些心中无数的事，而且往往蛋还未孵就先数鸡。"[①]厦大刚开始创办时，陈嘉庚真的蛋还未孵就先数起未来的那一群群美丽的"鸡仔"了，他欣喜地憧憬着四个五年计划实现后的情景："以二万余人专门大学之毕业生，分配于各省重要机关，如工商学政议各界、各要职，纵未能充分布满，较之今日人才乏缺，何天渊之别。且其时民智更开，实业与教育，愈益进步，人民自治之能力，何军阀伟人之足道哉。"[②]一个宏伟的厦大蓝图，一所"欲与世界各大学相颉颃"的大学，一个美好的教育前景，一个让贫弱的祖国从根本上改变面貌的理想，在陈嘉庚的心中铺展开来，他的眼界、胆略和气魄实在是同时代人所难以企及的，让人不禁产生"前无古人，后无来者"的感慨。

---

① 陈国庆：《回忆我的父亲陈嘉庚》，中央文献出版社2001年版，第121页。

② 陈嘉庚：《实业与教育之关系》，新加坡《南洋商报》1923年9月6日。

建筑大师与建筑美学

1992年，世界著名的美国建筑大师格雷夫斯在厦大演讲，他的第一句话便是"陈嘉庚是位伟大的建筑师"，他感慨地惊叹道：厦门大学与集美学村，是最具世界经典的建筑之一。谁都不会想到，"这些最具世界经典的建筑"却原来并非出自专业建筑师之手。

从选址演武场那天开始，陈嘉庚就亲自在这几千亩的土地上描绘起厦大的校园："北虽高山，若开辟车路，建师生住宅，可作许多层级，由下而上，清爽美观。至于东向方面，虽多阜陵起伏，然地势不高，全面可以建筑，颇为适宜。"①而南面面对大海，却是厦大得天独厚的风景，他禁不住内心的喜悦说道："厦门港阔水深，数万吨巨轮出入便利，为我国沿海各省之冠。"他想望着"将来闽省铁路通达，矿产农工各业兴盛"之后，"厦门必发展为更繁盛的商埠，为闽赣两省唯一出口"，而且造船业、港口业也将得以重要发展，成为"不亚于沿海他省"的口岸，到那个时候，"凡川走南洋欧美及本国东北洋轮船出入厦门者概当由厦门大学前经过"，厦大的"山海风景之秀"，自会让人羡慕不已。②山海风景，栋宇巍峨，弦歌之声，与海潮相答，海内外轮船，慨由门前经过，这就是陈嘉庚先生在一片荒冢累累、怪石错立的演武场上描绘出来的厦大。

---

① 陈嘉庚：《南侨回忆录》，新加坡南洋印刷社1946年版，第14页。
② 陈嘉庚：《南侨回忆录·演武场校址之经营》，新加坡南洋印刷社1946年版，第21页。

然而，一件与陈嘉庚愿望不相吻合的事情发生了，这就是建校中首当其冲的校舍建设方案。

早在陈嘉庚1919年回国筹办厦大途经香港时，他"请英国工程师计划建设"，却不见下文。上海筹备会后，他就将学校的建筑规划交给了首任校长邓萃英处理。邓萃英校长也尽职而为，他经陈嘉庚的赞同后，请茂旦洋行为厦大校舍勘测设计和承包建设，茂旦洋行是美国商人在上海开办的一家主要经营中国建筑设计和承包建筑工程的公司。

◇◇◇◇ 陈嘉庚（左一）、林义顺（左三）、林文庆（右一）
视察厦门大学建筑工地

1921年1月，邓萃英由北京返回厦门，茂旦洋行的外籍代表麦菲带着设计好的图纸和四个工程人员也来到厦门，准备交图取款，图纸包括厦大首批校舍的平面图总图、立体简图和凭图建筑工程的估算表。在这份设计方案中，作为学校第一局建筑的五座大楼（即后来的群贤楼群）安排在演武场西侧，皆为二层楼，自五老峰尖沿南普陀寺中轴线位置分布，三座楼向南直线摆开，其余两座坐落于主楼前面东西两侧，构成"品"字形组合，东北部则设计成农事实验场。陈嘉庚约了邓萃英、郑贞文和何公敢讨论，邓萃英本以为设计者是专攻建筑的洋行洋人，建设方案与设计应该不成问题，没想到听完麦菲的设计说明后，陈嘉庚毫不犹疑地否决了洋人的设计与建设方案，尽管双方还磋商了几天，麦菲也有所迁就，但最终还是双方无法达成一致的意见。

陈嘉庚是一个有自己的建筑理念和见地的人，他坚持自己心中的厦大宏图，这宏图蕴含着桑梓之情、民族之志和"世界之大学"的宏伟愿景。但茂旦洋行的设计师麦菲则只能从外在的美观上作出楼房的设计，既没能将校舍的设计与演武场的地理与历史文化有机融合，更无法体会到一位志在以教育拯救与复兴民族的中国人那博大的胸襟和深沉的情愫。陈嘉庚认为，茂旦的设计毁坏了演武场的格局，将妨碍未来厦大的发展，他这样评价茂旦的这份设计："其土司每三座作品字形，谓必须如此方不失美观，极力如是主张。然余则不赞成品字型校舍，以其多占演武场地位，妨碍将来运动会或纪念会之用。"[1]陈嘉庚并非不想与洋人合作，而是他从不盲从洋人，他对陈延庭说："今日厦大要建之屋，其地位、间隔、外观有洋人帮理，弟甚赞成。"但又提醒陈延庭，"若坚固及用料绝当取我宗旨第一要义，万万不可妄从留学者言"。他认为什么都听洋人者，不仅"乏许大财力，且亦迁延日子。一舍之成，非数年不达"[2]。

在陈嘉庚的思考中，厦大校舍的设计最重要的有三点：

一是校舍的位置安排，首批校舍的空间方案一定要考虑到将来厦大

---

[1] 陈嘉庚:《南侨回忆录·演武场校址之经营》，新加坡南洋印刷社1946年版，第20页。

[2] 陈嘉庚1923年4月3日致陈延庭先生函。

的发展壮大。他对于厦大校址要位于船舶进出港口特别重视,他希望厦大的栋宇巍峨,弦歌之声,与海潮相答,无论是外国的轮船还是南来北往的船舶,来往厦门港的时候,能从海上一眼就看到厦门大学。

二是教室、办公场所空间要大,光线要好。

三是要求校舍外观上美观大方,粗中带雅,要能节省建设费用。

对照陈嘉庚的这三点要求,茂旦洋行麦菲的设计方案显然无法让陈嘉庚满意,而且茂旦洋行提出的一千多万元的工程承包费,陈嘉庚也认为"索价过昂",表示学校可以自己购料雇工,节省开支。于是陈嘉庚亲自与本土负责泥水的林论师傅和负责木工的郑布师傅重新设计,根据厦门古海湾滩地的特点,通过场地排水坚固基础,以地下淤积沙层为地基,就地取花岗岩、红砖、灰和福建杉木为材料,就地招雇土木匠兴工建筑。

陈嘉庚要求位于楼群中央的三栋楼的屋盖,"概用绿玻璃瓦按照中国传统建筑艺术来粉饰,而群贤楼建成三层楼,在最高的一层要采用中国传说的宫殿式建筑"。居中的三层楼为学校礼堂和总办公地,左右两侧的楼房分别为图书馆和教室,最西端与最东端的两座楼最为西式建筑。经过近两年的建设,厦门大学的第一个楼群群贤楼群五栋楼全部完工,陈嘉庚从中国传统建筑的大气典雅与西式洋楼的丰富考究中吸取灵感,因地制宜地创造了被后人称为嘉庚建筑的独具一格的嘉宫建筑。

这个建筑风格的特征其一是校舍的整体结构形态。陈嘉庚自己动手,将首座校舍移至演武场北部中点,楼群从品字型改为一字型。楼群五栋,一主四从,坐北朝南一字摆开,面朝大海直面南太武高峰,主楼中轴背靠五老主峰,从楼两翼对称展开,并以一条笔直的连廊一以贯通整栋大楼，这连廊的灵感来自厦门及东南亚一带的骑楼却又与骑楼有所差异。陈嘉庚说："我要站在连廊的这头，看厦大的学生从大楼的那头向我走来。"话语中透露出一种自豪感。整排大楼的前面开辟为开阔的运动场，运动场与海滩相衔接，形成了尊重广场、以学生活动为主体的建筑布局。原本茂旦洋行设计中占据大半的演武场的农事实验圈被移在了演武场后面。

其二是中西合璧的建筑美学。主楼西洋石切的墙体上覆盖着闽南民居式的"三川脊"歇山顶，屋面琉璃泛绿，屋脊燕尾上扬，山墙饰以云纹花草，屋檐装以雕宫灯垂。主楼左右是"同安""集美"二楼，建筑以中式风格为主，与主楼相互映衬；东西两端分别是"映雪""囊萤"二楼，风格趋于西式，构成与主楼的联系与对比。整个楼群在广阔水天之下，石板悬挑，清水雕砌，中式的飞脊彩檐和琉璃屋顶，西式的廊柱房间与大门窗棂，不仅气派恢宏，而且秀丽雅致，呈现出别致的中西合璧特色。

其三是就地取材、因地制宜的建筑思路。闽南盛产花岗岩，石板悬挑、清水雕砌是厦门大学建筑的主要特征，它以闽南花岗岩为主要建筑材料。首栋校舍建设时，陈嘉庚就让工人将演武场周边的石头切割雕琢成条石石块，直接用以群贤楼群的建设。至于红砖与房瓦，陈嘉庚则选择临近厦门的漳州建立砖瓦厂，自行设计。当年，水泥瓦以其有别于泥土烧制瓦的坚固开始流行起来，但陈嘉庚却认为，水泥瓦一是昂贵、二是不易散热。他亲自指导工人仿照水泥瓦样式，以传统的瓦土烧制出本土红与橙的瓦，并在漳州开窑设厂，以自家研制的砖瓦供应厦门大学与集美学校的建设，有效地降低了建筑成本，更好更节约地完成校舍的建

设，这也就形成了嘉庚建筑的独特材料，后人将陈嘉庚为厦大、集美学校建设需要而创制的瓦称作"嘉庚瓦"。

从此，借助大自然造化的环境，因地制宜地以广场为中心，线性展开"一主四从"的建筑群楼，成为厦大校园建设的主思路；以精美的建筑为音符、开阔的广场为空板，构成了校园设计的主旋律，充满了一种民族的豪气与庄重，宏伟中蕴含着隽永的秀丽。

新中国成立后，陈嘉庚扩建厦门大学时，他依然是依着原有的"一主四从、中西合璧"的建筑风格建设了气魄宏伟的建南楼群。那在天水之间腾空而立的楼群，气势更加雄伟壮丽，自饶万顷波涛，面朝无际海洋，矗立上弦场上，俯瞰千帆竞发；方形的柱础，圆形的罗马式石柱，撑起传统宫殿般的大屋顶，庄严壮丽；左右对称的门窗，装饰着各种浮雕、透空雕、板圆雕，美妙无比；礼堂的四楼设置外廊，登楼远眺，厦门港湾的繁华与厦金海峡的隽美豪气尽收眼底。建南大会堂可以容纳4200个座位，至今依然是全国高校容量最大的礼堂。楼群与上弦场的落差，砌造出足以容纳2万人的石砌看台，在棕榈和石阶看台的拥抱下，便是厦门大学最大的运动场和大集会广场——上弦场。蓝天碧海，金沙绿树，开阔的广场与雄伟建筑的汇合，奏响出一曲天人合一的凝固交响曲，呈现出厦门大学那"自饶远势波千顷，渐溢清辉月上弦"的阳刚与柔美。陈嘉庚说：厦门是个洋轮与中国万吨轮船进出的港口，他要让万吨巨轮进出厦门港时"看到新的厦门大学，看到新中国的新气象"。

群贤楼群贤毕至

1922年5月和7月，厦大首批校舍的中间三幢大楼群贤楼、集美楼、同安楼相继落成，这三栋居于整个楼群中间位置的楼全是中式屋顶、西式楼堂。群贤楼是一主四从楼群中的主楼，有三层，为中国宫殿式建筑，全楼是石木结构，面积达2843.94平方米，是学校的行政大楼。二楼中间设报告厅，楼下与二楼两边各三个房间，二楼两端的两个房间最大。很长一段时期内学校的各行政机构就设在群贤楼中，学校主要领导的办公地点在二楼、三楼，楼下是各行政部门，包括教务处、学生处、财务后勤等。2011年厦门大学建校九十周年之际，学校行政部门搬到刚刚落成的嘉庚楼群，厦门大学最具厚重历史价值的群贤楼，便成为厦门大学校史馆和陈嘉庚纪念堂，原为报告厅的二楼中厅，也先后成为厦门大学规划展览馆、厦门大学科技展示馆。三楼只有一个大厅，曾经也是校领导办公开会的场所，近年来都成为学校临时组成的应急机构使用。

作为厦门大学曾经的主脑，厦门大学跨越过的每一个历史节点，都会在群贤楼留下决策部署的足迹，位于海隅的厦门大学勇居中国高等教育第一方阵的雄姿伟力，首先是从群贤主楼涌动出来的。而居于二楼中间的报告厅，在很长一段历史时期内则是厦门大学学术精进创新与部署学校发展的策源地与传播地。学校做出重大决策后在这里进行布置执行，许多著名学者在这里接受了厦门大学的特殊聘任，更重要的是这里一开始便是厦门大学周会演讲的场所。在厦门大学创办初期，校长林文庆制定了一个学术周会制度，让教授们在周会上与师生分享他们的研究

成果与心得，这是当年厦门大学层次最高的学术演讲活动。

1926年10月14日上午，鲁迅就在群贤楼二楼中厅作了一次周会演讲。鲁迅的演讲由林文庆校长亲自主持，林校长开场道："鲁迅先生乃新文化运动的首领，国内外闻名的文学家。到本校来已一个多月，大家老是盼望要听他的伟论。今早算是付了众望，他到这里来演讲了，请大家肃静，倾耳以听。"说完，向坐在台后的鲁迅一鞠，掌声便响了起来。鲁迅站到讲台的旁边，开始了他到厦大后的第一场演讲，他演讲的主题是"少读中国书，做好事之徒"。他照例以五四反封建主将的姿态，批判读经复古，他说自己受聘到本校是搞国学研究的，是担任中国文学史课的，本应劝埋首古籍，但依旧要说"与其多读中国书，不如少读中国书好"，他劝厦大青年要做好事之徒，"盖凡社会一切事物，惟其有好事之人，而后可以推陈出新，日渐发达"。这种社会文化批判性的演讲，自然引发了满堂的掌声，也让那时已是中共闽南地区党组织发祥地的厦大，又添了一份社会革命的热气。一周后，《厦大周刊》以较大的篇幅报道了这次周会与鲁迅的演讲，但只报道"做好事之徒"的内容，对"少读中国书"的言论则一字不提。这里的原因是清楚的，鲁迅的"少读中国书"与当时厦大"首重国文"的方针有所冲突。当年的厦门大学以"研究高深学问，培养专门人才，阐扬世界文化"为办学宗旨，校长林文庆自己热衷研究孔子学说也热爱孔圣人，学校并不希望学校师生太多介入社会思潮社会运动，所以对鲁迅演说中的"少读中国书"便不予报道。但鲁迅是写过《摩罗诗力说》的鲁迅，是崇尚"立意在反抗，指归在行动"的"精神界之战士"，鲁迅的生命中始终蕴藏着行动的冲动，即使在平静的厦门，他也还要宣告"少读中国书"，想"特地留几片铁甲在身上，站着，给他们的世界上多有一点缺陷"。作为一位独立的思想者，一个把社会文化批判当作文化使命与责任的知识分子，他是要对文化实行拷问的，鲁迅的精神林文庆是清楚的。尽管两个人对"中国书"的看法不同，但林文庆校长还是真诚地主持了鲁迅的"少读中国书"的演讲。

群贤楼建好后，有人提出以创建者陈嘉庚的名字命名，但陈嘉庚坚决反对。于是人们建议以二校主陈敬贤的名字命名，一是他也是厦大董事，二是敬贤意味着厦大的求贤若渴与对培养精英人才的向往，陈嘉庚同样不同意以胞弟的名字来命名，最终确定以"群贤"命名，由林文庆题写楼名，"群贤"源于《兰亭集序》中的"群贤毕至，少长咸集"，取"群贤毕至"之意，突出了厦门大学海纳百川、荟萃英才的办学指向。创校初期，群贤楼前真正是群贤毕至，名师荟萃，海内海外，各路精英会聚鹭江之滨，文学家有鲁迅、林语堂、陈衍、孙伏园、台静农，语言学家有沈兼士、林玉霖，历史学家有顾颉刚、张星烺、陈万里，社会学家有徐声金，哲学家有张颐、陈定谟、邓以蜇、汤用彤、朱谦之、缪篆，教育学家有孙贵定、杜佐周、钟鲁斋、雷通群、姜琦，法学家有黄开宗、区兆荣，经济学家有郑世察、陈德恒、陈灿、冯定璋、朱保训，数学家有姜立夫、张希陆、林觉世、杨克纯，物理学家有胡刚复、朱志涤，化学家有刘树杞、张资珙、刘椽、区嘉炜，生物学家有秉志、钱崇澍、钟心煊、陈子英、许雨阶，天文学家有余青松；外国学者则有法国汉学家戴密微（Paul Henri Demiieville），德国汉学家艾锷风（Gustave Ecke），俄国人类学家史禄国，美国生物学家雷德（S.F.Light），德国生物学家何博礼（R.J.C.Hoeppli）。这批著名学者教授，有许多是中国高等教育某个

学术领域或某个学科的创始人、奠基者，他们在厦门大学的学术成果具有该学科学术拓荒的意义。仅人文学科而言，鲁迅即中国新文学的开创者、奠基人，他在厦大撰写的《汉文学史纲要》是五四时期接受西学的立人思想和文学观念，但用中国的办法、中国的思路研究中国文学的经典史著；著名哲学家朱谦之的学术生涯是从厦大开启的，作为中国历史哲学研究的第一人，他在厦大的"历史哲学"系列演讲是他两年后正式出版的《历史哲学》的雏形；张颐是"中国哲学界专门研究西洋古典哲学的先驱"，也是中国大学里最早专门、正规地讲授康德及黑格尔哲学的第一人，他在厦大时出版的《黑格尔的伦理学说》不仅是他本人发表的唯一一部著作，也是中国研究黑格尔的经典之作；张星烺是中国中外关系史学科的奠基人，他在厦大的译著《马可·波罗游记》有"世界一大奇书"之称，是人类史上西方人感知东方的第一部著作，他的《古代中西交通征信录》则是中国现代最重要的中西交流史料汇编；顾颉刚是中国地理历史学科的奠基人，沈兼士原是北京大学国学门主任、与赵元任齐名的语言学家，林语堂有"两脚踏中西文化，一心评宇宙文章"学者名誉，被章太炎"吾甚爱之"的缪篆，则是被蔡元培称为"远自函关参大道"的中国哲学著名学者。便是有如此之重要如此之多的名家学者聚集在鹭江之畔，厦门大学才一时盛况空前。当年北京大学国学门的学者们几乎南迁厦门大学，学界便有了一种"大有北大南移之势"的说法。如此的群贤楼群贤毕至的盛况，却是校主陈嘉庚抓住了"大学乃大师也"这个要义，"不惜重金，广揽英才"的结果。在厦门大学未成立之前，中国高校的薪俸最高者是复旦大学，教授月薪可达200大圆，但厦门大学创办后教授的每月最高薪俸可达到400大圆。鲁迅在北大时，月薪仅有150大圆，聘到厦门大学，他的月薪是400大圆，顾颉刚是位刚刚崭露头角的历史学青年才俊，在北大时月薪为50大圆，到厦大后则每月最高可以拿到150大圆。当年厦门大学聘任教师的月薪是全国高校中最高的。鲁迅到厦大后就对许广平说，现在的条件让他也可以做另一种选择："研究而教书"，"关门读一两年书"。在陈嘉庚不惜重金广揽英才的感召下，群贤楼群贤毕至，英彦聚集。

◇◇◇ 1926年，厦门大学教师合影

集美楼，一位大师的爱情与"打杂"

紧邻群贤主楼的是东西两侧的同安楼与集美楼，两楼也是取中式屋顶，闽南大厝式的屋脊，石木结构，均为二层楼，同安楼有1137.2平方

米，集美楼有1133.68平方米，两座楼房分别以陈嘉庚的故乡同安县与集美社命名。同安楼原为教室，集美楼原为学校图书馆。今天，两座楼房都已改成钢筋混凝土板，同安楼被辟成厦门大学革命历史纪念馆，集美楼二楼曾经是鲁迅居住工作过的地方，被辟为鲁迅纪念馆，楼下也开设厦门大学现代文学馆。

厦门大学鲁迅纪念馆是中国五大鲁迅纪念馆中唯一设在大学校园内的纪念馆。1952年10月创设，开始时为纪念室，设在鲁迅当年在厦大任教时居住的房间。1956年，为纪念鲁迅诞生75周年、逝世20周年、在厦大任教30周年，纪念室重新整理，增设陈列室一间，时任国家副主席宋庆龄亲笔题写纪念室室名。1976年10月，鲁迅纪念室全面整修，充实大量馆藏与史料，扩大到集美楼整个二楼的六个房间，更名为鲁迅纪念馆，由郭沫若题写馆名。此后，1981年、1996年、1999年对纪念馆的内容与布展都有过调整与重新设计。2005年4月，厦门大学筹备建校84周年庆祝活动之际，鲁迅的儿子76岁的周海婴偕夫人马新云、儿子周令飞、儿媳妇张纯华像当年的鲁迅一样，从北京转上海、从上海首次来到父亲工作过的厦门大学，校长朱崇实接待了他们，常务副校长潘世墨代表学校为周海婴颁发厦门大学鲁迅纪念馆名誉馆长聘书。就在这初次来访中，周海婴提出要送一些父亲母亲的遗物给正在重新布置的厦门大学鲁迅纪念馆做展品，这包括鲁迅从北京到厦大再到广州、上海一路提的行李藤箱，周海婴先生称这次到厦门大学有回家的感觉，他说："回家的感觉真好！"第二年，在厦门大学庆祝建校85周年、纪念鲁迅逝世70周年的日子里，这位不敢乘坐飞机的周先生又不辞劳苦乘坐几天几夜的火车，从北京来到厦门大学参加厦门大学鲁迅纪念馆重新开馆仪式和鲁迅国际学术研讨会，并在会上作"鲁迅是谁"的重要发言，这是鲁迅家属首次在学术会议上发表的学术见解。

鲁迅在1926年9月4日来到厦门大学，受聘为厦门大学国文系教授和国学研究院教授。刚来时国学研究院设在生物院大楼，他也住在那要爬96级台阶才能抵达的生物院大楼。国学研究院成立时，他还在生物院办了个古代拓片展，将自己的收藏的魏晋拓片展示出来。但后来生物院与国学研究院发生矛盾，国学研究院便搬到群贤楼群的集美楼，鲁迅也就住到了集美楼二楼，与他做邻居的是他的好朋友——编辑孙伏园，从那时到1927年1月15日离开厦大，鲁迅一直居住在集美楼的二楼。在集美楼，鲁迅编就了生命中自省自剖的杂文集《坟》，撰写与编辑了一部"任心闲谈"的散文集《朝花夕拾》，著作了一部中国现代学术史上的经典《汉文学史纲要》，创作了《奔月》《眉间尺》两篇历史小说，教授了整整一学期的"中国小说史"和"中国文学史"课程，在厦大、集美学校和平民学校作了四场演讲，还帮助厦大学生创办了"泱泱"和"鼓浪"两个文学社团。在厦大130多天的日子里，这位中国新文化运动的主将为中国现代文学留下了逾17万字的珍贵文字，其中包括一部凝集着鲁迅与许广平爱的旅程的《两地书》，厦大集美楼是这位新文化主将人生的一个重要驿站。

◇◇◇◇ 位于集美楼的鲁迅纪念馆

◇◇◇◇ 鲁迅手书

　　或许是应了集美楼的"集美"二字，鲁迅在集美楼度过了他人生最美丽、最柔软的一段岁月，集美楼的日子是鲁迅"与爱偕行"的日子，在这里他在心里向世人宣布："我也可以爱！"在认识许广平以前，鲁迅的生活中可以说没有对青年女性有过特别的感情。在他东渡日本留学（1902年3月）后不久，母亲就给他定了一门亲，女方名叫朱安，缠脚，不识字，母亲很喜欢她。1906年夏天，母亲不顾鲁迅的反对，称自己病重欺骗鲁迅回家，逼迫鲁迅与朱安结婚。孝敬母亲的鲁迅无奈地依着故乡的习俗与朱安成了亲，但他不接受"母亲的礼物"，婚后第三天，他便搬到了母亲的房里睡，又过一天，他干脆远走高飞回日本去了。但从一而终的朱安，却从此跟定了鲁迅，过了一辈子连婚姻都是虚假的生活。

　　1924年，鲁迅开始到北京女子师范大学任教，他的客厅里出现了一群活跃的女大学生，这群人中有许广平。来自广东番禺的许广平比鲁迅小20岁，她才华出众，对社会运动充满热情，鲁迅亲昵地称她"小鬼"。许广平敬仰鲁迅，作为五四后的新女性，她大胆地追求自己的导师。鲁迅也想爱，但他非常谨慎，他心中有一团疑虑，也有许多许多的伤痛，他不想让伤痛影响青年，况且学界、官场的怨敌正在蜿蜒伸展，他不能

因婚姻的事情而授人以柄。1925年1月，发生了北京女师学潮，第二年
"三一八"惨案发生，鲁迅上了北洋政府的黑名单。北京的空气越压抑，
这对师生的感情却越深厚，无论是政治的原因还是爱情的原因，鲁迅都
需要"换一个地方生活"，寻找一处比北京更安全更自由的地方。正是
在这个时候，林语堂到厦门大学筹备国学研究院，他邀请鲁迅到厦大任
教。厦门远离北京，远离朱安，邻近的广州正在燃起南方革命烈火，而
且，厦大以每月400大圆薪俸聘任鲁迅，于是师生两人一起动身，同车
到了上海，然后各自乘船，一个到厦门，一个回广州。他们约定，先分
开两年，然后再作见面的打算。

　　从9月4日下午抵达厦门这一天开始，两人强烈的思念便一发而不
可收了。一向自称懒于写信的鲁迅，与许广平有了一生中最为频繁的通
信，在周海婴整理出版的父母一生的164封书信中，厦门通信达83封，
厦门的130多天时间，这对恋人不只两天写一封书信。他俩不厌其烦地
询问对方是否收到自己的信件，推算着邮件行走的日程；相互操心着饭
菜合不合胃口，居住适不适应，工作累不累，身体是胖了还是瘦了。鲁
迅担心许广平"食少事烦的生活，怎么持久"[1]，许广平担心鲁迅有闷气
闷在心里。在如此细微体贴和浓浓的爱意中，鲁迅深深体验到了"有充
实我的心者在"[2]的温暖与幸福，不再喝酒，不到海中游泳，不在半夜出
去寄信，不发牢骚，因为喝酒、游泳、半夜寄信和发牢骚都会让许广平
不安。在远离北京的海滨学府的集美楼，鲁迅"默念"起一位女性。他

---

[1]　鲁迅：《鲁迅全集》第11卷，人民文学出版社1981年版，第173页。

[2]　鲁迅、景宋：《两地书·原信》，中国青年出版社2005年版，第247页。

说："但我却可以静观默念HM，所以精神上并不感到寂寞。"① 这样的一种"默念"让鲁迅"未及一月，却如过了一年"，盼着"年月过得快到民国十七年"②（民国十七年是鲁迅与许广平约定重新见面的时间）。11月，厦门的冬天来了，许广平从广州给鲁迅寄来自己一针一线织成的羊毛背心，鲁迅温暖极了，他很有意味地将毛背心穿在紧贴内衬衣的身上，并特别告知许广平："背心我现穿在小衫外，较之穿在夹袄之外暖得多，或者也许还有别种原因。"③ 此时鲁迅45岁，作为一位45岁的恋人，鲁迅的爱情"既没有死呀活呀的热情，也没有花呀月呀的佳句"④，却依然充满了欣喜和温情，心情好极了。

那时集美楼后面是一片花草丛生的园圃，常有蛇出没，安全起见学校特地用铁丝网将这片花草园圃围起来，避免有人进入园圃被蛇咬伤。1926年10月的一天，鲁迅穿着长衫在这片园圃的铁丝网上跳来跳去，做跨栏动作。他得意地写信告诉许广平："我因为要看它有怎样的拦阻力，前几天跳了一回试试。跳出了，但那刺果然有效，给了我两个小伤，一股上，一膝旁，可是并不深，至多不过一分。"⑤ 爱情激起的生命火花将一个45岁的冷峻的生命拉回到了青春年少的阶段，虽然"没有死呀活呀的热情"，却跳跃起来了，生命似乎回到了与闰土一起在月下瓜田耍玩嬉戏的童年。许广平读到鲁迅的这封信时也禁不住自己的兴

① 鲁迅、景宋：《两地书·原信》，中国青年出版社2005年版，第159页。

② 鲁迅：《鲁迅全集》第11卷，人民文学出版社1981年版，第134页。

③ 鲁迅、景宋：《两地书·原信》，中国青年出版社2005年版，第273页。

④ 鲁迅：《鲁迅全集》第11卷，人民文学出版社1981年版，第5页。

⑤ 鲁迅：《鲁迅全集》第11卷，人民文学出版社1981年版，第177页。

奋，她回信道："在有刺的铁丝栏跳过，我默然在脑海中浮现出那一幅图画，有一个小孩子跳来跳去……活泼泼的。"[①]这样一种在别处难于透露的"跳跃"心境与天真活泼，鲁迅在集美楼中情不自禁地流露了。9月30日，鲁迅提笔向许广平叙述自己上课的情景，特别点出听课的学生中有5个女学生，并且写道："我决定目不邪视，而且将来永远如此，直到离开了厦门。"[②]这是恋爱中的鲁迅的幽默。对于这样的幽默许广平是高兴的，她在10月14日的回信中写道："这封信特别的'孩子气'十足，幸而我收到。'邪视'有什么要紧，惯常倒不是'邪视'，我想许是冷不提防的一瞪罢！"并且开玩笑让鲁迅不妨"体验一下"性学教授张竞生的"鲜花美画"的"伟论"。[③]于是鲁迅回应说："邪视尚不敢，而况'瞪'乎？至于张先生的伟论，我也很佩服，我若作文，也许这样说的。但事实怕很难"，并且表示"决计从此不瞪了"。[④]显然，这是一对恋人在日常生活中制造出来的恋爱话题，流露出原本很冷峻的鲁迅禁不住的欣悦与活跃。这位因"从小康坠入困境"而"感受到世态炎凉"的"精神界之战士"，历来"横眉冷对"那如磐的社会黑暗与芸芸众生的嘴脸，但在集美楼二楼，他却有了一种"埋葬"了孤独悲观而体现出生命快乐与温暖的情绪。由此，他在集美楼上写下了《从百草园到三味书屋》《父亲的病》《琐记》《藤野先生》《范爱农》5篇回忆性散文。这五篇"在

---

① 鲁迅、景宋:《两地书·原信》中国青年出版社2005年版，第224页。
② 鲁迅:《鲁迅全集》第11卷，人民文学出版社1981年版，第135页。
③ 鲁迅:《鲁迅全集》第11卷，人民文学出版社1981年版，第160页。
④ 鲁迅:《鲁迅全集》第11卷，人民文学出版社1981年版，第163页。

纷扰中寻出一点闲静来"①的散文，都弥漫着温暖的慈爱与闲适的情调，尤其是《从百草园到三味书屋》一文，弃尽了先前《野草》的隐晦与沉重，显得特别的率真与明亮，童年的乐园洋溢着童年生命的天真之气，这批与"鲁迅风"不同风格的文字，与《两地书》一起，向我们展现了厦门时期的鲁迅生命中的那份柔软、那份阳光。

在群贤楼群的集美楼，除了与爱偕行，除了写作研究，鲁迅依旧像在北京一样，为文学青年"打杂"。

◇◇◇ 鲁迅、林语堂与厦大学生社团"泱泱社"在南普陀后山

鲁迅是新文化运动与新文学的先驱，他的"粉丝"尤其多。他到厦门大学时，北京大学、青岛大学、金陵大学、南洋大学就有一些学生跟着转学到了厦大，集美楼二楼鲁迅的居所，总是走进三五成群的青年学

---

① 《鲁迅论创作》，上海文艺出版社1983年版，第33~34页。

生，他那堆满书籍与文稿的办公桌旁、放着报纸的藤圆桌周围，常常坐着来访的青年，鲁迅充满热情地与青年交谈，引人以大道，启人以大智，尤其是不厌其烦地为学生看稿、改稿。国文系学生陈梦韶改编《红楼梦》，以贾宝玉为主人公写了一部话剧《绛洞花主》，鲁迅不仅看完全稿，而且为这位学生的创作写了《绛洞花主·序》，精妙地指出："一部《红楼梦》，单是命意，就因读者而有种种，经学家看见《易》，道德家看见淫，才子佳人看见缠绵，革命家看见排满，流言家看见宫闱秘事。"一份最经典的《红楼梦》评论，则是在给学生的创作序言中诞生的。

1926年11月的一天，厦大的学生俞念远、谢玉生、崔真吾、梅川、卓治等人到集美楼拜访鲁迅，他们向鲁迅表达了想办一个文艺刊物的愿望，鲁迅即刻表示支持，于是这群青年就组织了泱泱文学社，办了刊物《波艇》，根据泱泱文学社卓治在《波艇》创刊号上的随笔所说："我们在海滩上找了个地方，大家围坐着，继续谈着我们的组织的名目和小刊物的名目……在海浪汹涌的滚来时我们得到了我们的社名，在想到漂浮在碧波里的boat时，我们得到小刊物的名字。""泱泱"形容知识的浩大深广，蕴含着青年应不断进取的意义，"波艇"则寓意青年在大风大浪中的激流勇进。泱泱文学社成立后，鲁迅就忙了，他热情地为青年看稿、审稿、改稿，指导他们编排设计，并想方设法为《波艇》介绍出版。《波艇》创刊号出来后，鲁迅曾寄给某书店出版，但遭到拒绝。鲁迅很是生气，气愤地指责该书店是"市侩"，他对俞念远他们说："这种市侩，只要有利可图，他们会若无其事厚着脸皮再来求我写文章，那我只好不客气地说'没有什么空闲'。"相反的，尽管泱泱社的写作"大抵尚幼稚"，但为了支持泱泱社的《波艇》，他还是将自己的《厦门通讯》给了《波

艇》，与青年学生的作品放在一起发表，为了让《波艇》公开出版，得以社会的承认，他想尽办法，向友人与自己熟悉书局推荐，经过一番周折之后，终于在1926年11月27日《北新》上，看到了《波艇》出版的广告，北新书局承担了《波艇》的出版。《波艇》为32开本，草绿色封面，出版了2期，第1期47页，第2期有91页，刊物刊登有诗歌、小说、剧本与杂感，刊物后面登有北新书局、开明书店、语丝、莽原等广告，借助于这些影响很大的书局、杂志的广告，青春的《波艇》也赢得了驶向远方的机会。

在指导与帮助创办泱泱社及其《波艇》杂志的同时，鲁迅还指导创办鼓浪文学社及其《鼓浪》周刊。1926年11月28日，鲁迅在致许广平的信中说"又在日报上添了一种文艺刊物"，这里的"添了"便是指鲁迅帮助鼓浪文学社为厦门的《民钟日报》（报址鼓浪屿）编好了《鼓浪》周刊。1926年12月，鼓浪文学社编辑出版《鼓浪》创刊号，作为《民钟日报》周三的副刊发表，自此，《鼓浪》便成为《民钟日报》每周三的副刊，内容以文艺作品为主，也登科学论文，鲁迅指导与帮助鼓浪文学社的学生编辑。《鼓浪》周刊第一期出版后备受读者欢迎，那天的《民钟日报》一下子售罄，只得再版一次。在1927年1月15日鲁迅离开厦门前往广州之际，《鼓浪》出版了2期的"送鲁迅先生专号"，之后便随着鲁迅的离开而暂时停刊了。新中国成立后，厦门大学学生复办鼓浪文学社及其《鼓浪》刊物，70多年来虽几经风雨波折，却延绵不已，继承鲁迅的民族精神，坚持"鼓起时代的浪潮"，从这里走出了许多全国著名的作家、文学评论家、文艺理论家。2005年我负责重新布置鲁迅纪念馆，了解到厦门地方文史专家洪卜仁先生藏有《民钟日报》的《鼓浪》，便与潘世墨教授前往洪先生家中拜访，在深情厚谊中获得《民钟日报》上的《鼓浪》创刊号及最后的第5—7期，从而纠正了学术界《鼓浪》只出版六期便停刊的说法，为厦门大学鲁迅纪念馆又增添了一份珍贵的馆藏。

许广平曾说鲁迅为了帮助青年学生"几乎费去半生功夫"，在北京为青年学生"打杂"，在厦门依然是为青年学生"打杂"，鲁迅在厦门期间居住的集美楼，永远成为青年学生缅怀鲁迅、学习鲁迅的地方。

映雪楼与囊萤楼的光

厦大首座校舍群贤楼群在风雨中奠基后，最先动工的却不是主楼群贤楼，而是楼群最东端的映雪楼，因为映雪楼为教学楼，陈嘉庚要赶在新学期开学前（即1922年春天）完工，好让学生从集美学校搬进演武场校舍上课。经过10个月的艰辛建造，映雪楼及其附属生活用房于1922年2月如期完成，原来是二层，第二年暑假按囊萤楼模式加盖一层，面积达2307.95平方米，为石木结构。映雪楼建成后，厦门大学首届学生从集美迁回厦门五老峰下，新一届学生也如期走进厦门大学。

群贤楼群最西端与映雪楼对称的囊萤楼在1922年12月底才建好，是群贤楼群最后完工的校舍，有三层，为石木结构，面积达2429.19平方米，这幢最后完工的楼房有自己的特点。按原来计划，囊萤楼与映雪楼一样为西式建筑，在建设当中，发现这样建筑"屋面跨度太大，屋架升水太高，图费工料，且无使用"，于是在建时将两侧及北墙增高一米成三层，加盖配上带尖型的石窗的16间房间当宿舍，宿舍前面铺设红

砖辟为宽大阳台。这个改造陈嘉庚很满意，要求"映雪楼新年放假时，叠加如囊萤楼"，如此可为"新秋添生"增加数十位学生的宿舍。1923年暑假期间，映雪楼就仿照囊萤楼，做了相应改造，同样辟出一块宽大阳台。

这两幢各据东西两端的楼房一为教室，一为学生宿舍，各取名为"映雪""囊萤"，用的是晋代孙康冬月映雪读书与车胤囊萤照书的勤学典故，以让厦门大学的学生能像中国古代的贤人一样，勤学苦练，焕发智慧的光芒，达到校歌所唱的"致吾知于无央"。

但囊萤楼的光比照书的萤火之光更为闪亮璀璨。1926年2月，在厦门声援五卅惨案引发的爱国运动波澜中，囊萤楼楼下厦大学生罗扬才的宿舍里，中国共产党福建省第一个党支部厦门大学党支部宣告成立，从这一天开始，红色的星星之火，从东南这座美丽学府燃向整个闽西南地区，蔓延于整个八闽大地。这个支部成员有厦门大学学生罗扬才、李觉民和罗秋天，罗扬才为党支部书记。

1925年11月，罗扬才从厦门到广州参加大学生代表会，经广东区委特派员罗明和两广团区委书记杨善集介绍加入中国共产党。李觉民是闽西南第一个团支部集美学校共青团支部的发起人，后考入厦门大学，1926年1月作为厦门代表到广州参加国民党第二次全国代表会，经罗明和杨善集介绍加入中国共产党。罗秋天原本是广州大学的学生，1925年在广州由罗明和蓝裕业介绍入党，为了组建厦门大学党支部，他遵照组织的指示于1926年1月转学到厦门大学。厦大党支部成立后，积极发动学生革命运动，组织了厦门的工人党组织，开展了厦门乃至闽西南的工农运动，发展了厦门的学生党员与工人党员，展开了纪念五卅的公祭活动、孙中山周年纪念、廖仲恺一周哀典活动、厦鼓反文化侵略游行，领导了多次"二五"工人罢工加薪运动，革命的星星之火燃烧成鹭江之畔熊熊的革命烈火。但就在革命烈火燃烧起来的时候，蒋介石反革命集团则在酝酿一场血腥屠杀的政变。在"四一二"反革命大屠杀之前，福州、厦门的反动势力先行下手。1927年4月3日，福州发生了"四三"反革命政变；8日晚上9时，厦门海军警备司令部接福州谭代总指挥电令宣布全省戒严；9日凌晨3时，续得福州福建全省政治会议及福建省国民党党部电，以所谓"看管"的名堂，开始逮捕共产党人，罗扬才、杨世宁、黄埔树三人在厦门总工会被捕，接着，江维三、严子辉被抓到海军司令部，反动军队趁机"接管"总工会，这激起厦门各工会300多人游行请愿，到海军司令部要求释放被捕者，但遭到司令部卫队的开枪阻拦；10日，国民党市党部宣布紧急通告，指责共产党人与革命组织为"捣乱派"；11日，厦门大街小巷布满军警，武装警察四处巡游，"扰乱公安，格杀勿论"的旗帜标语随处可见，白色恐怖由此开始。1927年5月22日，罗扬才、杨世宁与全省民众运动委员会徐琛及其妻子妇女运动会宣传股股长余哲贞等被秘密押往福州，并于29日夜被秘密杀害。英勇就义之前，罗扬才给同志们与家人留下生命中的最后一封信，信中写道："各位同志：在革命过程，革命派与反革命派斗争是必然的事情，我们便是这次斗争的牺牲者。这样的为革命而死，我们觉得很光荣、很快乐。当凶恶的刽子手准备杀我之前，我曾喝两瓶高粱酒，大醉特醉。各位同志，不必为我悲伤，应踏着我们的学籍前进！我家有年迈的父母，各同志有能力时便照顾一下，各位同志别矣，永别矣！"为了民族的独立和人民的解放幸福，厦门大学许多像罗扬才烈士这样的革命者英勇牺牲，与自

己的亲人、同学、老师永别了，但囊萤楼的灯光不灭，永远照耀着一代代厦大人踔厉奋进，铸就了厦大人的革命精神，与爱国、自强、科学一起形成厦门大学的四种精神。

鹭江东去，逝者如斯。一个世纪的时光过去了，厦门从一个与大陆不相连的孤岛成为世界瞩目的国际性港口风景城市，在一个荒芜的演武场上创办起来厦门大学已经是遐迩闻名的南方之强学府，是国家重点建设的"中国特色，世界一流"的高校，是国内外公认的中国最美丽的大学。恰如陈嘉庚百年前想望的那样，五大洲四大洋进出于厦门港的远洋巨轮，当它经过厦门港的海面，眼望着那青石、红墙、琉璃瓦与绿荫掩映的厦门大学时，便会轻轻地拉响一声悠远的汽笛，向一座自强不息的中国大学表示致意，向一位了不起的大学创建者表示致敬，向那一排厦门大学的"开基厝"——群贤楼群致以历史的问候。

◇◇◇◇ 屋顶细部

文化传承中的厦大典故

邬大光 *

　　王立群在《百家讲坛》解读《鸿门宴》时提出："过去的是历史，但历史没有过去。"1921年，校主陈嘉庚以"毁家兴学"的教育情怀和"振兴中华"的历史责任感创办了厦门大学。作为中国第一所华侨独资创办的大学，厦门大学为东南半壁的高等教育发展做出了创榛辟莽的历史性贡献。一个有着伟大梦想而又泣血践行的人是足以载入史册的，一所历经风雨而顽强生存的大学是理应让人肃然起敬的。厦门大学风雨兼

---

* 邬大光，厦门大学原副校长，教授。

程的发展轨迹，既生动反映出中国近代有识之士教育救国梦想的伟大实践，又完美诠释着陈嘉庚先生创业兴学的艰难历程。在厦大校园里，大到一幢楼房，小到一座亭子，甚至一段曲径、一块石头，都可能隐藏着一个典故，或流传着一段佳话，成为厦大一笔宝贵的精神财富和文化遗存。一个个典故、一段段故事共同组成厦门大学的精神力量，我们应该对这段历史充满敬意。追忆厦大往事是厦大人文化自觉的表现，寻找这些典故，发现和挖掘这些精神力量，既不是历史学家的专利，也不是教育学家的特权，而是每一个厦大人义不容辞的责任。我期冀兼及历史研究的严谨和个人的经验分析来尝试讲述这些厦大故事。挖掘厦门大学文化基因和血脉中的历史典故，就是期待厦门大学的后来者能够很好地珍惜、传承、发扬厦大的历史文化传统，在新的历史时期，提振南强雄风，再立育人新功。

一、厦大选址中的典故

厦大思明校区演武场是最早的校址。演武场曾经是郑成功操练军队的地方，是郑成功恢复明室的大本营之一。陈嘉庚先生对民族英雄郑成功充满崇敬。所以，1921年厦门大学第一座大楼落成后，历经两年艰苦卓绝的谈判，才获得演武场的审批权。但在当时，演武场可谓是一处偏僻的郊野荒地，鲁迅曾形容厦大是"硬将一排洋房，摆在荒岛的海边"。为什么陈嘉庚当年选择演武场，因为这里"西自许家村，东至胡里山炮台，北自五老山，南至海边，统计面积约二千余亩"。广阔的空间使得厦大未来的发展能够"预有算划，庶免后悔"。陈嘉庚筹建厦门大学最初圈地9000亩，计划在1930年建成万人大学，1941年学生数要达到2万。

据《厦门志》载，20世纪20年代，厦门人口大约有12.8万人。当时，在这样一个城市规模中，陈嘉庚先生能以远见卓识构建"生额万众"的大学，确实是高屋建瓴，难能可贵。尽管因为抗战没有实现，但在当时，这确是了不起的宏伟设想。可见，在陈嘉庚的内心深处，勾画的不是一所普通的大学，而是一座恢宏的现代教育王国：这座王国背山面海，北靠五老峰，远眺金门海峡；南指南太武山，中间行驶万吨巨轮，巨轮所见第一眼即为"厦门大学"。正如著名书法家虞愚为上弦场题诗云："自饶远势波千顷，渐满清辉月上弦。"厦门大学选址之磅礴大气，不言而喻。

大学与古刹为邻，在中国近现代大学选址上屡见不鲜。厦门大学与南普陀寺相邻算是其中之一。其他诸如福州大学之与西禅寺，山东大学之与洪楼教堂，华中师大之与宝通寺，安徽师大之与广济寺，韩山师院之与韩山寺相邻，这些选址，大概皆因"大学所缺，寺庙可补"。这种山林遗风如果可以追溯，当起自古代的书院与寺庙。严耕望先生曾提出，"书院制度乃由士人读书山林之风尚演进而来"，这一观点可由许多案例得以印证。例如，湖南岳麓书院之与麓山寺，河南嵩阳书院之与少林寺，福建紫阳书院之与梵天寺，清源书院之与承天寺，龙山书院之与净风寺，科山书院之与科山寺，均为相邻而居。

为什么书院与寺庙常常毗邻而居，一则可能由于寺庙大多选址风景秀丽，适宜修习心性，故有"天下名山僧占尽"之说；二则大概因为两者均为教化之所，寺庙与书院均是当时社会高级知识分子的集聚地，是

社会文化的重要交流场所。特别是一些高僧不但熟谙佛家经典，而且在诗词歌赋文学上往往也颇有建树，文人墨客也喜欢与高僧们切磋学问，留下了文人与僧人交往的许多佳话。同时，惺惺相惜，文人也受到僧人的特殊关照，特别是那些"寒士"，如白居易就自称"山寺每游多寄宿"，恰如《易经·乾》所云："声相应，同气相求。"后人据此编为成语"声应气求"，意谓同类的事物相互感应。《论语·里仁》也提出："德不孤，必有邻。"正所谓古刹黉庠相得益彰，书声钟声同振共鸣。至于居京畿重地太学，虽无寺庙相伴，但与孔庙为邻，则更显尊贵。在北京国子监街上，孔庙在东，国子监在西，正所谓"左庙右学"规制。在中国传统文化中，以左为尊，依照旧制，进国子监应先拜孔庙。北京孔庙始建于元大德六年（1302），于大德十年（1306）建成。在孔庙建成的当年，在孔庙西侧建国子监，又称太学。故"声应气求"这个典故，是对厦门大学选址的最好诠释。

二、厦大建筑中的典故

建筑承载一个时代的文化。没有理念的建筑是没有灵魂的建筑，大学建筑亦是如此。大学建筑体现着办学者对教育的理解与追求，凝固着大学的教育价值取向。厦门大学的典故不仅反映在校歌、校训、校徽中，也承载于一系列建筑楼群中。

1921年5月9日，被陈嘉庚称为"开基厝"的群贤楼群在演武场奠基，拉开了厦门大学"嘉庚建筑"大规模启土兴工的序幕。之所以选择在5月9日国耻日为厦门大学奠基，意在告诫莘莘学子"勿忘国耻"！

爱国之情溢于言表。群贤楼群落成后，不仅富有闽南特色，而且极具南洋风情，一主四从的五幢楼沿演武操场一字排开，楼与楼之间以连廊相接，中式屋顶，西式墙壁，构成了建筑学上中西合璧的独特景观，俗称"嘉庚风格"。

中国名楼诸如黄鹤楼、岳阳楼、鹳雀楼，之所以名扬天下，不仅在于楼的地理位置、设计本身，更重要的在于楼所承载的深厚的文化历史底蕴。大学作为文化传播的重要场所，给大楼起一个像样的楼名，成为检验一所大学历史文化的重要印记。群贤楼群命名，亦复如是。主楼"群贤楼"左右两边分别是同安楼、集美楼，东西端为映雪楼和囊萤楼。"群贤"一词一般认为来源于王羲之的《兰亭集序》："群贤毕至，少长咸集。"其实，"群贤"一词最早典出汉班固《白虎通·谏净》："虽无道不失天下，仗群贤也。"《荀子·非十二子》亦云，"壹统类而群天下之英杰"。群贤之义，而今出自何处已不是那么重要了，但作为一所百业待兴的高等学府，"群贤"楼名寄托了陈嘉庚先生质朴的办学思想：没有群贤就办不了大学，办了大学也就造就了群贤。

囊萤楼、映雪楼原为学生宿舍，其中"映雪"二字由陈嘉庚先生亲手所撰。"映雪"语出《尚友录》卷四："孙康，晋京兆人，性敏好学，家贫无油。于冬月尝映雪读书。"此外，据《孙氏世录》记载："晋孙康家贫，常映雪读书，清介，交游不杂。""囊萤"是以囊盛萤。典出《晋书·卷八十三·车胤传》："（胤）恭勤不倦，博学多通，家贫不常得油，夏月则练囊盛数十萤火以照书，以夜继日焉。"李中《寄刘钧明府》诗："三十年前共苦辛，囊萤曾寄此烟岑。"映雪、囊萤均为勤苦读书的典故，其寓意自不待言。

　　上弦场是厦门大学主体育场，是一个半椭圆形的大运动场，陈嘉庚先生利用楼群与运动场之间的落差，因地制宜地砌成可容纳两万人的大看台。陈嘉庚先生请书法家、佛学家虞愚先生命名时，虞愚教授根据运动场与看台都呈弧形特点，寓意深刻地把它命名为"上弦场"，因"上弦为夏历每月初八九的半圆月亮，相称上弦，有了上弦，必有月圆之时"。在演武场东边续盖兼用与专用的男、女生宿舍楼时，曾将专用的女生宿舍叫笃行楼，兼用男女生宿舍叫博学楼。

　　笃行：诚笃，中实，典出《礼记·中庸》："博学之，审问之，慎思之，明辨之，笃行之。"楼名寓意非常清楚，希望学生要有诚笃、忠实的优良品德。竞丰餐厅与芙蓉二学生宿舍之间曾有一幢带眷的教师宿舍，名曰：兼爱楼。"兼爱"之义，借古喻今，一方面期望老师对所有学生能够一视同仁地进行教育；另一方面亦表示厦大对所有求学者均敞开大门，欢迎报考。又如勤业楼，楼名起自唐代文学家韩愈《进学解》："业精于勤，荒于嬉；行成于思，毁于随。"勤业楼原是助教宿舍，每间宿舍大约10平方米，只容得下一张单人床、一张书桌、一把椅子和一个书架，多一点就成了累赘。学业上要有所成就，物质上就不要过多追求，这就是勤业楼人的精神。

　　作为"嘉庚建筑"的典型代表，位于集美学村的集美大学航海学院内现有五幢"一"字形排列的楼群，更以儒家道德修养的"温良恭俭让"依次命名为：即温楼、明良楼、允恭楼、崇俭楼和克让楼。即温出自《论语·子张》："君子有三变：望之俨然，即之也温，听其言也厉。"后以"即温听厉"称面受尊者的教诲。明良出自《书·益稷》："元首明哉，股肱良哉，庶事康哉！"诸葛亮《便宜十六策·考黜》："进用贤良，退去贪懦，明良上下，企及国理。"允恭克让，意指诚实、恭敬又能够谦让，出自《尚书·尧典》："曰若稽古帝尧，曰放勋，钦、明、文、思、安安，允恭克让，光被四表，格于上下。""温良恭俭让"是中华民族的传统美德，也是儒家极力提倡的最高社会伦理公德。《论语·学而》："夫子温良恭俭让以得之。夫子之求之也，其诸异乎人之求之与？"陈嘉庚以"温良恭俭让"命名楼名，将中华传统儒家文化巧妙地融入于办学理念，体现了他对民族精神的崇尚和强调，是民族性在其办学思想的充分表达。

鲁迅先生曾说过，越是民族的，越是世界的。嘉庚建筑风格不仅体现在建筑设计、建筑命名上，也体现在他对校园的规划布局充分传承与创新了闽南地域文化。集美学村和厦门大学在选址上，嘉庚先生均选择了向南朝海边的地势较高岸边，顺地势建造学校，完全符合了地方传统的风水观念。在校园规划上，既因地制宜地组成了严谨对称、围合感强的设计，又主次分明地架构了总体布局，和谐温馨。在校舍建筑中，陈嘉庚以"节省适用为建造原则、地产物品为取用材料、中西合璧风貌为特征"，实施"经济主张"和贯彻"实用主意"，宣称"建筑之费用务求省俭为第一要义"。

1950年，嘉庚先生主持了扩建厦大的基建工程，先后兴建了建南大会堂、图书馆、生物馆、化学馆、数学物理馆、医院及作为师生宿舍的芙蓉楼四座、国光楼三座、丰庭楼三座和竞丰餐厅、游泳池、上弦场等。这些建筑在沿袭原有的"穿西装，戴斗笠"风格的基础上，又有新的突破，白岩红砖琉璃瓦，骑楼走廊配以绿栏杆，富有闽南传统民风又不乏南洋的亚热带风情，红绿白三色搭配，色彩调和，鲜艳夺目，是"嘉庚风格"新的典范。之所以这样设计，是因

为嘉庚先生认为：学生宿舍建走廊可以在那里看报喝茶，使房间更宽敞，使住宿条件更加卫生。宿舍增建走廊，这是其他高校所没有的。一砖一瓦总关情，嘉庚建筑风格又岂是一言能说清？

三、厦大石板路的典故

从厦大的几个主要校门进入校园，都会踏上别具一格的"石板路"。我经常说：从你踏上厦门大学的第一脚开始，你就已经行走在厚重的文化之路上。厦大校园道路以闽南特有的石板修建，最适宜步行，宜慢不宜快，一步步很有一种踏实感。在世界各国大学中，土耳其的中东技术大学是一座彻头彻尾的"石板路王国"。该校的主路是一条长达数公里的石板步行道，每隔五六十米，就有几级台阶，平坦的路面因此不慌不忙地徐缓抬升。中东技术大学和厦门大学的石板路各有所长，共同点都是采用天然的石材拼接为路。

几年前率厦大帆船队去浙江的建德市参加"2015年首届中国大学生帆船锦标赛"。比赛间隙，我忙里偷闲地去了建德市附近的新叶古村考察，这是一个被誉为"中国明清古民居建筑露天博物馆"的江南古村。该古村形成于宋末元初（约1208年），至今800余年。走近村口，远远就能望见一块牌坊上写着"耕读人家"四个大字。离牌坊不远处，就是抟云塔、土地祠和文昌阁三座紧密相连的小型建筑群。文昌阁是该村的主要教育场所，其前身曾先后命名为"玉华叶氏书院""重乐书院""重乐精舍"等，大约在200年前，重建为文昌阁，并通过一系列措施，形成了"耕读文化"。例如，为鼓励族内子弟求学，赶考时给足盘缠，考取功名后可在祠堂前立杆，中取功名的族人家中还可按等级领取粮食等，在族里这些"好政策"的激励下，彼时的叶氏子弟几乎个个勤奋好学，家家都能听到琅琅书声。

游览中，我发现在纵横交错的古巷中，每一条路的中间都是由一块块大石板连接铺就，两边则是碎石相衬，形成了"大石板居中"的石板路。我问导游，为什么路的中间要铺成石板？导游告诉我：村里的主干道用石板铺成，最终都通向文昌阁（书院），意味着去学堂读书要"足不涉泥、雨不湿靴"。江南的文昌阁几乎都秉承这样的理念，通向文昌阁的路几乎都有这样的特征。

听导游这么一介绍，我豁然开朗，不由心起对新叶古人的钦佩，即不带着一纤尘埃走进学堂和书院，这是对教育和知识的何等尊重！一条条通向文昌阁的石板路，其实是"圣洁之路"，是对教育神圣的敬畏。看到这一场景，也使我联想到了在牛津大学、剑桥大学校园曾经看到的一幕，颇有异曲同工之处。20年前，当我第一次参观牛津大学和剑桥大学时，注意到每个建筑物的门口，都有一个类似于滑冰鞋的冰刀，倒扣在门口，不知其功用，至今也不知道该如何用英文或中文称谓它（暂且就称之为刮鞋板吧）。我问了几个游客，这个东西是干什么用的？他们都说不清。后来一个剑桥人告诉我，那是用来刮鞋底上的泥土。

何等的相似！从牛津剑桥的刮鞋板，到新叶古村文昌阁的石板路，都可以看到在东西方文化的血脉中，饱含着对学术殿堂的崇敬，彰显的既是大学的神圣，亦是读书人的斯文：即不带着一纤尘埃走进文明的学术殿堂！

很显然，上述两种做法都是受几百年前自然条件的限制，古人们用

此种方式表达对知识和学校的敬重，以及对读书人的要求。如今的大学校园，早已摆脱了"涉泥与湿靴"的自然困境，故也就渐渐淡忘了"足不涉泥、雨不湿靴"的本真文化意蕴。但我认为，"不带泥、不湿靴"依旧具有厚重的育人功能，不仅走进大学要"不带泥、不湿靴"，走出大学也要"不带泥、不湿靴"，尤其是在人的一生中要永远"不带泥、不湿靴"！石板路还会让我联想到"踏踏实实（踏石）读书、踏踏实实做人"的寓意。"足不涉泥、雨不湿靴"，这应该是前辈对教育、对大学、对学子的深切期待！厦大前校长朱崇实曾经在校长早餐会与学生们就校园铺设石板路问题有过一次对话，朱校长认为陈嘉庚先生当年在校园铺设石板路带有期望厦大学子都能够尊重教育敬畏知识的意思。我没有问过朱校长这番话是否有出处，但是我想他的说法肯定带有某种烙印，才会说出这样一番话。

四、典故文化的缔造者——陈嘉庚

综上可见，厦门大学的校训、校歌、校徽乃至每一栋建筑，都包含着深厚的中国传统文化。在一所大学中集中体现和蕴含如此众多而博大精深的历史典故，这在中国所有高校之中也是凤毛麟角。为什么厦门大学能够集合如此众多而又博大精深的历史典故呢？究其根源，应该得益于校主陈嘉庚先生深厚而高洁的人文修养。

陈嘉庚先生深受闽南文化和华侨文化的影响。他九岁进入集美社南轩私塾，读的是《三字经》《千字文》《幼学琼林》等。下南洋经商，因中国民间的传统文化在下南洋的人群中基本完整地得以保存，使其深受华侨文化圈的熏陶。对传统文化的深入研习使他对传统文化的部分认同有了理性的深化。将传统文化与国家民族的命运视作二位一体。他对传统文化保持审视的态度,无论从情感或理智上都未从整体上否定传统文化,这对他之后引进新式教育、倾资办学具有深刻的启示。

1894年冬,陈嘉庚回乡结婚,倾其仅有的两千银圆,在家乡集美创办"惕斋学塾"。馆门前,挂着陈嘉庚拟就的两副对联,一曰:"惕厉其躬谦冲其度,斋庄有敬宽裕有容"。另一曰:"春发其华秋结其实,行先乎孝艺裕乎文"。"惕厉"语出《周易·乾》:"君子终日乾乾,夕惕若厉。"比喻君子不仅要整日自强不息、发奋有为,而且一天到晚都要心存警惕、小心谨慎。"谦冲"语出《易经·谦卦》:"谦谦君子,卑以自牧也。"比喻道德高尚的人,总是以谦逊的态度,修养自身,自我约束;而不因为位卑,就在品德方面放松修养。

从"惕厉""谦冲"始,陈嘉庚先生毕生致力于教育事业,创办了一系列规模宏大、设备完善的学校,造就了大量的革命和建设人才,对振兴中华民族做出了伟大贡献。这是他捐资兴学的肇始。对此等事,陈嘉庚后来在《南侨回忆录·弁言》中写道:"(余)自廿岁时,对乡党祠堂私塾及社会义务诸事,颇具热心,出乎生性之自然,绝非被动勉强者。"

1913年3月4日,集美敲响了第一声新学的钟声,宣布了陈嘉庚先生创办的第一所新式学校——乡立集美两等小学校的开端,也宣布了集美学校的建立,标志着陈嘉庚长达半个世纪艰苦的兴学历程的开始。1922年,陈嘉庚为这所具有开创意义的集美小学立了一块石碑,并撰写碑文,记述创办集美小学的动机和经过。碑文的开头写道:"余侨商

星洲，慨祖国之陵夷，悯故乡之争斗，以为改进国家社会，舍教育莫为功。"可见，他兴办教育，既为家乡，也为祖国。他已把兴学看作富强国家、改造社会一个无可替代的手段。陈嘉庚开办教育的眼光既宽且远，他胸中有一幅宏伟的兴学蓝图：首先是要让女孩也能上学，还要办中学、办师范、办农林医工商专门学校，还要办大学。正是由于陈嘉庚的教育理想和文化底蕴，滋养了厦门大学的浩然正气，陶冶了厦大师生的自强不息。

陈嘉庚以"教育为立国之本，兴学乃国民天职"为己任，以恪尽"志怀祖国，希图报效"的国民自觉、"国民之发展，全在于教育"的远见卓识和博大胸怀、"尽出家产以兴学"的极大勇气和实业累积的全部身家、"诚毅"果敢的超常毅力和永不止步的奋进精神，"止于至善"的非凡气魄和崇高境界，自始至终践行着他梦寐以求的理想，构建了从幼儿园到大学完整的教育体系。他为厦门大学留下的丰富文化遗产，体现在校歌、校训、校徽、校内建筑、学校章程中，存在于其办学理念与长期的办学实践中，也是他自己"大爱精神"及"自强不息，止于至善"的追求体现。

（一）大爱精神

陈嘉庚先生生于厦门，生活在帝国主义列强肆意宰割中国的年代。尤其是在南洋经商活动中，他饱受帝国主义、殖民主义的欺凌和压迫，由此而锻造了其强烈的民族自尊心和炙热的爱国心。此外，闽南人重视传统、家国也有其历史渊源。早在晋朝时有中原一带人避战乱南下，在无名江边定居，便把这条江定名为"晋江"，以示不忘自己是晋朝人。

在唐朝中期及以后和北宋末年，中原人大规模南迁，又把中原文明带到闽南，闽南人受中原汉族文化的影响，继承并遵循了中华民族的优秀传统，经过一代代闽南人的实践与融化，赋予了其鲜明的地方特色、独特的性格和丰富的内涵。由于有这样的迁徙历史，闽南人有强烈的民族自尊心和爱国心。他一直坚持，中华民族一定要加"大"字。所以他在文告署名上多次冠以"大"字，如在其文稿和说话中多次出现"大中华民族""大中华国民"等。

1919年，陈嘉庚向海外同人高呼："勿忘中华！"1921年，陈嘉庚选在5月9日国耻日为厦门大学奠基，告诫莘莘学子"勿忘国耻！""嘉庚建筑"的顶，加上中国传统的燕尾或马鞍屋脊或重檐歇山顶，用中华民族的传统建筑形式"压制"欧陆建筑或殖民地建筑。1938年，针对汪精卫等人的妥协方案，陈嘉庚坚持抗日到底，在国民参政会上提出"敌未出国土前，言和即汉奸"的提案，给当时的主和派以沉重一击，在海内外引起了强烈的反响，被誉为"古今中外最伟大的一个提案"。在事关国家民族生死存亡的关键时刻，陈嘉庚先生大义凛然、疾恶如仇，以国家民族利益为重，用提案表达了自己抗战到底的决心和抗战必胜的信心。陈嘉庚先生是一位真正的民族英雄，不愧为"华侨旗帜、民族光辉"。

陈嘉庚对教育的投入是一种奉献，是内忧外患下的必然选择，也是闽南人用实际行动对感恩从善的深度理解。闽南人自古以来就乐善好施，有捐资办学、造福乡梓的传统，陈嘉庚身上亦有这样与生俱来的文化基因。兴办教育也是包括南洋华侨在内的海外华人感恩、回报家国的特有方式，也成为历史长河中偶然中的必然。1919年，陈嘉庚公布自己创办厦门大学的计划，并宣布认捐开办费100万元、常年费300万元，

共400万元，是陈嘉庚当时积存的总资产额的一倍多。但是，他在校舍建设中自始至终倡导"应该用的钱，千万百万也不要吝惜，不应该用的钱，一分也不要浪费"。这种"经济实用建造"的特点，正是其办学理念的最好体现。

1950年，陈嘉庚在准备修复和扩建厦门大学校舍来学校勘察时，指出内廊式建筑不宜用作学生宿舍，认为："学生宿舍，须建单行式门前有骑楼数尺宽。"他曾就学生宿舍的建设写信给王亚南校长，着重谈到"回国参观大学多所，大都对学生住宿处所不甚讲究，我校宜注意及之"。他认为"宿舍增加走廊，多花钱为了同学住得更好，更卫生。学生可以在那里看报、吃茶、使房间更宽敞"。但是，他不允许在走廊上晾晒衣服，因为校舍通风要好、光线要足。

（二）自强不息

陈嘉庚在实业、教育方面有重大建树。教育之命脉系于经济，为了实现兴学宏愿，他历尽辛苦挣钱、集资。陈嘉庚挣钱的目的就是办学。没钱时想办，钱少时小办，钱多时大办。1913年，就陈嘉庚当时的财力而言，可谓心雄力薄。于是，同年9月，他便告别师生，第五次踏上出洋之路。虽然当时生意艰难，其他人在生意场中一片惨败，但唯独陈嘉庚能转危为机，一枝独秀。尽管如此，他还是迫不及待地回集美与其胞弟陈敬贤一起共同商定兴学计划。

陈嘉庚说："经过多年的观察和思考，小弟觉得欧美诸国之所以国强是因为教育强；教育之所以强是因为不仅政府办学，更重要的是民众办学。美国有大学三百所，商家办的就有二百八九十所。小弟以为，要振兴中国，首先要振兴教育；要振兴教育，光靠政府不行，要全民都来办学，特别是富人要多尽义务。南洋华侨中有不少百万富翁，千万富翁。要造成这样一种风气，使他们热心教育，愿意为教育作贡献，勿忘中华。"

此外，陈嘉庚的历史观中有闽南人宿命论因素，并伴其一生。他有"乐观的历史观和强烈的使命感"。他始终将个人看作是社会中的个人，认为个人服务社会是"应尽之天职"，并且认为"兴国即所以兴家"，有国才有家。他以超常毅力和永不止步的精神，承担国家责任和历史使命，竭尽心力构建与实现自己的兴学蓝图。

（三）止于至善

陈嘉庚没有接受过学校正规、高深的国学训练，但他一生又常常在传统文化的氛围中生活；他从没有系统阐述过传统文化的优劣与传承，但他的文章、演说、书信又常常以传统思想立论，甚至社会活动和生活方式也渗透着传统的价值观念。他在从事近现代意义的实业、教育、社会政治活动中审视和取舍着传统文化，但同时也站在传统文化的角度理解和改造着蜩螗鼎沸的现实世界。

从陈嘉庚先生所处的时代看，中国当时的状况是贫困愚昧，教育颓废，福建亦是如此，这给了他很大的刺激。初下南洋，陈嘉庚看到闽南籍华侨多数文化水平很低，在国外谋生，深受没文化之苦。集美虽说山清水秀、人杰地灵，可当时文化废坠、野俗日甚，贫富悬殊，强弱相凌。他寄望于教育"保我国粹、扬我精神"，以使文化存续、民族振兴，因而他对于国学研究和道德教育同样高度重视。陈嘉庚一生

大规模的办学举动，在国内没有先例，在国外亦属罕见。他对中华文化的追求和传承饱含着一种纯真朴素的愿望，这种愿望反映了他对建筑人文精神的追求，如厦门大学的群贤、兼爱、敬贤、博学、囊萤、映雪，集美学校的"温、良、恭、俭、让"，都是他的思想在建筑上的物化，体现了他在处理人、事时，追求与中华传统文化最高目标相统一，以达到止于至善的境界。当时的学术思潮涌动，与陈嘉庚的办学理念密切相关，厦门大学创办之初，就明确要求厦门大学要继承和发扬古今中外的文化，并将之融合成为一种尽善尽美的先进文化，这是何等卓尔不群的见识。完美的陈嘉庚，完美的厦大！

结　语

　　厦门大学已经在社会巨变中度过了百年华诞。作为一个厦大人，回顾厦门大学的发展史，令人欣慰的不仅仅是那些看得见的日益向好的各种指标或成绩，更值得自豪的是深藏在众多成绩背后的独具厦门大学特色的文化底蕴。它是校主陈嘉庚先生办学之初即为我们播下的大学文化火种，也是厦门大学的文化基因，更是陈嘉庚先生为厦门大学留下的丰厚文化遗产和宝贵精神财富。它不仅早已融入厦门大学的文化血脉，而且浸润着厦门大学的每一方校园、每一间校舍，滋润着每一位厦大人的心田，引导和激励着一代代厦大人自强不息，奋然前行。

　　在这个浮躁的年代，谈论大学文化是一件奢侈的事。但文化是一所大学永续发展的源头活水，一所有文化使命担当的大学方能在时代流转间屹立于疾风骤雨中，弦歌不辍，薪火相传，斯文在兹。校主陈嘉庚一生的办学壮举和教育实践表现出一位卓越创始人的道德领导风范，为我们树立了一座扎根中国大地办好大学的巍峨丰碑。一所大学的精神因某个人而生发，他的精神与这所大学乃至世界大学的大学精神发生化学反应，这个人的精神与大学精神就具有了恒久的价值与意义。一所大学被追忆的程度，往往与它曾创造过的辉煌有关，与它曾经历过的苦难有关，与其辉煌和困难的反差程度有关。我们对大学典故的追怀也是对大学文化命脉的传承，是迈向文化自信，进而臻于文化自强的一种文化自觉。

◇◇◇◇ 唐绍云油画作品：对话

注：本文参考文献略。

抗战前厦大建筑史

陈延庭[*]

  陈嘉庚在集美兴办学校以后，由于福建教育落后，师资奇缺，深为人才罗致的困难所困扰。因而，他有鉴于邻省如广东、江苏、浙江一带公私立大学林立，医学院亦不少。而闽省人口千余万人，没有一所公私立大学，乃决意创办厦门大学。1919年5月底，陈嘉庚自新加坡启程回国。他先到广州参观美国教会设立的岭南大学的校舍建筑，并调查该校历年经费开支情况和设立大学应该注意的事项，而后回到集美。为处理

---

[*] 陈延庭，曾任厦门大学总务主任、建筑部主任。

集美师范学校侯葆三校长辞职问题，陈嘉庚邀请黄炎培（当时任江苏教育会副会长，正好南来视察）到集美会晤。陈嘉庚请黄炎培代聘校长教职员，以资扩大集美学校规模。黄炎培表示许诺。7月13日，陈嘉庚邀请厦门绅士及商学各界知名人士在浮屿陈氏宗祠开会，商谈创办厦门大学事宜，并发布《筹办福建厦门大学校附设高等师范学校通告》（以下简称《通告》）。现录《通告》全文如下：

专制之积弊未除，共和之建设未备，国民之教育未遍，地方之实业未兴。此四者欲望其各臻完善，非有高等教育专门学识，不足以躐等（逾越）而达。吾闽僻处海隅，地瘠民贫，莘莘学子，难造高深者，良以远方留学，则费重维艰，省内兴办，而政府难期。长此以往，吾民岂有自由幸福之日耶？且门户洞开，强邻环伺。存亡绝续迫于眉睫，吾人若复袖手旁观，放弃责任，后患奚堪设想！鄙人居南洋，志怀祖国，希图报效，已非一日，不揣冒昧拟倡办大学校并附设高等师范于厦门。行装甫卸，躬亲遍勘各处地点，以演武场为最适宜。惟该地为政府公产，爰敬征求众意，具请本省行政长官，准给该地为校址，以便实行。谨订本月13日（即旧历六月十六日星期日）下午3点钟假座浮屿陈氏宗祠开特别大会，报告筹办详情（另有译述国语）。事关教育前途，尺我同胞爱国士女，希届时惠临指教，幸勿吝玉为荷。此布。

福建私立集美学校校主陈嘉庚谨启

会上，陈嘉庚发表演说，他缕述师资教育之重要也，以民国二年统

计，闽省人口 2500 万人计算，如入学人数按 5% 估算，就有学生 125 万人，所需教师约五六万人，而吾闽自兴学以来，师范学校仅设 4 所，毕业生每年不满百数十名，就使悉数就教尚不及 1/40，每县平均不满二三名。夫教育之急切如彼，而师资之缺乏又如此。……兴学责任讵有旁贷！他进一步论述国家人才之宜培植也，指出国内现称大学者不下十余所，强半为外人所创办。究其内容，不过神学、文学、医学等科耳。余若农、工、商等科，关系社会之发展，为国家生存上所不可缺者，则罕有所闻。……夫大学人才比如主要之发动机，专门以下暨中小学，则其附属品也。今欲求附属品之发达，非赖有完全之发动机不可。他当众宣布，要竭尽全力，创办厦门大学，以报效祖国。并选择厦港演武场为校址，由民国九年起，5 年之内认捐开办费银洋 100 万元。开校以后认捐常年经费 12 年，每年 25 万元，共 300 万元，合开办费共认捐 400 万元。

演武场校舍的建筑

由于演武场属官地，须向省府申请批拨，陈嘉庚亲赴福州，由省垣绅士翰林陈培琨引见福建督军李厚基，请准拨出厦港演武场四分之一为厦门大学校址。他还委托陈培琨为厦门大学的代表，负责向省政府申请批准，以资建筑厦大校舍。

厦港演武场，俗称"演武亭"，是 17 世纪 30 年代郑成功为收复台湾的练兵场地。到清康熙年间，又成为征服郑克塽和尔后威慑台湾海峡大小岛屿的屯兵要塞。但自乾隆中期台湾最后一次农民起义被镇压以后，台湾岛进入开垦时期，地方平静，清代的绿营兵丁也逐渐腐化，停止训练，演武场也就变成荒废的草埔了。

1842年鸦片战争以后，厦门辟为"五口通商"的口岸之一。外国洋行，诸如英商德记洋行、宝记洋行、和记洋行、太古洋行、汇丰银行和美商美时洋行等，相继在厦门海后路和鼓浪屿设立据点，一方面贩卖鸦片，另一方面掠夺华工及采购茶叶、红糖、瓷器等土产出口。其时厦门港为我国出口茶叶数量最大的港口，竞购茶叶的洋商，一时云集厦门。他们在演武场擅自圈围跑马场、建筑住房和马厩，每年赛马几次，以进行赌博，也吸引了不少市民围观和参赌。不久，因茶苗被洋商窃购到锡兰、爪哇等地区种植，接着台湾也大量种植，厦门茶市遂一落千丈。有一部分洋商迁往福州，采购武夷茶，从此洋商人数锐减，跑马亦跟着停止。嗣后少数洋商和海关洋职员又自行设置高尔夫球场（厦门人称为"打野球"），占地更广。自磐石炮台营房的大门口起，一直顺着曾厝垵、胡里山海滨延伸到崎头山、李厝山、乌空圆抵白城为止，设立高尔夫球场十余处。每周末都有几支球队举行比赛。由于高尔夫球场恰好设在市区通往曾厝垵、黄厝的唯一交通要道，农民往来，络绎不绝，经常发生高尔夫球伤人事故。但因当时政府孱弱无能，惧外如虎，对洋人侵占土地，擅设球场和野球伤人事件，甚至球场占到炮台门口，也不敢吭声，更谈不到抗议和保护过往农民的安全了。

1908年10月间，因美国舰队访问厦门，清政府派皇亲贝勒溥伦到厦门欢迎，在演武场中搭盖一座可容纳数千人的竹棚大会堂（兼作餐厅），还设立临时发电厂。竹棚不久就被大风吹倒，仍旧复为废墟。但洋人在这一带打高尔夫球如故。中国的土地任由洋人蹂躏，当时政府弃之如粪土，从不过问。

到了陈嘉庚要创办厦门大学，并选择演武场为校址，向省府申请批拨土地时，演武场遂声价十倍。李厚基开口要陈嘉庚购买公债4万元（其时我省尚未发行公债），才能给予地照。陈嘉庚只好在厦大建筑费项下拨出2万元买公债，才获得李厚基的许可，颁发一张地照。虽然陈嘉庚实现了在演武场建筑厦大校舍的愿望，但信札往来，浪费了六个月的时间，才得着手施工。

1920年，北京政府教育部参事、北京高师校长兼任厦大校长邓萃英，介绍美商茂旦洋行设计校舍。

1921年4月6日厦门大学假集美学校的即温楼、明良楼为临时校舍，举行开学仪式。邓萃英挂名为校长。邓来时，茂旦洋行的工程师毛费（又译为麦菲）随行来厦。毛带来了茂旦洋行设计的演武场厦大校舍的设计图纸，包括平面总图、立体简图和建筑工程造价估算表，以及群贤楼、集美楼、映雪楼的设计图纸等。茂旦洋行索取设计费1500元，加上毛费来厦费用几百元，共多花了2000余元。在美国工程师设计的平面总图上，校舍分为三群布置。第一群建筑物安排在演武场西偏，其图式为每三座作品字形，说是必须这样才算美观。陈嘉庚则不赞成品字形校舍，因为这样设计必然会多占演武场地面，妨碍日后运动场的设置。因而把图中品字形改为一字形。中座面向南太武高峰，背倚五老峰中峰沿着南普陀观音阁，正好一条直线。楼前场地宽阔，是辟为运动场和师生课余的休憩的理想园地。第二群安排在崎头山、李厝山和白城一带，安排大楼七座，形成半月形俯乌空圆。第三群，在白城沿山麓到胡里山炮台，安排楼房25座，仍旧形成半月形，前面环抱海湾，并备有小码头，可以通行小汽船。全部工程造价估算高达一千数百万元以上。而陈嘉庚宣布创办厦门大学时，才捐献开办费100万元。他自然不能把校舍建筑工程交给美商茂旦洋行承包，而且不赞同采用进口的昂贵建筑材料，主张就地取材，采用花岗石，并表示要自行设计、自行购料，自行雇工施工。陈嘉庚聘我为厦大建筑部主任，直接由他指挥，以贯彻执行他的建筑计划，不受厦门大学行政管辖。

5月9日，陈嘉庚邀请厦大校长邓萃英以及全体师生员工到演武场，为第一群校舍建筑举行隆重的奠基典礼，拉开了厦大校舍建筑的序幕。5月9日是国耻纪念日。在1915年的这一天，袁世凯承认日本侵略者提出的旨在鲸吞我国的"二十一条"，激起全国人民的反对。为救亡图存，这一天被定为国耻日。陈嘉庚选择这一天，为厦大校舍奠基，目的就在于告诫全体师生勿忘国耻，奋发图存。他在群贤楼前露出地面的基石上，嵌上一块长方形碑石，镌刻着：

中华民国十年五月九日

厦门大学校舍开工

陈嘉庚奠基题

陈嘉庚还在奠基石的下面，埋有一个石匣，里面藏了他在1919年7月13日在厦门浮屿陈氏宗祠宣布创办厦门大学的演讲稿一束。

奠基典礼之后六天，邓萃英校长就提出辞职。他的去职，除了没有按合同辞去北京职务，仍旧打算南北兼职，以及陈嘉庚拒绝按照美国大学校舍标准交由美商茂旦洋行承建校舍，引起两人意见相左外，邓萃英还向陈嘉庚要求拨款400万元，交由他经营运用这一件事，也是导致

彼此矛盾激化的重要原因。开学式的次日，邓萃英偕总务主任何公敢、教务主任郑贞文去找陈嘉庚，要陈嘉庚履行诺言，把厦大开办费100万元，经常费300万元，全数提交厦大管理。陈问：一下子提取如此巨款，要作何用？邓说：除建筑校舍外，其余要在东三省购买土地，开垦农田，辗转买卖，可得巨利。陈问：若在东三省买地皮，谁去管理？邓答：校长自己可以直接管理，也可以委托朋友们帮助管理。陈说：把捐款拿去搞投机倒把，这是很冒险的行为，而且校长要在校中主持校务工作，怎有时间到东三省开垦农田作买卖？至于托朋友去管理，简直是把宝贵的资财，花在莫须有的天地里。陈嘉庚还说："我十几年来的教育捐款，言出必履行，时间一到，即如数支付，决不像那些放大炮、说空话的人来骗人的。"陈嘉庚的主意，是把这笔捐款放在新加坡自己经营的橡胶公司里，且有十余年的经验，往日已得到过很大利润，万无一失。尔后大学所需经常费每年25万元，可以按时支付，无须别人过问。彼此谈话破裂。越日，这三位当时厦门大学台柱提出辞职，陈嘉庚立即接受他们的辞职，后电邀新加坡林文庆硕士来任校长。林文庆于7月4日抵校视事，聘刘树杞博士为教务主任，并由刘介绍我充任临时总务主任，不久即聘林玉霖为总务主任，改命我为庶务主任。

为了赶在1922年春天搬入新校舍，陈嘉庚不论烈日当空还是北风怒吼，每天都亲到演武场监督施工，务期在1921年底能完成教室12间、宿舍48间和办公室、图书室等必需的辅助房屋。到了1922年正月中旬，首座校舍映雪楼即将完工，遂在开学前，把大学从集美迁入演武场校舍。陈嘉庚也在厦大开学后回新加坡，而把厦大建筑部工作交我全权负责。我虽然身兼两职，但工作侧重于建筑部的备料和监工，务期在这一年里，能顺利完成集美、囊萤、同安、群贤这四座楼的建筑任务。5月间，紧靠映雪楼的第二座校舍，又告完工，命名为"集美楼"。7月，正中的一座主楼又告完工，有人建议命名为"嘉庚楼"，被陈嘉庚谢绝，又有人建议命名为"敬贤楼"，又被他改为"群贤楼"。接着群贤楼西边的教学楼又完工，命名为"同安楼"，而最西端的一座教学楼，也在年底完工，被命名为"囊萤楼"。这五座的楼名，映雪楼是陈嘉庚亲笔题写的，囊萤楼是由陈敬贤题写的。群贤楼则由陈嘉庚请林文庆题写，都刻成石匾嵌砌在楼上。但"集美""同安"两座楼名，却因未及时题写刻石，至今[①]尚无楼匾。

　　陈嘉庚对学校行政从不干预，但对校舍建筑却亲自过问，从设计、备料、施工等项工作都抓得很具体，而且厦大建筑部由他直接指挥，不属厦大学校行政管辖。即使他在新加坡，也经常来信发布指示，我是按他的意图办事的。陈嘉庚认为建筑厦大校舍最重要的不外三事：第一件就是校舍位置之安排，关系到美观和将来的发展。第二就是间隔和光线。第三便是外观，如不计工本追求美观，不宜于初创的厦大，只有少花钱，却又"粗中带雅"才合他的意见。他又指出，对于"建筑之费用，务求省俭为第一要义"。凡本地可取之材料，宜尽先取本地出产的材料为至要。"不嫌粗、不嫌陋，不求能耐数百年，不尚新发明多费之建筑法，只求间隔适合，光线充足，卫生无缺，外观稍过得去（就可了），若言坚固耐久之事，则有三十年已满足矣，切勿过求永固。"

　　厦大建筑部没有工程师，是由陈嘉庚亲自指挥工人施工的。他亲自

---

① 　编者注：指本文写作的1938年。

选聘两位工匠，一位是泥水匠，名叫林论司（闽南方言，尊称师傅为"司"），一位木匠，名叫郑布司。这两位经验丰富的本地"土师傅"，虽然没进过土木工程专门院校，也不懂设计绘图，却善于领会陈嘉庚的意图来施工，有时在施工中发现有不妥之处，陈嘉庚也会接受他们的意见，随时修改。因此，工程进展顺利。经过几十年的考验，当时就地取材，用花岗石砌起来的厦大校舍，现在仍巍然屹立在演武场上，坚固耐用，美观大方。

当时有人訾议群贤、集美、同安三座楼，采用琉璃瓦建成的宫殿式的屋顶，是"穿西装戴中国式的瓜子帽，不相配称"。陈嘉庚坚持认为，一个民族，有自己民族的传统的建筑艺术，不必强同于异民族而走上模仿洋化的道路。我们仍旧按照他的主意施工，向广东佛山采用绿色琉璃瓦，来完成这三座楼的宫殿式的屋顶。实践表明：宫殿式屋顶是集美、厦大校舍建筑的一个特点，也是陈嘉庚爱国精神在建筑上的体现，因而受到后人历久不衰的称赞。

还有一件事，值得一谈。过去外国人盖屋顶的洋灰瓦，俗称"洋瓦"。当时水泥依靠进口，价格昂贵；且水泥瓦受到日晒，辐射热量，往往顶层没有天花板就不好使用。陈嘉庚指导工人仿照水泥瓦样式，用泥土试制"土瓦"，成功以后，就在石码设窑烧制，以代替洋瓦。集美、厦大屋顶，用的就是这种瓦。因为这种瓦是陈嘉庚首创的，群众美称为"嘉庚瓦"。"嘉庚瓦"不但就地取材，成本低廉，而且因烧成以后变成红色，永不褪色，同时还具有隔热作用，因而受到欢迎。现在闽南民间也普遍采用。

崎头山建筑群

第一群校舍完工后，演武场地皮也已用完。接着筹建一群校舍包括博学楼、笃行楼、兼爱楼、生物楼、化学楼等，却碰到很多困难。其时，福建政局发生变化，臧致平部队退至厦门岛，独霸一方，借口养兵筹饷，征收苛捐杂税，需索无厌，以饱其私囊。但对厦大校舍用地问题，他却表示无能为力，不敢主张。1923年，我们只好先在东边溪西岸这条狭窄的沙岸，自行设计建筑，先把岸上数千个多数无主的荒冢迁移到西山顶，并圈绕水田建筑一条600米长、3米高的石条堤岸，辟出一片约1000平方米的土地来建筑师生宿舍。第二群校舍，就先在崎头山西侧山麓动工兴建了。先后在这块土地建成的，计有：三层楼的教职员宿舍，命名为"博学楼"；二层楼的女生宿舍，命名为"笃行楼"；川字形的二层楼教员眷属住宅，命名为"兼爱楼"。

1923年5月，军阀李厚基被赶出福建，换来了奉军24旅。旅长王永泉派其弟王永彝驻兵泉州，自称是"泉警备司令员"。我乃专程去泉州，由晋江县长谢某引见王永泉。我向他申述厦大扩建校会，急需地皮，请他批拨地照。他说不日要派员来厦大共同会勘，而后发给地照。但地照尚未取得，而紧靠厦大下澳仔许姓绅士许幼华就向厦门港法院告我侵占土地伤害许姓在崎头山的祖坟。许幼华不敢告陈嘉庚，也不敢告林文庆，却对我这个建筑部主任，雇律师进行诉讼，还请警察到下澳仔的附属小学建筑工地，阻挡施工，我也只好雇律师出庭应付。

崎头山、李厝山和白城这一带，荒冢累累，坟墓盈千累万，如果迁

移一个，就要打官司，二群建筑，根本就无从进行。陈嘉庚对迁坟之事指示我说，要坚决进行，不得手软。他来信说："要取得各山地，非十分中四分借官势，六分靠我强迫或强迁之，终无一日可得也。所谓四分靠官势者，不过求官一纸告示足矣。官既许我，则我便可为所欲为矣。盖限定日子，伊如不迁，我可代迁之，彼实无如（奈）我何。因武力不能强于我，诉讼不能施之我，如取石然。且初时取石之事，官尚不敢出一告示，而我强自为之。总是（之），我问心无愧，何妨也。今日厦地，亦为厦大之需要，除非用此手段，当然不可得。"他还来信勉励我要"毅力勇为，可进尺而不可退寸"。他说："迁冢之事，……盖常情之阻我者，不出武力、官厅两问题耳。试思诸冢主非乡村社里，有蛮野团结或阖族感情用武力来对待，不过散沙有余，十坟十姓及素居商市，软弱质性，绝无武力可言，了无疑义也。至于官厅，更不足道。盖彼不能代我极力办理，安有反代坟主来干涉之事？弟是以决意取行，对于取石迁墓，咸抱此旨。……无论如何，切切用强硬手段迫迁之。彼如不迁，我可代迁。如行军之攻垒，若第一界线已破，则势如破竹。现既鼓勇前进，万万不可误听人求，误作情面，则再后千坟万冢，寸步难进矣。亦万万不可恐获罪幽明，或误损阴德之畏缩。如崎头山等实行迁坟，则他处之坟，更可为所欲为。若该处被阻，则无处可为矣。"

经过学校和建筑部的交涉，终于取得思明县知事邢蓝田于民国十二年九月发帖晓谕，核定厦大范围："计西自中营炮台旧址起，缘埔头山、蜂巢蒂山，越澳岭、赤岭而上鼓山，以达五老山之极峰为界；东南自西边社起，缘和尚山后河，越复鼎山，观音山后、过宫后山、许坪钟山，汇西来界线于五老峰之极峰为界；南至海为界。……合行布告该处附近居民人等知悉，所有大学校舍四至界线以内土地，毋得私相买卖，倘有故违，所有买卖契据，概作无效。"思明县知事邢蓝田还派警督令各业户领价交地，通告各坟主按照限期，具领地价，将坟迁移别葬，交付起盖，倘敢再延，定派队协同厦门大学，代为迁移，云云。

在取得厦门官方强有力的支持下，厦大征地问题，顺利取得解决。但崎头山坟墓迁移4万多个，还剩下许氏祖坟坚持不迁。而当时恰值厦大生物学美籍教授雷德（S.F.Light），发现其助手唐某从市场上买回来的文昌鱼，大为惊异。唐某来问我：文昌鱼产在何地？经我带领他们到刘五店采集标本，并写成论文，向国际生物学界介绍，引起轰动。国内外生物学界纷纷来信表示要来厦大考察、研究。因此，厦大急于要修建生物楼，以适应科研的需要。许氏祖坟，如不强制迁移，生物楼就无法开工。我带领工人挖掘，发现许氏祖坟只剩下几块骨殖，其他一无所有。我们把骨殖入瓮挑回建筑部暂管。嗣后才获知许姓绅士曾以5000元的代价，贿赂驻磐石炮台的团长张善保，要他派兵来保护许氏祖坟。张善保派兵4人携枪要来阻挠迁坟，中途听说坟已挖完，就折回复命，白得了5000元。

建筑演武场一字形的五座大楼，其地基设计还有茂旦洋行的图纸做参考，由经验丰富的木匠、泥水匠遵照陈嘉庚的意图来施工，总算进展顺利，没出什么差错。现在崎头山的建筑群要施工时，由于陈嘉庚远在新加坡，不能亲临巡视，随时指点，同时因为修建科学楼供生物、化学实验之用，一些留学回来的教授，不相信"土师傅"，极力主张要以美国工程师的设计为标准。因此，林文庆曾一度函邀福州协和大学一位美籍教授来洽谈设计图案。此人一到学校，高谈论，旁若无人。鼓吹"现

代化大学校舍的建筑，必须委托专门建筑大学校舍的美国建筑公司设计绘图，才能胜任"。但因要价太高，设计时又过分迁延时间，且所绘制的草图十足洋化，连建筑材料都要进口，不合国情、校情，因而作罢。于是，由建筑部和几个"土师傅"按生物系教学、实验、陈列、讲课的要求，设计出一座四层石砌大楼的草图，大楼占地面积2200平方米，经过林文庆的审核同意，而后寄交新加坡陈嘉庚认可，就动工兴建了。这座生物楼正面面向乌空圆为四层楼，有四根三接式的大石柱支撑着30厘米×14厘米工字铁外包混凝土的大横梁，背向演武场为三层楼，屋顶有一个晒台。从演武场进入生物院，经过石砌拱桥，循石砌阶级道路逐步攀登到后门。竣工以后，雄伟、壮观、适用，颇受好评。

生物楼完工以后，接着就筹备建筑化学楼。理科教授本来多数主张要由美国工程师设计，在看到生物楼的设计获得成功后，乃主动催促建筑部提出化学楼的设计方案。建筑部设计的方案如下：化学楼面向乌空圆，正面有两接式的石柱4根。当时还无起重机，用土法辘轳吊装重达几吨的大石柱，十分艰巨。这是一座设有供作沼气试验场用的地下室，有机械设备的鞣革室、有化学实验室、仪器室、药品室、定量室、天秤室，以及教师个人研究室、专用图书室、各种教室等的三层楼建筑。化学楼的设计方案也是首先经过林文庆同意，而后送到新加坡，经陈嘉庚审核同意才施工的。

紧接着化学楼的完工，建筑部又在崎头山与化学楼对称的位置上，着手建筑与化学楼同一类型的物理楼。工人挖地基，填块石夯实已有一米半的深度，几乎已达到地平面，忽接到陈嘉庚从新加坡来电，吩咐暂时停止此楼的建筑。大的建筑就此结束。这时，林校长委托他的一个姓田的亲戚为建筑部主任，来接替我的工作。在白城一带的山脊左右，建筑供有眷属居住的二层式教师宿舍7座，还在东边山后，修建一个水库，以解决校内供水问题。到1925年底，全部建筑工程宣告结束。

综计上述校舍建筑、修建水库安装自来水、采购科学仪器、实验药品，以及用柚木制造应用家具等，实际开支150多万元，超出了原预算100万元的一半以上。

1937年7月7日抗日战争全面爆发，厦大内迁长汀。各项重要图书、仪器虽及时装箱疏散内运，但生物楼蜡制植物标本7万余件及全校家具，均因笨重未及运出而全部损失。而厦大校舍，就在1938年5月10日，即日军在禾山五通登陆的次日，日舰瞄准厦大开炮，生物楼当即中炮起火，继又炮击化学楼和白城七座教授住宅，炮火还越过崎头山击毁兼爱、笃行两座楼。一日之间，上述各座楼，尽数倾圮。抗战末期，日本侵华，败局已定，因缺乏钢铁，日军遂拆毁生物楼、化学楼，挖取这两座楼的工字铁、梯栏铁枝和窗栅的元钢等运往台湾，并把拆下来的栋梁、楼枋以及门板、户扇等木料，当柴火烧。抗战胜利后，厦大复员迁回厦门，只剩下演武场一字形五座楼和博学楼，因是日军用作驻军营房，才得以残存。但整个校园颓垣残瓦，满目疮痍。日本侵略者的罪行，令人痛恨。

（本文原载于《厦门大学校史资料》第一辑，厦门大学出版社1987年版）

陈延庭与厦大早期建筑

陈必发[*]　陈　偓[*]　陈秉川[*]　陈秉辉[*]

　　"厦大关系我国之前途至大，他日国家兴隆，冀后首功之位。而目下辛苦经营，负此重任别无他人，唯林校长与宗兄及弟三人耳。弟远处南洋，林君或尚细心，若专负此责者，宗兄务克承认，毅力勇为，可进尺而不可退寸。勉之，勉之。"

——陈嘉庚1923年4月3日致陈延庭函

* 　陈必发，集美大学轮机工程学院讲师。
* 　陈　偓，曾供职于福建省体委体工大队。
* 　陈秉川，供职于福建厦门供电公司。
* 　陈秉辉，厦门大学马来西亚分校能源与化工学院院长，教授。

◇◇◇◇ 陈嘉庚写给陈延庭的信（陈必发提供）

陈延庭，翔安区马巷镇人，1888年（清光绪十四年）农历十二月二十六日生于同安县马巷长生洋村（今属翔安沈井社区，祖祠于马巷官山）。1908年，作为"资质强、聪明"的优秀生，提举转学福州的福建优级师范学堂，学习理化科，选修日语。1909年，作为师资培养，再学史地专科。1910年（清宣统二年），从福建优级师范学堂毕业，参加会考后，奏授举人。陈延庭先生在青少年时期的求学过程就展现出不凡的聪明资质，而学成后，他即一心投入了其奉献一生的教育改革事业。1916年，他与陈昌侯、曾焕潄、杨延经等同窗盟友，在泉州会通巷创办了泉州私立中学（现泉州市第六中学）。1918年11月，应陈敬贤先生邀请，受聘集美女子学校校长，兼办通俗教育事务，并负责集美学校的规划、扩充工作。

1919年，陈嘉庚先生自新加坡归来筹办厦门大学，7月13日在厦门浮屿陈氏宗祠，邀集厦鼓的官绅商学及社会首领、知名人士三百余人聚会，发表了知名的演说和通告。陈延庭先生与会并担任普通话翻译，深

受其鼓舞。然而，厦大初创时期进展曲折，如建设过程原有的方案不能
依地形规划布置、建造设计图纸索价高昂、建筑材料不能就地取材而是
采用昂贵的进口材料等。后来，直到陈嘉庚先生当机立断，从新加坡聘
请林文庆当校长，又聘请陈延庭为建筑部主任，从此厦门大学的创建，
才蒸蒸日上地发展起来。

◇◇◇◇ 1921年底，陈嘉庚（右一）与陈敬贤（左一）、陈延庭（左二）、
陈延香（左四）、叶渊（左五）及亲人在集美合影

　　陈延庭先生两次参与了厦大建设工作，更是一度成为厦大校舍建筑
规划、设计、绘图、备料、施工等诸项事宜的主将。第一阶段（1921—
1924年）陈延庭任厦大总（庶）务主任、执行一切总务事项，这一阶
段延庭先生团结各种劳动工人的智慧和努力，为厦大选址、建设做出了
不可磨灭的贡献。主要工作包括，两次向政府请求拨出荒埔杂逐地，用
于建筑大学校舍的交涉；迁移属厦大建设范围内的坟墓四万余座（包括
湖南会馆的丛冢在内），并逐一安葬于西山顶和乌里山外的西边村后地；
对控许姓对于祖坟的无理诉讼；此期间，设计绘图、购料施工等均由陈
延庭先生主持，校长批准，即予以施行，均不外求。该阶段实现了厦大

校舍从无到有，为厦大发展奠定了基础。第二阶段时间是在1951—1955年。回国参加全国政协会议的陈嘉庚先生，多次到马巷延庭先生住宅，动员他继续到厦门大学协助搞扩建工程。于是，陈延庭先生再次受聘并出任建筑部主任及施工员。第二阶段没有第一阶段请求建筑用地与迁移坟墓的麻烦工作，主要任务在于利用废墟和开辟山地以建筑半月形围绕乌空圆广场（上弦场）的五座大楼，以及学生、教职员的宿舍住宅。在此期间，建筑部不在校长管辖之下，而是独立编制的。嘉庚先生每星期必亲临建筑部并视察工地，指挥和修改一切工程。

◇◇◇◇ 1951年，陈嘉庚（左一）邀请陈延庭（右一）陪同到北京等地考察
（1951年10月16日摄于北京工人文化宫露天剧场）

◇◇◇◇ 陈延庭名片（左）与厦门大学工作证（右）

　　陈延庭先生是在1955年辞职离开厦门大学返回马巷的，不久社会上就实行"公私合营"。陈嘉庚校主在仙逝前两年，曾前后两次由司机开车，带一位秘书来马巷找陈延庭先生。据陈延庭儿子陈偓回忆，当时校主来了其母亲就叫他去食品厂在马巷四角街的门市部给其父亲请假，说需在家接待校主。每次都是陈偓的母亲泡茶招待，两人交谈一个多小时，校主不在家用餐就回集美。校主来陈延庭家中叙旧的原因主要有两个方面。原因之一是随着年岁的增长，校主身边的老人很少了，又非常记挂这位为厦门大学和集美学校做过贡献的老搭档。

　　另一个原因则主要与两人在厦大扩建阶段、建设建南大会堂时的意见分歧有关。根据陈偓回忆，在20世纪80年代中期，由其姐夫高照群介绍，陈偓在香港拜会了陈文锋先生（他是陈嘉庚校主的侄儿，曾是校主的秘书），他说出了陈延庭辞去厦门大学建筑部主任的情况过程。本来校主对厦门大学的大会堂（大礼堂）的建造，要求横梁是木结构，陈延庭认为宽度超24米的木结构横梁会存在安全隐患，万一坍塌，那数千名师生就有生命危险，所以坚持采用自己设计的钢结构横梁来建造。为此，王亚南校长赴京向有关部门争取中央特批一批优质钢梁，解决了这个问题。事后，陈延庭辞去建筑部主任的职务，返回老家同安马巷。陈延庭先生参与、领导厦门大学从初建到新中国成立后的续建的基建工程，功不可没。1982年，集美学校时期的学生陈村牧等一行12人到马巷向陈延庭先生祝寿时，提起在这厅堂里曾经几度接待过永远敬爱怀念的陈嘉庚校主之事，老人家对此事早已释怀，只是面露幸福的笑容，没再提到个中缘由。

陈延庭先生在辅佐陈嘉庚先生创办集美学校、厦门大学之余，亦不忘造福乡梓，提携、资助、培养了不少优秀的厦大学子。如曾担任过集美商校校长的陈式锐教授（也是抗日名将），家住如今马巷街百货大楼附近，是陈延庭先生亲自向他家长做过动员，并带他进入集美中学升学的，后毕业于厦门大学经济系。在国际上享有盛誉的化学家蔡启瑞教授（厦门大学教授、中国科学院院士）原来家住马巷五甲尾，也是经陈延庭先生劝说其家长继续进集美学校上学的，后来蔡启瑞教授与陈延庭长女陈金銮喜结良缘。厦大旅美校友、神经系统超微结构权威李景昀教授（福建安溪人）亦是陈延庭的学生，1980年专程驱车到马巷看望陈延庭先生，李景昀博士还曾在陈延庭筹办的集美初中马巷分校任过教。

许其骏、林承志、陈村牧、王英才、李天送、颜耀流、李彦英、陈福例、陈水扬、吴玉液、陈永定、黄德全共12位校友（以年岁多少为序）向陈延庭先生（前排左三执杖者）拜年祝寿（陈永定摄于陈延庭家中）

陈延庭先生还为家乡做了许多善举。1920年1月，同安县劝学所商借集美学校富有声望的陈延庭先生，在马巷六路口筹办三（乡）五（甲尾）学校（后改名私立牖民小学）任校长。1924年设立集美学校马巷学会，亲自辅导并捐助经费。他积极推行各种活动，暑假以马巷学会名义，借用牖民小学教室，开设平民补习班，招收失学民众40余人，供给课本，免费不惜；导演排练文明戏，倡导社会教育，开民风之先。1945年马巷商界捐款60余万元，在马巷镇筹备创建集美初中马巷校舍，设立集美学校初中分校，他兼任分校首任主任（马巷镇有中等学校自此校始），后来该校由地方人士接办改名为舫山中学（又曾名同安二中、现翔安一中）。1946年9月，他协助筹建同民医院马巷分诊所（现厦门市第五医院），开幕仪式校主来马巷视察。他参与设计建设于1960年建成的渡桥，提出将桥墩设计建成圆拱形的结构，如今渡桥旁建起了一座渡桥公园。陈延庭先生为家乡做了多少贡献！也难怪当时只要回到马巷，邻里总是亲切地叫他"崇善"。他与嘉庚先生这一代人不计回报、默默无闻的奉献精神是值得我们作为榜样学习继承的。

◇◇◇◇ 陈嘉庚给陈延庭的
亲笔手迹

◇◇◇◇ 1951年，同民医院马巷分诊所（现
厦门市第五医院）揭牌时校主视察
（左四陈延庭、左五陈嘉庚、左七陈村牧）

　　陈延庭先生博闻强识，在集美时被校友们称为"集美学校的百科全书"（他曾是集美学校科学馆设计建设者，科学馆和图书馆馆长，教育推广部主任）。陈延庭一生著述颇丰，撰有《我所知道的厦门大学》《抗战前厦门大学建筑史》《厦门大学建筑史》《集美学校前三十年史》《认识台湾》《厦门语系研究》《马巷集镇变迁史》等，已成为厦门大学、陈嘉庚等相关研究的重要参考内容。他还花费大量精力收集材料，编撰了一部从同安立县到新中国成立后的《同安县志》，只可惜特殊时期被没收后就遗失了。陈延庭先生共育有16个子女。然而，无论在集美

或是厦大的工作经历老先生都没有对自己的家人提过只言片语,诸多事迹都是在后人参加工作后从社会各界的校友了解到的,厦大辞职之事便是一例。

1983年1月21日,陈延庭先生在家人的陪伴下,安详地闭上眼睛,无任何病痛告别尘世,并于他生前筹办的中学(现翔安一中)举行了追悼仪式。斯人已逝,但正如陈嘉庚先生致陈延庭先生的信件所言,以陈嘉庚、林文庆、陈延庭三人为代表的开拓者永远存在于厦大建筑背后,贯穿于厦大建筑之中。

◇◇◇◇ 陈延庭故居(郑晗供图)

行走在荒芜的时空里

——嘉庚建筑的践行者

郑　晗[*]

二十年前的一个夏日，正午的骄阳让人无处遁逃。我穿过那条马尾松与木麻黄林立的小路，登上一段很长的台阶，来到成义楼的一间阶梯教室小憩。教室里没有风扇，却清凉无比，那天的风穿过教室，在耳旁摩挲，仿佛时空都准备好了，就缺一个古老而浪漫的故事。

十几年后，我才知道，那个带着岁月温度的古老故事里穿梭着一个

---

[*]　郑　晗：厦门大学管理学院办公室秘书。

人的身影，那就是我的外曾祖父陈延庭先生。

在马巷镇上有一座破落的陈家老宅，那是陈延庭先生自行设计并亲手建造的。穿过门廊，是一个小巧的天井，在天井里抬头可见二楼走廊上的拱券以及栏杆中的绿荫芦，充满了摩尔风情。宅子虽年久失修，仍可窥见曾经的豪气。在一个秋日，我爬上了一百年前的木质楼梯，每级台阶都扬起的积年的尘土在初秋午后的阳光下翻飞，显出了光的路，那是岁月的脚步，一寸一寸地在墙上游移，我仿佛看到了陈延庭先生行走在那个遥远的时空里……

那是1921年的6月，正在筹建厦门大学的陈嘉庚先生让陈延庭临时充任厦门大学的总务主任，接管校务。1922年正月中旬，陈嘉庚先生改命他为庶务主任，由其执行总务事项。当年农历二月廿二日（3月20日），陈嘉庚先生前往新加坡主理商务。厦门大学的建筑工程就落在了陈延庭的身上，他负责建筑的备料和施工。

他引以为傲的建筑创新体现在解决了群贤楼设计变更的承重问题。当时陈嘉庚先生自新加坡来信，提出修改群贤、集美、同安三座楼的建筑方案，要求把群贤楼建成三层楼，而且最高一层要体现中国传统的宫殿式建筑特点。这个设想对地基和北面墙体承重提出了很高的要求，除此以外，还要考虑北墙排水的重量。为了完成嘉庚先生对群贤楼的设想，陈延庭先生用水泥混凝土浇筑高三十厘米的工字铁，制成 π 形横梁解决了上述承重难题。除此以外，群贤楼内的石梯转角连接处首创使用三块两米长的宽石板拼接而成，解决了室内建设石梯转角处理的难题。

对囊萤楼及映雪楼三楼原有设计图的修改，也使他颇受赞誉。在茂旦洋行的设计图中，囊萤楼和映雪楼是二层西式建筑，他认为囊萤楼的屋顶跨度太大、层高太高不实用。于是，他索性将层高增加一米，在囊萤楼的三楼改造出十六个房间，房间前铺设红砖辟为宽大的阳台。嘉庚先生对这一做法很满意，1923年11月25日来信中写道："映雪楼新年放假时，宜叠加如囊萤楼。"这可为"秋季添生"增加数十位学生的宿舍，于是次年暑假，映雪楼也改造出了三楼向阳的房间。

群贤楼群的建设完毕，用尽了演武场的地面。为了拓宽建筑用地，陈延庭先生将东边溪两岸的五千多个坟冢迁到了西山顶，然后他亲自设计绘图，利用这狭长的沙岸建了一栋三层教职工宿舍，称之为博学楼；在博学楼附近建了占地四百平方米的二层女生宿舍笃行楼；以及占地一千多平方米的川字形二层楼，为校长及有眷属的教授宿舍，是为兼爱楼。

时至今日，我们漫步校园已看不见东边溪从何处而来，又去往何处。其实东边溪是贯穿厦大校园的一条水道，从厦大自来水池（如今的思源谷）而下，流经凌云三、华侨之家、芙蓉二与芙蓉四之间，沿芙蓉一背面、博学楼左面、鲁迅广场、成义楼前，经过大学路，由海洋楼入海。后来东边溪也被称为东大沟，盖板是20世纪80年代末才铺设的。一百年前，为了防止东边溪溃堤，陈延庭先生在兼爱楼北角至映雪楼用高石条筑起六百米长堤，以保证居住者的安全。今日，不见了狭窄的沙洲，取而代之的是两旁开满了宫粉羊蹄甲的石板路。

羊蹄甲树掩映中的鲁迅广场后有个斜坡，那是五老峰余脉。一百年前，五老峰的余脉向海边伸出，较高的山脉叫李厝山，李厝山顶如今屹立着建南楼，其西侧的山叫崎头山，生物学院大楼就选址在崎头山山顶。彼时美籍生物学教授莱德硕士在厦发现文昌鱼，为了接洽国内外各大学生物研究机构来访，建设生物学院大楼成为当务之急。崎头山上的坟冢

大部分已迁移，唯有一户许姓人家不愿意迁坟，陈延庭先生当即亲自招工发掘，使得建筑工程顺利开展。他亲手设计了融合教学、实验、贮藏、陈列功能的三层大楼，楼内有头骨陈列室、解剖室、养殖室，在地下还有标本陈列室、贮藏室、蜡制室、学生及教员的实验室、专用图书馆、办公室、大型阶梯教室及普通教室等。这座气派的生物大楼内部有四座石梯，顺山势而建，面向乌空圆场是四层楼，面向演武亭是三层楼，通过几十级的台阶可跨石桥进入演武场。这座楼就是成义楼的前世。如今建南楼群面对的海湾在一个世纪以前，叫乌空圆湾，乌空圆场就在如今上弦场的位置。

在生物学院大楼建好之后，陈延庭先生在乌空圆场中的偏西位置，设计建造了化学学院大楼。这座楼正立面由四根高达八米的石柱撑起，显得大气磅礴。他摒弃了杉木而选用高三十厘米、长十四米的工字铁，用水泥混凝土浇筑成横梁，增加了建筑结构强度，这座楼地下还设有沼气试验场、机械鞣草室，甚至还有教授个人研究室和专用图书室。

1921年6月至1925年春，作为厦大建筑部主任，陈延庭先生完成了十座大楼的建设，这些大楼外墙均用白色花岗岩石雕琢成平面装饰，楼内均为白色花岗岩雕琢后垒砌成的石梯，所有大楼

◇◇◇◇ 今昔厦大校园

内的书架、实验桌椅及贮藏柜等均由柚木制成。可惜在1938年10月日军登陆禾山后，日军军舰炮轰厦门，兼爱、笃行两座楼倾塌殆尽，生物大楼、化学大楼也损毁严重。待抗日战争结束后，厦大迁回原址时，只剩下群贤楼群和博学楼可用。

新中国成立后，嘉庚先生向其女婿李光前先生募集款项用于厦大建筑工程款。在1950年12月，厦门大学建筑部成立了。陈延庭先生开始了第二次开辟山地。

◇◇◇◇ 1952年，厦门大学建筑部成立两周年，陈嘉庚（前排中）与建筑部成员在建筑部门前合影留念（第二排左二为陈延庭）

这期间，陈延庭在半月形的乌空圆场边建设了五座大楼。矗立在李厝山顶的，是雄伟壮观的建南大会堂。在被日寇损毁的生物大楼废墟上，按原样复建了为生物学专用的大楼院，这就是如今的成义楼，遗憾的是原来楼内的四座石梯，只用木梯替代。

在建南、成义两座楼之间，是一座面向乌空圆广场的哑铃式三层化学专用大楼南光楼。而在建南楼东侧，与南光楼相对称的是物理数学两

系兼用的大楼南安楼。在白城的西麓，与成义楼对称的位置，那座依山势而建的四层飞机型大楼是图书馆，大楼背面是书库，这就是成智楼。

自崎头山东麓起至白城山西麓，在这五座呈半月形的楼前，筑起长一千余米、高二十五层绕着乌空圆场的石阶梯，这不同于原来的设计图，形成了可容纳二万余观众观看运动会和各种运动比赛的露天座位，使整个建筑区域富有美感。

在建南楼群的西南侧，就是抗日战争时期的磐石炮台营房，彼时那里沿海滨到厦大码头已是一片废墟。在这片废墟的东面，建起了两座各占地面积八百平方米的二层大楼，呈曲尺形互相对映，这是成伟第一和成伟第二，是当时的综合医院，如今已看不到了。

在博学楼的背面，那一座带有骑楼的学生宿舍，绿色琉璃屋顶、红砖墙与骑楼栏杆（为绿荫芦节）相映，极具视觉冲击力，这就是芙蓉第一楼。值得一提的是制作绿荫芦节的材料，厦门本地没有生产，陈延庭先生特意到晋江磁灶社定制了十万个，该社遂成为闽南一种特殊的工业瓷厂。在兼爱、笃行两座楼的废址上，有一座外观与芙蓉第一相似的楼，即为芙蓉第二。二者的区别在于芙蓉第一是水泥外墙，而芙蓉第二的外墙则是清水石条。

在大南新村的临田东侧，建设了一座和芙蓉第二外观相同的三层楼，即为芙蓉第三。在芙蓉第二和芙蓉第三之间，建了一座能容纳六百人的膳厅及其附属房屋，这就是竞丰餐厅，现在已经看不到了。芙蓉第一、芙蓉第二、芙蓉第三围绕着水田而建，形成了"水田配境"。如今，半个多世纪前的水田不再，取而代之的是芙蓉湖，是不同于田园风光的浪漫。

芙蓉第四所在的地方，是20世纪50年代的东边村的东南侧，芙蓉四背面曾有东边溪的潺潺溪水流过。那时自东村宫口起至博学楼南的沿东边溪西岸，均用条石砌起，中间架有数座石板桥，如今小桥流水的婉约已成为遥远的过去。

在大南新村之东侧，顺着山势有个丰庭楼群。丰庭楼群原共有四座，为三座各三层的楼房与一座单层的普通膳厅和厨房。后来在建设学生公寓时，丰庭楼群拆建，如今只剩下丰庭第三。与丰庭楼群建设同时期，在大南新村的山坡地还建了三座二层楼房，是带眷属的教授们的住宅，这就是国光第一、国光第二、国光第三。

1955年5月，陈延庭先生辞去了建筑部主任的职务，回到了马巷陈家老宅。他此生为了自己的梦想拼尽全力，对家人疏于照顾，子女多有不解，回到老家仅剩两袖清风，因家贫先后将自己的四个孩子送人。种种酸楚使他有种无法言说的孤独。在这座老宅子里，他写下了《厦门大学建筑史》。其实这算不上历史，只是他对自己从1921年6月至1925年春、1950年12月到1955年5月离职前这些时期所做工作的记录。他在文章中丝毫没有提及他离职的原因，他更不曾与家人说起。

据陈延庭先生的儿子陈偃回忆，陈嘉庚校主的侄子陈文锋先生后来向他道出了陈延庭先生辞去厦门大学建筑部主任的原因。陈嘉庚先生原来坚持建南大会堂的屋顶按原设计采用人字木屋架，他认为中国传统的榫卯结构可使建筑屹立百年，而陈延庭先生认为建南大会堂的屋顶跨度达三十米且建南楼地处滨海，高岗风大，难以保障安全与建构强度，所以坚持使用工字铁浇筑水泥混凝土形成屋架。经多方建议，嘉庚先生最终同意改用钢构屋架。事后，陈延庭先生就辞职回马巷老家。

陈文锋先生认为厦门大学从初建到新中国成立后的复建都是由陈延庭先生一手操办，且在集美学校的建设发展中，陈延庭先生也倾力襄助。于是在陈文锋先生的促成下，陈嘉庚与陈延庭于1961年再次会面。彼时相见的两人早已放下了不愉快的过往，只有诉不尽的旧时情谊——那是一起走过荒芜、开辟天地的情谊啊！

我细细品读他们曾经的往来书信，信中嘉庚先生总是为了厦大的一砖一瓦在细细地算账、努力地筹措资金：他说他的橡胶厂制鞋部在试制胶鞋，若能规模化生产，建设厦大的资金就能多一些；他说建设厦大的石头可就地取材，在资金不足的情况下可降低成本，木料也比钢材便宜很多。而陈延庭先生向他汇报建设工程的进度，为了消除安全隐患，他说跨度太大的横梁不能使用木材。他们之间哪有什么谁对与谁错？在他们往来的书信中细密织就的是拓荒的艰难与坚持的不易，他们产生分歧的出发点都是为了实现心中那个共同的理想。

如今，厦门大学已成为屹立在中国东南的最美大学，那一百年前曾经的荒山孤野只定格在勇敢的拓荒者眼中，而开山辟野的故事里那个行走在荒芜时空里的身影，将会一直烙在我的脑海里。此后，每当走过群贤楼前，仰望着嘉庚先生像，我都会想起一百年前这片土地上的拓荒者们，想起他们无比坚定的信念与满腔的热情燃烧了这片山野。

我的外曾祖父陈延庭先生自幼资质聪敏，于1907年自泉州泉郡中学堂被推选进入福州福建优级师范学堂学习。清宣统二年（1910）经考试授予举人。时值清朝末年，清政府丧权辱国，国家内忧外患，人民处于水深火热之境地。作为新学师资的优秀代表，血气方刚的陈延庭与同窗学友约定分选学科学习，盟誓返回泉郡中学堂彻底改革旧学制。他与一帮年轻的革新者创办了一所全新的泉州私立中学（现为泉州六中）。1918年，他受陈嘉庚之弟陈敬贤先生的邀请，担任了集美女子学校校长，并先后担任了集美学校科学馆及图书馆馆长、教育推广部主任。从此，他将其青春年华献给了陈嘉庚先生的办学事业。

◇◇◇◇ 1932年，叶渊（前排右四）与集美各校负责人合影，
前排右一为陈延庭（来源：陈嘉庚纪念馆）

陈延庭先生一生致力于教育事业，化雨滋培，桃李满园。陈家后人中，从事教育事业者众多。陈延庭次子陈伶，是集美学校的老师，兼任集美学校童子军教练。长女陈懋，后更名为陈金銮，是东澳小学的老师，她的先生就是中国著名的物理化学家蔡启瑞先生。陈延庭另一位女儿陈佃是广州中医药大学教授。因家庭贫困送人抚养的儿子童华联是集美大学教师。陈延庭的侄子陈光原为中国科技大学教授，后调至华东师范大学，陈光的太太周心健是上海大学教授；陈延庭的侄子陈伟毕业于厦大化学系；陈延庭侄女陈伦的先生洪文炳毕业于厦大中文系。陈延庭先生在台湾的次女陈集与次女婿傅子衍先生，孝思不匮、怀念高堂，于

1982年12月捐出积蓄新台币二十万元，在台北市同安同乡会设置陈延庭奖学金。

◇◇◇ 陈延庭故居

◇◇◇ 舫山中学（现翔安一中）

马巷私立舫山中学由陈嘉庚先生于1945年8月创办，初名为"集美初级中学马巷校舍"，于1947年11月改制更名为"私立舫山中学"（现为翔安一中）。陈家多位子弟曾在马巷私立舫山中学担任该校的管理与教学工作。陈伟担任校长兼化学老师，洪文炳是语文老师，陈伶是数学老师。这三位老师在反右时被打成右派，下放到农村劳动。这个时期，陈延庭先生也被打成右派，这是陈家最艰难的时期。

陈延庭先生的孙辈中，在高校任教的教师就有16位之多，还有众多曾孙辈从事教育工作，这是一个多么庞大的教育世家啊！

注：特别致谢陈延庭先生的侄孙陈秉耀先生提供宝贵的资料和信息。

厦门大学早期
校园建设故事

张建霖[*]　　**王荣华**[*]　　**郑建斌**[*]

厦门大学——很多人心中的诗和远方。漫步在中国这所最美的大学校园里，处处皆风景，花木总关情。风格独特的建筑和如诗如画的校园，映于尔目、印刻汝心，让人流连忘返、感慨万千。芙蓉湖畔，凤凰树下，上弦场边，群贤楼前，那诗情画意般惬意的画面，古老独特建筑

[*]　张建霖，厦门大学建筑与土木工程学院院长，教授。

[*]　王荣华，厦门大学文博中心秘书。

[*]　郑建斌，厦门大学建筑与土木工程学院秘书。

的意境与校园文化气息的融合，仿佛诉说着百年厦大的故事，呈现着百年校园的沧桑，驱使着我们去探寻去挖掘百年前厦门大学校园建设的点点滴滴。

一、厦大"祖厝"的秘密

谈起厦门大学早期校园建设，首先就得找到厦大的"祖厝"。从群贤校门进入厦门大学思明校区，一眼就能看到雄伟壮丽的群贤楼群背山面海、一字排开，矗立在演武场前，直面广阔的大海，这就是厦门大学的"祖厝"，是厦门大学诞生发源的地方，是陈嘉庚先生主持修建的第一批建筑群，也是厦大最早的"嘉庚建筑"。

"祖厝"下面有秘密，当您走到群贤楼群主楼一楼门厅时，会看到在群贤楼墙面上镶嵌了一块奠基石，奠基石上刻着的文字是："中华民国十年五月九日　厦门大学校舍开工　陈嘉庚奠基题。"

这块奠基石，有三点值得大家注意：

一是陈嘉庚先生特地选择在1921年5月9日奠基，是因为5月9日为"国耻日"——1915年5月9日，袁世凯政府被迫签订日本帝国主义提出的"二十一条"部分条款，丧权辱国，激起了全国人民的激烈反对，各地掀起大规模反日爱国运动。后来人们把5月9日确定为国耻纪念日。在这一天开工意在表达陈嘉庚教育兴国的决心，同时也以此来鞭笞师生勿忘国耻、发愤学习，报效祖国。

二是奠基石上出现陈嘉庚亲自题写的他本人的名字。在厦门大学几千亩的土地上，建筑物众多，陈嘉庚都不在建筑物上题写自己的名字，唯有这块并不显眼的奠基石上，刻下了"陈嘉庚奠基题"的字样。

三是奠基石下埋藏着陈嘉庚先生1919年7月13日在厦门浮屿陈氏宗祠宣布筹办厦门大学的演讲词。陈嘉庚先生当年激情满怀地说道："今日国势危如累卵，所赖以维持者，唯此方兴之教育与未死之人心耳……民心不死，国脉尚存，以四万万之民族，决无甘居人下之理。今日不达，尚有来日，及身不达，尚有子孙，如精卫之填海，愚公之移山，终有贯彻目的之日。"①

陈嘉庚先生多次往返于新加坡和故乡集美之间，感受到西方国家的富强和祖国家乡愚昧落后的巨大反差，他发现英美法德等发达国家文盲率不到百分之六七，日本不识字的人不到百分之二十，而中国人的文盲率为百分之九十多，他认为，如果不改变这种状况，中国人在世界竞争中必将被淘汰，只有教育才能改变这种落后状况，只有教育才能从根本上拯救中国。

陈嘉庚先生于1912年回乡创办集美小学，开始了在家乡兴学办校之路。在《集美小学记》中，他亲笔写下创校初衷："慨祖国之陵夷，悯故乡之哄斗，以为改进国家社会，舍教育莫为功。"②从此，他立志一生所获财物，概办教育，为公众服务。陈嘉庚先生一生先后设立了118所小学、中学、中专、大专、大学等各类学校，投入的资金达到1亿美元，把一辈子挣来的钱几乎都投入教育救国的实践中，厦门大学是其教育救国最杰出的成果。陈嘉庚先生只是一位读过私塾的商人，他于1919年

① 陈嘉庚:《陈嘉庚校董民国八年筹办本校演讲词摘要》，厦门大学十二周年纪念专号，1933年4月6日312版。

② 张建霖:《厦门大学百年建筑》，厦门大学出版社2021年版，第20页。

公开提出要创办厦门大学的时候，听他宣讲的新加坡华侨们深感震惊。在当时的条件下，对于大多数人来讲，大学是一个可望而不可即的存在，更何况要创办一所大学，这是何其大胆和超前的一种梦想。

陈嘉庚先生在陈嘉庚公司的章程中写道，陈嘉庚公司80%的股权属于厦门大学和集美学校，也就是说，他以制度的形式规定了其公司80%以上的利润用于厦门大学和集美学校。在其公司经营遇到困难、厦大经费难以维持的时候，陈嘉庚先生卖掉了其在新加坡的三栋别墅，用以艰难维持厦门大学的发展，"宁可卖大厦，也要办厦大"，陈嘉庚毁家兴学的壮举，令人钦佩和感动。

"祖厝"告诉我们，厦门大学是爱国主义的产物，没有陈嘉庚先生伟大的家国情怀，就没有今天的厦门大学。陈嘉庚先生倾资办学的伟大爱国情怀赋予了厦门大学鲜明的爱国底色，"是扎根中国大地办教育的不朽丰碑"①。

寓意"群贤毕至"的群贤楼群，是厦门大学的"祖厝"，也是最早的"嘉庚建筑"，它以广阔的演武场为中心，"一主四从"五幢楼，成一字型，坐北朝南，矗立在演武场上，背靠风景秀丽的五老峰，面向波澜壮阔的大海，与南太武山隔海相望，构成了四条平行线，与周边环境相辅相成，和谐共生。

其实，最初设计的群贤楼群并不是现在的一字形布局，而是品字形布局。厦大最初的校园规划和设计绘图是由美国建筑师麦菲（Henry

---

① 厦门大学发布百年校庆主题："弘扬嘉庚精神，奋进一流征程"，中国新闻网，2020年6月10日。

K.Murphy）在学校沿海一线布置的四个区，随地形变化而形成组团式的四个建筑群，以院落或"品"字形布局。各个组团的尺度和方向不同，形成丰富多变的空间效果。第一区在演武场偏西北的位置，布置了五座两层楼的建筑，对称布局，其中主要的三座围合成三合院，另两座分列在三合院两边，主楼设置在五老峰顶沿南普陀寺中轴线而下的位置。第二区建筑在今上弦场的位置，沿崎头山、李厝山以至白城城墙展开。第三区从白城东面沿五老峰南麓到胡里山炮台成半月形布置两排校舍，中央主楼为全校大会堂。第四区为第二、三区的过渡性区域，单栋建筑按南北轴线排列，设有海水湾港，以便汽船可直达校园。

　　麦菲是一位杰出的设计师，他在中国设计了很多大学校园，包括雅礼大学及湘雅医学院规划及建筑设计、清华留美预备学校及大学部规划及建筑设计等。

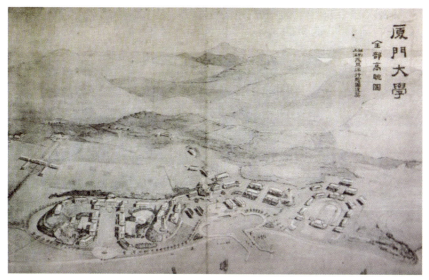

◇◇◇◇ 1922年，麦菲设计方案全眺

　　陈嘉庚先生没有盲从麦菲的设计，相反，他仔细审阅麦菲的设计图纸后，对这样的设计很不满意，他不赞成"品"字形建筑布局，认为会毁坏这个雄伟的广场，妨碍将来广场上开运动会或纪念日大会等活动，且由于其多用三合院，导致建筑物东西朝向较多，西照较多，不利于南风流动，通风和采光上不符合南方气候的特点。除此之外，该设计造成校园建设时间长，工料费用高，全部工程造价估算高达一千数百万元。陈嘉庚宣布创办厦门大学时捐献开办费100万元，显然不能承受这么"阔气"的经费支出。

　　经充分周密考虑，陈嘉庚在麦菲设计布局的基础上，亲自修改厦门大学校园规划，把每三座"品"字形改为"一"字形，使其更加合理，也更壮观美丽，地址移至演武场北部中点，中座面向南太武高峰，背倚五老峰中峰，沿着南普陀观音阁，正好形成一条对称的中轴线，楼前场地宽阔，是辟为运动场和师生课余休憩的理想园地。陈嘉庚在校园建筑空间布局的时候，不仅"以生为本"，考虑到学生的运动需求，而且考虑到厦门市民集会的需求，其宽广的格局和长远的眼光令人钦佩。事实正如陈嘉庚先生设想的那样，建成后的群贤楼群以五老峰、南太武为主轴对称布局，背山面海，采光通风条件俱佳，山、海、楼、场交相辉映，大气磅礴，风光旖旎，精彩绝伦，群贤楼前的演武运动场及相关配套体育设施为全省之冠，厦门、闽南乃至全省性运动会经常在这里举行。

◇◇◇ 20世纪20年代，厦门大学校园全景

二、为什么选址演武场建设厦大

百年前，厦门岛是一个孤岛，和集美一海之隔，交通极其不便，要靠小商船来回运行。那么，当年陈嘉庚先生为何"舍近求远"，不在集美学校附近或离集美就"近"的对岸选址办学，而选择在相对较"远"的演武场这块风水宝地作为厦门大学校址呢？陈嘉庚深知厦门大学校址的选择对今后办学的关系极大，他说："教育事业原无止境，以吾闽及南洋华侨人民之众，将来发展无量，百年树人基本伟大，更不待言，故校界之划定须费远虑。"①

此前他有创办集美学校的经验教训，"深鉴于集美当时无远虑与宏愿，贻后千悔莫及。若厦大今无异一匹新布，任我要剪作何式衣裳若干

---

① 陈嘉庚：《南侨回忆录》，上海三联书店2014年版，第14页。

件，预有算划，庶免后悔"①。因此，陈嘉庚先生对厦大的选址特别慎重。

◇◇◇ 20世纪20年代，南普陀寺全景

　　陈嘉庚考察了厦门很多地方，最终选定演武场，主要基于以下几点：

　　一是演武场背山面海，坐北朝南，风景秀丽。演武场位于五老峰下，背后的五老峰峥嵘凌空，满目苍翠，远看此山，似有五位老人翘首观海听涛，谈经论道，这里是著名的厦门八景之一——"五老凌霄"。"五老凌霄"盛景在清朝时已名扬天下，黄莲士在《五老凌霄》中写道："五老生来不记年，饱听钟鼓卧云烟。高标不管人间事，阅尽沧桑总岿然。"②陈嘉庚先生心中的大学，应该是一所颜值很高的大学，环境要好，风景要美。

---

① 庄景辉：《厦门大学嘉庚建筑》，厦门大学出版社2011年版，第35页。
② 厦门南普陀寺：《南普陀寺志》，上海辞书出版社2011年版，第429页。

◇◇◇◇ 1908年的演武场

　　二是演武场地势平坦，场地广大，可以为厦大发展预留广阔的发展空间。陈嘉庚把"西自许家村东至胡里山炮台，北自五老山，南至海边，统计面积约二千亩"①都规划为厦大的校界。当时的厦门大学，首届学生仅有98人，教职员不到20人，陈嘉庚先生一下子规划了数千亩土地作为厦大用地，可见其眼光之长远，胸襟之宽广。事实上，当时的陈嘉庚先生已有了宏伟发展厦门大学的四个五年规划：第一个五年，在校生规模达到2000人；第二个五年，在校生规模达到4500人；第三个五年，在校生规模达到8500人；第四个五年，即办学二十年后，前后毕业生要达到20000余人。陈嘉庚心中的厦门大学，是"能与世界各大学相颉颃"的大学，能"为吾国放一异彩"的大学。

---

① 　陈嘉庚：《南侨回忆录》，上海三联书店2014年版，第14页。

三是厦门气候宜人，地理位置优越。厦门属于亚热带季风气候，光照充足，雨量充沛，温和湿润，四季绿树成荫，鸟语花香，气候宜人，有"海上花园"之称。厦门港水深港阔，条件优越，是福建各地华侨进出南洋的门户。陈嘉庚预计到厦门港将来必将发展成为国际上重要港口，他希望"凡川走南洋欧美及本国东北洋轮船，出入厦门者概当由厦大门前经过"[1]，希望往来厦门港的世界各地商船在海上就能一眼看到美丽的厦门大学矗立在他们的眼前。陈嘉庚心中的厦门大学，应该是面向海洋、面向世界，开放包容，既坚守中国优秀文化又勇于学习西方先进科学知识的大学。

四是演武场上壮怀激烈的英雄事迹。郑成功占领厦门后，设立思明州，命令工官冯澄世在澳仔操场建立了演武亭楼台，以便于训练士兵，从此叫作"演武场"。在这里，郑成功训练出了著名的"铁人军"。1661年，郑成功率领将士历时几个月的战斗，成功收复了祖国的宝岛台湾。陈嘉庚先生从小在闽南长大，对延平故垒、国姓爷井、演武亭等与郑成功相关的故事非常熟悉，对郑成功这样的民族英雄更是崇敬无比，其血液中自然而然流淌着一股心怀天下担当作为的精神。他在建设集美学校时，就选择了延平故垒，并将教学楼命名为"延平楼"。演武场作为当年郑成功训练士兵的遗址，自然成为陈嘉庚心目中创办厦大的理想之地，他希望的厦门大学，是一所为民族复兴和国家富强而自强不息、止于至善的大学。

五是周边环境清幽，适合举办教育。陈嘉庚先生考虑到厦门大学比邻千年古刹南普陀寺，相邻环境友好。自古以来，书院与寺庙有毗邻而

---

[1]　陈嘉庚:《南侨回忆录》，上海三联书店2014年版，第14页。

居的传统，寺庙是文人墨客的集聚地，是社会文化的重要交流平台，厦门大学毗邻南普陀寺而建，不仅考虑到南普陀寺清幽的环境适合修身养性，可为厦大学子营建一个相对安静的学习环境，而且对于厦大开展文化交流也是有利的。南普陀寺山门上有一副对联写道："喜瞻佛刹连黉舍，饱听天风拍海涛。"从一个侧面说明，二者比邻而居是一个不错的选择。

三、嘉庚建筑是如何建成的

"陈嘉庚是位伟大的建筑师"，这是美国著名建筑师格雷夫斯1992年在厦大演讲时对陈嘉庚先生的评价。[①]实际上，陈嘉庚并非专业的建筑师，他从未受过正规的建筑专业训练，对建筑的认识主要来源于生活。他长期在闽南和新加坡两地工作生活，对两地建筑文化、风俗习惯等了然于胸，这些因素成为他建筑设计指导思想的主要源泉。

1919年5月底，陈嘉庚先生从新加坡回国，他先到广州考察了岭南大学的校舍建筑，对该校的历年经费开支情况和设立大学应该注意的事项进行了调研，加上从1894年开始，陈嘉庚在各地创办小学、中学、专科学校等，包括1918年创办集美学校，都为陈嘉庚先生建设厦门大学积累了较为丰富的经验。

如前文所述，在陈嘉庚看来，建设大学首要的问题是选址问题。他从环境、空间、历史文化等方面综合考虑，经过慎重思考选定了演武场为厦大校址。

---

① 朱水涌：《陈嘉庚传》，厦门大学出版社2021年版，第125页。

◇◇◇ 20世纪20年代，首批厦大校舍建成——群贤楼群

◇◇◇ 群贤楼群彩画

其次是规划先行。在校园建设上，陈嘉庚先生并非随心所欲、不讲章法地蛮干，而是请茂旦洋行的专业设计师麦菲进行了校园规划，尽管对其品字形的群贤楼群布局不满意，可是对整个校园按组团式进行规划，他是满意的，现在的厦门大学思明校区的建筑布局，基本遵循了当初麦菲的组团式布局方案，群贤楼群、建南楼群、芙蓉楼群等形成了几个组团，依山就势而建。陈嘉庚为此向茂旦洋行支付了1500元初步设计费。

在建筑设计上，陈嘉庚很好地遵循了经济、适用和美观的建筑设计原则。按照原来麦菲的设计，厦大校舍建设的材料和装饰等要花费1200万元左右，他认为太贵，强调"建筑之费用，务求省俭为第一要义"，认为初创时期的厦大，不能不计工本追求美观，要少花钱，"粗中带雅"才符合他的心意。他将群贤楼的品字形布局改为一字形布局，充分考虑到了大型集会和节约土地的需要，在建设教室和办公室时，他强调空间要大、采光要好，强调建筑的适用性。

在施工过程中，陈嘉庚先生亲力亲为，自己采购材料，自己雇用工人施工，自己管理财务，精打细算，严格控制成本，大大节省了建筑费用。

在建筑材料的选择上，陈嘉庚先生注重就地取材，尽量选用本地建筑材料。木材方面，福建林木丰富，直接选用福建产的木材。石料方面，建设群贤楼群时，直接从演武场坟地取材，选择洁白色的花岗岩作为校舍基址和墙体材料，如今，一百多年过去了，群贤楼的墙体依旧清秀雅观，色泽如新，越看越有韵味。即使到后来建设建南楼群和芙蓉楼群，也多从福建本省采购材料，少量进口必需的建筑材料。

在建筑格局和用料上，陈嘉庚先生充分考虑到闽南一带高温多雨的气候条件，在群贤楼、映雪楼、集美楼、同安楼、囊萤楼的二层设置可遮风挡雨的走廊，在五栋楼之间用中式双坡顶木廊相连，把"一主四从"五栋原本独立的楼栋连成一个整体，形成一条几百米长的廊道，非常壮观，师生可以风雨无阻地在五栋楼之间穿行，既美观大方，又经济适用。陈嘉庚说："我要站在连廊的这头，看厦大的学生从大楼的那头向我走来。"①话语中溢出满满的自豪感。

---

① 朱水涌：《陈嘉庚传》，厦门大学出版社2021年版，第129页。

◇◇◇◇ 群贤楼群连廊

更为传奇的是，陈嘉庚先生发明了"嘉庚瓦"，将中国传统的仰合平板瓦改良成可以挂搭的类似于西方水泥瓦的大片型瓦。嘉庚瓦边长40厘米×22厘米，正面有雨槽，左边背面和右边正面有2厘米凸起的硬边，下端背面和上端两面刻有凹凸槽，可以互搭互挂，严丝合缝，美观、坚固、耐用，具有色彩艳丽、抗台风、透气隔热、耐晒、不易老化、永不褪色的特点。

在施工方面，陈嘉庚聘请陈延庭为厦大建筑部主任，归他直接指挥，不属于厦大行政管辖，他亲自负责校舍的建设。陈延庭就读于福建优极师范学堂，选修理化科，自修了日语，全盘参与策划和实施集美学校的建设。受聘厦大建筑部主任后，与陈嘉庚有大量的书信往来，对厦大的规划、建筑施工等进行及时的沟通交流，采取自行设计、自行绘图、自行采购、自行雇工的办法开展建设活动。厦大建筑部没有专业的工程师，而是陈嘉庚先生亲自选聘了两位工匠，一位是泥水匠，名叫林论司，一位是木匠，名叫郑布司。司是闽南方言，对师傅的尊称。这两位"土师傅"经验丰富，善于领会陈嘉庚的意图，在施工中发现不妥之处，也及时与陈嘉庚沟通，陈嘉庚也虚心接受他们的意见，边干边改，施工进展顺利。

◇◇◇◇ 陈敬贤题写"囊萤"　　　　　◇◇◇◇ 陈嘉庚题写"映雪"

为了赶在1922年春天，让厦大学生从集美搬到演武场的新校舍，陈嘉庚顶着烈日当空或是迎着凛冽北风，每天都到演武场监督施工，控制施工质量和进度，把自己新的要求和想法口头或书面告知现场的技术工匠，充分沟通后加以实施。1922年正月，映雪楼如期完工，5月集美楼完工，7月群贤楼完工，接着同安楼、囊萤楼完工。映雪楼的楼名由陈嘉庚亲笔题写，囊萤楼由陈敬贤题写，群贤楼由林文庆题写，都刻成石匾嵌砌在楼上。集美楼由时任思明县县长来玉林手书，同安楼由时任厦门道尹陈培锟手书，但由于这两栋楼没有及时将题写刻石，至今没有楼匾。

◇◇◇◇ 20世纪20年代的博学楼　　　　◇◇◇◇ 笃行楼旧照

◇◇◇◇ 兼爱楼（教师宿舍）　　　　　◇◇◇◇ 20世纪20年代，白城山
　　　　　　　　　　　　　　　　　　　　　　 教授楼

　　为了顺利推进早期校园建设，陈嘉庚不仅亲自主抓基建，从选址、规划、设计、选材、施工等方面进行全流程管理，对维持厦大运转的经费也进行严格监管，精打细算。1922—1926年，厦大共建设了群贤楼群、博学楼、笃行楼、兼爱楼、化学院、生物学院、白城教员眷属住宅、大桥头教员宿舍、传达室、大铺头房屋、中铺头房屋、沙坡尾房屋、东边社房屋、海滨2号、海滨礼堂、桥南平屋、上弦场宿舍、水池宿舍、女生厨房、教职员厨房、建筑部、东厨房、西厨房、东膳厅、西膳厅、东厕所、西厕所、东浴室、电灯厂、植物温室等36栋建筑，耗资150多万元。正是由于他亲自监管财务，把捐款一分当作两分花，分分用在刀刃上，避免了大手大脚的资金浪费。

四、建南楼群是陈嘉庚建筑思想成型的经典代表作

　　建南楼群的选址和设计是陈嘉庚建筑理念成熟的标志，楼群选址不仅地理位置优越，而且充分体现了他独特的建筑理念与设计。在建筑风格上，他融合了闽南传统建筑的元素和西方建筑的技术，美观大方、典

雅庄重、坚固科学、经济实用。这些独具"中西合璧"特色的极品建筑是中国近现代校园建筑的典范,以其鲜明的个性风格被称为"嘉庚建筑",享誉海内外。

　　嘉庚建筑的典型风貌是"穿西装,戴斗笠",即屋顶采用闽南"皇宫起"大屋顶做法,而屋身以砖石为主要材料,建筑主体采用西式设计,如柱廊、拱门和圆顶,形成了独特的视觉冲击力。虽然嘉庚建筑的屋面特色,20世纪20年代建校时的群贤楼已极具代表性,但是实际上,陈嘉庚"中西合璧"的思想彼时还未成熟。一直到建南楼群的建设,经过陈嘉庚和设计师们的再三斟酌,才最终成熟,并一直沿用至其后续所建设的楼群,乃至后期的厦门大学各校区的主楼群建设。

◇◇◇◇ 厦大上弦场

◇◇◇◇ 建南大会堂屋脊　　　　　　◇◇◇◇ 南光楼山花细部

◇◇◇◇ 20世纪50年代，陈嘉庚手书

　　校舍建设期间，在明确成智楼和成义楼的风格之后，陈嘉庚便对主楼建南大会堂及从楼的风格进行了反复思索。在1952年9月2日的信件中，陈嘉庚第一次提出"一主四从"嘉庚风格的具体表述，但是对于是否采用"中西合璧"的风格，他仍是犹豫不决，并去信与陈延庭、刘建寅、林云龙等人进行交流，希望他们共同研究商议早做决定。

106

我意有两种式样，一种外洋式有塔尖高楼，一种中国式九宫殿样，兹我要选择何种样式，应尽早决定。又一种中洋合式，若能配置得体雅观亦佳。然礼堂左右尚有四座，我意连礼堂共五座不可采取一式，现成义楼已取西洋式，左方图书馆、成智楼当然亦取西洋式，而正中礼堂及左右两座计三座，要为何取法，我意若礼堂取洋式，而左右两座应取中国式，未知三位先生以为何，希共同研究及早决定为要。

——1952年9月2日，陈嘉庚

紧接着第二天，陈嘉庚对主楼的主干是否采用"穿西装，戴斗笠"的风格进行了思考，本来他是交由陈延庭、刘建寅和林云龙三人决定，后又觉得不太放心，于9月3日再次去信一封，"表示自己挂念最多的就是建南大会堂"，具体等他到了厦门再做决定。在当时，厦大的建筑都是由一批闽南的能工巧匠完成建造的，只要陈嘉庚提出要求，无论屋顶、墙体、基础，还是整体、局部、细节，他们无不展示其严谨、精致得恰到好处，无不体现其实用、美观的独具匠心。经过反复的研究和商议，建南楼群最终采用"中西合璧"的风格：主楼建南大会堂为中洋合式，其余四座从楼为洋式塔尖，由此也标志着"嘉庚风格"建筑理念的成熟。

建南楼群沿山势呈半月形围合排列，巍然矗立在山坡上，正面向南俯瞰大海，当外轮驶入厦门海域，即可看到这组巍峨壮观、气势非凡的楼群。在建南楼群的建设过程中，陈嘉庚还充分考虑了厦门大学的地理位置，以及厦门台风天气的影响，希望设计的建筑不仅美观大方，还能够抵御自然灾害，包括其地形、楼群、环境对抗击台风的作用。

◇◇◇◇◇ 20世纪50年代的建南楼群

从他1954年4月30日给刘建寅、林云龙的书信中可以看出,他特别注意建南大会堂由于设计跨度空间大加上房屋高度较高,担心大会堂部分受台风的影响,强调左右四栋从楼可以减弱风速,同时北靠的五老峰足为屏障,加上建南四层的门楼,都可以有效减少台风对大会堂屋面的冲击,得出大会堂屋面绝非孤立危险的结论。如此先进的思考,也成就了建南大会堂在过去的70多年来,无数次台风经过厦门,它都完好屹立如初。

　　厦门台风多从东南而来,建南楼堂中屋架非高,南向则有正面四层高屋遮掩,东向有南光、成智两楼当先,又有白城山及海口山岗等前锋,西北乏台风,而五老山足为屏障,以此而言,绝非孤立危险。

——1954年4月30日,陈嘉庚

在这五栋楼的结晶中,融入了陈嘉庚的建筑智慧,倾注了他艰辛的汗水。1954年12月,在陈嘉庚80岁之际,建南楼群于厦大海滨拔地而起，犹如一颗璀璨的明珠，镶嵌在碧波万顷与茫茫东海之间。时至今日，走过70余年岁月的洗礼，见证着一代代的厦大人从这里走向世界，为"吾国放一异彩"。2006年，建南楼群和厦大其他早期建筑一道（共十五栋），被评为全国重点文物保护单位，之后入选首批"中国20世纪建筑遗产"名录。

◇◇◇◇ 学生广场

◇◇◇◇ 嘉庚楼群

迈入21世纪，为进一步提高办学水平，为建设一流校园提供保障，2001年，厦门大学嘉庚楼群在思明校区建成，延续陈嘉庚先生的布局手法，楼群取"一主四从"，主楼为塔楼，四面对称，具有统领全局的作用，面向芙蓉湖略成弧形，东侧留出中心广场即嘉庚广场，楼群以双向轴线联系内外部空间，东西轴线联系嘉庚广场和芙蓉湖，南北轴线将五栋单体建筑联系在一起，并对大南校门、群贤校门形成人流导向关系。嘉庚楼群既传承了嘉庚建筑的风格特点，又结合时代发展进行了创新，特别是塔楼坡顶的处理独具匠心，屋脊高度和比例收放自如，四坡顶的顶部是四片"浮云"，托出上方的圆弧形飞脊，"浮云"为现代铝塑板，弧形飞脊使用不锈钢饰面，可反射朝霞或夕阳光照，体现出新楼宇的精神和时代感。

◇◇◇◇ 漳州校区主楼群鸟瞰

◇◇◇◇ 翔安校区鸟瞰

　　后来，厦门大学漳州校区的主楼群，翔安校区的主楼群，马来西亚分校的主楼群都采取了"一主四从"的布局手法，主楼均采用中式屋顶做法，居于核心地位，整体风貌延续嘉庚建筑中西合璧的特点，时至今日，厦大嘉庚建筑从厦门走向漳州，走向国外，得到传承、创新和发展，在一代代厦大人的守护下焕发出新的光彩。嘉庚建筑所彰显的嘉庚精神也在赓续中激励着每一位厦大人在新百年的征程上开拓创新、砥砺前行。

◇◇◇◇ 马来西亚分校芙蓉湖全景

厦门大学校舍全景

大南新村的故事

潘世墨

从大南校门走进厦门大学如诗如画的思明校区，有一处别墅群特别显眼，这就是人们熟悉的大南新村。凡是厦大人，甚至略知厦大的人，都知道这个大南新村。她之所以引人注目，在于她展示出与众不同的建筑风格和透露出浓厚深沉的历史沧桑感。可是，令人惊讶的是这个位于学校核心区域的别墅群，在学校的历史档案里，只有片言只语；在诸多有关校史的著述中，也是语焉不详。人们熟悉她的模样，却不了解她的身世。在世人面前，大南新村被蒙上了一层厚重的面纱……

四月春暖花开，我与70年前的小学同学杨明志、苏细柳伉俪喜相

逢。20世纪50年代，我家住在厦大教师宿舍国光第一楼32号，与杨明志的祖屋大南新村3号仅隔一条窄窄的马路。我们就读于南普陀寺西侧的东澳小学，当年同住国光第一楼的同班同学有陈朋（3号）、林之遂（6号）、简庆闽（15号）、何大汉（28号），他们的家长分别是经济系的陈昭桐教授、中文系的林莺教授、物理系的简伯敦教授、校办公室的何励生先生。同窗加近邻，童年的一幕幕，仿佛就在昨天。分别尚为总角，重逢已逾古稀，我们有着忆不完的往事，拍不完的合影，话题自然而然地谈论到大南新村。在接下来的日子里，我几次走进大南新村3号大院，与杨明志及其亲属有过深入的交谈，从而萌发解开大南新村谜团的念头。

思明校区是厦门大学校本部，位于嘉禾屿（厦门岛）东南隅，古称"澳水"。这里原来是一片乱石嶙峋、布满无主坟茔的荒野之地。明末清初，爱国将领郑成功在澳仔操场筑演武亭楼台，操练军队，故称"演武场"。20世纪初，被毛主席誉为"华侨旗帜、民族光辉"的陈嘉庚先生，怀抱"夫教育为立国之本，兴学乃国民天职"的宏伟志向，筹办厦门大学，选中演武场为开办大学的校舍用地。经过与政府的艰苦交涉，首批获得200亩校舍用地。校址划界范围为：西起中营炮台旧址，北达五老峰，东至西边社，南临大海边。1923年9月，思明县公署发布公告，在新定界线之内所有官有土地拨给厦门大学，不得他用，毋得私相买卖。私有、民有诸土地则由厦门大学依照土地收用法收买使用。首批校舍的多块基址（主要是水田）就是陈嘉庚向私人购置的，如同安楼（澳仔桥头社陈乌皮，大银柒拾圆）、映雪楼（过溪仔李来生，大银伍拾捌圆）、笃行楼（黄竹友，大银陆佰叁拾叁圆）、兼爱楼（王荣宗，叁拾大元正银）。囊萤楼的基址用壹佰圆的地价向杨李贺喜购置，这位杨李氏，人称"三姑"，是我的小学同学杨雅谷的祖母。学校收购她的水田，另安排一处给她开个小店铺谋生。鲁迅先生1926年9月在致许广平的信中提及他光顾一小店，听店主"一位胖老婆子"讲听不懂的本地话，说的就是这位"三姑"。陈嘉庚来这里办大学，当地村民普遍拥护、支持，不少农户都把私有的水田、山园、厕池卖给学校盖校舍。南普陀寺也让出一些土地供学校之用。1921年5月9日，陈嘉庚校主率全校师生，在演武场举行"开基厝"（校舍开工奠基）仪式。陈嘉庚亲自主持审定设计方案，其中映雪楼由校主每天亲临工地，直接指挥，其他4栋楼则委托厦大建筑部主任陈延庭先生全权负责。陈延庭听命校主，不辱使命，第一批校舍映雪楼、集美楼、群贤楼、同安楼、囊萤楼先后于1922年2月、5月、7月、8月、12月完工，交付使用。陈延庭的长女陈金銮就是厦大德高望重的蔡启瑞院士的夫人，她也是我们就读的东澳小学的老师。1923年，第二批建设的校舍，包括作为教职员宿舍的博学楼、作为女生宿舍的笃行楼、供教员眷属居住的兼爱楼，以及供教学、实验用的生物楼、化学楼，位于演武场东侧的崎头山、李厝山和白城一带，在30年代陆续建成，物理楼则由于资金不到位而停建。50年代兴建的国光楼群、芙蓉楼群、丰庭楼群、建南楼群，也是在陈嘉庚的亲自主持下完成的。记得儿时，我们经常跑到建南楼群上弦场工地玩耍，出入不受限制，因为时任建筑部主任陈永定先生之子陈亚雄就是我们小学的同学。

在厦门大学征用的土地中，还有一种情况，即地产既不是官有的，也不是被学校收购的私产，而是在官府划拨学校用地之前已被购置的地产，其中就有华侨兴业公司购置待建的住宅用地。杨明志介绍说，华侨

兴业公司的董事长桂华山先生是福建晋江人、菲律宾侨领。20世纪之初，桂华山联络杨孔莺、杨孝西、杨伟姜、杨仲兴等菲律宾侨商，集资100万比索（菲币），创办华侨兴业公司，在毗邻南普陀寺与演武场一带购置地产，兴建别墅。华侨兴业公司首先投资市政建设，劈山开路，清理坟冢，修建演武场通往市区的道路；在厦门港镇南关一带，沿路兴建两列骑楼式楼房，靠近鸿山一侧的称为东里，相向对面的称为西里，合称"大生里"，大生里至今仍然保留着原来的模样。当时，公司还在现在的蜂巢山、南华路投资房地产，取名"南华新村"。

标明"华侨兴业公司"的水泥花坛（杨扬供图）

与厦大校舍破土动工同时期，华侨兴业公司在南普陀寺旁边购置的荒地上兴建了4栋别墅，命名"后坑新村"。杨明志的祖父杨孝西先生是公司的股东、董事，他的祖籍是福建南安金淘乡后坑村。早年杨孝西与乡亲在菲律宾经商做生意，参与大南新村的规划，最早出资兴建其中的两栋别墅。由此可见，多年以来"大南新村与群贤楼群孰先孰后？"这个悬而未决的问题可以有明确的答案了。许多人讨论、争论过这个问题，各执一词，疏于依据。前些年，我请教过父亲潘懋元这位"资深的厦大人"，他也没有把握，只道："应该先有大南新村吧？"通过这次访问、调查，我可以明确地回答：大南新村的地产，在政府划拨学校用地之前已购置，否则就违反了1920年3月14日省府颁发的《厦门大学校址执照》之规定。大南新村3号楼与群贤楼同时建成于1922年，随后各自形成群贤楼群与大南新村。也就是说，两个楼群购置地产有先后之别，兴建楼房无迟早之分。华侨兴业公司在完成第一期建设之后，又兴建了6栋别墅，合计10栋，并将"后坑新村"更名为"大南新村"。为何更名，说法不一。我揣测，20年代后期，加盟华侨兴业公司兴建别墅的业主，原籍是南安县而并非都是金淘乡后坑村，所以新村名称也相应更改。关于厦大建筑物的取名，我还有几个联想。首先，厦大有取名为西村、北村、东村的教工宿舍区，唯独没有南村。这可能是因为已经有了"大南新村"这个老牌子，或者校园的正南方向面向大海，不宜有建筑物，所以没有取"南"为名的楼房。其次，厦大的楼房大多数都有楼名，而大南新村的10栋私宅，除了8号楼，均无楼名，不知何故。再次，华侨捐赠的建筑物的楼名，有以捐赠者的姓名命名的，也有许多没有留名的。当年，校主陈嘉庚就坚决不同意将他捐资兴建的第一栋大楼命名为嘉庚楼或者敬贤楼，而是取"群贤毕至，少长咸集"而冠名群贤楼。黄奕住、曾江水等富商，也都是捐款建楼而不留名。还有另一种情况，40年代政府建设的教职工校舍，校方为纪念陈嘉庚的胞弟、二校主陈敬贤，命名敬贤第一、第二、第三。50年代陈嘉庚主持由其女婿、新加坡侨领李光前先生捐资建设的一批大楼，如国光楼群（教师宿舍三列）、芙蓉楼群（男生宿舍三栋）、丰庭楼群（女生宿舍三栋）、建南楼群（"一主四从"五座大楼）等，建筑面积近6万平方米，造价约300万元，楼名有的取自李光前家乡的地名，却唯独没有"光前楼"。李光前用其三个

儿子的名字命名成义楼、成智楼、成伟楼，是希望后代能够弘扬陈嘉庚"倾家兴教"的伟大精神。改革开放以来政府建设的一批教学、科研大楼，为了纪念为学校发展做出重大贡献的名师，则以其姓名为楼名，如萨本栋楼、卢嘉锡楼、曾呈奎楼等。

1938年5月，日本侵略军攻占厦门，炸毁、拆除生物楼、化学楼、兼爱楼、笃行楼和白城7座教授住宅楼。群贤楼群、博学楼被日军占为军营，才得以残存。华侨兴业公司为躲避战祸，迁往菲律宾，别墅被日本人占用。公司将后续资金用于援助祖国抗战，大南新村后期的建设计划，南华新村的房地产开发项目，就此搁置下来。1945年8月，抗战胜利，厦大从山城长汀陆续复员回迁。整个厦大校园颓垣残瓦，满目疮痍，被日寇炸毁的建筑物，大大小小有32栋（座）、28216平方米，损失达40亿（国币）之巨！时任校长汪德耀教授临危受命，一方面，组织抢修校舍，另一方面，据理力争，促使市政府将曾经被日本人占据的大生里一列、同文路临街楼房，以及鼓浪屿的日本领事馆交给学校使用，借鼓浪屿八卦楼作为学校的新生院。同时，汪德耀出面与华侨兴业公司商议，租用华侨业主在厦大校园所建的大南新村房屋，以应对教工住宿之急需。华侨兴业公司的诸位侨商爱国爱乡，大力支持陈嘉庚创办的大学。40年代中期，学校租借大南新村房产以解决教职员工安顿家属的燃眉之急。厦大在校园外租赁或者借用的宿舍，也有华侨的私产，都得到业主的支持。例如，顶澳仔39号松岩楼（业主华侨徐声金）安排2户、大埔头90号（业主华侨私产代管人蒋景）安排3户、永福宫12号楼（为华侨向房管所租用转租给学校）安排8户。同文路临街楼房（土地使用面积2144平方米，建筑面积1492平方米），也是华侨向房管所租赁再转租学校，在这里居住的教师家眷有23户，包括林惠祥、卢嘉锡、虞愚、张松踪、金德祥、陈国珍、陈孔立先生等。我还模糊地记得，我家也曾经在这里住过，但时间很短暂，我当时年龄又很小，所以没有留下什么印象。各家的子女，如林华水和林华素、卢咸池、张萍和张雄、陈动等，都是我们小学或者中学的同期同学。虞愚先生的小女儿虞琴大姐长居北京，与我们潘家一直保持着联系，2023年的清明节我们还一同到南普陀寺，给先贤虞愚和林逸君扫墓。此外，南普陀寺也是鼎力相助，禅堂楼舍41间租借给厦大作为教职员宿舍，大大减轻了学校的住房压力。1945—1946学年为厦大的复员年，因战乱内迁的苦难，复员回迁的艰辛，可见一斑。由于汪德耀校长领导有方，全校师生员工同心协力，加上包括侨界在内的民众大力支持，厦大成为全国最早在收复的沦陷区开学上课的大学之一。

1950年夏，台湾海峡局势紧张，厦大部分师生疏散到闽西龙岩，理学院安顿在闽西著名侨乡白土乡溪兜村（现东肖镇溪连村）。村里的归侨和侨眷腾出自己的"番仔厝"以解决师生住宿的困难。汪德耀、郑重、外教沙彭等7位教授及其家属住在张朝海楼，何恩典、金德祥、周绍民、赵修谦及其家属住在肃毅楼，方锡畴等3位教授偕家属住在二铭堂，田昭武、吴伯僖、林坚冰、黄厚哲、刘熙钧、李法西、辜联崐、邱书院、钟同德、潘容华等年轻教师住在艺丰楼，乐怡堂、依德居、怡燕堂是男生宿舍。艺丰楼为侨商张汝鳌所建，是东肖最大气、豪华的洋楼，和谐的青砖、夺目的红墙、西式的骑楼、宽阔的走廊、敞亮的阳台，透着浓浓的异域风情。

20世纪50年代初，陈嘉庚在华侨兴业公司早年购置、后归国有的

地块上，用李光前的捐款兴建国光楼群和芙蓉楼群等教工、学生宿舍。1952年、1954年，学校先后向华侨兴业公司购买大生里南段商店、一列三层楼房（9133平方米），作为教工眷属宿舍，解决学校142户教职工家属的住房困难。此外，现在的逸夫楼南侧，原来有一个名叫华侨河的水塘，水塘上架着小桥，早年也是华侨兴业公司的地产。50—60年代，大会堂上映电影新片，每逢周末看电影是厦大家家户户的"必修课"。晚饭后，国光、敬贤、丰庭、大南的大人、小孩，不约而同地汇聚在这条经过东边社农村田地的沙土路上，到大会堂看电影。散场时，长长的马路上是浩浩荡荡的人流，晃动的手电筒光柱，以及孩童的喧哗声，成为当年厦大特有的景观。1982年，华侨兴业公司董事长桂华山捐资100万元（港币），在厦大兴建电镜科研楼——桂华山楼，这是我国改革开放之初厦大接受的首批华侨捐赠项目。1993年，"校中村"东边社（即现在的芙蓉二、四、十范围内的球场）整体搬迁到校园外大桥头，将村落地盘（即现在的篮球、排球、网球场）以及大片的农田（即现在的嘉庚楼群和芙蓉湖），全部纳入学校的整体改造范围，世代生息在东边社的东澳农场36户约200名职工家庭为此做出了巨大的奉献。我曾经居住的东村，与东边社为邻，东边社子弟蔡添才、杨雅谷、庄玲玲、陈淑贞、方丽卿、梁秉英，都是我的同班同学。现在老同学聚会，难免回忆起我们"消失"的家园——东村与东边社，依然感到唏嘘不已。

◇◇◇ 无人机航拍大南新村（郑建斌供图）

　　位于厦门大学思明校区的大南新村别墅群有10栋，建于20世纪20年代初至30年代中期，由华侨兴业公司兴建，与厦大的"祖厝"群贤楼群同一时期建造。大南3号楼于1922年落成，是大南新村最早建成的别墅。根据华侨兴业公司早期的规划，大南新村由1号楼至7号楼的7栋独立的别墅组成，以后又增加3栋。20世纪50年代，厦大重新对道路进行命名，把大南新村别墅群重新编号为大南路1号至10号。大南新村的方位大体上是这样的：大南4号、6号南面是50年代建的两座欧式气派的平层大楼——教工之家（工会俱乐部），后拆除建成现在的建文楼。大南3号、5号、7号北面隔着大南路（原称大南中路）是建于新中国成立初期的国光楼群，居住了96户教工家庭。大南2号、3号西面是凌峰路（原称华侨路），马路对面50年代是儿童之家，后拆除改建成厦大招待所，专家楼、大丰园餐厅也在此地，再拆除后成为现在的林梧桐楼。

大南6号、7号东面是博学路（原称兴业路），对面是现在的丰庭楼群博士生公寓，斜对面是大南8号、9号，大南10号距离别墅群较远，位于大南校门主干大道上。原规划中还有一批别墅，以及新村路、成功路、大南北路等，皆因为战乱而停建。当年，这片规划中的别墅群及道路统称"大南新区"。大南新村大体上是石木结构，部分为砖木结构。墙体为花岗岩条石砌筑，楼面为木结构，铺红色地砖，二层平楼，楼层高挑，是依照20世纪二三十年代菲律宾时兴的南欧巴洛克风格，兼具闽南建筑元素建造的，显示了独特的中西合璧的格局。大楼内客厅、卧室、饭堂都非常宽阔，窗户特别宽大，透光、通风俱佳。高大的围墙将整个别墅群围合起来，围墙由花岗岩条石筑成，围基用花瓶式水泥小柱装修，围墙平顶也用其支撑。别墅之间筑围墙分隔，形成各自独立的花园庭院，很有格局与品位。

曾经的大南路1号（土地使用面积555平方米，建筑面积362平方米，业主杨庆茂、杨仲兴），面对学校"最老资格"的校门——大南校门。楼房水泥结构，二层8个独立单元。大楼一层曾经是厦大居委会、总务处校产科与财务科的办公室、医疗室，在此居住过的有行政科吕俊文、财务科连少鹤（连少鹤的夫人是我们那个时期小学生非常敬重的东澳小学林友梅校长）、化学系方明弟、哲学系卢善庆等。二楼曾经居住过物理系主任黄苍林、生物系林汝昌、体育部罗经龙三位教授及其家眷，三家的子女黄天倪、黄天行、林启宇、林玫宇、罗小达、罗丽娟，是我们东澳小学的同期同学。大楼旁边有一家简陋的食杂店和饮食店，供应馒头、豆浆，提供给赶早班的教工与家属。还有一块小小的地盘，大石块、破桌子形成几个摊位，东边社、顶澳仔的菜农当天采摘的蔬菜在这里卖给居住附近的厦大家属，交易短平快，买卖双方皆大欢喜。大南路1号于90年代拆除，原址为现在的建文楼周边的报刊栏和绿化地。

大南路2号（土地使用面积333平方米，建筑面积252平方米，业主华侨杨维编），一度几近荒废，后重新翻修，曾经是戴锡樟教授、厦大医院潘院长的寓所，后来是厦大派出所、厦大资产经营有限公司的办公地点。大南路4号（土地使用面积388平方米，建筑面积329平方米，业主华侨陈福昌堂），40年代后期汪德耀校长、50年代卢嘉锡教授先后在这栋楼一楼居住。化学系方锡畴教授曾经在二楼居住，他的女儿方炜炜也是我们东澳小学的同期同学。4号楼后来作为厦大工会的办公地点，现在2号、4号楼是厦门大学教育发展基金会的办公场所。

大南路6号（土地使用面积418平方米，建筑面积245平方米，业主华侨陈福昌堂），由学校长期承租作为教师宿舍，曾经是陈允敦、陈国珍、刘士毅、魏嵩寿等教授及刘崎峰部长的住所。居住在这里的刘光朝兄弟、魏晋魏刚姐弟、刘闽生兄妹是我们东澳小学的同期校友。前些年，6号楼开了西餐厅，现在辟为校友馆。郑朝宗、罗郁聪、余纲等教授曾经是大南路7号（土地使用面积504平方米，建筑面积295平方米，代管人华侨陈金美）的住户，我们东澳小学的同期同学郑天昕、罗平等随其父母住在这里。十多年前，1947届校友、菲律宾华侨邵建寅伉俪捐赠80万元，修缮7号楼，冠名"怀贤楼"。这是一座带有漂亮花园的华侨府邸，大门朝向博学路，鲜明的南欧巴洛克建筑风格，宽敞的庭院，探出墙院的小黄花，爬满墙壁的青藤，加上"厦门大学校友总会"这个醒目的挂牌，给来自海内外的校友和游客留下了深刻的印象。4号、6号、7号三栋楼房50年代以来，一直为学校承租，1961年，4号、6号楼实行房改。

大南路5号（土地使用面积388平方米，建筑面积329平方米，代管人杨天兴）是华侨私产，它的庭院里有一座从不见喷水的喷水池，池中有一座微型假山。5号楼迄今是华侨私产，曾经是厦大托儿所，还做过幼儿园的生病隔离区。有一年，爆发了传染性极强的腮腺炎，患病的小朋友就集中在这里看护。方虞田副教授、何启拔教授家庭也曾先后居住在这里。方虞田时任学校副总务长，1958年因公殉职，其夫人朱植梅毕业于厦大化学系，曾任双十中学副校长。何启拔先生是我国著名的社会学家，其女儿何瑞萃是厦大幼儿园的老师。现在这栋别墅被校外一家公司租用。

大南2号至7号六栋别墅，被一大围墙围成了"新村"，似乎被挤成一团。其实不然，六栋别墅之间都有水泥墙隔开，有小门相通。楼房风格各具特色，不尽相同。

大南新村大围墙之外还有3栋别墅：大南路8号、9号、10号。豪迈堂皇的8号楼（土地使用面积918平方米，建筑面积511平方米，业主华侨陈金丝），位于学校主干道博学路右侧。大楼为三层楼房，底层是防空地下室，楼房整体气势恢宏，视野开阔，高大的围墙上覆盖着青藤爬山虎，庭院里长满了三角梅，生长着石榴树、龙眼树、芒果树，还有一块标准的网球场。气派的门楼上方还隐约可见其楼名：卧云山舍。五六十年代，8号楼是学校主要领导王亚南、陆维特、张玉麟、未力工等各家的寓所，是我们这些厦大孩子向往的神秘地方。50年代，厦大处于直面台湾海峡的前线，经受战火的考验，被郭沫若先生誉为"前线大学、英雄的大学"，8号楼成为学校的防空指挥部。从我家的窗户望过去，可以看到大楼的门楼外经常停放着一部校园里难得见到的黑色小轿车，是政府配给王亚南校长的专车，而且还配备了一名挎着驳壳枪的陈姓警卫员。在大楼的门楼上挂着一口硕大的铜钟，钟声响遍校园，师生员工闻钟声而作息。一旦敲响乱钟，就要"跑警报"。教职员工与家属携带小板凳、饼干筒、热水瓶、手电筒，沿着防空壕，钻进南普陀寺后山的防空洞（史称"厦大十八洞"），躲避对岸的空袭。这种令人害怕又好奇的场面，长久地留在孩子们的脑海中。三年困难时期，标准的网球场被"开膛破肚"种地瓜。在特殊时期，大楼成为大学生造反派的司令部，号称"造反楼"。1966年8月，在这里发生了轰动全市的武斗，外围墙壁上依稀可见当年的标语痕迹："……革命到底"。80年代以来，卧云山舍几经翻修，先后易主厦大党委统战部、档案馆、能源政策研究院，现在成为宣传、研究王亚南经济学理论、教育思想的重地——王亚南纪念馆。8号楼真可谓"一座卧云山舍，半部厦大历史"。

在卧云山舍的背后，依山矗立的一幢蔚为壮观的大楼是大南路9号（土地使用面积656平方米，建筑面积476平方米，业主华侨杨悌恬），附楼是一座平房和车库（土地使用面积分别为31、81平方米，建筑面积分别为25、66平方米）。大楼因楼墙外部砌红砖而得美名"红楼"。1946年，厦大从长汀回迁，红楼曾经作为女生宿舍，海外知名校友蔡悦诗（1949届外文系校友，曾任厦大泰国校友会会长）和周纯端（1949届校友，曾任厦大新加坡校友会会长）就住在这里。蔡大姐在纪念文章《当我们年轻时》曾深情回忆这段美好的大学生活："倘若时光真能倒流，我愿意旧事重演，再次选读厦门大学。那里有我熟悉的亲切、可爱的师友，还有萦纡脑际、诉说不尽的赏心乐事。"宏伟壮观的颂恩楼（学校

的办公主楼）和建文楼（教工活动中心），就是蔡大姐与其夫君丁政曾先生（1948届会计系校友）捐赠的。红楼的一层和大楼外的一大片开阔空地，自50年代至今，是一代代厦大孩子永远怀念的乐园——厦大幼儿园。

位于现在主干道大南路上的逸夫楼与芙蓉三之间，临近大路还有一栋与大南新村的别墅群风格迥异的小洋楼：大南路10号。10号楼（土地使用面积206平方米，建筑面积136平方米）为华侨私产。这栋临街的黄色小洋楼总是引起路人的好奇心，它大门紧闭，从矮墙望庭院，墙体斑驳、门窗褪色，灌木成荫、花草丛生，尽显"没落"，却不失"风度"。1946—1948年，汪德耀校长介绍著名戏剧家洪深先生到学校任教，就下榻这里。50年代以后，朱保训，林莺、姚慈心，黄中，郑道传、陈兆璋等教授的各个家庭，先后在此居住。林家的林之融、林之遂、林之愉兄妹，郑家的郑启平、郑启五兄弟，也是我在东澳小学的同期同学。现在，这栋小洋楼的楼上住户是傅孙平、傅孙国兄弟，楼下住户是傅宗汉。50年代，8号、9号楼实行房改，房产交由学校使用，原业主拿定息至"文革"时期为止。

80年代，落实国家的华侨政策，居住在大南新村2号、4号、6号、7号的厦大教工住户全部迁出，交还业主。90年代，由甲方陈贞来（代理人）与乙方林祖赓（校长）签订的《房产捐赠协议书》（1997年1月22日）申明，为支持厦门大学教育事业的发展，经业主继承人一致同意，委托代理人陈贞来将大南路4号、6号、7号三栋房屋的全部房产捐赠给厦门大学。

1956年，在全国兴建"华侨新村"的高潮中，厦门市侨联成立"厦门市华侨新村筹建委员会"，接受华侨委托代建别墅式房屋，于50年代和60年代，在中山公园西门的华新路和蜂巢山坡的南华路分别建造了两个别墅群——华侨新村。"华侨新村"成为厦门一个时代建筑特色的代名词。由此追溯，20世纪20年代兴建的大南新村开全国兴建华侨新村之先河，当之无愧。

杨明志详细地向我讲述了他家的祖屋——大南路3号的历史。大南路1号、3号建于20世纪20年代之初，为杨明志的祖父杨孝西先生所建。20世纪90年代，校园重新规划时，1号楼被拆除了。100多年来，3号楼始终是杨家的寓所，杨家从来没有离开过这栋祖屋。因此，3号楼成为大南新村的缩影，杨明志家庭三代人是大南新村历史的见证人。3号楼占地面积约一亩，建筑面积约280平方米，造价5000块大洋。楼房附属一座平房（土地使用面积79平方米，建筑面积48平方米）。整栋别墅用整条花岗岩筑成，壮观秀美。半月、弯弧形的窗楣设计，加以平台勾栏、钢花纹饰、水泥透雕。窗户不用玻璃，而是用牡蛎壳压制的小片编串连成，历经百年仍保持原貌。窗外均有装饰性金属护栏与遮雨设施，楼房有前后大阳台，由罗马式水泥柱支撑，栏杆用空心镶嵌式绿色瓷面的瓶摆围成。屋顶天台铺盖红砖，房门、家具古色古香。别墅有很

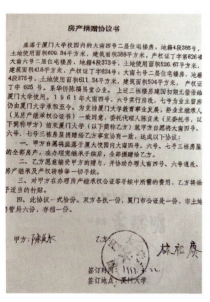

◇◇◇◇ 房产捐赠协议书

宽大的庭院，周边是高大的围墙，大铁门在大炼钢铁年代，半夜被人偷偷锯掉，送进了炼钢小高炉。庭院内藤蔓交缠，神秘、幽静而宁馨，别有韵味。大南路3号是我们童年时代上学的必经之路，清晨我上学时顺路在大门外招呼一声，明志就会背着书包跑出来，一路结伴到学校。让我记忆深刻的是院子里的3株龙眼树，70年前，我们就在树下玩捉迷藏，攀墙爬树摘龙眼。主人告诉我，这3株龙眼树在别墅兴建时期就种下了，现在算起来也是百岁高寿，依然枝繁叶茂，果实累累。它们分别有个好听的名字："福眼"（果实粒大饱满）、"蕉眼"（青皮薄且香）、"鸟眼"（粒小而甜）。今天，我们已年逾古稀，不会再盯着老树枝干上是否有可以享用的龙眼，而是凝视着这几位"百岁老人"，抒发思古之幽情。百年老树默默仁立，奉献果实，遮风挡雨，见证别墅的今昔。

进入大楼的大厅，一面墙上挂着杨家三代主人的肖像，杨明志逐一向我介绍。居住3号楼的杨家第一代杨孝西先生，早年以"福泉南"为商号，在菲律宾经商做生意。杨老先生是华侨兴业公司的股东、董事，协助料理华侨兴业公司在厦门的业务，参与大南新村的规划与兴建。日寇入侵后厦门沦陷，商贸屡遭挫折，杨孝西出走菲律宾。夫人黄术老太太（又称杨黄术娟），大半辈子居住在大南3号，主持家务，是大南新村业主代表。抗战胜利后，厦大从长汀复员回迁，汪德耀校长在极其困难的关头，带领师生员工完成学校的复员回迁任务。其间得到本地侨界的大力支持，其中就有这位深明大义的业主，识大局、顾大体，将自家名下的房产大南新村1号和3号，除保留自己居住的3号楼一层之外，全部交给学校安排。当时双方以口头形式达成协议，大南新村由学校代为修葺，作为教员家属宿舍。50年代初，王亚南校长曾经在3号楼短暂居住过，五六十年代，章振乾教务长、未力工副书记也先后居住在3号楼二楼。这里有一帧珍贵的历史照片，是大南新村业主代表杨老太，即黄术老人与居住在大南新村、国光楼群的厦大教工家属的合影，她们是张玉麟的母亲、卢嘉锡夫人吴逊玉、章振乾夫人张瑞征及岳母陈燕玉、陈国珍夫人赖家凤、吴兆莘夫人杜月茹、洪文金夫人、陈建东夫人。我惊讶地看到，我的母亲龚延娇也在其中。由此见证，几十年来黄术老人与学校友好交往，同周边邻里和睦相处。当年东边社与顶澳仔一带的老住户，都还记得这位八旬高龄的裹脚老太太，亲切地称呼她为"西婶"。

◇◇◇◇ 1955年，大南新村业主代表杨老太（右五）与厦大教工家属合影
（陈重昱供图）

杨家第二代是杨明志的双亲杨庆茂、吴毓梅。杨庆茂先生早年在菲律宾经商，往返于福建与菲律宾，1954年回国定居，一直居住在大南路3号。杨先生爱国爱乡，热心参加当地村民扫盲等社会公益活动。

他支持教育事业，参与厦门华侨中学的筹建，出任侨中校董。1956年，他应邀赴京参加五一劳动节庆典观礼，当选厦大所在地思明区第五、六届人民代表，厦门市侨联委员。吴毓梅女士40年代末嫁入杨家，50年代初，在寓居杨家的王亚南校长的鼓励下，报考厦大政治经济学专业，成为新厦大第一位已婚带孩子上学的女大学生。大学毕业后，吴毓梅长期在厦门专科学校和中学任教。至今，两位儿媳苏细柳、吴拾芳提起婆婆时仍赞誉有加：出身鼓浪屿，温文尔雅，知书达礼，待人恭谦，彰显大家闺秀气质。杨家的第三代是杨明志四兄妹。"文革"时期，长兄杨明志及两位弟弟失学在家。杨明志和他的爱人苏细柳是东澳小学、华侨中学的同班同学，其后结伴上山下乡至闽西武平县，在山区劳动、就业10年，后来赴香港定居。转眼40多年，退休养老，仍然恩爱如初，他俩是货真价实的发小与老伴。

2023年春天，我们小学同学聚会，杨明志为我们演奏小提琴曲《新疆之春》《云雀》，苏细柳演唱《友谊地久天长》，大家仿佛回到童年，伴随着古刹隐隐约约的晨钟暮鼓，从大南路3号传出的悠扬的小提琴声，还是那么动人心弦。正是"青梅竹马相识相知谱恋曲，白头偕老相随相守结同心"。杨明志的二弟杨明宜很有艺术天赋，他的油画作品结集成册，具有浓厚的欧洲古典风格，获得很高的评价，杨明宜前几年病逝。三弟杨明强亦英年早逝，现在居住在大南路3号的是杨明强的夫人吴拾芳一家。杨明志的妹妹杨明宛，赶上改革开放的好时光，考入厦大，是外贸系1979级学生。她与陈铿同窗，完成本科、硕士学业，结为连理，留校任教。后来一同到香港创业，事业有成。陈铿曾任厦大旅港校友会理事长，夫妇俩热爱母校，热心校友会工作。

　　大南路3号，有两个特别值得回忆的故事。学校的校史纪念馆，记载了大南3号的一段革命历史。大南新村3号——历史上的门牌号是大南路16号——曾经是中共福建省委聚会的秘密据点、省委与党中央的秘密联络地点。大革命失败后，根据省委组织的决定，1929年中共地下党员肖炳实以教授身份和社会地位作为掩护，从事党的秘密工作。肖炳实一家三口，就租住在大南路16号，省委军委秘书陶铸是他的直接联系人。每当省委开会，肖炳实就负责放哨，保护会议安全；肖炳实的夫人负责购买食物，供出席会议的同志进餐；肖炳实的儿子肖纯在楼外围望风。叶飞、廖华（陈国柱）等领导同志，都曾在此召开会议。这是福建省委领导在全省开展革命斗争的高层次聚会场所，又是福建省委与党中央联络的重要机关。每逢中央派人来厦门，都由肖炳实接待，将其安排在家中。中央拨给省委的活动经费，也是从上海转到这里。厦门大学成为省委开展隐蔽工作、指导全省革命运动的重要据点。

肖炳实（1900—1970），又名肖项平，江西萍乡人。1926年在燕京大学加入中国共产党，曾任北平市委秘书长、上海特别文化党支部书记。1929年秋至1931年3月底在厦大任教。肖炳实长期坚持隐蔽战线工作和共产国际、苏军总参远东情报工作，并作出了特殊贡献，是一位鲜为人知的秘密工作传奇人物。

◇◇◇◇　肖炳实

杨庆寿（1917—1942），福建厦门人，毕业于黄埔军校。1941年，任中国驻马尼拉总领事馆随习领事，殉国时25岁。

◇◇◇◇　杨庆寿

　　大厅的墙壁上还挂着一幅肖像画，画中人年轻英俊、西装革履，

一身"民国范儿"。杨明志自豪地介绍,这是他的四伯杨庆寿。杨庆寿毕业于黄埔军校,懂得多国语言,二战时期,担任中国驻菲律宾马尼拉总领事馆见习领事。中国驻马尼拉总领事馆竭力为国内抗战筹款,将华侨捐款2400万比索(1200万美元)安全地送回祖国,交付国民政府;购买药品和军需物资,组织海外热血青年回国参战。总领事馆与延安中国共产党的抗日武装队伍也有联系,在当地宣传国内抗战局势,报道平型关大捷、南京大屠杀,极大地激发了当地同胞支援祖国抗战的爱国热情。1942年1月,日寇占领马尼拉,包围总领事馆。杨庆寿义无反顾地返回总领事馆,与杨光泩总领事等官员一道坚守岗位。总领事馆全体中国外交官员被日寇逮捕入狱。他们不愿背叛祖国,不与日寇同流合污,50多天里受尽骇人听闻的酷刑。4月17日,总领事馆的全部官员被日寇枪决,英勇就义,杨庆寿牺牲时年仅27岁。1947年7月7日,菲律宾政要、各国领事、华侨团体以及侨胞5000多人,为8位英烈举行公祭,烈士的忠骸由专机运回祖国安葬。杨明志的三弟媳吴拾芳女士满怀激情地向我们讲述,从抗战胜利到21世纪初,漫漫60年来,杨家多方打听并多次前往江浙一带寻找烈士忠骸,虽不能如愿,但从未放弃。吴拾芳说,转机出现在2008年,她随旅游团到南京,再次前往雨花台管理处询问,没想到一录入电脑资料库,"杨庆寿"三个大字跃然眼前。她说,刹那间,悲喜交集,不可自抑,随即奔向毗邻雨花台的菊花台。在菊花台烈士陵园,8座烈士坟墓修葺一新,"杨庆寿烈士之墓"赫然矗立其间。国务院民政部在南京市菊花台公园修复了烈士墓和烈士纪念馆,并在1989年12月2日颁发革命烈士证书,褒扬抗日英烈面对日寇的威逼利诱和严刑拷打,大义凛然、视死如归的民族气节。杨家由衷感激党和国家，维护抗日烈士的英名和尊严，顺遂烈士亲属多年的心愿。

辞别杨明志，走出大南新村3号大院，我的心情一直平静不下来。对大南新村的回忆，激起了我对大学建筑与大学文化、大学精神的思考。厦大思明校区的两个楼群——"群贤楼群"与"大南新村"，反复浮现在我的脑海里。"群贤楼群"是校主陈嘉庚先生创造性设计、建设的校舍，厦大校园里的建南楼群、芙蓉楼群，以及集美学村的众多校舍，均属于"嘉庚建筑"风格。陈嘉庚在群贤、同安、集美三栋楼的屋盖上，首创当地泥土烧制的独特的"嘉庚瓦"，替代进口水泥制作的"洋瓦"。人们形象地将"嘉庚建筑"形容为"头戴斗笠，身着西装"，表现出中西合璧、创新创意的鲜明特点。"大南新村"是侨商各自选择设计方案自建的私家别墅，因而没有采用校园建筑常见的对称布局，使得建筑造型显得更加舒展、灵活，我们姑且称之为"大南建筑"风格。鼓浪屿的杨家园别墅、容谷别墅，石狮市的杨家大楼（六也亭），与"大南新村"的建筑风格相同，大体上复制了20世纪二三十年代菲律宾的建筑模式，传承了意大利的巴洛克风格。尽管"大南新村"与"群贤楼群"建筑风格各异，但其共同之处也是显而易见的：这两个楼群都融合了南洋建筑风格与闽南建筑的基本元素。"大南新村"虽没有"群贤楼群"最为典型的"三川脊歇山式"屋顶，但其出砖入石的整体结构，楼立面以白石红砖构建，石筑墙体与红砖墙面结合，造型上采用简化的西式柱体与石构窗户，与群贤楼群如出一辙。两个楼群在继承闽南红砖民居特色的基础上，融合西洋式、中国式的多元建筑风格，博采众长，体现了20世纪初期南洋流行的华侨建筑风格。百年黉舍，巍然屹立，陈嘉庚别具一

格的建筑风格所形成的建筑观念与厦门大学的办学理念是相通的，体现在几任校长——林文庆、萨本栋、汪德耀、王亚南身上，他们既有深厚的西方教育背景，又有浓重的中国传统文化情结，因而都特别重视中西文化结合。林文庆校长是英国医学博士，重视中国文化传统，强调科学与国学并重，致力于中西兼容的办学理念。1926年，林文庆校长创办厦大国学研究院，亲任院长，延聘林语堂、鲁迅、沈兼士、顾颉刚等名师，开创的学术传统影响了一代又一代的厦大学人。王亚南校长留学日本，与郭大力先生翻译马克思巨著《资本论》之后，运用马克思主义经济学原理，针对中国的经济社会现状，写出《中国经济原论》《中国官僚政治研究》等鸿篇，奠定了厦门大学作为中国马克思主义政治经济学理论研究排头兵的地位。这一切充分展示了厦门大学坚守中华文化为之本、吸纳外来文化为之用的文化和精神底蕴。在厦大思明校区，"嘉庚建筑"与"大南建筑"风格，是多样性的统一——和而不同。18世纪德国哲学家谢林有句名言："建筑是凝固的音乐。"厦大校园里的"嘉庚建筑"与"大南建筑"，就好比宫、商、角、徵、羽配合，达到五音共鸣，方才为美乐。"嘉庚建筑"为主旋律，配置"大南建筑"次旋律，主次分明，组成华美的乐章，回响在中国最美的大学校园里。

"大南新村"与"群贤楼群"同命运、共患难，兴建于同一个年代的同一片土地上；同样遭受日寇的践踏，共同渡过危难关头；一起迎接新中国翻天覆地的变化，沐浴在改革开放的春天里。厦大校舍的诸多基址，曾经是华侨兴业公司的地产；至80年代，业主的继承人将大南新村十之有七捐赠给厦大。特别是两个楼群在同一时代，都蕴含着红色故事。1926年2月，罗扬才、罗秋天和李觉民3名共产党员，在群贤楼群的襄萤楼举行秘密会议，宣告中共厦门大学支部正式成立，囊萤楼是福建省最早成立的中共党组织的诞生地。1929年秋至1931年夏，肖炳实以教授身份和社会地位作为掩护，在大南新村3号楼建立中共福建省委聚会秘密据点，开展革命活动，大南新村3号楼是当年福建省委与党中央的联络机关的所在地。大南新村坐落于厦大校园，家园融入校园，校园包含家园，家园、校园合为一体，共生共存。《易经·系辞》曰："形而上者谓之道，形而下者谓之器。"如果把包括"嘉庚建筑"与"大南建筑"在内的厦大建筑视为形而下之"器"，那么，形而上之"道"则是厦大建筑所承载的厦门大学的历史文化与大学精神。厦门大学的大学精神是什么？作为一辈子生于斯、长于斯的厦大人，我认为，纵观厦门大学百年历程，厦门大学是中国近代教育史上第一所由华侨创办的高等学府，从校主陈嘉庚创办学校，到内迁长汀办学，从新中国成立获得新生，到改革开放发生翻天覆地的巨变，最为显著的特点是百年学府与"侨"息息相关。厦门大学的创建得益于"侨"、建筑得益于"侨"、文化得益于"侨"，凸显了学校独一无二、一以贯之的以"侨"为首的"侨、台、特、海"办学特色。以建筑物为例，一个世纪以来的每一个历史时期，都有爱国侨胞捐款建楼。二三十年代的群贤楼群，50年代的建南楼群、国光楼群、芙蓉楼群、丰庭楼群等，80年代以来的嘉庚楼群、桂华山楼、逸夫楼、克立楼、建文楼、联兴楼、蔡清洁楼、华侨之家、自钦楼、明培体育馆、王清明游泳馆、李文正楼、恩明楼等。自20世纪80年代到21世纪之初的25年间，在厦大思明校区，仅捐建的教学楼、实验楼、学生宿舍、运动场所，捐款折人民币1亿多元，建筑规模就多达10万平方米。这么多留名与不留名的爱国侨胞为厦门大学的发展做出了不可磨

灭的贡献,他们的义举体现了伟大的嘉庚精神。百年学府从私立厦门大学、国立厦门大学到今日"中国特色,世界一流"的厦门大学,秉承陈嘉庚先生"救国之道,唯在教育"的办学宗旨,正坚定不移地朝着习近平总书记提出的"为党育人、为国育才,与时俱进建设世界一流大学"的办学方向迈进。这就是厦门大学有别于国内外老牌大学、名牌大学的最大特色,就是厦门大学的大学精神!

大南新村,犹如一砖一瓦,嵌入今日拥有200余万平方米的厦大建筑之中。大南新村的每一栋古厝背后都有一段感人的故事,都记录着历史给人们留下的珍贵的记忆。物是人非,多少故人已经远逝,多少故事已经遗失。然而,"建筑是无声的语汇",大南新村没有消失,她的故事亦不会被忘却。一座座厦大建筑,宛如灿烂群星,照亮"南方之强"的天空。

谨以此文,记忆大南新村的故事。

大南1号楼 (2000坏牌)　大南2号楼　大南3号楼　大南4号楼

大南5号楼　百年"大南"换新颜　大南6号楼

大南7号楼　大南8号楼　大南9号楼　大南10号楼

(2025年杨扬 张鹏飞摄)

◇◇◇◇ 大南1-10号楼

大南新村 6 号，亲人记忆中的大师们

谢希文[*]　刘光朝[*]

我家是大南新村 6 号最早的一批住户

谢希文

1946年夏，厦大教职员从长汀复员到厦门的工作开始进行，我家也

＊　谢希文，北京航空航天大学教授。

＊　刘光朝，厦门海关工程师。

在复员的行列中，成员有母亲、祖母（此时祖母双目已经完全失明）以及三兄弟共五人，父亲谢玉铭（当时为教务长）已于五月先期离开长汀，前往南京、上海，有可能离开厦大，另谋新的工作。姐姐谢希德从厦大毕业后前往上海沪江大学任物理系助教。

我们抵厦门后被安排住在大南新村6号楼下，后来了解到大南新村这几座西式建筑是由几位华侨建于战前，抗战期间房主离开，战后便由厦大代为修葺，作为教授家眷宿舍。我们刚进入大南新村6号楼下时，只见门前是一条公共通道，一方面可以进入左右各两大间房屋以及通往房后厨房的门；另一方面，公共通道再往前有楼梯通往楼上，我们的楼上住的是航空系主任叶蕴理教授和电机系寿俊良教授两家，他们都是近期应聘由上海来厦门，而且没有带孩子和老人来，因此二楼由两家合住。

◇◇◇ 左一刘士毅、右三谢希德

我们来到这所楼房时，楼下每个房间只有一到两个榻榻米，每个榻榻米的宽度比普通单人床略宽，使用过但不是太旧。除此以外，每个房间都是空荡荡的，此前我们听说日本人都是使用榻榻米，在室内席地而坐；同时又听说，战后厦大曾经成为日军战俘集中处，等待遣返，因此大南新村这些楼房也可能住过日军战俘。经过厦大校方与政府和军方多番交涉，最后才将这些宿舍腾空交出。我们没有买床而是将榻榻米擦干净，铺上床单，直接睡在上面。我猜想，我家很可能是大南新村6号最早的一批住户。

不久，父亲决定离开厦大，前往菲律宾马尼拉任职，母亲就托朋友在鼓浪屿租借住处，我们就离开了曾经短暂居住过的大南新村6号楼一楼。

2011年2月，阔别厦大65年后，我和小弟弟希哲有机会再次来到厦门大学，我们很想看看曾经短期住过的大南新村6号，但只见大南新村6号的大铁门紧闭，小弟弟希哲准备从近处拍摄此楼，我就从较远处拍摄，将小弟也拍了下来。

由于这个当年没有的大铁门比较考究，我又拍了个近景，从照片中可以看到，进入这所楼房的"大门"竟然破旧不堪，与大铁门形成鲜明的对比，令人十分费解并感到茫然。

近日准备写此短文时，在网上看到潘世墨先生的长文《大南新村的故事》，获益匪浅；考虑到潘先生生于1948年，本文提到的事过去没有报道过，算是对潘先生长文的一个补充。

我家与大南新村6号的不解情缘

刘光朝

2024年9月6日上午，我与五位发小应潘世墨学长邀约，前往厦门大学校友之家（大南新村6号）进行座谈。这次重回大南6号的机会，让我尘封的记忆一点点展开。大南新村是我出生和成长的地方，承载着我们一家无数美好的回忆。

走进大南6号，最先映入眼帘的是一棵熟悉又陌生的龙眼树，那是母亲在20世纪60年代种下的。一晃60多年过去了，当年的小树早已长成枝繁叶茂的大树。进入楼内，我发现如今的大南6号已焕然一新，在多次改建装修后，这栋小楼再也看不到一丝原来的模样，只留下花岗岩砌起的外墙。原本与大南7号（厦大校友总会）相隔的一堵墙，现在也已拆除，两栋建筑连成一片。下午，世墨学长发来谢希文先生所写《我家是大南新村6号最早的一批住户》一文，方知父亲的恩师谢玉铭教务长一家曾于1946年在大南6号短暂居住过一段时间，而谢教务长的女儿谢希德又正好是父母在厦大数理系的同学（父亲1945届，谢希德1946届，母亲1947届）。念及此，我也希望能通过文字的表述，记录下那段与大南新村6号的不解情缘。

我的父亲刘士毅，母亲林铭玉，毕业于同一所高中——莆田的哲理中学，后又分别于1941年、1943年考入厦门大学。毕业后，父亲留校工作，母亲则在省立厦门一中任教。后来母亲调入厦门大学新开设的工农速成中学（后改为工农预科），后又调入华侨函授部和数学系，最后在数学系工作至退休。

1952年，我随父母住进大南6号楼一楼，对门住着魏嵩寿教授一家。魏家孩子有姐弟四人：魏晋、魏红、魏刚、魏毅。我家则是兄弟三人：刘光朝、刘光耀、刘学工。楼上住着前厦大化学系主任、校长助理陈国珍教授。20世纪60年代初，中央大力发展我国核力量时陈国珍教授被选调到二机部（核工业部）工作。陈国珍教授调离厦大后，刘峙峰处长住进。解放初期刘峙峰从军队调地方工作，是鼓浪屿公安局首任局长。刘家有兄妹五人：刘闽生、刘立民、刘宵荣、刘立中、刘立庆。

1953年，解放军空军尚未进驻福建，防空力量弱，国民党飞机还经常来骚扰，有时甚至轰炸、扫射。防空警报一响，不论白天还是黑夜，大家都要跑进防空洞、防空壕躲避。大南1号旁南校门边、现公交站一侧有一条1.5~2米深的防空壕，当时大南新村周边的人都到那里躲避。壕沟两边每隔数米就挖一个可躲进一个大人（猫腰）的小洞。每当防空警报一响，母亲就会带上小板凳、水，拉着我的手往防空壕里跑。在小洞里待久了腰酸，我会走出小洞躺在壕沟里，这时母亲总会把小凳挡在我的头部上方（保护头部）。记得有一次防空警报在半夜拉响，大伙纷纷躲进防空壕，但第二天天亮了警报仍未解除，大家都饿了，有年幼的小朋友哭闹，住在大南1号的王世聪伯母（黄天倪、黄天行的母亲）就偷偷跑回家煮了一锅稀饭拿到防空壕分给小朋友吃。

1954年，我从厦大幼儿园毕业进入东澳小学，国民党的飞机仍会不时骚扰。为了"躲防空"，我们有时会在南普陀后山"十八洞"上课，

直到1955年我国空军进驻福建情况才有好转，恢复正常在教室上课。在东澳小学读书期间，我们经历了两次炮战，两次被疏散到市区。1954年9月3日中国人民解放军开始炮击金门，史称"九三炮战"。厦门大学处在金门大炮射程之内，厦大对家属进行第一次疏散。我随外祖父母疏散到中山公园附近的信义里居住，在公园小学寄读了半年，时局稍稳就又回到东澳小学。1958年8月23日，解放军福建前线部队奉命对金门进行大规模炮击，史称"金门炮战"，台湾称为"八二三炮战"。厦大一度受到炮击，图书馆前的石栏杆被落下的炮弹打坏，还有几头牛死伤。不久，厦大又进行第二次疏散，这次我仍随外祖父母疏散至信义里。我在实验小学读了一年，1959年返回东澳小学。

1958年"大跃进"时期，我们小学生也参加了几场运动。"除四害"时老师组织我们敲锣敲盆、挥舞绑着布条的竹竿，大声吆喝吓得麻雀到处乱飞没处停活活累死。拿着苍蝇拍到处拍苍蝇，将死苍蝇装进火柴盒，将死老鼠尾巴剪下包在纸里，第二天上课前交给老师。"大炼钢"时，在老师的带领下，我们班用耐火砖砌起一个炉子，架上小坩埚（里面放小铁块），炉里放上焦炭木炭，点火烧炭。大家轮流手拉旁边木质的风箱鼓风，看到坩埚里烧红的铁水心里很是高兴，可惜最后炼出来的不是钢铁而是钢渣。小学六年级，我们班的教室紧挨着南普陀的边门，教室其中一个门的门外就是寺庙的走廊。课间我们会开门走出教室在寺内走动，我最喜欢天王殿供奉的袒腹露胸笑口常开的弥勒佛。大雄宝殿的诵经声、钟楼鼓楼的钟鼓声至今未忘。

工会俱乐部（教工之家）坐落在大南6号旁，教职工可在里面看报、阅览书刊、打牌、下棋。张玉麟副校长、蔡启瑞教授常在这里打桥牌。

我与家住大南 4 号的同学、卢嘉锡伯伯的孩子卢象乾一起常到俱乐部观看大人打桥牌下围棋，大南 4 号与大南 6 号只隔了一道墙，我们常在一起玩耍。象乾的二哥卢咸池从小聪明，我们称他"小科学家"，1960 年卢嘉锡伯伯调到福州大学，卢象乾也到福州上中学。几十年过去了，他仍未忘记这些同班的厦大子弟。有一年，象乾大哥的公司在翔安产业园举行投产仪式，象乾从香港赶来帮忙，特地叫我联系当年的同学相聚。当天晚上，我们小学同班 10 位厦大子弟在"九龙塘"珍珠湾店相聚，老同学多年未见，非常开心。

工会俱乐部旁还有一栋房子，里面摆放有两张台球桌，两张乒乓球桌。张玉麟副校长很喜欢打台球，球桌旁常能见到他的身影，经济学系的黄忠堃教授（黄刚平、黄刚强的父亲）也常来这里打乒乓球。我和同班的何立士也是这里的常客，我们常轮流与黄忠堃教授交手。何立士与我也曾代表东澳小学参加厦门市小学生乒乓球赛，奈何我技不如人，第一轮就被淘汰，何立士则进入第二轮。据我所知，退休后何立士、陈亚保、陈重远等仍在坚持打乒乓球。

那时每到周末，工会俱乐部都会举行舞会（交谊舞），舞厅就设在俱乐部中间的大厅，地上撒上滑石粉。只要音乐一响起，大南、国光的小朋友会赶来观看，很是热闹。参加舞会的有厦大教职工，还有印尼侨生，陆维特书记、刘峙峰处长也经常参加。刘峙峰身材高大，在轻歌曼舞的人群中鹤立鸡群，很是显眼，洪文金教授的舞步潇洒自如。中场大人们休息时，小朋友就一拥而上在洒满滑石粉的大厅里玩起"滑冰"，有"单人滑"有"双人滑"姿势各异。印尼侨生也常在这里举办文艺晚会，那充满印尼风情的歌舞吸引了不少人来观看。

20世纪70年代，上山下乡的一些伙伴在农闲时回家休息，我和傅抗声、傅顺声兄弟，陈亚平、陈亚保兄弟，黄晞，潘世平，陈宗泽，陈肖南，郑启平，翁义岱，胡振民常聚在一起。白天大人们上班，我们就聚在家里天南地北地胡侃，听亚保那优美的小提琴声伴随着顺声的曼陀铃琴声唱起《深深的海洋》《红河谷》《鸽子》。那时校园比较安静，路上行人少，我们结伴在上弦场、大会堂、大操场、灯光球场、"华侨河"漫步，也常到南普陀寺。那时寺内静悄悄，不见香客游人，连和尚也很少出来。我们在放生池、般若池边驻足，攀佛塔，在南普陀留下我们的足迹。那时的鼓浪屿菽庄花园尚未收费，我们也会结伴去游玩，菽庄花园里也留下我们的身影。这些嬉戏玩乐，实则消弭了大家心中的郁闷、烦恼。为了让子女早日回厦门，傅家麟伯伯和我母亲都提前办理了退休，顺声和我一起按"补员"政策招到厦大校办工厂当工人。两年后，因教学工作需要，傅家麟伯伯和我母亲又办理了复职。1977年高考恢复，我考进厦大数学系，1978年顺声考入厦大海洋系。

光阴似箭催人老，曾经的小伙伴都已成了七八十岁的老翁，有的身在国外，有的去了香港，还有的已逝去。怀念快乐的童年，思念当年的伙伴，望厦大孩子能再次相聚。

再说说我父亲在厦大的故事吧。父亲1941年考入厦大的过程是曲折的。长汀时期，萨本栋校长在讲授"微积分"课时，会从修选该课程的学生中亲自挑选少数尖子学生作为学生助教，协助他改作业和辅导学生，其中就有父亲。当时，在萨校长的管理下，厦大招生入学审查非常严格，选拔助教也非常严格，完全杜绝"递条子"。一次，萨校长与父亲谈话，萨校长听到父亲收到入学通知书迟于正常时间，立刻脸无笑容，到教务处查询父亲的入学情况（注：当时厦大是先发入学通知书给各系的正取生，过些时候再视正取生的报到情况发入学通知书给备取生）。原来，当时父亲作为厦大考生，在数学答卷上用微积分的方法解题，简化过程，虽然得数都正确，但答卷上的五道题却全都得了零分。据说，是评卷者认为得数正确，但过程不对，因此评为零分。这样，当然连备取生的资格都没有了。厦大生物系的顾瑞岩教授当时是招生委员会委员，他在查阅考卷时抽阅到父亲被评为零分的数学答卷，一阅竟然应是满分，却被误评为零分。顾教授立即向时任教务长傅鹰汇报，经傅教务长同意后改为一百分，并责成教务处尽快给父亲发入学通知书。得知父亲的零分数学答卷改为满分并被补录取后，萨校长的脸上才恢复笑容。对此，父亲一直非常感恩和敬佩萨校长。1945年前后，萨本栋先生辞去厦大校长职务赴美讲学，但仍一直关心着父亲，并为父亲在美谋得一个助教职位，让父亲能一边工作一边学习。1947年，在祖父的支持下，父亲筹齐钱款、办好护照准备赴美，但因那时母亲刚刚怀了我，不愿他去，最终没有成行。

◇◇◇ 刘士毅的毕业论文

1956—1958年，根据党中央部署，北京大学、复旦大学、厦门大学、东北人民大学（吉大前身）和南京大学等五校将科研资源集中，

在北大联合创办了半导体物理专门化班，黄昆任主任，谢希德任副主任。面对国家号召，父亲义无反顾地投身祖国半导体事业的发展和半导体人才培育事业，作为厦门大学选派的专业教师北上参与教学工作，担任实验室负责人，后与黄永宝、吴伯僖合编了国内第一部半导体相关教材《半导体物理实验》。半导体物理专门化班被称为"我国半导体的黄埔军校"，从这里走出的毕业生，后来大多成为我国半导体和集成电路的学术带头人与业界骨干。

1957年，被誉为中国半导体材料之母的林兰英在美学成归来后，在联系接洽单位时有意到厦大任教。她的二弟林文杰（海洋系78级林守章的父亲）是历史系的老师，也是我们的老乡，便找到父亲帮忙，父亲也向校系领导反馈了这一情况，但最终林兰英选择进入中科院继续研究。从商讨回国、回国工作、生病住院动手术到"文革"，周恩来总理都给予了林兰英亲切关怀，邓颖超副委员长几次出国访问随行人员名单里都有林兰英的名字。林兰英的儿子林守勋与我是小学同学，关系一度非常密切，但他四年级时随母亲到北京生活后，就渐渐少了联系。1977年恢复高考时，林守勋已经有了较为稳定的工作，不愿参加考试，林兰英则希望他能参加考试接受高等教育，便打电话给我父亲，希望父亲能帮她做一做林守勋的思想工作。在父亲的劝说下，林守勋同意了参加考试，考取了一所不错的大学，最终成为一名高校教师。

1963年，父亲从福州大学调回厦门大学物理系，在母校的怀抱中继续为我国半导体事业贡献力量，历任物理系半导体教研室主任、厦门大学学报（自然科学版）副主编等，培养硕、博士生20多人。20世纪60年代中期，父亲为上海有色金属研究所成功调试了我国第一台全自动硅单晶炉。在他的努力下，20世纪60—70年代厦门大学参与了有关厂家的TTL集成电路、Bipolar集成电路、CMOS集成电路、触发器集成电路等首批产品的设计开发。80年代，父亲主持国家自然科学基金项目"半导体表面光伏效应"，取得开拓性成果并获得多项奖励。课题"非破坏性研究半导体材料性质与参数"被国家科委审定为国家级科研成果，并获1996年度福建省科技进步二等奖。1976年唐山大地震，北京密云水库主坝受创发生险情，为确保首都安全，中央从全国各地调集有关专家对密云水库进行地质检测和监测。父亲受省委指派参与这项工作，冒着余震危险日夜开展防测，用精校的监测数据出色完成了任务。其间，乌兰夫副主席代表中央看望参加监测的工作人员，在介绍到父亲时与父亲亲切握手。1978年，父亲还有幸参加了在北京召开的"第一届全国科学大会"。1990年，父亲被授予有突出贡献的专家称号，并享受国务院政府特殊津贴。

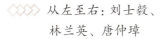

◇◇◇ 从左至右：刘士毅、林兰英、唐仲璋

◇◇◇ 我国半导体物理专业创建30周年纪念会合影（1986年10月摄于北京大学，前排左三刘士毅、左四黄昆、左五黄昆夫人）

◇◇◇ 前排从左至右：周绍民、蔡启瑞、方德植、汪德耀、刘士毅、谢希德、林祖赓，
后排左一：赵修谦

2000年6月，父亲过世，学校成立以陈传鸿校长为主任委员的治丧委员会。在美国的校友国际传感技术协会主席葛文勋教授在获悉噩耗后即刻委托敬献花篮表示沉痛哀悼，萨本栋校长的儿子、美国国家工程院院士、中国科学院外籍院士萨支唐暨夫人也发来唁电并向我们表示慰问，中科院的林兰英、王启明院士，父亲在第一届五校联办时期的学生、工程院院士许居衍等人也发来唁电，并送来了花圈。

2023年12月，父亲的学生、激光光学领域国际领军科学家洪明辉回到厦大，受聘为厦门大学陈嘉庚讲席教授并担任萨本栋微米纳米科学技术研究院院长。为了纪念父亲，洪明辉教授协同父亲的学生们捐款设立"士毅奖"，用于奖励在科仪工程学科方面表现优异的师生。

（厦门大学马克思主义学院研究生施林江参与了本文的采访、整理和撰写工作）

博学楼：
观乎人文以化成天下

林华水 *

　　每当路过厦大校园中比较朴素、沉稳的博学楼，我就会想起陈嘉庚先生书赠厦门大学人类博物馆创办人、我父亲林惠祥的那一行字："对于轻金钱，重义务，诚信果毅，嫉恶好善，爱乡爱国诸点，尤所服膺向往，而自愧未能达其万一，深愿与国人共勉之也"。

　　坐落于芙蓉湖畔的博学楼，是一座陈嘉庚式早期建筑，三层西式洋

---

*　林华水，厦门大学化学化工学院教授级高级工程师。

楼，建筑面积2551.92平方米，平面呈双角楼内廊式布局，墙体为花岗岩条石砌筑，双坡西式屋顶，上铺红色机平瓦（即所谓的陈嘉庚瓦）。陈嘉庚先生1921年开始创办厦门大学时，第一期修建的是现今大运动场（当年的演武场）映雪、群贤楼群，而博学楼及抗战时期被日寇焚毁、拆除的化学楼、生物楼是第二期建筑，是第一期建筑群向东南方向的延伸，据说是1923年我国著名科学家、教育家刘树杞博士在担任厦大第一任理科主任及教务主任时主持修建的。

◇◇◇◇ 博学楼1930年旧照

　　博学楼建成之后，据大部分文字记载，主要是用作最早期的学生宿舍，后来也作为教职工宿舍，直到1953年王亚南校长将它划归人类博物馆使用（开始是一楼及二楼部分），"博学楼"的楼名人们较少提起，而直接称之为"厦门大学人类博物馆"。换句话说，若有游客问路"博学楼在哪里？"，许多厦大人（包括在学学生和教职工）会茫然地摇摇头，而问"人类博物馆在哪里？"，百分百能得到准确的答案。

其实，博学楼的"履历"并没那么单一，它还曾经当过小学教室。1928年，7岁的杨振宁跟随时任厦门大学算学系（数学系的前身）教授的父亲杨武之来厦大，就读厦大附属模范小学（即演武小学）。1995年8月，杨振宁先生重返厦门大学，时任校长的林祖庚教授陪同他在校园漫步，当走到人类博物馆时，杨振宁先生指着博物馆入门右边第一个房间右侧墙说那就是他小学时的座位。虽然在厦大时间不长，但给杨振宁的一生留下了深刻的印象，他动情地说："到现在我还有极好的回忆。美丽的海，美丽的天，是我人生历程的一部分。"当走到不远的白城沙滩时他还风趣地说，孩提时在这里捡贝壳，后来到大洋彼岸捡了一个大"贝壳"（诺贝尔奖）。这么说，厦大博学楼尤其是白城海滩对希望达到人生巅峰的访客应该是必去的福地了。

厦门沦陷后，日本兵占据厦大群贤楼群及博学楼作为司令部及军营，其余楼房几近焚毁，其中包括化学楼和生物楼，钢铁构件被运到台湾铸造枪炮，花岗岩条石用作构筑工事的材料。1948年《厦大通讯》第八卷第一期林惠祥所写《战后校景巡礼》一文记载了此事。1945年抗战胜利那年，我的老师田昭武院士是刚进厦门大学的大一新生，他还看到投降后等待遣返的日本兵在群贤楼教室黑板上用粉笔书写的斗大的字："二十年后再回来"。这些事情，作为厦大人，作为中国人，永远不能忘记。

在厦大早期的建筑中，比较有名的当然是几个主要的建筑群：雄踞演武场的群贤楼群、傲视鹭江出海口的建南楼群、环抱芙蓉湖的芙蓉楼群，而处于这三个建筑群中间点的博学楼，就显得有些孤单。和它这种

形单影只处境相符的是它的"前世"很少被提及（"今生"正是本文所要写的），文献资料（包括校档案馆、校图书馆）大都片言只语。也许正是因为这种不太引人注意的存在，1947年3月，在它的二楼215室，中共（闽西南）厦大临时支部秘密成立。临时支部成立后，带领师生掀起爱国民主运动新高潮，在抗议"五二零"惨案、"六二"反内战运动中发挥重要领导作用。这是博学楼的光荣历史。

1950年陈嘉庚指示照原貌修复化学、生物两座楼。这两座楼与博学楼属同一时期的建筑，风格基本上是一致的，以花岗岩条石砌成，双坡面红色机平瓦屋顶的西洋式三层楼，与其他嘉庚式建筑红砖绿瓦、飞檐斗拱有明显的区别。陈嘉庚先生直言不讳地指出博学楼的局限："关于学生宿舍，博学楼面积近一万尺，墙壁多曲折，虽略美观，而工费加多，且间幅大小不一，将来分配住宿亦有不便。房间以外只有屋内通巷，无其他疏温呼吸及曝晒阳光余地。囊萤、映雪两楼第三层尚有露天阳台，博学楼则全无之，于卫生上不无缺憾，一误不容再误。"

看来，宿舍楼做不成，博学楼注定成为厦大人类博物馆的馆址了。

从空中俯瞰，博学楼平面是一个东西走向拉长的"工"字（其实是王字，只是中间那一横太短）。工字的上下两横正中是正门和后门，西边正门上下每层都有一内廊。楼内部结构与一般筒子楼无异，还算宽的通道两侧是房间。一楼的通道是光滑的花岗岩石板，房间地板铺的是红色的大方砖。印象最深的是二、三楼的地板是砖木结构——薄薄的木板架在圆木上，再以泥、红方砖铺就，走起来有点上下晃悠，小时候很喜欢在二楼、三楼的房间、通道上来回奔跑，但立刻被制止，因为展品的玻璃橱柜会随着我的脚步"咯咯咯"震动起来。多年后经过几次装修改造后，楼板换成了钢筋混凝土。在工字的南边腰上正中的房间有一大门，出门下了两三级石阶便是一个小花园，因为旁边是东大沟（从东边社山上至生物楼通到海边的排洪沟），这里成为附属人类博物馆的独立小天地，现在辟为碑廊。

◇◇◇ 林惠祥亲自动手制作猿人模型

◇◇◇ 林惠祥和同事在猿人模型展室合影
（左陈国强、中吴汉池）

如果每个人都有自己童年时光的"百草园"（见鲁迅《从百草园到三味书屋》），那么博学楼和它的周边就是我记忆中这样的乐园。小时候有时坐在父亲的自行车后座上跟他去上班，但这种机会并不多，因为父亲总是早出晚归全神贯注于博物馆，母亲怕他没有太多精力关照我们。一到博物馆我总是从一楼到三楼（当时二楼部分和三楼还是教工宿舍），从前门到后门、边门都跑"透透"，每个展室（房间）出入无数次。那时博学楼的北边的芙蓉湖还是东边社农民的菜地，种植着包菜和出名的"顶澳仔油菜"，这里是

我们追蝴蝶抓草蜢（蚂蚱）的好地方。而楼南边的东大沟，宽有丈余，作为厦大校园内主要的排洪沟，东接东边社山脚，西出生物楼脚下出海口。在厦大生活了大半辈子，从来没见过山洪暴发，倒是遇上天文大潮海水倒灌，沟中或有海鱼螃蟹出没。沟里常年流淌着五老峰巨石缝中渗出的涓涓细流，有小鱼和青蛙在水草中悠悠然游戏，不过多年后污染严重以至成臭水沟只能盖上混凝土板成了阴沟。父亲逝世（1958年）后母亲成为小楼里的工作人员，我更加频繁地在前门、后门出入，后来上大学时就住在楼旁的芙蓉一（化学系的男生宿舍），工作后更是天天上下班从它身边经过。所以博学楼的每个角落我都很熟悉。

博学楼中我最熟悉的地方当数一楼东南角那个118房间，那是父亲当年的办公室，我四处"野"过之后，就会到这里缠着父亲回家吃饭。其实父亲很少待在办公室，更多的是和同事在各个展室里"干活"。他在办公室主要是会见来访的重要客人。

父亲在办公室会见的重要客人中有一位是厦门大学创办人陈嘉庚先生。当年父亲的助手陈国强教授（时任人类博物馆秘书，后为第三任馆长，第二任是叶国庆教授）的文章《陈嘉庚和林惠祥创办华侨博物馆》回忆道：1956年厦大建南大会堂兴建期间，陈嘉庚每周都有一天会从集美渡海到厦大工地视察，曾多次到这间办公室和林惠祥教授商讨创办华侨博物院的事情。有时自己及随员来，有时厦门市副市长张楚琨和厦大党委书记、副校长陆维特陪同前来。每当这种时候，陈国强就把自己的座位让给陈嘉庚先生坐，让他和林惠祥面对面交谈。

◇◇◇◇ 1956年，林惠祥在人类博物馆的办公室与来访的
陈嘉庚先生（右）交谈（陈国强摄）

　　在118室交谈时，陈嘉庚先生曾对父亲说："你1931年创办厦门市
人类博物馆筹备处，1951年献给国家，这种精神很好。"父亲感谢陈
嘉庚先生的鼓励，随即提出能否为厦门大学人类博物馆建一馆舍，使
博物馆能更适合陈列、保护文物，并传之永久。陈嘉庚先生回答："我
捐给厦门大学兴建的房子，都由厦门大学安排，不便指定专门给哪个单
位。"他接着说："办人类博物馆很好，很重要，我赞同你办人类博物馆
的主张。办博物馆是教育民众的一个好办法、好途径，通过实物的展览，
使民众受到教育，提高文化和知识。博物馆与大学培养学生一样，可以
向广大社会群众进行教育。""我拟办个华侨博物馆，设在厦门，地皮申
请市政府拨给蜂巢山的西边，紧接厦门大学，请你帮助订个计划。要办
成国内有代表性的，因为厦门是通商的港口，有的华侨只回到厦门及附
近，不能到北京等地。我希望你能支持帮助我，以办理人类博物馆的经
验创办一家全国性的华侨博物馆，既代表全国研究华侨的学术水平，又

可让归国华侨参观接受教育。人类博物馆也可纳入这个计划中。"

据陈国强教授回忆，在几次商谈中，林惠祥教授提出了仿效北京故宫博物院的办法，建议办个"华侨博物院"，院内分设五个博物馆。这个计划经过讨论，得到陈嘉庚先生的赞同，即在华侨博物院内设资源博物馆（矿石、地质）、动植物博物馆、人类博物馆、华侨和南洋博物馆、社会主义建设博物馆。其中，人类博物馆即将厦门大学人类博物馆并入，动植物博物馆将厦门大学生物系标本室并入。

◇◇◇ 林惠祥（右二）和同事在博物馆门前合影（左一吕荣芳、左二庄为玑，右一陈国强）

记得有一天上午，我正好跟父亲去上班，办公室里来了几位气度不凡的客人，他们交谈没多久就和父亲动身去华侨博物院，我自然也跟着一起乘车去。乘什么车记不起来了，只记得华侨博物院正在装修中，还没对外开放，里外都有些乱。我被大门旁一个水缸里的大海龟迷住了，完全没注意大人们在谈什么。过后也没有人告诉我这是什么客人，多年以后看到陈嘉庚先生的照片，记忆中的人物形象才渐渐清晰起来。

有次会见时，陆维特书记告诉陈国强，中共福建省委已批准陈嘉庚先生创办"华侨博物院"的计划，也批准林惠祥教授担任"华侨博物院"院长。陆书记要陈国强参加讨论时多关心、促进林惠祥教授支持陈嘉庚先生办好"华侨博物院"。

◇◇◇◇ 林惠祥在校科学讨论会上作学术报告

陆维特书记作为厦大的领导，代表厦大对校主陈嘉庚先生要创办华侨博物院表示全力支持。而父亲作为校主倾家兴学的第一位受益者，平生对校主极为敬佩，而且他的人生轨迹是与校主紧密相连的，对校主托付的事情岂有不尽心尽力的道理。

为何说父亲林惠祥是陈嘉庚先生倾家兴学的"第一位受益者"？这要从"厦门大学第一号毕业证书"以及父亲一生的经历说起。

父亲1901年出生于福建省晋江县莲埭乡（今石狮市蚶江镇莲东村）

一个商人之家。蚶江镇临海，是历史悠久的对外商埠。鸦片战争前后，父亲的曾祖父前往台湾经商，事业有成，家境殷实，后至其父时家道中落，仅为小商贩，谋生艰难。中日甲午战争后，日本强占中国台湾，强迫当地居民改隶日籍，全家人即被隶为日籍。

父亲自幼聪颖好学，9岁入私塾，11岁进入福州日本人创办的东瀛学堂读书。他学习刻苦，成绩常列全班榜首。15岁时，他以全班第一名的成绩毕业。台湾遗老曾组织一文会，出题《韩信论》征文，他试投一文即被评为首选，其时年仅18岁。这是父亲"史论"方面的处女作，2006年被全国台联前会长汪毅夫教授查明发表于《台湾文艺丛志》第八号（1919年8月1日发行）。东瀛学堂校长欣赏他的才学，欲引荐他去日本商行做事。因对日本侵略行径深恶痛绝，他拒绝校长邀请后，转入英文私塾学习，并很快考入以英文讲授课业的青年会中学。第一学期结束，他考试即得全班第一名。然而，因父亲生意经营困难，无法再负担他的学费，加上他觉得学校教学进度太慢，遂退学在家自学。

◇◇◇ 1919年的《台湾文艺丛志》
（汪毅夫供图）

1920年，父亲前往菲律宾谋生，在一家米厂内任书记员。1921年，他从报纸获悉爱国华侨陈嘉庚先生捐资兴办的厦门大学可为入读学生免除学膳费用，当即渡海回国，以同等学力报考。由于回国时已逾期，勉强补考，中、英文过，数理科分数不够，只能旁听成为一名预科生，第一学期结束考试成绩优，第二学期改为特别生。第二学年补考数学及格，于是改为文科社会学系正式生。学业优异的他大学期间曾两获甲等奖金，还曾兼厦门中华中学史地教员。其间，他经多方努力毅然退出日籍，复原为中国国籍。

1926年，林惠祥以优异成绩从厦门大学毕业，获文科学士学位，后被聘为厦门大学预科教员。这第一届毕业生36人，文科毕业生仅父亲一人，其余为商科、理科、师范生等，于是他的毕业证编号顺理成章为"厦门大学第一号"。出于对人类学和考古工作的兴趣，此后一年时间，他除登台授课外，还积极参加学校考古文物展览会的筹办工作。

1927年，林惠祥进入菲律宾大学研究院人类学系，师从美国知名学者、精通考古学与民族学的拜耶教授（H.Otley Beyer）。求学期间，由于没有奖学金，各项费用需自己承担，为省钱读书，他时常以冷水配面包度日，生活十分艰苦。因学习刻苦成绩优异，一年后他获得该校人类学硕士学位。

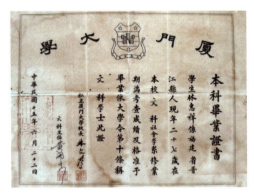

◇◇◇◇ 厦门大学第一号毕业证书

◇◇◇◇ 1928年，林惠祥（Thomas Huisiang Linn）获得的菲律宾大学人类学硕士学位证书

1928年，林惠祥回国后，被"大学院"（教育部旧称）聘为特约著作员，不久，"中央研究院"成立，又出任蔡元培兼任组长的民族学组助理研究员，成为院长蔡元培最为器重的民族学田野调查学者。

◇◇◇◇ 1928年，林惠祥被蔡元培聘为大学院特约著作员的聘书

1929年，林惠祥受蔡元培先生委派以为父奔丧为由装扮成商人深入台湾岛进行人类学田野调查。一个多月的行程里，受到日本警察当局的怀疑，派人跟踪盯梢，此外高山族的猎头遗风也带来极大的危险。他同

一些高山族人结成朋友，采集了大量民俗标本，这些标本都成了人类博物馆最早期的一批展品。我印象深刻的是摆在博物馆走廊那艘樟木独木舟，据说当年父亲为了把它从高山族人的社区中运出来，险些连人带物坠落深涧。

◇◇◇◇ 林惠祥在台湾进行　　◇◇◇◇ 林惠祥在台湾与　　◇◇◇◇ 林惠祥在高山族
　　　人类学田野调查　　　　　　　高山族人合影　　　　　　　　社区

从台湾回京后父亲向蔡院长进行了书面汇报，还在上海举办成果展览，当时被南京中央广播电台请去报道，《申报画报》还出了特刊。蔡元培院长当即将他擢升为专任研究员。在台湾期间，他认真调查了台北圆山新石器时代遗址和高山族文化遗俗。回到上海后，他很快写成《台湾番族之原始文化》一书，于1930年出版（由中央研究院印行）。这是他的第一部学术专著，也是我国第一部系统研究台湾少数民族文化的著作。而他也成为我国调查研究台湾高山族第一人。

1930年，父亲被厦门大学校长林文庆聘为历史社会学系副教授，之后升为教授并兼任系主任。这一时期父亲还完成了《文化人类学》《民俗学》《神话论》《世界人种志》《中国民族史》《罗罗标本图说》（罗罗

即今彝族）等经典专著（商务印书馆出版）。

《文化人类学》是我国第一部被列为大学通用教材的人类学专著。《中国民族史》提出的民族分类法被后来的学者称为"林惠祥分类法"，该书是当时民族学专著中最完整详尽的一部著作，受到国内外民族学界的重视与引用，对后世的民族史研究影响深远，并被日本学者中村、大石合译成日文，日本书报文章论及中国时经常引用该书。日本学者井东宪还将张其昀、林语堂及父亲的书各取数篇章合为一本取名《我民族》，意为中国人描述自己的民族。此外，《民俗学》《世界人种志》《神话论》等专著，为中国研究人类学有关分科做出了重要贡献。

1935年父亲再度冒险进入台湾进行高山族文化调查，采集了大量文物、标本。

◇◇◇◇◇ 1930年，林惠祥被厦大校长林文庆聘为副教授的聘书

1937年夏天，父亲自费到闽西考察，发现龙岩武平县新石器时代的石器和印纹陶等文物。这是我国东南地区最先发现的新石器时代的

遗址。他从武平新石器时代文物的研究中，推断石锛、有段石锛和印纹陶，是东南古越族及其先民的遗物，具有我国东南地区古文化的特征。这些新见解，为他后来的考古发现所证实，也得到其他考古学家认可。

◇◇◇◇ 林惠祥（右五）在武平考古时
与武平县中教师合影

◇◇◇◇ 林惠祥在闽西进行
田野调查

父亲为了满足讲授人类学课程必须参读实物的需要，于1931年正式成立私人厦门人类博物馆筹备处，用著书的稿费收入在厦大西侧的顶澳仔购地盖了一幢砖木结构占地74平方米的两层楼房。楼上住家，楼下作为人类学文物标本展览室，展出文物三四百件。1951年父亲将所有文物图书捐给学校，之后同母亲商量说，文物都捐了，房间也空了，索性把房屋也捐献给厦大。这座楼房作为学校的财产现在还保存着。房契等文件现今还保存在厦门大学档案馆里（曾一度在校史展览馆中展出过）。父亲当年在楼前种了一株木棉树，如今木棉树仍高耸傲立于密集

的房屋中。

厦门大学文科最早招收的研究生、父亲的副博士研究生蒋炳钊教授在《怀念林师》中说过："知识分子的有形资产主要是图书资料，对林教授来说还有大量文物，这些文物资料伴随着他四处流动。"

的确如此，1937年全面抗战暴发，父亲担心厦门沦陷，于是携带所有文物、图书举家避难南洋，先香港后新加坡。抗战胜利后回厦大，1947年曾于映雪楼举办文物展，1951年父亲将全部文物图书捐献给厦大，博物馆先布展于生物楼三楼，1953年王亚南校长将博学楼划归人类博物馆使用，人类博物馆正式于博学楼挂牌，文物资料最终有了安身之所。

在文物辗转迁徙中，最艰难困苦的是下南洋这十年时间。

1937年7月，卢沟桥事变爆发，八一三事变后日本还攻占了金门。当时父亲曾征询过厦大校长萨本栋先生："学校是否有内迁的计划？"萨校长说没接到这方面的通知（后来厦大内迁长汀），因担心当年放弃日籍而被清算以及为了标本、文物免遭敌手，同年秋天，父亲携带精心收藏多年的人类学标本、文物、图书等资料，举家迁往香港。在港逗留数月，正在盘算下一步迁往何方时，他接到前往新加坡参加"第三届远东史前学国际大会"的邀请，于是就转去新加坡。父亲在他的自传中是这样说的："余来新加坡之目的，一因日人占厦，避免被逼作汉奸；二因欲研究南洋之人类学材料，盖新加坡素有'人种博物馆'之称，且有富于人类学材料之博物馆及图书馆，而南洋附近各岛皆多原始民族，其时正开远东史前学会，余亦应参加；三可服务华侨教育文化工作，及宣传抗战。第一项目的来后即达到。第二项亦达到一部分，除由博物馆、图书馆及耳闻目见增广知识外，并编译上述南洋民族志之书籍，完成福建武平新石器时代遗址研究报告。余前在香港避难时，曾在香港本岛山上大潭发现新石器，南来后又曾赴北马发现史前洞穴遗址一所，获得旧石器式之遗物颇多。至于第三目的则如上述从事教育及卖文等事，坚持学术报国之宗，故生活困难亦不改业。"

1938年1月，他在"第三届远东史前学国际大会"上宣读《福建武平之新石器时代遗址》一文，详细阐述了"中国南方史前民族及文化与南洋的关系"，轰动全场，引起国内外同行对华南史前文化的强烈关注。会议期间他还见到了导师拜耶教授，师徒多年不见，相谈甚欢。此时他获得新加坡南洋女子中学教员聘约。在南洋女子中学任教员时，虽然生活环境困苦，但他仍坚持进行考古和民族问题研究，先后撰写了《马来人与中国东南方人同源说》《南洋人种总论》等论文，成为中国研究南洋人种和南洋考古的开拓者和倡导者之一。

1939年，父亲接到马来亚槟城钟灵中学教务长（该校不设校长）聘约。他在上任后立即着手聘请名师，修订校规，锐意改革。他领导全校师生积极投入抗日救国活动，不仅带头将自己任教的第一个月薪水全部捐献出来，还在槟城发起"寒衣捐"活动，号召同学和周围民众一起捐款，支援祖国抗战。徐悲鸿先生到新加坡举办筹赈画展，捐款用于救助国内难民，父亲负责撰写宣传文字，二人结下友谊、互赠诗画。他向徐悲鸿索画作为"寒衣捐"的奖品，得到了徐悲鸿全力支持。1953年，博物馆开馆前还收到徐悲鸿题写的"厦门大学人类博物馆"馆名及字幅"观乎人文以化成天下"，而且在开馆后数月还收到他珍藏的《八十七神仙卷》、《五蟹图》（齐白石画、徐悲鸿题）及其他书画。

◇◇◇◇ 1953年，徐悲鸿赠送的白雄鸡图

◇◇◇◇ 徐悲鸿赠的书法作品

◇◇◇◇ 徐悲鸿在病榻上为"厦门大学人类博物馆"题写的馆名

据不完全统计，从1939年9月至1940年12月，南洋华侨捐献棉衣700余万件、夏装30万套、军用蚊帐8万顶，另捐冬装款400万元。

钟灵中学成为当地抗日宣传的重要基地，不仅是南洋出抗日英雄最多的中学之一，还是南洋回国投军和服务抗战人数最多的中学之一。学校华侨学生中不少人后来加入共产党，或成为抗日骨干分子。有些学生被英国殖民当局盯上，英国殖民当局派人进校抓捕，父亲都据理力争全力保护。有些学生被捕，他不但亲自与警方交涉放人，还利用声望发动华侨营救被捕学生，不少抗日进步学生因此得到保护。凡此种种，父亲被国民党视为异己。另外由于南洋侨界领袖陈嘉庚先生与国民党彻底决裂，其时国民党派大员吴铁城去南洋"倒陈"，槟榔屿的国民党开欢迎大会父亲拒不出席，而他还是陈嘉庚创办的学校的学生，被国民党势力把持的钟灵中学董事会于1941年3月解聘父亲。当时新马文化界聚会欢送他返回新加坡，徐悲鸿先生在会上发表演说支持他，斥责国民党的卑劣手段。

父亲失业后，一家人回到新加坡，父亲开始还能"卖文为生"。他在新加坡《星洲半月刊》上陆续发表一系列的研究论文，如《马来人与中国东南方人同源说》《南洋高架屋起源略考》《南洋人种总说》《马来半岛的马来人》《马来半岛的最古土著赛芒人》《马来半岛的怪民族沙盖人》《苏门答腊阿齐人》《苏门答腊答搭人》《苏门答腊民南加堡人》《马来谚语》《古代的新加坡》《菲律宾石器发现记》等。这些研究为日后的南洋民族志专题研究奠定了基础。但是发表论文收入毕竟有限，1941年，前妻终因贫病交加去世。1942年新加坡沦陷后，家庭生活陷入极端困境中。

1942年日本人进攻新加坡时，为了躲避轰炸，父亲靠亲友在政府设立的几个避难所之间不停地转移这些沉重的文物、图书，最后有人不干了，怒斥道："到底是命重要还是文物重要？"父亲说："文物比命还重要。"众人不予理睬，数度一哄而散。曾有个欧洲学者想趁机收购这些文物，自然遭到父亲的断然拒绝。日寇攻入新加坡后，进行所谓"全城大甄别"，发现可疑的人立刻关押、枪杀。当日本宪兵来家搜查时，打开了几箱文物，没有发现什么可疑的，而父亲不动声色地坐于一箱装满武器的箱子上（其中有多件日本武士刀），幸而日本宪兵没有继续查下去，才躲过一劫。

当时，日本占领当局急需大批懂中、日、英语的人才。日据军政部一调查室（实际上是特务组织）的一个日本民族学家慕名邀请他去

工作；有个日本人办了个大农场，许予高薪要他去相助；日本人办"兴亚学院"的日本教官特地上门拜访，盛情邀请他到该学院任教。父亲均不为所动。父亲的这些举动自然引起日本占领当局的怀疑，曾派了两个华人便衣上门向他厉声质问为何不出来为当局做事。为了躲避日本人的纠缠，在城内东躲西藏后，一家人最终迁到一个叫"后港"的乡下。

此后，一家人的生活全靠父亲在那里搭寮垦荒务农，栽种粮食、蔬菜，甚至修理小物品摆地摊出售。在南国的烈日下，父亲努力耕作，赤裸上身，下着短裤，从早到晚总是汗流浃背，手上常常是血泡压血泡。但这些对父亲来说不算什么，真正的磨难是精神上的。一旦有陌生人来访，父亲就很紧张，怀疑是日本特高科的人。后港海边有一桥，桥下漩涡翻卷，深不可测，父亲曾对母亲说，如果日寇不战败投降，"终有一天我会从这里跳下去"，对日寇，他抱定以死抗争的决心。父亲于1938年曾写过一首诗《重阳日延谦先生芷园雅集感赋》：

> 佳节重阳客里过，归途何处奈风波。
> 情牵老菊家园瘁，目断哀鸿故国多。
> 填海未穷精卫石，回天伫看鲁阳戈。
> 飘零幸预群贤末，暂扫牢愁且放歌。

多年后，父亲加注："时厦门沦陷，予方逃亡南洋，故触处生悲，不知涕之何从也。徐悲鸿先生见之，赞'填海'一联为警句，为作大字。后经日寇时期，犹幸保存勿失。"

◇◇◇◇ 林惠祥在新加坡乡下开荒种地

◇◇◇◇ 徐悲鸿先生
题写的林惠祥诗句

此诗是父亲漂泊南洋时期心境的写照。诗中"延谦先生"即新加坡著名的华侨实业家陈延谦先生，代理过南侨总会主席，曾被陈嘉庚先生聘为厦门大学校董。

抗战胜利后，林惠祥参加陈嘉庚主持的有关南洋华侨筹赈祖国难民会活动资料的整理、编辑工作，协助整理出版刊物，并参加陈嘉庚所著《南侨回忆录》《大战与南侨》等书的编辑出版工作，为这两本书的文字进行润色。

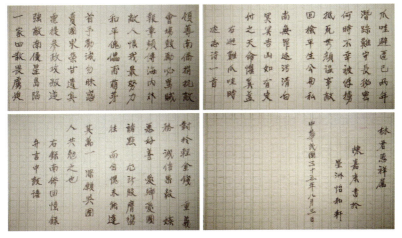

◇◇◇◇ 陈嘉庚先生用钢笔书其诗作等赠林惠祥（共4张稿纸）

在等待厦门大学"回续教职"的正式来函期间，父亲又编译完成了《苏门答腊民族志》《婆罗洲民族志》《菲律宾民族志》三本大书。作为厦大校主，陈嘉庚先生对父亲要回厦大任教非常高兴，立即给父亲1000元大洋做路费，还将自己的两套西装赠送父亲。1946年8月，陈嘉庚将他1943年写的《避难爪哇时述志诗一首》及《南侨回忆录》中的一句话："对于轻金钱，重义务，诚信果毅，嫉恶好善，爱乡爱国诸点，尤所服膺向往而自愧未能达其万一，深愿与国人共勉之也。"用钢笔书赠父亲，薄薄四张普通稿纸集中体现了嘉庚先生疾恶如仇、大公无私、爱国爱乡的"嘉庚精神"。父亲一直把陈嘉庚先生的手迹珍藏在身边。厦门解放前夕国民党特务逮捕父亲时，幸亏父亲事先把它包在一本专著的厚封皮中，母亲将书藏起才得以保存下来。

◇◇◇◇ 1953年，林惠祥被王亚南校长任命为厦大人类博物馆馆长

1947年秋，父亲与陈嘉庚先生告别，同时推辞了新加坡莱佛士博物馆及当地几个企业家的聘用，带回离开厦门时及南洋考古得到的所有20多箱文物，全家人的行李仅五小箱，国外带回的"洋货"只有一台手摇缝纫机和一小罐咖啡。

回国后，父亲继续在厦大任教。由于父亲当过陈嘉庚先生的秘书（陈嘉庚先生是国民党反动派通缉的人），而且回国后父亲公开反对国民党的"戡乱"，支持进步学生的活动，在他举办的文物展览中有部分是地下进步报刊、书籍，因而受到国民党反动派的警告。厦门解放前夕（1949年10月15日），父亲被国民党厦门警备司令部以"共匪嫌疑犯"罪名逮捕，直到两天后厦门解放才从监狱回家。

出狱后父亲急切做的第一件事，就是向厦门大学军事代表呈送《厦门大学应设立"人类学系"、"人类学研究所"及"人类博物馆"建议书》（1949年11月），并"恳转呈教育部"。

创办博物馆只是林惠祥为发展人类学计划的第一步，他在一份建议书中曾提到，将来待条件成熟，可以在博物馆基础上再办人类学研究所、人类学系，建立起系、所、馆的完整体系。

◇◇◇ 林惠祥在博物馆的办公室（背后是徐悲鸿先生所赠的书法作品）

◇◇◇ 徐悲鸿先生的书法作品

1958年2月13日凌晨，父亲刚完成论文《有段石锛》的英文摘要，不幸突发脑出血离开人世。在31年的学术研究生涯中（从1927年发表

第一篇论文算起），他为后人留下了18部专著和70多篇论文，可以说是创造了学术奇迹。他的这些论著，极大地丰富了中国人类学知识的宝库，为我国人类学发展奠定了坚实的基础。

1958年3月14日，厦门大学在风雨操场举行"林惠祥同志追悼大会"，校党委追认其为中共正式党员。中侨委，中共福建省委第一书记、福建省省长叶飞上将，福建政协，中共厦门市委、市侨委及王亚南校长等团体或个人，在遗像前献花圈。会上还宣读了文化部副部长郑振铎，考古研究所所长尹达、夏鼐，中央人民政府文化部文物局局长王冶秋，故宫博物院院长吴仲超，陆维特副校长等的唁电和唁信。会后父亲的骨灰被安葬在五老山。

1984年，经国家有关部门批准，厦门大学在人类博物馆的基础上，设立人类学系（后经过调整，现为社会人类学系）和人类学研究所。人类博物馆经过"文革"浩劫后于2006年5月重新开馆，只是展品与"文革"前比较少了许多。在学校领导重视、各部门积极配合下，几次精心设计、合理布展，近几年更是以崭新的面貌向全社会开放，目前设有5间展厅，其中3间为基本陈列展厅、1间为临时陈列展厅、1间为碑廊，"鸿蒙初辟——史前文明"展厅和"匠心凝聚——审美艺术"展厅位于展馆一楼，"向死而生——精神信仰"、"馆史溯源"、临时展厅位于展馆二楼，"泉州宗教石刻"碑廊位于一楼庭院。此外，博物馆还设有多媒体会议室、科教室、文物修复实验室等，供师生教学科研使用。

据国家文物局第一次可移动文物普查结果，厦大人类博物馆8000余件文物被认定了5000余件，其中400余件属国家一、二、三级文物，涉及旧、新石器时代，商周，战国秦汉，魏晋南北朝，隋唐五代，宋元明清的文物及民族风俗文物，还有从猿到人进化的模型和宗教石刻等等，文物数量和质量位列全国高校前茅，是联合国科教文组织认定的著名博物馆。

◇◇◇◇ 人类博物馆的几件馆藏文物

很遗憾我关于文物方面的知识为零，但我清楚，厦大人类博物馆的镇馆之宝并不是那些价值连城的古玩珠宝、名人字画，而是与台湾有关的文物。据曾任馆长的邓晓华教授说，厦大人类博物馆是大陆珍藏台湾文物数量最多、种类最丰富、内容最权威、品质最完好的博物馆，分史前文物和民族文物两大类，基本上都是林惠祥于1929年和1935年从台湾采集来的。台湾专家学者参观了厦大人类博物馆这些文物后十分惊讶，连称"出人意料"。现台湾"中研院"文史馆展出的台湾史前文物，还特别标注是当年中研院研究员林惠祥收集的。 这里仅列举两件这类"出人意料"的文物：（1）林惠祥1950年在厦门购得一件国家一级文物：手卷式"清初彩绘台湾地图"（目前没有展出），地图的尺寸、地形和现在的军用地图相差无几，山水画风格，是当时的清朝政府绘制，它充分证明台湾是中国的领土。（2）原住民泰雅人头领在重要仪式性场合穿着的盛装——彩色贝珠衣，所缀的贝壳珠达6万多颗，每颗贝壳珠由砗磲贝壳敲碎、

打磨、抛光、穿孔成串，再缝制于布，工艺复杂，特别具有台湾高山族服饰特色。流传在大陆的贝珠衣有几十件，绝大多数是当年林惠祥两次冒着生命危险到台湾收集的，当时的中央研究院根据教学和研究的需要通过教育部分配到各校（如复旦大学等），中央民族大学就收藏有17件。

◇◇◇ 台湾高山族贝珠衣

而我心里认定的宝物是那几块很不起眼的石头，在父亲生命的最后阶段，他曾经把它们放在案头，时而拿在手上细看时而陷入沉思，还为其中一个装了木柄，它们名叫有段石锛，是父亲在台湾圆山新石器时代遗址发现的。在他最后的论文中，它证明早在远古时代，台湾和大陆便有着密不可分的同源关系，而且台湾的根就在大陆。

2011年7月16日的《鹭风报》为纪念林惠祥诞辰110周年以"厦大鸿儒 学术先驱"为题在《人物》专栏中作专题介绍："他是厦门大学建校以来最早的文科毕业生。他于1926年获得文科学士，毕业证号为厦大第一号。他名列厦门大学'三林'之一（其他两位是林文庆和林语堂），还是'三林'中与厦门大学结缘最久的。他一生不足58年的岁月，有25年时光在厦门大学度过。他是中国人类学、民族学研究的先驱，是中国人类学南派的奠基人。他是中国通过实地调查研究台湾高山族的第一人，也是中国南洋民族研究的开创者之一。他是蔡元培先生最为器重的民族学田野调查的先驱之一，是蔡先生发展民族学研究的理想人选，1930年被蔡先生擢升为中央研究院专任研究员。他一生与蔡元培保持着密切的交往。他是厦门大学建校以来以普通教授身份捐献最多的人，他所捐献的珍贵文物、标本和字画价值难以估量。他甚至还将自己辛苦用稿费修建的唯一一栋两层楼房都捐献给了厦门大学。他是以一人之力兴建专业博物馆的中国高校第一人，更是中国第一所专业人类学博物馆——厦门大学人类博物馆的创办人。他就是林惠祥先生。"

◇◇◇◇ 1935年，林惠祥采集于台湾圆山的有段石锛

厦门大学原校长朱崇实教授在"林惠祥诞辰110周年纪念会"上的讲话，为林惠祥的生平做了最好的概括和总结："林惠祥先生是中国著名的人类学家、民族学家、博物馆学家和考古学家，也是厦大培养的杰出人才代表。他一生献身学术研究和教育事业，不仅为学术界留下了18部学术专著和大量的学术论文，而且还培养了众多的人才。他仰慕

校主陈嘉庚先生倾资办学的精神，倾资办馆，将个人含辛茹苦采集、收藏的大量珍贵文物、标本和图书字画全部无偿捐献给国家，为创建新中国第一家专业的人类学博物馆——厦门大学人类博物馆做出了不可磨灭的贡献。他是真正做到了大公无私、以校为家的人，为厦门大学人类学学科的建设鞠躬尽瘁、死而后已。作为一位著名的人类学家、民族学家，林惠祥先生留给我们的不仅是高山仰止的学术成就，还有他熠熠生辉的高尚人格。"

◇◇◇◇ 父亲林惠祥

　　落日的余晖透过高大的马尾松、棕榈树叶子在博学楼人类博物馆花岗岩白墙上投下许多斑驳的金色光点，在我眼前幻化成陈嘉庚先生铿锵有力的那段话的每一个字，这是最原汁原味的"嘉庚精神"："对于轻金钱，重义务，诚信果毅，嫉恶好善，爱乡爱国诸点，尤所服膺向往 而自愧未能达其万一，深愿与国人共勉之也。"我想，父亲林惠祥不正是以校主陈嘉庚先生倾家兴学为榜样，在短短的人生中追随其后，努力成为他所"服膺向往"的人吗？

　　注：本文参考文献略。

174

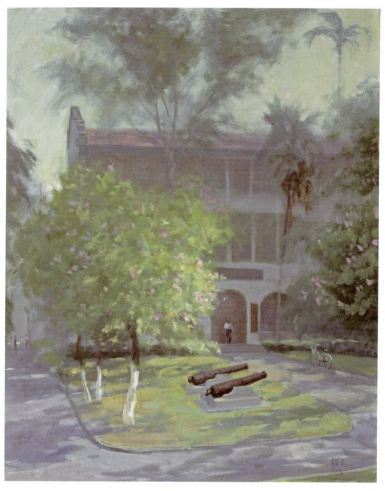

◇◇◇◇ 唐绍云油画作品：鲜活的历史

战后校景巡礼

林惠祥 *

　　我这次回校所见的校景引起我无穷的感慨，现在约略说说，当作向远地同学的报告。

　　当我走到母校附近，最先给我深刻的印象者，便是群贤楼宫殿式的屋顶。这屋顶是用绿色玻璃瓦盖的，两头且有飞甍，原是容易破损的东西；不意经过一场大劫后，却还能健在。远远望去，便看见屋顶映着太阳，发射出黄绿色交杂的强烈光线，一片光芒中还露着两头飞甍上的蛟

---

* 林惠祥，厦门大学教授，著名人类学家、考古学家。

龙，似乎也在飞舞。我一见了便知道旧校舍所保存者还是不少。行到近处果然见五座大楼还是列队矗立在演武场中。更远处透过成荫的树木，还隐约看见博学楼雄姿的一角。进入群贤楼下，瞥见两边的布告还是民国十年的旧物，却是保存如新。

◇◇◇◇ 1937年前的厦大校园：群贤楼群和生物院（庄景辉供图）

现在这五座大楼的用处，是群贤楼作办公室和图书馆，同安集美二楼作教室，映雪楼作学生宿舍，囊萤楼作实验室等。博学楼也作学生宿舍。两翼的平屋减少了一个西膳厅，余照旧存在。

可惜演武场东南角小山岗上的生物院（上图左后方高处白墙红瓦建筑）和岗下东面的化学院都已不见。我曾有一次特到那边凭吊，只见蔓草成丛，中间横着几条基石。这两院之间原有校园，其中且有玻璃花房，现在也只见荒凉一片，再也没有当年的万紫千红了。闻沦陷时敌兵先烧毁这两座建筑物，后来再将石料拆起运往台湾（根据《厦门大学嘉庚建筑》记载：梁木墙石被日军运作防御工事之材料，两楼的工字铁梯栏窗柱等钢材甚至被拆运到台湾），所以连四壁都没有了。幸而复员后在这

小岗之南的海边建了一所工学院，也相当大，包括一座大洋楼做教室，以及凹字形的平房做工厂，在旁边还有正在进程中的两座较小建筑物，不久便可落成。

◇◇◇◇ 战前的厦大化学院（黄桂玉供图）

◇◇◇◇ 复员后新落成的工学馆（机电系1948届曾宪诚摄）

演武场校舍前面照旧有一片广大的运动场，后面便大大不同了。以前三姑的旧式屋子已不见，代之而起的是数座排成一长列的平房，以为邮局、合作商店、理发室、贮藏室等。群贤楼后面战后加建一层方形平顶的大厅，与原屋相连，合为书库。

◇◇◇◇ 战后在群贤楼后面加建了一层平顶的大厅（倪伟供图）

这五座大楼的后面现在热闹胜过战前，因为有了上述一列平屋，时时有人到那里取信寄信买物和理发，而且后面墙外添筑两条大路通到大南新村的宿舍去。这里开了一个后门，由这后门出入的人络绎不绝，这后门反比前门热闹。五座大楼的后面既然热闹，近来更将那片空地开成花圃，大约到了明年春天便有无边春色了。

◇◇◇◇ 1954年，位于群贤楼后面的校门（叶频青供图）

步出后门，由新开的车路可通到以前的笃行楼和兼爱楼，不幸这两座也于战时被敌人所毁了。复员后在这里重建两座长方形洋楼，一座仍名为笃行楼，仍是女生的宿舍，一座名为敬贤楼，为单身男教员的宿舍。体积虽不如前的大，但式样也很美观。两楼之后都有平房一列，为厨房等。此外还有两座较小的建筑物在工作中，据说一座要作医院。

◇◇◇◇ 1949年，厦大女生摄于新建笃行楼前
［来源：厦门大学第24届（1949届）同学毕业四十周年纪念册］

◇◇◇◇ 新建成的单身男教员宿舍——敬贤楼（来源：1948年7月1日厦大特刊）

战前白城内外的教员宿舍也都被毁，战后着手重建，至今已有七八座落成，数座在进程中。

◇◇◇◇ 被日寇摧毁的白城教授楼废墟　　◇◇◇◇ 重建中的战后白城教员宿舍

　　原笃行楼与兼爱楼后面，战前原有华侨数人建筑西式住宅数座，其地便称为大南新村。战时住户逃走，战后便由大学代为修葺，租作教员住眷宿舍。由此到南普陀很近。南普陀寺内也由大学租一列房子为职员宿舍。南普陀之西的顶澳仔社大屋数座现在也都为大学教职员所租住了。

◇◇◇◇ 战后校园全景：红楼（大南9号）是复员后的女生宿舍，新建的笃行楼
　　　　和敬贤楼在照片中部（黄桂玉供图）

由顶澳仔沿车路走回来，到演武场西面校墙中段，这里有一石坊，在战前便是边门，通下澳仔社，现在塞住了，因为下澳仔的民房几乎被敌人焚尽，只剩一片瓦砾，已经没有小店子，故也不是到厦门市区的通路了。下澳仔战前原有二三个老"北兵"所开的点心店，房子还在，但是老北兵的桃花人面已经随锅贴馒头而不见，凭吊"香"踪，真不胜其沧桑之感焉。

由下澳仔向海边而去，母校附设的实验小学战后仍旧开张着，最近且大兴土木，添建校舍，颇有生意兴隆之象。左边的芳邻在战前原是磐石炮台，已于战时被毁，成为空营废垒，只剩了古色古香的破墙一角，映着残照，以待怀古之士的赏识。

实小门前有新辟的车路经厦港新填地到虎头山下的同文路。这里有店屋二列全由母校租来修理，作为教员住眷的宿舍。建筑很好，战前原是果子行，店面已改为住宅式。但教授们如有意开一个宝号，倒是一个现成的好店面（敝人想当时在南洋若能有此，也可以不必摆地摊了）。虎头山下还有住宅数座，也被母校租为教员宿舍。

同文路再去不远便到中山路头的轮渡码头。渡江到鼓浪屿，这里战前的日本领事馆、博爱医院、日本小学和八卦楼现在都拨归母校应用。母校便设新生院于此，凡一年生都在此上课及住宿。这些都是大建筑物，散布数处，因此在鼓浪屿也到处都看见母校的招牌和学生了。巡礼到此，想到战前的魔窟今竟成被侵略者的胜利品，这尤其令人有不胜今昔之感。

◇◇◇ 用作新生院的鼓浪屿八卦楼（来源：1948年7月1日厦大特刊）

总之战后母校虽失了数座旧建筑物，然而拓土开疆，增加也不少。将来如果日本产业永归母校，租用宿舍慷慨相送，则厦鼓之间的一衣带水可成为母校的游泳池，将来"校哥校弟"回来探亲可以在这游泳池内玩一趟，然后到演武场图书馆借一本书，爬到鼓浪屿日光岩上，一面看书一面赏玩校景，其乐岂非无穷乎哉？！

（报告人因才到不久，目迷五色，不辨东西，如有报告失实、感想太奇之处，全由本人负责，与学校无关）

（本文原载于《厦大故事：下册》，厦门大学出版社2022年版）

汀江黉舍育南强

——长汀时期的厦大建筑

钟安平*

厦大从1937年12月底因抗战迁至长汀，至1946年7月复员回厦门，在长汀办学八年半。长汀地方政府与长邑公局（管理长汀地方公产的机构），全力支持，安排地方公产建筑给厦大使用。厦大也在长汀建了许多简易校舍，下图即长汀厦大校园布局图。现将我所了解的一些情况整理如下：

---

* 钟安平，福建省经贸委党组原副书记、副主任（正厅级），经济师。

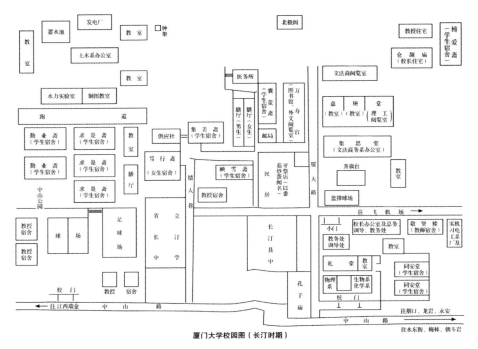

厦门大学校园图（长汀时期）

◇◇◇◇ 长汀县学（县文庙）：其大成殿作为厦大礼堂（来源：石慧霞《萨本栋传》）

县文庙后面的崇圣祠、尊经阁、群贤祠等建筑分别作为厦大校本部校长办公室、教务处、训导处、总务处和教室，后来是中区小学主教学楼所在位置。县文庙前面的名宦祠、文昌宫、乡贤祠、忠孝祠、东西庑等分别作为厦大数理学系、化学系、生物系办公用房和教室，后来是中区小学操场所在位置。其中的忠孝祠，我的外公、厦大校长办公室文书主任何励生一家1945年秋至1946年夏在此居住。县学的儒学署改为厦大同安堂，作为学生宿舍，在现长汀县公安局院内。

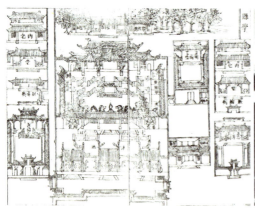

县文庙布局图（来源：网络）

当时的县文庙大成殿
（来源：厦大档案馆）

1940年10月29日，萨本栋校长与厦大赴赣实习师生欢迎江西省建设厅厅长杨绰庵来校演讲时合影，背景为县文庙前的厦大校门
（来源：网络）

1944年5月，英国著名学者李约瑟到长汀考察时拍摄的厦大生物系教师在县文庙生物系办公室前的照片，前中立者为刚任厦大代校长的汪德耀教授

◇◇◇◇ 国立厦门大学在长汀的生物实验室（来源：长汀厦大陈列室）

长汀中山公园：厦大在此建了各类教室、阅览室、土木工程系办公室、水力实验室、制图教室、男生宿舍求是斋、勤业斋、西膳厅等校舍，以及足球场、篮球场、跑道、发电厂、蓄水池等设施。

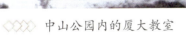

◇◇◇◇ 中山公园内的厦大教室　　　◇◇◇◇ 长汀中山公园大门即厦大校门
　　　　　　　　　　　　　　　　　　（来源：《南强记忆——老厦大的故事》）

厦大在中山公园还建了四栋教授宿舍，安排施蛰存、陈子英、陈烈甫、倪其愍四位教授居住。

女生宿舍笃行斋、男生宿舍映雪斋、集美斋、囊萤斋、男女生膳厅、供应社等建筑：位于西门仓下巷北段一带，即现在的长汀一中后校园到实验幼儿园附近。笃行斋是一座旧祠堂改的，大门外加建了一排与之垂直的寝室，用一堵高墙围着。

万寿宫：位于横岗岭，原为江西会馆，是江西籍客商在长汀建的同乡会馆，厦大用来作为图书馆和外文阅览室。现为县住建局。

厦大旅汀毕业同学会所：在刘家祠堂，位于厦大图书馆（万寿宫）对面，厦大1940年初曾在此开过两次校务会议。该同学会于1938年4月18日在长汀成立。

校医院和邮局、信箱：位于北山脚下，万寿宫西侧。

1944年，施蛰存教授与其长子施莲在长汀中山公园的家门边合影（来源：《〈现代〉之后——施蛰存1935—1949年创作与思想初探》）

厦大男生宿舍
（来源：长汀厦大陈列室）

1944年5月，英国著名学者李
约瑟到长汀厦大考察时拍摄的
万寿宫（来源：网络）

校医院和邮局、信箱（来源：
长汀厦大陈列室）

嘉庚堂：即嘉庚楼，1938年4月6日厦大校庆日奠基，包括厦大理工阅览室和教室。原址在北山南面山脚，现为长汀县人武部。

◇◇◇◇ 嘉庚堂（来源：长汀厦大陈列室）

集思堂：在嘉庚堂南面，1941年暑假竣工，为厦大文法商各系办公室。

◇◇◇◇ 1945年，厦大航空工程学会成立时合影，其背景即集思堂（来源：网络）

文商法阅览室：在嘉庚堂东北面，厦大所建。

仓颉庙：位于北山东面山麓，萨本栋校长一家1938年至1944年5月在此居住。

◇◇◇◇ 文法商阅览室（来源：网络）　◇◇◇◇ 仓颉庙（来源：长汀厦大陈列室）

仓颉村：又名五栋楼，厦大教授宿舍，位于仓颉庙附近。

博爱斋：厦大学生宿舍，原为旧育婴堂，位于仓颉庙东面。

◇◇◇　当时的仓颉村（来源：网络）　　　　◇◇◇　博爱斋（来源：网络）

厦大升旗台和小操场：是厦大举行升旗仪式的地方，位于东大街与横岗岭交会处空地上，大致在现长汀县广播电台附近。升旗台南侧为小操场，其东边建有简易教室。

厦大防空洞：在北山脚下，当时厦大开挖，现保存完好。

◇◇◇　防空洞正门　　　　　　　　　　◇◇◇　防空洞后门

敬贤楼（厦大建的教师宿舍）和机电系办公室及实习工厂：位于东大街与乌石巷交会处一带。

1940年，厦大增设机电工程系，萨校长亲自指导，朱家炘教授任系主任（右一立者）。带领学生在实验室做实验。

◇◇◇◇ 机电实验室（来源：长汀厦大陈列室）

长汀饭店：旅社，位于乌石巷，有两层楼，为厦大教授住宅，在此居住的有施蛰存、李笠等教授，萨校长刚到长汀时也在此住过。

租用民房为厦大教师宿舍：包括公太巷教师宿舍，位于西门一带，厦大教授谷霁光在此居住过；民族路教师宿舍，位于现南大街；水东街教师宿舍，以及东门街、南门街、府背巷、横岗岭的教师宿舍。

◇◇◇◇ 东门街民房　　　　　　　◇◇◇◇ 南门街民房
（来源：长汀厦大陈列室）　　　（来源：长汀厦大陈列室）

◇◇◇◇ 府背巷民房
（来源：长汀厦大陈列室）

◇◇◇◇ 横岗岭民房
（来源：长汀厦大陈列室）

康屋：位于汀江巷小桥子头，厦大校长办公室文书主任何励生一家1937年底至1945年初曾在此居住。

省立汀中宿舍：长邑公局安排给厦大使用的长汀公产。

汀州府城隍庙：长邑公局安排给厦大使用的长汀公产，位于兆征路，现长汀一中西侧。

◇◇◇◇ 省立汀中教舍
（来源：长汀厦大陈列室）

◇◇◇◇ 汀州府城隍庙
（来源：长汀厦大陈列室）

汀州府学（府文庙）：为长汀县立初级中学校舍，其教师大都为厦大师生与眷属。其西南方面是校长、教务主任、训导主任的办公室。操

场位于北边斜坡上。操场西边有个小庭院，校长陈诗启和英语教师黄美德等曾居住于此；操场的东北边有一处较大的院落，是罗葆基校长和部分厦大兼课教师的宿舍。

府学明伦堂：长邑公局安排给厦大使用的长汀公产，位于府文庙东面，作为厦大校舍。现为县里的机关办公楼。

惕生楼：位于仓下巷9号，由长汀乡贤李惕生捐款，1940年建，交县立初级中学使用，厦大在这所中学兼课的师生曾在此讲课和生活。

中南旅运社：两层（一说三层）木结构楼房，位于营背街原中医院位置，属于省运输公司开办的中南旅运社长汀分支机构，专为福建华侨旅行服务。陈嘉庚1941年11月来长汀厦大视察时在此住过。

驻汀福建第七区专员公署：时任秦专员同意借一部分给厦大暂时使用。

厦大教育学会附设民众学校：位于福音医院（亚盛顿医馆）礼堂。

长汀抗敌剧团：1939年厦大帮助长汀成立的剧团，位于长汀龙岩会馆。

◇◇◇ 惕生楼　　　　　　　　◇◇◇ 驻汀福建第七区专员公署
　　　　　　　　　　　　　　　（来源：长汀厦大陈列室）

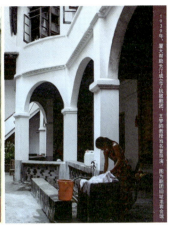

◇◇◇◇ 厦大教育学会附设民众学校
（来源：长汀厦大陈列室）

◇◇◇◇ 长汀抗敌剧团
（来源：长汀厦大陈列室）

厦大化学实验室：为长汀旧监狱所改造，地点待考。

旧火药库：长邑公局安排给厦大使用的长汀公产，作为厦大教室，地址待考。

白云精舍：长邑公局安排给厦大使用的长汀公产，作为厦大教授宿舍，地址待考。

此外，在长汀城东南的南里也有一部分厦大使用的房屋，详情待考。

长汀与厦大：抗战时期那些校舍那些事

蒋继鑫[*]

　　长汀，历史上称汀州，据《永乐大典》《汀州府志》记载，汉代置县，唐开元二十四年（公元736年）建汀州，成为福建五大州之一。自盛唐到清末，长汀均为州、郡、路、府的治所，史称"阛阓繁阜，不减江、浙、中州"，历来是闽西政治、经济、文化中心。从地理位置来说，长汀偏隅闽西南，彼时系粤、赣、闽三

---

[*]　蒋继鑫，厦门华远建筑工程有限公司董事、总经理，工程师。

省通衢之要冲，在山谷斗绝之地。一川远汇三溪水，千嶂深围四面城。崇山复岭，山峦迭翠，前值圆峰，后枕卧龙，居万山之中，四周筑有城墙，因此又有"高城固壁"之称。汀江之水（又曰鄞江）穿城而过，贯通全县，流经上杭到梅州大埔，与梅江汇成韩江自汕头入海。天下之水皆东，惟汀水独向南，彼时，帆樯满江、百舸争流，十万人家溪两岸，绿杨深锁济川桥。除了商贾的热闹，亦有文人的诗情，春水碧于天时，城内雅士便上画船听雨眠。陆路则古时有驿道近代有公路与周遭相通，关山虽多，还算有途。在长汀悠久的历史中，不仅留存了许多珍贵的府文庙、县学、汀州试院、城隍庙等文物古迹，还留下了许多文化名人如朱熹、文天祥、纪晓岚等的足迹，文蕴深厚。在近代，革命的洪流如鄞江之水，涛涛不绝，由此起源，涌向全国。

——引自《长汀县志》（1988年）

长汀有很多作为族人精神寄托的家庙与宗祠，这些建筑本来都是雕梁画栋，院落层层，历经几世的传承，族人都是以纯粹中国的审美眼光来呵护着这些住所的，但，彼时都毁灭了。街衢间，种种考究的建筑物倒塌在残墙下，硝烟里残存的色彩与雕刻彰显当时的富庶与繁荣。一个个黑漆漆的大门，关着一屋子的瓦砾，整个城区没有几所完整的房屋，多是不完整、摇摇欲坠的屋顶覆盖在孑然而立的房柱上。

1937年12月，厦门大学整建制从海滨迁到了这座落寞的山城。在"红军故乡、红色小上海"的土地上，以"国魂所寄托的事业"的理念，"读书不忘救国，救国不忘读书"，以民族的大义，叩响古城门，撼动着

暮霭沉沉的大地，唤醒民众更高层次的文化觉醒和民族、国家意识。为中央红军离开后张皇、迷茫的苏区群众点亮了一盏明灯！为暗暗的古城注入了重新出发的生命力！

汀州之幸，在浮沉间，厦大选择了与遭受劫难的这座小城一起重生！

匆匆的步履，是否能想起发生在这片土地上的记忆？

或许，在历史的长河里，长汀，这座小城注定要在不同的时期为民族为国家做出不同的特殊贡献！

1937年7月1日，私立厦门大学正式被南京国民政府接管。7月6日，国民政府教育部任命著名的机电工程学家、留美理学博士、清华大学教授萨本栋为国立厦门大学校长。萨本栋接掌厦大的第二天，卢沟桥事变爆发，苦难的中华民族为独立与生存，开始了艰苦卓绝的抗日战争。萨本栋校长未雨绸缪，审时度势后开始了学校搬迁的准备工作。经过多轮的选择，厦大决定迁至长汀。萨本栋认为，第一是要留在东南最偏远的福建省内，以免东南青年向隅，"我们必须要有一所中国的大学，屹立在敌人的面前！"第二，要设在交通比较通达的地点，以便利闽浙赣粤学生之负笈。第三，新校址的环境，要比较优良，以使员生得安心于教导与求学。

厦大，在风雨飘摇间，背负着历史的责任和使命，迁到千年古城，以校国的认同，重新出发。代庖1942年发表于《兴国青年》的《战时的厦门大学》言：厦大在这山川险阻的山城健壮地重新建立起来，所不同于其他各国立大学的，是他今所担负的使命比别的来得艰巨，环顾东南半壁河山，在铁路线以东，硕果仅存的国立最高学府，只有厦门大学，没有第二个伙伴帮同它担负起开拓闽赣粤三省的文化工作，教育东南一带的莘莘学子，这份艰难的工作，厦大单独毅然地承担下来。

负责选址的教务处长周辨明博士为鼓舞即将来汀的厦大人而极尽赞誉长汀，他说：那里一条鄞水盘桓县城，万魁塔耸立在南门的拜相山，薄暮炊烟袅袅，教堂钟声悠悠，一切景物绝似英伦的剑桥大学，单只一条鄞水穿过城区，就挺像泰晤士河了，而没有汽笛的腻人。因为使命使然，因为为校为生的爱，在烽火里，在动荡间，在周博士的话语中，诗与远方依然是那么的令人向往！

1937年12月24日，厦门大学开始向长汀进发。厦大195名学生，68名教职员工肩扛手提行李和书籍，相携相伴，跋山涉水走了整整23天才到达长汀，筚路蓝缕，所幸均无碍，均按计划时间安全到汀。

长汀，这座荒芜的府治之地，带着疑惑的神情，接收了这一批新的力量的掺入，荒废、沉寂的土地，被从鹭江畔来的年青人带来的激情与希望由里及外地松暖起来。1938年1月17日厦大在长汀复课。后续所有图书、仪器设备也赶在1938年厦门沦陷之前移出。

至此，因厦大而来的蓬勃朝气，已开始悄然冲淡长汀灰色的天空！此时沉寂的千年古城太需要这股暖风了，或是历史的巧合，或是这块土地本身具有为国为民奋斗的底色，一切都是那么的刚刚好！ 1938年出版的《生力旬刊》刊载愚泉所著《厦门大学在长汀》一文中写道：迁到长汀以后，由政府拨借专员公署前半部屋宇上课，这地方本是旧孔子庙（长汀县横岗岭路7号，长汀县文庙），正堂（大成殿，始建于1139年）改成大礼堂，把三面廊庑截成许多小室，有的作为教室，有的作为物理化学生物等实验室，有的作为办公室，情形颇为拥挤。左边隔墙有空地，

盖学生平房宿舍两座，每室容八人，仍稍余空地，作为运动场。又有消费合作社一所、理发室一所。右边隔墙有小庙，整理后作为图书馆，附设医药处。女生宿舍另借校外某教会房屋一所充之。教授及其眷属们宿舍则租用"长汀饭店"全座，其余教职员学生则只得在外边自行租屋分住。一切屋宇都非常简陋……

上文所说的旧孔子庙为长汀的县学所在地，厦大到汀后，以此为落脚点。安平先生所著《汀江黉舍育南强》一文中做了详细的记录：大成殿作为厦大礼堂，县学后面的崇圣祠、尊经阁、群贤祠等建筑分别作为厦大校本部校长办公室、教务处、训导处、总务处和教室。县学前面的名宦祠、文昌宫、乡贤祠、忠孝祠、东西庑等分别作为厦大数理学系、化学系、生物系办公用房和教室。县学的儒学署改为厦大同安堂。

在厦大到汀之前，县学是民国专员公署及县立龙山小学（福建长汀城关中区小学的前身）的驻地。厦门大学就在千年县学里，迈开了重生自己、恢复小城生机的脚步。随着东南几省的青年学子奔赴而来，为提供足够多的校舍，长汀人民给予倾力支持，腾让民房，地方政府先后将县学、专员公署、看守所、中山公园、虎背山下的荒地、府学（文庙）、汀州城隍庙、仓颉庙片区等纳入学校的范围，以满足学校发展之需。

从《长汀县志》（民国三十一年版）略摘一二：

　　县文庙及龙山小学：民国二十六年十一月，奉县令，拨归厦门大学。

　　福建省第七区行政督察专员公署：原在龙山书院，后移县文庙。专员秦振夫于后坪建楼厅。民国二十六年，专员刘天将公署让与国立厦门大学，而以府城隍庙为公署。

长汀县司法处看守所：原在县学文昌宫题名第及闿祠，兼县长秦振夫改建。厦大移此后，因迁于县城隍庙焉。

中山公园，即旧汀州内城、府署、清军厅署、府经历署（知府的属官，主管出纳文书事）。民国十八年，因乱被焚。民国二十一年，共产党辟为公园。民国二十三年，东路军入汀，改为中山公园。旧有钟氏唐始祖姚马太夫人墓。民国二十四年，驻军旅长钟彬加筑纪念碑，又有抗战阵亡将士纪念碑等。民国三十年，奉省令，拨归厦门大学。

洪永宏先生在《厦门大学校史（1921—1949）》中写道：抗战时内迁长汀的厦大尽管经费捉襟见肘，尽管要时时面对侵略军飞机轰炸的威胁，但"为了安顿逐年增加的学生，保证他们有较好的学习和生活环境，向政府申拨虎背山南麓旧中山公园荒地一片共五十七亩，数年间陆续兴建各类教室、阅览室、土木系的实验室、机电系的实习工厂、男生宿舍求是斋、勤业斋、女生宿舍笃行斋等大批校舍，以及足球场、篮球场、大膳厅、蓄水池、发电厂等体育生活设施；又在东门外及龙山麓分别建成第三、第四、第五教职员宿舍共十余座；并扩建了厦大医院，与原来孔庙周围的三大院落，以及嘉庚堂、万寿宫、仓颉庙等校舍连成一片，几乎占据了半个长汀城，使千余名师生得以安心学习和工作"。

据《国立厦门大学一览》（民国三十年四月）"校史"一章所述："……遂于二十六年十二月廿四日（1937年12月24日）开始迁汀。校舍初仅旧县学及长汀饭店两处，既而专员公署全部让出。三年之间（至1941年4月），设法经营，陆续建筑及接管官地，租赁民屋，凡十六处，于是礼堂、办公室、教室、实验室、自修室、图书馆、阅览室、体育场、医院、宿舍、饭厅，凡大学校舍之所应有者，亦无不具备矣。"

当时在厦大中文系任教的郑朝宗先生于《汀州杂忆》记述道："小山城一眨眼变成了初具规模的文化城，……莘莘学子不远千里，来自闽浙赣诸省，弦歌之声响彻山城。"

刚遭浩劫的红色之城再次生机盎然，融入了与厦大一起快速发展的阶段！厦大因抗战而迁。为民族独立、国家完整的抗日救亡精神深入到每一个暂避山城的厦大人的热血中！厦大在汀州大地如火如荼开展的抗日救亡运动，不仅唤醒了长汀人民更深层次的家国意识，同时让厦大师生有了切身的体会，使他们开始走上了与工农民众相结合的正确道路，思想认知和世界观发生了深刻变化。可以说，正是长汀时期的艰苦环境及红色文化基底，教育和锻炼了厦大师生，使他们有机会深入农工之中，以实践促成思想作风的转变，形成了抗战时期优良的校风。同时，抗战烽火，也为厦大提供了清晰的发展方向，那就是为什么而办学，以及如何办学。1940年5月，《四友月刊》刊载余平所著《茁长在古汀州的国立厦门大学》：时任教务长周辨明先生说，两年来的厦大遭遇，是他过去十六年所不能碰到的。从十里洋场的厦门到八闽偏僻的长汀，从雕栏石砌的高楼大厦到梁栋剥落的破败庙宇，从贵族到平民，从繁华到朴素；这期间，转变得可太惊人了。不过这一转变对于重生的厦大却也是十分有利的，这些经验可以说是有钱也买不到的。同样，我们国家在此两年中，一切艰辛难得的经验的缩影，也可由两年来的厦大表达出来。我们既已明了教育与抗战的关系是如此，那么我们当彻底认识哪一种教育才是真正可以救国的，两年来的厦大已告诉我们说：（1）教育要大众化，只有大众化的教育才能把民众训练起来，团结起来，组织起来；（2）教育应生产化，只有生产化的教育于大时代中的国防民生才有切实的辅助；（3）教育得人格化，只有人格教育才能训练出有骨气、有毅力的青年。

潘茂元是厦大长汀时期的学生，他回忆说："我进学校之后听萨本栋校长第一次报告，他就对我们新同学说，我们中国抗战必成，抗战一定胜利，所以我们现在培养的是建设国家的人才，是战后建设国家的人才。"也就是说，这所最逼近战区的大学在战火之中，开始为胜利后的国家建设事业准备人才。

1938年7月，厦大创办土木工程系；1940年秋创办机电系，复办厦大法科，成立法学院，并在商学院复办会计学系和银行专业；1944年4月筹办航空系，成为中国高等教育发展史上最早创办航空教育的高校之一。依托1934年始建的长汀机场，1944年厦门大学在长汀增设航空工程系。1945年2月，美国第14航空队在长汀设立办事处，一个支队的地勤、航空人员等100多人进驻长汀，40多架战斗机及20多架运输机转驻长汀机场，长汀机场成为东南前线唯一的空军基地。厦大，当时中国东南唯一如此逼近沦陷区的高校，就是以此般不可动摇的信心和坚韧的拓展向不可一世的日寇彰显中华民族在外来的侵略者面前那泰然自若的气概和坚定必胜的信念！

长汀给厦大提供了良好的生存发展环境。同样，厦大的到来也给古

城长汀带来了系统的科学文化、进步思想、格局观瞻，也为当地的经济、科技、社会综合发展提供了重生的强大动力，山城面貌为之一新。厦大还为千年古城添了一笔家国情怀的烙印和地方与国家、民族认同的国家意识！千年小城不再禁锢于山野，而是在国家与民族自觉与主动认知上有了质的提升！

◇◇◇ 萨本栋校长在长汀厦大校门前留影

厦大刚迁入尚在历经浩劫后疗伤的红色古城，一切都是简陋与生疏的，无论物质与精神，在这座大革命之后的没落小城，都是匮乏的。但在这片红土地上，长汀父老乡亲以真诚和淳朴接纳来自海滨的厦大人，在长汀地方政府和人民倾力支持下，萨本栋校长带着拳拳之青年，很快融入了这座小城，撼动着千年古城消沉的土地。北山下自有的发电机房照亮了半个县城，长汀的厦门大学悄然升起屹立于南方抗战前沿飘扬的旗帜。厦大到达长汀时，第五次"围剿"刚结束不久，作为红色的经济之都，战后百业凋敝，人口锐减，经济、社会、教育等各项事业几乎停滞，一切都要自力更生。所幸古城民众及前期历任地方政府给予了最大的支持，除了如前所述全力协调提供校舍（包括不惜腾退政府办公署）及扩建所需场地外，在其余社情引导、市场调控、资源调配等方面均给予了极大的关注与落实。

古城的人们更是以客家人淳朴的天性热情地接待一切有求于他们的厦大师生。吴浣在《最美小城》一文中写道：初到长汀时，由于校舍的欠缺，许多教职人员都租民房，倘在别处，这种情况必会引起高抬租金的事；然而这里没有，尽管屋宇简陋，而取费却是低廉的。同样，在一个偏僻小城里，突然增加了成千个人口，按理物价一定在暴涨，然而这时也没有，食用东西非常便宜。记得有一家卖烟酒杂物的店铺，门口挂着一块大牌，大书"童叟无欺，言不二价"八字，这在别处也是常见的，但照例是骗人的话，决不认真执行，而这里却大体做到了。所以，抗战初期，厦大师生在长汀过的生活，除居住条件差以外，并不太艰苦。这些都对困难时期重新出发的厦大有着积极而关键性的帮助。在古城人们支持厦大到来的同时，厦大的到来，也为古城带来了重生的各方面的机遇与条件。

厦大迁汀后，因每年有几十万元的常年经费，另有3000名师生及家眷之消费，对长汀之经济繁荣及增加就业机会帮助极大。当年汀州八县，高中甚少，师资水准及学生程度亦低；但自厦大迁来后，因有甚多教授、绩优学生及教授夫人，至各中学兼课，不啻增添新血。教育系1948级学生钟毅回忆录《汀中穷学子》叙述："因为福建沿海战事紧张，厦门大学内迁汀城，许多学生生活困难，来到省中、县中兼课，他们教学很生动，给我印象很深，如林莺讲鲁迅的《秋夜》，讲'星星摇摇欲坠'，用手比画，非常生动；佘冲讲语文，总要附带介绍古诗词，如李白的《菩萨蛮》，把它写在黑板上，然后摇头晃脑朗诵起来；陈本铭教外国史，外国地名都用外文，常有故事穿插在课堂中。厦大来的老师还有林宸、林逸君（虞愚夫人）、黄美德（陈诗启夫人）、林伯桂（戴锡康夫人）、郑道传、朱思明……"（教育系1941级学生潘懋元在《抗战时期我所亲历的长汀县中》里叙述："当年县中教师，绝大多数是厦大在读学生，县中校舍文庙就坐落在厦大校园环抱中。我在县中承担'国

文''公民''动物'课程，还兼任教务主任。"）黄启元、戴立丰在《厦门大学在长汀》一文记叙：厦大的勤奋学风也由兼课教师带到长汀中、小学。如抗战前长汀的中学没有早读的风气，厦大学生来汀后，每天很早起床到北山（卧龙山）脚下读书。汀中不久也实行了早读，每天早上校长就守候在校长室发给最早到校早读的学生"早到牌"，当天就对获得早到牌的学生进行表彰，极大地鼓励了汀中学生的勤学热情。厦大实行学分制，在这影响下，汀中也实行了平时成绩优秀者期末免考制。厦大的勤奋学风带动了汀中学生的求学热情。汀中的教学质量不断提高，每年高中毕业考取大学的人数均居闽西各县前茅。在此期间，私塾被取而代之为现代小学，高中、民众夜校开办起来，城乡民众受教育数成倍增加。同时，厦门大学向各学校开放图书馆等教育资源，教育质量及升学率大幅提升。因为有了厦大的科研力量与系统的现代组织理念的师资培育能力，国家及省市也将重要机构落到古城。

1939年5月4日，由国际友人及爱国民主人士发起，国共两党参与组建和领导的，以合作社方式在大后方从事工业生产的群众性经济组织——中国工业合作协会（1938年8月，在武汉成立，宋美龄任名誉理事长，孔祥熙任理事长，路易·艾黎任技术总顾问）在长汀设立东南区长汀县事务所。长汀县事务所开设了几十个合作社，诸如斗笠社、雨具社、织布社、纸业社、印刷社、机器社等，为厦大的学生提供了研学的机会，直接将生产与学习结合在一起，亦工亦学。同时厦大也为产品提供设计与革新及产业工人的培训等服务。特别是厦门大学化学系与"东南工合"合作进行科学试验，在长汀研制"改良纸"成功，并将它推广至连城、宁化、邵武、南平等地。它具有即写即干、不渗不透的特点，适于印刷账册和信笺等，使用历史达半个世纪。

1941年，福建省建设厅在长汀设立闽西农田水利工程处，办理闽西各县农田水利工程之设计与兴建事项。厦大以此开展了多课题研究，此事项对闽西"裨益于各处民生者，殊深且巨也"。另外，厦大还成立了各种社团、报刊社，将先进的社会经济发展理念、科学技术、抗战的决心、民族与国家意识、思想格局等以不同的形式传播到闽西大地；因为厦大的到来，还形成了虹吸效应，省内各大机构纷纷涌入汀城。

根据《八闽文脉·记忆丨厦大长汀往事》一文叙述，自1939年至1942年，厦门大学总共有13个社团，分别是：厦大剧团、铁声歌咏团、数理学会、中国文学会、教育学会、化学会、经济学会、机电工程学会、生物学会、法律学会、政治学会、华侨学会、木屋学社。这些社团大部分是以抗日救亡为宗旨的。厦门大学在抗战时期出版了《救国出路》《抗日救国须知》《抗日救国方案》等抗日书刊，及《语言文字导刊》《科学》《教育周刊》《经济》等一系列刊物。厦大师生创办了《唯力》；还于1938年创办《汀江日报》并发展为《中南日报》，该报由厦大毕业的罗翰主持，副刊主要聘请厦大教授担任主编，著名作家夏衍、秦牧、魏金枝、李金发等的大量作品发表于此，成为闽赣两省主要报纸之一。厦门大学帮助长汀组织成立抗敌剧团，排练戏剧剧目如《塞上风云》《前夜》《日出》《红心草》《野玫瑰》《蜕变》《凤凰城》等，话剧、歌剧如《夜之歌》《放下你的鞭子》《打鬼子》《万众一心》等，多次获得抗敌后援会的嘉奖。

当时的长汀有大学、中学6所，普小15所，还有60所战时民众夜校，书局7家，民治日报、中南日报报馆2家，此外，其他机关、部队、银

行、商店都先后涌入长汀，一时长汀城关人口剧增到10万人左右，出现了继中央苏区"红色小上海"之后的再次繁荣昌盛。《唯力》系厦门大学学生救国服务团出版的长汀抗战以来第一份由大学生编辑出版的旬刊，办刊宗旨是"站在抗日最高原则之下，为中华民族的解放和生存奋斗到底"。该刊的出版受到新四军二支队的肯定，也成为学生和各界人士的抢手货，对救国救亡的宣传起到了重大作用。

在山城站稳脚跟，校长萨本栋就迫不及待地将其接棒国立厦大第一任校长时许下的"以'清华'的标准建设厦大"的诺言落到实处，而这些，最根本的就是必须引入高层次的师资力量。据陈满意著《抗战时内迁长汀的厦门大学》一文中记述，萨本栋竭力招聘优秀师资，充实教师队伍，1941年厦大51名教授中，有47名来自清华大学。那是个大师云集长汀的时代，不少专家学者、博学鸿儒都曾执教厦大讲坛，经济学家王亚南、黄开禄，物理化学家傅鹰、蔡镏生、谢玉铭，作家和翻译家施蛰存，诗人和文学史家林庚，数学家方德植，还有知名教授黄中、朱家炘、张稼益、叶蕴理、李笠、余謇、吴士栋、李培囿、张文昌……名师云集，星光熠熠。也正因为有了师资基础，长汀时期的厦大基础学科均由教授、副教授担任，这也是长汀时期厦大教学的一大特色。由于注重优质师资的引入，且在逆境中学以报国之思想高度统一，学风愈加浓厚，教学秩序愈加良好，厦大在长汀教学质量很快提高，声誉日渐上升。在1940年和1941年国民政府教育部举行的全国大专以上学生的学业竞赛中，厦门大学参赛学生连续两届蝉联全国第一，国民政府教育部全国通令嘉奖。当时的厦大被称为屹立在粤汉线以东，浙赣线以南唯一的一所最高学府。

◇◇◇◇ 母校新闻

厦门大学在长汀坚持办学的8年，是厦门大学教育事业发展壮大的八年：从迁校时的文、理、商3个学院9个系到1945年增到文、理工、法、商4个学院15个系，学生数逐年递增，1945年在校学生增加至1044人。1937年至1945年上学期，毕业生共计754人。美国地理学家葛德石1944年访问长汀厦大后，对厦大的办学极为赞扬，认为"厦大为加尔各答以东第一大学"。

1946年，厦门大学迁回厦门，感恩于厦大对千年古城与国家的贡献和厦大所取得的蜚声中外的实绩，长汀民众自发制作一方巨大的"南方之强"牌匾欢送。可以说，古城汀州以千年的文蕴、红色的传承、全方位的支持、稳定的政策环境、抗战中的烽火同心育了南强，红色古城也

因厦大的到来形与内质、格局观瞻都发生了根本性的变化，焕发新生，厦门大学与汀州古城同在抗战时期得以重生！

◇◇◇ "南方之强"牌匾

厦门大学迁返厦门时，将大量房产、家具、课桌和大部分仪器分赠给长汀中小学等26个单位，为长汀改善办学条件，促进教育事业发展做出了重大的贡献。1949年10月18日，长汀获得了解放，千年古城得益于厦大在汀时期奠定的文化、社会及经济基础，得以快速发展，各项事业在闽西地区屡得头筹。特别是教育事业，延续厦大遗留下的教学基础、学风和底蕴，长汀解放后，长汀一中［彼时（1938—1946），名为福建省立长汀中学］在历年的高考中，均进闽西地区的前三名。

厦大在长汀，我们要回望与继承什么？我想，除了"赤诚爱国，朴实俭约，安贫乐道，实践教育，自强不息"的"长汀传统"和"励精图治，爱校爱生，事必躬亲，严谨治学，为国育才"的"本栋精神"，更应记住，厦大为遭遇发展低潮的红色长汀带来了什么：民众觉醒，智知解放，文化复兴，经济发展，社会进步，全国观瞻，世界格局！

长汀、厦大，厦大、长汀，在国难间相遇，在烽火里重生，树一面旗帜，励万万民众，为民族，为国家，在历史的长河里赓续着相同的使命！

这是时任厦大总务长周辨明博士为鼓舞厦大学子西迁长汀山城写的一首歌词，浩浩荡荡，何其泱泱！

谨以此作为本文的结束语。

It's a long way to dear old Tingchou

It's a long way to go

It's a long way to dear old Tingchou

To the sweetest land I know

Goodbye, sunny Amoy

Farewell, Nan-pu-tuo

It's a long long way to dear old Tingchou

But my heart is right there

这是通往古老汀州的一条长路

它是一条遥远的路

这是通往古老汀州的一条长路

一片我知晓的最可爱的土地

再见吧，阳光灿烂的厦门

再会！南普陀

这是通往古老汀州的一条长路

我心早已落在那里

从"三家村"到自钦楼

叶雪音*（口述） 郑 辉*

三家村在厦大人 —— 百年学府不同年代的厦大人 —— 心目中，占据特殊的地位，因为它位于厦大思明校区的核心地段，是学校的"风水宝地"。20世纪50年代，校主陈嘉庚先生主持建设的第一批学生宿舍芙蓉第一、第二、第三、第四，后来新建的芙蓉楼第五至第十三、石井楼第一至第六，以及南光楼第一至第三（曾经的留学生宿舍），几十栋学

---

* 叶雪音，西藏民族大学离休干部，讲师。

* 郑　辉，厦门大学校友总会副秘书长。

生宿舍，环抱着三家村。每天，成千上万的学生，川流不息，经过三家村。21世纪初拆除三家村房屋，就地兴建许自钦大楼，这里更是成为全校学生的活动中心与信息交流中心。

大概没有多少人不知道厦门大学有这么一个三家村；同样，大概也没有多少人说得清楚这个三家村的底细。在人们的普遍印象中，三家村既无住家更不是村落，徒有虚名。但在七八十岁的老厦大人记忆中，早年的三家村名副其实，是一座三个单元相连的二层小洋楼，住着三户人家，有门牌号码，有一圈一人高的涂成黄色的围墙。至今，几株高大的银桦树巍然挺立，见证曾经的三家村。让我们通过下面的故事，了解三家村的那些人那些事。

三家村原本是原东边社边的一个小院子，一幢黄色的欧式二层小楼，最初住的就是三家人，其中就有叶国庆教授一家。叶国庆先生是厦门大学历史系的知名教授，他是厦大教育系第一届毕业生，后考入燕京大学，师从顾颉刚、许地山教授攻读中国史。1932年获硕士学位后回厦大历史系任教。叶国庆教授在厦大执教长达60年，历任历史系代主任、人类博物馆馆长等职，在先秦史、福建地方史等方面造诣犹深。

叶老的女儿叶雪音老师对父亲的评价是："老老实实做人，所以跟同事们的关系很好，从来不计较个人的得失，有什么好处，就让给别人，不去争这些功劳，争这些名誉，所以同事的关系、朋友关系都很好。"叶老留给其外孙谢异同教授的印象是："我外公能长寿，你看就是他岁数很大，但是他眼睛始终都炯炯有神，就是耳朵有些聋了，但眼睛炯炯有神，好像读历史的人就是对人生，对有些东西比较容易看得开，看得淡，从历史的长河来看，不像我们不懂，对历史了解比较少的话，只对自己熟悉，考虑问题只是从自己熟悉的阶段。我外祖父读了历史以后，对他人生观有比较大的影响。他反正不争，反正是这样，淡泊名利，但是好处是能够长寿。听到的都是我想听的，我不想听的我都听不到，我外祖父就说，你外头不好的消息不要告诉我，好的消息、正面的东西，正能量要输入一下，负能量就不要进了，这样可能对健康、对人的心态都有一些正面作用。"

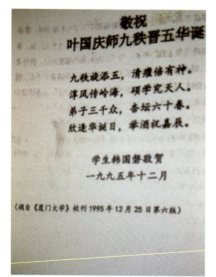

◇◇◇◇ 叶国庆教授95岁生日收到的贺词

叶雪音老师回忆道："三家村建成于1948年，刚建好我们一家就搬进去了。一直到1957年，我生大儿子时，还住在那里，后面就搬到敬贤楼了。这栋楼里的另外两位是经济系和化学系的，化学系的老师叫颜戊己，大概三十多岁，他和他母亲两个人住在一起，后来去了福州大学。经济系的是安明波教授。'三家村'之名就是我父亲取的，那时候这栋楼房还没命名，住了三家人以后，我爸为了方便人家登门拜访，就称呼其为'三家村'，就这样一直传下来了。那时候的三家村，虽然条件简朴，但邻里之间和睦相处，充满了温馨与欢乐，我记得我们还在院子里种了一棵桃树，我还吃过上面结的桃子。"

从20世纪50年代到80年代，三家村非常破落、寂寞，曾经许多家庭搬进搬出。据何敦煌先生回忆，这里曾经住过中文系的陈国徽家、历史系的林文杰家和田家，认识林家的孩子林守德林守章兄弟、田家的田园智。

在三家村的"原住民"中，最值得提到的就是这位现年97岁的叶雪音老人，她既是厦大老教授的女儿，又是厦大本科学生。叶雪音老师告诉我们："我从小与父母亲生活在一起，1937年底，我十来岁，随父母亲到长汀，在那里上中学，1945年，我们跟厦大一起搬回来，在漳州龙溪中学读高中。我在1948年读高中时加入党组织，我们的数学老师也毕业于厦大，是一位地下党员，名字叫周兴明。他上数学课的时候，经常给我们讲国民党怎么腐败，向我们宣传革命的思想，是他介绍我入党的。那时还没解放，共产党员的身份不能公开。1950年，我考上厦大生物系。进入厦大后，组织上还没有公布我们的身份，让我们这些党员要好好学习，争取好的学习成绩。这样在老师、同学面前才有威信。过了一学期，才公布了党员的名单。后来我到西藏，我们领导知道了我的入党经历，感慨说，一般人都认为，只有贫苦大众才会闹革命，没想到厦大教授的女儿也会是地下党员。"

她说父亲常常教育子女，有国才有家。1950年10月，党中央作出抗美援朝保家卫国的决定，叶雪音在父亲的支持下，放弃学业，报名参加抗美援朝。1951年2月17日，厦门大学校报《新厦大》，以"辛劳的

人民教师，光荣的家庭，叶国庆等九位先生儿女参干"为题报道："在这次响应祖国号召，光荣参干声中，有不少先生们，他们不但辛劳作人民教师，并鼓励同学们参干，而且鼓励他们自己的儿女参加这光荣的行列。本校教育工会特对这些光荣的父母，赠送'光荣之家'的条幅，以表敬意。计有叶国庆先生的女儿叶雪音，汪西林先生女儿汪皓明，虞愚先生女儿虞昭，陈荻帆先生儿子陈文慧，陈贵生先生儿子陈孔平，李青云先生儿子李希贤，何明德先生儿子何安民等九人，此外尚有多位鼓励其儿女参加军干校而未被批准的光荣先生们。这说明了本校师生有着光荣的革命传统和高度的爱国主义精神。"

叶雪音老师告诉我们："我没有到朝鲜前线，被分配到北京外国语学院去学习德语。我响应国家捐献飞机大炮的号召，捐出妈妈给我的金戒指，捐赠证书还保留着。在厦门的风俗，小孩出远门时母亲就要给他带一个金戒指，我母亲也给我带了。"

◇◇◇◇《新厦大》1952年2月17日
报纸（刘珊珊供图）

"当年西藏和平解放，到北京外国语学院去调人，调走了五个男生一个女生，那个女生就是我。1951年7月，我们一行19人从重庆出发，乘车一段路，主要是步行。我们遭遇严寒缺氧，风餐露宿，翻雪山、渡险河，步行4个来月，终于在1951年11月27日到达拉萨。这对我这个东南沿海长大的小姑娘来说，简直是生死考验。我到西藏一年之后才接到家里的第一封来信。回想起那段日子却总能想起艰险中的那些欢乐与甘甜。我最初在西藏外事处工作，遇到相知相伴的人生伴侣谢均安，结婚后一同调到江孜外事分处。"

◇◇◇ 叶雪音捐献
金戒指的收据

◇◇◇ 身着藏装的汉族姑娘叶雪音

　　叶雪音老师的公子谢异同教授，幼时曾经在三家村居住过。他中学毕业参加西藏建设兵团，1977年考进北京师范大学数学系，毕业后在总参电子技术学院当教员，退休后与父母亲定居西安。谢异同先生向我们讲述了父母的爱情故事："我爸年长我妈2岁，毕业于同济大学德语系，1947年参加第二野战军司令部同济大学地下小组，上海解放后调至南京二野情报处工作。1950年3月，我爸开始担任十八军英文翻译组翻译，1952年西藏外事处正式成立后，担任英文翻译。1953年我爸妈相识，次年结婚。光从学德语、进藏、外事工作这些相同的经历都让他们有了说不完的话题。况且两人还都不止一次提到，进藏就是抱着一辈

子扎根奉献的想法去的。当时，有些反动分子提出'饿跑解放军'，不允许卖粮食、柴火给解放军。我妈说过一件与'开水'有关的事儿。因缺柴火热水很金贵。她有次撞见直管科长用热水'泡脚'，就立即质疑对方，却遭回呛：'我这革命的脚为啥不能用热水泡。'我妈把此事报给杨公素处长那儿，杨处长批评了科长的'浪费'，主持了'公道'。"谢异同说："我妈除心脏装了个起搏器外，其他都是'原装'。我常发现，我们想让她听的她好多都听不到，不想让她听的'悄悄话'她却全听到了！"坐在一旁的叶雪音接话说："我是心态好，啥事儿都不往心里去。想听的听一听，不想听的就听不见！"说完，母子俩开怀大笑。

叶雪音老师接着讲述："1957年，我接受组织安排，与爱人调到即将成立的西藏公学任教。"西藏公学1958年9月15日成立，1965年4月30日更名"西藏民族学院"，2015年4月28日更名"西藏民族大学"。西藏公学地处陕西咸阳，是西藏和平解放后党中央为西藏创办的第一所高等学校，担负着为西藏培养各类人才的历史使命，素有"西藏干部摇篮"的美誉。她开始在陕西这片热土上播洒热血，续写藏汉情缘。

"我和爱人都属于西藏公学的元老级教师，我们教出的'元老'级学生先后有300多人参与了西藏民主改革 —— 1959年的西藏平叛运动。我主要教学生汉语文。那时西藏民院接受的第一批学生是百万翻身农奴的子女，不懂藏文，也不懂汉语，基本就是文盲水平。第一批学生有3000人左右，学校要求我们用四年的时间，让这些学生达到高小毕业水平，之后就转入各个专业学习。我们的第一批学生1957年入学，才一年多的时间，1959年西藏叛乱，他们就回去平叛了。不少学生在平叛中牺牲了。我们的第二批学员是西藏平叛改革后百万翻身农奴的子女们，他们中有3000多人来西藏学习。同时，为加快培养西藏建设所需的管理干部和专业人才，学校提出要让藏语汉语双文盲的藏族学生4年完成6年的语言学习任务，以便他们快速进入专业学习。为实现这个目标，20多名来自不同重点大学的毕业生组成汉语教研组，我被任命为教研室主任，虽然没有任何语言教学经验，但我英语、德语、藏文等多样的语言学习经历让我有了对比不同语言的意识。我组织老师们对比藏语和汉语，旨在找出可用来指导教学实践的差异。"

"我教的学生最小的只有十二三岁，大的二十来岁，年龄不齐，男孩、女孩都有。这些学生一到学校，我们马上就领他们去洗澡、理发、发书、衣服、帽子，他们的穿戴全部都是公家给的。我们老师日夜都跟学生在一起，吃住都在一块儿。同吃同住同劳动同学习，叫作'四同'。我自己的孩子就送到保育院去，礼拜六接回来，礼拜天晚上再送回去。我和其他女老师住在宿舍里，每晚督促学生们洗脚，叮嘱他们上床睡觉，检查被子有没有盖好，学生有没有睡着，这之后我们才回去睡觉。有时候一些年纪小的孩子生病了，还单独给学生做病号饭。"孩子们在这里，感受到了新中国的温暖，学校不仅教他们学文化，带着他们过上好日子，还给予他们像叶老师这样妈妈一般的关怀。于是在平叛工作中，他们都不怕牺牲，为西藏的解放事业做出了贡献。

1983年，叶雪音老师退休，现在西安安度晚年。叶雪音的爱人谢均安与她在西藏共事一起调民族学院任教，于1999年去世，叶雪音老人有一儿一女，儿子为工学博士在西安建筑科技学院任教，女儿为工学硕士，在广东暨南大学任教。叶雪音是厦大学子的楷模和骄傲，她的故事是藏汉情深的真实写照，也是新中国教育事业蓬勃发展的生动见证。她

的经历体现了厦门大学学子的家国情怀和奉献精神，展现了厦大人勇于
担当、敢于奉献的优良传统。

◇◇◇◇ 厦大领导看望叶雪音老人
（左起：仇璐、苏新雷、叶雪音、林东伟、谢昇同）

叶雪音老师可谓"厦大援藏第一人"，转入西藏公学从事汉语教学，
几十年来，坚守三尺讲台，为西藏培养了一批批优秀人才。2002年，
厦大作为教育部第一批对口支援西藏民族学院的高校，为素有"西藏
干部摇篮"美称的西藏民族大学在师资队伍建设、人才培养质量、教
学设备条件等方面的提升，做了大量的工作。2003年3月，时任厦门
大学副校长朱崇实带领学校相关部门负责人和学校5位援藏老师一起，
搭乘飞往咸阳的航班，来到西藏民族学院，开启厦大支援西藏民院的
序幕。2003年以来，厦大历任党委书记、校长每年都会到西藏民院（即
西藏民大）开展专题会议研讨对口支援工作，如今已成为一个传统。
20多年来，厦大有30多位教师支援西藏民院（西藏民大），厦大共
为其定向培养博士生20名，各类交流生200余名。时任西藏民院副校

长王学海是厦大教育研究院培养的博士。2011年，第一批援校教师郑文礼荣获教育部颁发的"对口支援西部高校10周年突出贡献个人"称号。潘世墨教授于2008年、2018年受教育部委派，先后两次担任西藏民族学院、西藏民族大学本科教学工作评估专家组组长，检查、指导学校的教学工作。

◇◇◇◇ 2014年3月，厦门大学杨振斌书记（中）一行访问西藏民族学院
刘洪顺书记（右四）等（郑文礼供图）

在20世纪60—80年代，三家村身在闹市无人知，准确地说，虽处交通要道，却默默无闻。住户搬进搬出，银行营业室、干部门诊所曾经在此现身。后来，三家村逐渐成为学生活动场所。在那个特殊时期，它因为与遭受口诛笔伐的北京"三家村札记"同名而遭受"陪斩"。随着时间的推移，三家村无法满足厦大学生的活动需求。1992年，三家村旧房被拆除，在原址新建了一座学生活动中心 —— 自钦楼。

现在，提及自钦楼，许多厦大人的心中都会不由自主地浮现出芙蓉湖畔那座红砖白瓦、典雅而气派的三层建筑。伴随着悠扬琴音地缓缓流

出，无数学子曾在此留下青春记忆。在厦大，师生们谈起自钦楼都可谓如数家珍，却鲜少有人知晓这座地标般建筑的名称由来，及其背后的一段往事。从教授寓所到学生活动中心，在三家村这块风水宝地上的那些年那些事。

自钦楼是以捐赠人许自钦先生的名字命名的。"自钦"二字不仅是许自钦先生的名讳，更是他力行善事、助学不倦的品行写照。许自钦先生是一位知名的菲律宾爱国华侨，祖籍在福建晋江。他于1942年出生在菲律宾马尼拉的华人区，大学毕业于马波亚工程学院，获得化学工程学士学位。毕业后，许自钦到一家保险公司求职，他很快收获了第一桶金，并积累了丰富的人生阅历。三十年的拼搏使许自钦成为商海中的佼佼者，主营保险和金融事业，还先后担任多家企业的董事长，兼任多家地产公司董事。

除了在商业领域的建树外，许自钦先生勇于承担社会责任，为社会公益事业奉献自己的一片赤子之心。他积极参加当地宗亲社团活动，尽职尽责，先后担任菲华工商总会荣誉理事长等职，为菲律宾的教育等公益事业做出了积极的贡献。许自钦先生惦念着祖国和家乡，除去为两国商界合作主动牵线搭桥外，更成为故乡修建祠堂、恤孤济贫、义诊救灾，让年轻一代认识祖德宗光以薪火相传的积极推动者。

在朋友们眼中，许自钦先生是一个幽默又仗义的热心人，深受大家的尊重和赞赏。厦门大学校友总会黄良快老师与许自钦先生是同乡，还是推心置腹的朋友。每当许自钦先生回国探亲，都会约黄良快和几位朋友一同小聚。

许自钦先生关心大学生的学习、生活环境，希望为厦大学子提供一个宽敞、舒适、功能齐全的活动空间，选择了重建三家村的方案。三家村广场一直就是厦大学生活动的集中场所，当年的学生会办公室、《厦大青年》、《厦大经纬》等校媒报刊办公室也都在此处，只不过以往仅为有一层木板土墙的破旧建筑。1991年，时任厦门大学党委书记王洛林、外文系陈加洛教授与总务处黄良快老师三人一同拜访许自钦，达成共识，由许先生出资100万元，在三家村原地建设一栋学生活动中心，内设阅览室、活动室、展览室、录像室、多功能厅、咖啡厅、露天舞场等活动空间。1992年3月，大楼落成，学校将其命名为"自钦楼"。自钦楼建筑面积2260平方米，是厦门大学团委、学生会所在地与学生活动的场所，成为当时福建全省高校中第一个功能最齐全、设备最先进的学生活动中心。随着学生活动不断增多和对场所功能要求的增加，学校决定对自钦楼加以改造。2008年4月6日上午，许自钦、林丽明伉俪和校长朱崇实等领导以及校友总会副理事长黄良快共同出席了自钦楼改造的竣工剪彩仪式。改造后的自钦楼更加大气、壮观。在加固建筑结构的同时重新装修了外墙和门面，并更新了内部设施，使用面积达到近3000平方米，比改造前增加了600多平方米，各项功能也更加完善，极大地改善了学生活动场所的条件。此外，学校还对自钦楼周边道路进行了整修，并利用周边空地建造学生活动广场。通过对广场整体景观的设计，自钦楼与芙蓉湖周边嘉庚风格建筑更紧密地融合在一起，为厦大校园又增加了一道亮丽的风景。该工程进一步为全校师生拓展了文艺活动空间：首先是一楼的露天小剧场加盖钢膜结构后再也不怕阴雨等恶劣天气了；其次是三楼的小阳台安装活动轻质遮阳布帘，变身活力四射的舞池。现今，自钦楼已成为在校生开展科技学术、社团文化、娱乐体育活动的重要场所，在推动校

园文化建设和营造校园文化氛围等方面发挥了重要作用。

在设计理念上，自钦楼巧妙融合了现代与传统元素，彰显了厦门大学嘉庚建筑群中西合璧的独特魅力。其设计元素融合了嘉庚建筑的典型特征，如飞檐翘脊的屋顶、红砖墙面、拱形门窗等，不仅美观大方，也体现了嘉庚建筑的地域特色。同时融合了中西方建筑文化，如西式的柱廊和拱门与中国传统的屋檐相结合，展现了嘉庚建筑的文化融合精神。经过精心改造，自钦楼在保留原有建筑风貌的基础上，巧妙融入更多现代设计精髓，更加贴合当代学生活动的多元化需求。其外观设计典雅庄重，运用现代建筑技术与材料，同时

◇◇◇◇ 许自钦先生

在细节处理上深刻体现嘉庚建筑风格的精髓，如匠心独运的屋顶设计、门窗装饰等，无不透露出嘉庚建筑的精致与典雅。此外，自钦楼与周边的嘉庚风格建筑如芙蓉楼群、嘉庚楼群等形成了和谐的景观，增强了校园的整体美感。它不仅是校园建筑的杰作，更是校园文化的象征，是嘉庚精神的象征，它代表了厦门大学开放包容、勇于创新的精神，激励着一代又一代的厦大学子。

为了铭记自钦楼建设和改造的历程，学校特别勒石以志。碑文记载："菲律宾菲华工商总会理事长许自钦、林丽明伉俪儒商成业，力行

善事，助学不倦，福荫广被，称誉海内外久矣。公元1992年，许氏贤伉俪慨捐厦门大学学生活动中心，巍巍华宇，令厦大学子得一游艺健身、交友敦义之嘉会。许氏创始之功，堪称楷模。2008年，厦门大学校方拓基增宏，更彰校主嘉庚培育全才之雅愿。前有许氏倾个人之力兴举，继有校方斥资襄成，官私合力，洵为典范。"除了自钦楼的捐建，1988年许自钦在厦门大学设立自钦教育奖励金，以表彰为振兴中华文化做出贡献的教育工作者；设立厦门大学自钦奖学金，奖励厦门大学外文系的优秀学子。1994年，许自钦于厦门大学设立自钦医疗基金，还捐助了救护车和一些医疗器械。

作为厦门大学的学生活动中心，自钦楼承载着举办丰富多彩的校园文化活动和学术交流的重任，其功能设计全面且多样，旨在满足学生多样化的需求。活动举办方面，自钦楼内设有多功能厅、研讨室、会议室等空间，每年举办超过300场的学术讲座、文化沙龙、艺术展览及社团活动，吸引了超过20000人次的学生积极参与，成为学术交流与校园文化繁荣的热点。学生服务方面，自钦楼提供了学生咨询、社团注册、活动审批等一站式服务，是学生事务管理和服务的重要窗口。此外，楼内还设有阅览室、展览室、录像室等，为学生提供了学习和休闲的空间，阅览室日均接待学生超百人，成为学生学习生活的又一重要场所。同时，自钦楼还为学生社团提供了活动空间，支持了超过50个社团的常规活动，这些社团涵盖了文学、艺术、科技、体育等多个领域，丰富了学生的课余生活。同时，自钦楼内部设有多个功能室，以满足不同学生活动的需求。一楼展厅可用于举办艺术展览、科技成果展示等，小剧场则适合小型演出、电影放映等活动。展厅面积达到300平方米，小剧场可容

纳观众100人以上。二楼多功能厅是自钦楼的核心区域，面积超过500平方米，可举办大型讲座、会议和文艺演出等。根据使用记录，多功能厅的使用频率最高，平均每月举办活动20场以上。研讨室提供了一个较为私密的空间，适合学生小组讨论、学术研讨等活动。研讨室配备了白板、会议桌等设备，可满足20人左右的讨论需求。会议室适合举办正式的商务会议、学术研讨会等，内部装修简洁大方，配备了专业的会议设备。在设备支持上，自钦楼配备了先进的音响、投影、话筒等多媒体设备，能够完美支持各类活动的音视频需求。除此之外，自钦楼还提供了物资借用服务，包括桌椅、展板等，支持学生活动的顺利进行。物资借用服务平均每月接待超过50个学生团体。对自钦楼功能室的合理利用，极大地丰富了学生的校园生活，提升了学生的综合素质。

除了作为学生活动场所，自钦楼还是校园文化传承和创新的重要基地。老少同乐，厦大老年大学经常在这里举办各类传统文化活动，如书法展览、传统音乐演奏会等，并定期邀请社会各界知名人士举办公共讲座，为学生提供一个了解社会、拓宽视野的机会。

值得一提的是"湖畔咖啡厅"，作为厦门大学首个完全由学生干部团队自主管理、服务与经营的咖啡厅，它的运营不仅为学生提供了一个锻炼综合协调能力的平台，还增强了校研究生会的整体团队协作能力。在自钦楼的那些年，团队成员就像兼职上班一样投入，不仅经营着咖啡厅，还充分利用自钦楼内的多功能厅、研讨室及会议室等空间举办活动、交流思想，这些空间成为他们与同学们共同探索学术、丰富校园文化的重要场所。

不同年代的厦大人，对于三家村，有不同的感受。新生刚跨进校门，走到三家村，还逢人询问：三家村在哪里？阔别多年的校友，常回家看看，必定到这里，放慢脚步，绕着三家村徘徊，沉浸在青春似火岁月的回忆中。人们还可以看到步履蹒跚的老人默默地行走其间，似乎在寻找丢失的东西。三家村还吸引海内外游客，慕名而来，成为网红打卡地。今日三家村地段，宽阔的道路两侧与开阔的小广场上，竖立许多展板，不断更新的社团活动、招聘启事、房屋招租信息等，吸引行人驻足浏览。隔着大路，是为学生服务的银行、小超市等。翻过一个陡坡，朝南就可以眺望碧波万顷的大海，背后则是宛如窈窕淑女的芙蓉湖畔。

"三家村"，虽然从一个楼名转变成一个地名，其中有着说不完道不尽的故事，但那段历史值得回味。三家村见证厦大的历史变迁，展示厦大校园文化的魅力。作为厦门大学的重要地标建筑，三家村与自钦楼，共同承载着"南方之强"丰富的校园传统文化。

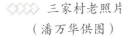
◇◇◇ 三家村老照片
（潘万华供图）

◇◇◇ 自钦楼外景照（许慧峰摄）

（厦门大学陕西校友会会长仇璐、马克思主义学院研究生施林江参与了本文的采访、整理与撰写工作）

美尽东南叹学宫

潘世墨

从厦门大学思明校区大南校门步入校园，向左转直行便是凌峰路。凌峰路一直通达五老峰山麓，其右边是大南新村、国光楼，左边是林梧桐楼、科学楼。大南新村、国光楼是100年、70年"高龄"的老建筑，无人不知。林梧桐楼，人们比较陌生，并非她是近年的新楼宇，而是在厦大人的记忆中，在这一地块上，不同年代有不同的楼宇。现今的林梧桐楼，80年代的专家楼，60年代的招待所，50年代的儿童之家，以及更早的防空壕沟……70多年来，在位于大南新村与大南校门之间的这个地块上，建筑改头换脸，面貌多变，以至人们无法按照习惯，以地面建筑名称称谓她。50年代，这一地带习惯被称为"大南新区"。这里记录着厦门大学历史的几个片段，承载着几代厦大人对校园往事的回忆。让我们跨越时空，追寻发生在这个地块上的故事。

前线大学的见证：
防空壕、防空洞、防空坑道

新中国成立之初，蒋介石集团仗着美帝国主义的撑腰，日夜派飞机骚扰，还发射炮弹侵犯大陆。厦门大学首当其冲，深受其害。据《厦门日报》1951年4月17日报道："美国战斗机30余架侵入福厦等地上空窥察（新华社北京16日电）继11日大批美机侵扰我国福建省沿海地区后，13日上午9时许，又有美国喷气式战斗机30余架侵入我国福建省的福州、长乐、崇武（在惠安东南）、厦门等地上空盘旋侦察，当为我防空部队的炮火击退。"敌机凄厉的呼啸声与我方海岸高射炮的轰鸣声，就在学校的上空交织。空袭时刻，所有活动全部停下来，全校师生员工、家属从办公楼、教室、宿舍跑出来，进入防空壕。待到警报解除，才能离开防空壕、防空洞，回归原位。这种场面，在彼时，司空见惯，家常便饭，叫作"跑警报"。当年，全校师生在大楼、教室、宿舍的主要道路旁，挖出一条条的防空壕，有1万多米。防空壕是厦大师生用十字镐、铁锹挖的，纵横交错、四通八达的防空壕沟，从学校各处汇聚到大南地段，延伸到南普陀寺后山的防空洞。防空壕非常简陋，里面不少积水淤泥、杂草虫蝇。防空洞是南普陀寺后山巨岩自然形成的狭小空隙，用水泥、砖头加以围栏、铺垫，

形成封闭的空间，成为厦大师生的临时课堂和家属的避难所，一共有十八个掩体，史称"厦大十八洞"。我们童年时代印象最深的，就是在这块不大不小空地上的防空壕沟，有一个半大人高，每隔一段两侧就有一个可以容纳2~3个人的掩体，学校的防空指挥部就设在大南地块的对面——大南新村4号。有时一天拉响五六次警报，警报一响，白天尚可，吸引不知危险的孩子们仰头张望，家长也见怪不怪了。最遭罪的是半夜三更拉响警报，敲响乱钟，大人打着手电筒在前面引路，孩子们携带准备好的热水瓶、饼干筒、小板凳，迷迷糊糊地跟着离开住宅，边走边跑进入防空壕。一直到60年代中期，家家户户的玻璃窗上还遗留有当年贴上的"米"字形棉质纸条，这是为了防止飞机低空飞行的呼啸声和高射炮的轰炸声震碎玻璃落地伤人。50年代中期，学校向省委报告，请省专业工程队在校园内五老峰山里开凿几公里长的可以容纳全校师生员工和家属的坑道。坑道有甲、乙、丙、丁、戊五个洞口，分别位于五老峰山麓的科学楼、国光（三）、保卫处楼、敬贤（五）背后、凌云餐厅底层。现在大家比较熟悉的是乙号坑道口，位于学校保卫处楼房的背后，曾经是档案馆、电话总机房和军训枪支仓库的重地。1958年8月23日，举世闻名的金门炮战爆发，全校师生员工、家属全部进入坑道，校园空无一人。9月8日，厦门大学民兵师誓师大会在坑道内举行，进行了庄严的宣誓和授旗、授枪仪式。教师、大学生站立坑道两侧，高举拳头，发出震耳欲聋的雄壮誓言，回音响彻坑道。当年我就在坑道现场，虽然只有10岁，但是懂事了，忘不了那个激动场面。50年代末期，两岸局势有所缓解，"跑警报"的防空壕沟完成历史使命，除了几处人迹罕至的僻静处保留遗迹，其他基本上都填平，扩展为道路。

对全国唯一的地处海防前线的厦门大学，党和政府十分关怀。自1954年下半年到1955年上半年，先后拨款在旧校区原有的各个建筑群体及主要单体校舍之间，重新挖筑半固定性的防空壕和掩蔽体，并使之互相联系，形成网络，最后通达五老峰下的各个固定性岩石防空洞，同时还修筑天然石洞30个。在成义楼西南角，南光楼、成智楼之北面和锅炉房西北侧等地开挖人工防空洞，厦大的防空壕长达2万多米，防空洞总使用面积约达1000平方米，给师生们在飞机空袭时长期坚持教学提供了可靠的防护保证。①

1978年春，我们1977级学生入学周的课外劳动，就是进入坑道内，清理堆积的砂石。我自豪地向同学们描述当年厦门大学在金门炮战中的战斗情景，令同学们感叹不已。厦门大学屹立在金门炮战的最前哨，经受住了战火的考验。在这个地块上发生的故事可以见证，她无愧是一所名副其实的"前线大学"。

◇◇◇◇ 青年教师韩国磬在防空洞上课（20世纪50年代初）

---

① 《厦门大学百年校史：1921—2021年》，厦门大学出版社2021年版，第289页。

儿童之家：厦大孩子的乐园

50年代，就读东澳小学，居住在大南新村、国光楼一带的孩子，没有不知道在他们住家与学校的必经之路上，有过一个叫作"儿童之家"的课外活动场地的。当年，厦大工会为了解决小学生放学，家里没有大人在，无去处的问题，填平大南地块的防空壕沟，建起一座简易的平房——儿童之家。儿童之家大约只有三个教室大小，造型酷像一把手枪，"手枪口"是书报架、运动器械存放室兼管理员卧室。书报架上有报刊《儿童时代》《少年文艺》《讲故事》《少先队报》，还有孩子们爱看的"小人书"（连环画）。墙脚下一堆小皮球，墙壁上挂着一排排小喇叭、拨浪鼓。"手枪筒"是两排小板凳，通常是女生和一二年级小男孩老实规矩地坐在那里阅读书报。"手枪柄"是一个圆形大厅，摆着一张乒乓球桌和几张康乐球桌，还有下军棋、象棋、跳棋的小桌子。"手枪"外部是一个操场，操场上有秋千、跷跷板、浪桥、滑梯、沙坑等设备，多数男生是在操场上踢足球、滚铁圈，追逐打闹。我的爱好是打乒乓球。一张乒乓球桌，人多，排队轮流上阵，胜者为擂主，败者输三球，淘汰下来换新人。当年的乒坛擂主是林守勋（历史系林文杰老师之子）、黄刚强（经济系黄忠堃教授的二儿子）。我和陈朋（经济系陈昭桐教授的二儿子）、林之遂（中文系林莺教授的二儿子）放学后经常结伴上儿童之家打乒乓球。儿童之家的管理员叫作何燕梅，后来在工会俱乐部，负责大礼堂周末电影售票。高年级学生林之融（中文系林莺教授的长子）、黄刚平（经济系黄忠堃教授的长子）参与管理工作，负责器材的出借。厦大的孩子，凭别在胸前的家属出入证——印有厦大校徽的电镀圆形徽章，借阅图书、领取器材。上了中学，我再也没有光顾儿童之家，也不知道它是什么时候被拆除的。几十年过后，我们怀念童年生活，晓得当年我们读的报刊、小人书，玩的皮球，有的是用王亚南老校长的书稿费购买的。如今，每次路过这里，我就会想起儿童之家。每当看到孩子们上学、放学，背着硕大的书包，或者由爷爷奶奶提着，急急忙忙地赶路，十分感慨。也只有我们这一代人才会这样自寻烦恼：如果儿童之家尚存，还有小学生放学后会到这里玩耍吗？现在孩子们的生活条件、学习环境优越，是当年不可比拟的。但他们的课外（校外）活动，会比爷爷奶奶那个年代自由、快乐吗？还有一件令人纳闷的事：查询不到关于儿童之家的档案资料，它与儿童之家的建筑一样，消失得"无影无踪"。儿童之家不会从"40后""50后"的记忆之中消失，因为它是那个时代我们快乐生活的写照。

更新换代的楼宇：
招待所、专家楼、林梧桐楼

在大南地块上，儿童之家的室外操场前边是有两层楼高的花岗石挡土墙，挡土墙往前则是冠名"厦大"却不隶属厦大的"厦大商店"，一座建于50年代中期的百货商店。厦大商店是二层楼，建筑面积约600平方米。一层是百货门市部，以当年的供应条件与少年儿童的眼光来看，商品齐全，琳琅满目，基本满足学校师生员工的生活所需。商店的二楼是仓库和办公室，从侧面边门上二楼还有一间厦大照相馆。小小摄影室，虽简陋却方便且价格便宜，其名声随师生员工珍

藏的全家福、集体合影、证件照片而流传下来。商店的旁边有一间澡堂，将锅炉房里烧煤产生的气体沿着管道输送过去，把澡堂的水加热。师生们购买一张三分钱的澡票，便可以进去洗个热水澡。大南校门与厦大商店前面的开阔地，是厦门公交汽车厦大站。那个年代，整个厦门岛仅有三条公交线，厦大到火车站为公交1路线，厦大到厦鼓轮渡码头为2路线，轮渡码头到火车站是3路线，其中两条线路都从厦大站发车，可见厦大公交车站处于厦门市的交通要地，大南校门成为学校人流量最大的地方。因为地理位置优越，出入学校交通便利，这块位于大南校门一侧的大南地块，成为学校的"风水宝地"。50年代中期，学校就将儿童之家拆掉，建起了厦大招待所。

厦大招待所的建筑面积约1500平方米，砖石结构，共三层，是一栋完全用石板砌成的三层建筑。招待所属于学校总务处管辖，承担学校的对外接待任务，同时是学校党政办公会的会议室。随着改革开放的浪潮，越来越多的外国专家来厦大访问、学习，学校也面临更多的接待任务，招待所门口一度车水马龙，超过比邻的厦大商店。1981年，厦大招待所的旁边建起了一栋漂亮的楼宇，取名专家楼。专家楼1979年开始建设，1981年学校60周年校庆时投入使用，建筑面积2200平方米，砖混结构，共四层。楼房装修得很漂亮，设备时兴，由学校外事办公室管理，主要服务外国专家。专家楼餐厅与专家楼同时期建设及投入使用，建筑面积约160平方米，砖混结构，共一层。第一批下榻专家楼的就有前来参加厦门大学60周年校庆的陈景润、卢嘉锡、丁玲等贵客。当时的客房服务员常常回忆起为著名的数学家陈景润整理房间、送餐等服务，记得为陈景润先生打扫过房间卫生，陈景润便给一两颗糖果答谢她，这个细节一直为她所津津乐道。20世纪五六十年代各种大型会议的集体合影大多数是在这两座大楼门口拍摄的。

◇◇◇◇ 厦大招待所

◇◇◇◇ 厦大专家楼（1981—2013）

1991年，厦门大学国际学术交流中心的重要接待部门逸夫楼落成，条件更为优渥，招待所、专家楼已经不适应校内外的需求了，因此很多的学校接待任务，逐渐转移到逸夫楼中。招待所、专家楼更多的是接待校内师生，以及对社会开放。2000年，厦大商店随"厦大一条街"一块被拆除了。2013年，招待所和专家楼完成"历史使命"寿终正寝，被整体拆除。大丰苑餐厅也搬迁至校外。

◇◇◇◇ 林梧桐楼（许慧峰摄）

2014年底，在它们的原址处，矗立起两栋三层楼宇 ——林梧桐楼。林梧桐楼有2幢，框架结构，建筑面积7651平方米，设有82间客房，地下一层是烘焙房和巧克力房。门牌号为厦大凌峰14号、15号。林梧桐楼的捐赠人林梧桐先生是泉州安溪人，早年远下南洋，在马来西亚白手起家，事业成功，创办云顶集团，涵盖游轮、地产、能源等诸多产业，投资开发了马来西亚旅游和避暑胜地"云顶高原"，是马来西亚最显赫富有的华商之一。林梧桐生前重视乡情，曾多次返乡捐资办学、修路筑桥。林梧桐在2007年逝世前，留下遗嘱将一笔款项用于资助大学旅游、酒店管理人才的培养。2008年1月7日，我在学校接待来访的林梧桐先生的二公子、马来西亚云顶集团董事局主席林国泰先生与其母亲林李金花、弟弟林致华，以及蔡明发、骆昭尘等客人，管理学院旅游系主任颜亚玉教授参加会面。林国泰表达遵照父亲遗嘱，捐赠600万港币，建设厦大旅游与酒店管理系教学酒店。2016年，作为管理学院酒店管理教学科研实验基地的林梧桐楼投入使用，提供住宿、餐饮服务。"林梧桐楼"的建立为厦大管理学院提供了一个实训基地，结束了学校没有一家真正属于自己的教学酒店的历史。林国泰先生表示，出资为厦门大学修造这栋教学楼，希望不断地培育高学识人才，源源不断地为社会创造更多的价值。

◇◇◇◇ 林梧桐楼题记（朱水涌撰）

华丽转身的"大丰苑"：
食堂、餐厅、酒楼

随着招待所、专家楼、林梧桐楼的变迁，相应的餐饮业也发生变化。最早是招待所食堂，食堂的负责人是陈明辉师傅，大家习惯称呼他"明辉伯"。这位食堂"头家"是潮汕人，人高马大，厨艺精湛，标准的大师傅形象。明辉伯早先是外文食堂的厨师，后调入招待所食堂担任总厨，是招待所食堂的第三任负责人。明辉伯到任前，食堂一直处在亏损状态。他接手后，任劳任怨，一心扑在食堂上，每天一早5点多就出门，直到深夜才回家。他时刻都在算账，精打细算，控制成本，很快就做到扭亏为盈。就这样，招待所食堂便由明辉伯一直经营下去。食堂主要提供中餐、集体聚餐、宴会。招待所的住客，在总台购买饭菜票，到食堂用餐。食堂的饭菜价廉物美，具有粤菜风味，吸引越来越多的师生、校外客人到这里用餐，这位明辉伯的名气也就越来越大了。1981年，专家楼开张，西餐厅与专家楼同时期建设及投入使用，建筑面积约160平方米，砖混结构，共一层。招待所食堂与专家楼的西餐厅由同一个大厨房的两个窗口分管出餐。提供给外国专家、学者的西餐也是由明辉伯负责。筹备西餐，需要烤面包、煮意面、炸鸡排、制作酱料、提供水果和咖啡……当时鸡排没有现成的半成品，都是将整只鸡剁成一块又一块，再用面包粉蘸一下、腌一下，下锅煎完后装盘供应。明辉伯西餐做得好，不仅外国客人满意，没有留过洋的年轻人，也会到这里感受洋餐的味道。

◇◇◇ 20世纪80年代，大师傅明辉伯
在厨房工作

◇◇◇ 20世纪80年代末期的
大丰苑餐厅

　　1992年，陈明辉师傅病逝，学校总务处决定将大丰苑交由陈丽英女士接替。陈丽英原在学校总务处接待科工作，招待所食堂属接待科管辖。陈丽英是明辉伯的女儿，就是厦大师生所熟悉的"那个大丰苑的阿英"。阿英女承父业，成为招待所和专家楼餐厅的负责人。1994年，随着体制改革，陈丽英实行责任制，独立核算，以自负盈亏的模式经营招待所食堂，这就意味着陈丽英同志转身成为老板阿英。年仅三十出头的陈丽英踌躇满志、迎难而上，筹集钱款，招兵买马，边经营边投资。当时的食堂设施极其简陋，厨房是在一棵大树旁用铁皮、油毛毡等搭盖起来的四面通风的破屋，厨房设备十分落后，烧着两三个煤炉灶。阿英翻修屋顶，扩大厨房，随后又添置了燃油灶、打荷台，重新装修陈旧的饭厅，添加餐桌，使一个破落的食堂门面焕然一新。90年代末，学校将在专家楼、招待所与南普陀围墙之间地块扩建而形成的餐厅，取名为大丰苑餐厅。大丰苑餐厅建筑面积约850平方米，砖混结构，一至二层。1994—2006年，阿英带领食堂的员工，齐心协力，艰苦创业，使餐厅初具规模。

从食堂提升到餐厅，大丰苑仍然以大众化的饭菜为主，师生仍然是主要的顾客。她既是独立对外营业的餐厅，又是学校的食堂，得到师生们广泛的欢迎。逢年过节，毕业典礼、师生聚会、校友返校，还有退休教师的聚餐，往往都在大丰苑办桌。我还记得，大约是2012年秋天，厦门市老教授协会在厦大召开一年一度的年会，五六百人的午餐是个大问题。我找阿英商量，她说，"谁家没有老人，我们也会老的"，满口答应以最低成本价办桌，还亲自在厨房监督，到餐厅看望就餐的老教授。事后经办人告诉我，到财务处报销时，财务处人员发问：一顿饭怎么花这么多钱？后来仔细一看，不是三五桌，而是55桌，这位同志再次发问：怎么这么便宜？阿英在丈夫的支持下，投入巨资，于2011年、2016年两次对餐厅进行改造升级，并在厦门软件园一期创办大丰苑分店，再次将餐厅升格，命名为大丰苑酒楼。2013年，因服从学校的校园建设规划，"大丰苑"离开经营多年的黄金地段，整体搬迁至软件园一期。今日大丰苑酒楼，有设备齐全的多功能宴会大厅，17个优雅的包间，可以接待客人400人。芋泥香酥鸭、厨神一品锅、干煎黑豆腐等酒楼的招牌菜，很受校内外顾客欢迎。随着学校海韵园第二期新单元楼的建立，2024年大丰苑酒楼接管厦门软件园设立的学生食堂，为海韵园师生供应全方位用餐服务。

◇◇◇ 今日大丰苑酒楼外观

◇◇◇ 陈丽英在大丰酒楼大餐厅

陈丽英女士满怀深情地说，从招待所食堂到专家楼餐厅，从大丰苑餐厅，再到大丰苑酒楼，18年来，凝聚了我家两代人及团队的心血，这里是我魂牵所系，难以割舍的。这里也凝聚了厦大师生和校友浓郁的文化情结。厦大的教职员工和退休教师对大丰苑怀着难舍的情怀，习惯到大丰苑过年过节和接待客人。我们经常见到校友回到母校，旧地重游，来到大丰苑寻找当年的味道。陈丽英和她的团队充满信心，未来会做得更好，为厦大做出更大的贡献。

在厦大校园，处处都有"大南新区"、大南地段那样值得回忆的核心区域，处处都有留下讴歌、赞美厦大校园的诗句。在芙蓉湖畔，矗立着一块摩崖石刻，上面刻着四个金光闪闪的大字"美尽东南"，这是厦大旅港校友会赠送给母校85周年校庆的礼品。2006年春，我赴港参加厦大旅港校友会庆祝母校校庆85周年活动，中文系1976届校友、香港天地图书有限公司总经理孙立川先生郑重地交给我一幅题字：美尽东南。这是立川学长恭请有"南饶北季"誉称的国学大师饶宗颐老人为母校校庆书写的墨宝。我将这份珍贵的礼品带回学校，交由档案馆收藏。2011年厦大90周年校庆前夕，学校决定将此做成摩崖石刻，置于芙蓉湖畔。摩崖石刻由旅港校友会王春新、林贡钦校友筹办，艺术学院蒋志强教授设计，孙立川博士撰写铭文。"美尽东南"典出唐代王勃名赋《滕王阁序》之"宾主尽东南之美"句。无独有偶，在芙蓉湖畔一侧，建南大会堂背面的台阶处，还有一块刻有"美尽东南"的勒石："美尽东南叹学宫 春风吹拂百花红 歌思六十年来事 中有呕心鲁迅翁　一九八一年二月　赵朴初。"这是我国著名诗人、书法家、中国佛教学会会长赵朴初居士，在1981年2月厦大60周年校庆前夕访问学校时有感而发，题诗以赠。

◇◇◇◇ 饶宗颐石刻（杨扬摄）

◇◇◇ **赵朴初石刻**（王志鹏摄）

朴老与饶公，两位中国文化大家，跨越四分之一世纪，从不同地区，不约而同，以"美尽东南"倾情讴歌厦大自然之美与人文之光。

"美尽东南"摩崖石刻吸引了海内外校友、游客，成为网红打卡之地。如果说牌匾"南方之强"是抗战时期长汀乡亲对厦大师生在艰苦环境中顽强奋斗精神的褒奖，那么石刻"美尽东南"则是海内外校友、朋友们对厦大跻身"双一流"，无愧为全国最美育人环境的赞美。

时光如梭，岁月如歌。每当我经过大南地块，走过如诗如画的校园，总会驻足停留，一草一木总关情，一砖一瓦皆故事，岂能不动情？

（厦门大学新闻传播学院学生陈诗彤参与了本文的部分采访、整理与撰写工作）

"消失的"东村和
她的主人们

邬大光

　　在中国具有百年历史的大学校园里，大多有一些老建筑如四合院、小洋楼或别墅，有的还是成片的别墅群，颇为精美，大多用作校长官邸或著名教授的住所，形成了大学校园里一道独特的风景。一所百年大学，如果没有几栋老房子或别墅群，似乎其历史就打了折扣，既缺少了大学应有的底蕴，也缺少了可以"炫耀的资本"。一所大学的老房子往往都承载着许多大学的"老故事"，它们是大学的建筑符号，是大学血液里

的基因，是大学贵族气质的象征，是大学历史和精神的一种表达方式。一句话，校园里的别墅是对学者和知识尊重的一种体现。尤其是居住在四合院、别墅里的教授和流传下来的故事，虽然是那么遥远，但又是那么令人津津乐道，足以让这些老房子有了人文价值，成为中国大学历史上不容忽视的一抹记忆。

在过去的十几年里，我走了许多百年老校，看了一些这样的建筑，历历在目的有清华大学的北院、西院、照澜院、新林院和胜因院，北京大学的燕东园（原为20世纪30年代燕京大学所建，50年代由北京大学接收），武汉大学珞珈山的"十八栋"，老华西医科大学的校长和院长官邸，浙江大学之江校区（原之江大学）的建筑群，山东大学（原齐鲁大学）的别墅群及中山大学的陈寅恪故居等，或多或少知道了一些她们背后的故事。每座老房子既见证了主人们的高光时刻，也遮蔽着不堪回首的往事。这些别墅大多数兴建于民国时期，只有少数是在新中国成立后修建的，厦门大学的东村别墅就是其中之一。但是，引起我对母校东村的关注则是几个月前的事儿。

2022年10月23日下午，接到潘世墨老师（潘懋元老师的长子）的电话，约我去岛内的东坪山喝茶，无意中我们聊到了厦门大学的东村别墅群。这是潘懋元老师一家曾经住过的地方，是世墨老师儿时成长的地方，是我当年做学生时经常光顾的地方，那是"潘门沙龙"的发源地。突然觉得东村是一个值得写点儿文字的地方，世墨老师也认为东村的历史有纪念意义，它的建设、存在、变迁和消失有许多往事值得回味，当即就说定了写一篇随笔。于是，先后约世墨和世平老师（潘老师次子）于10月25日和29日做了两次访谈。他们根据自己的亲身经历，向我娓娓道来许多关于东村的记忆，让我知道了东村别墅的兴建背景、周边环境以及历史变迁，了解了东村的第一代入住者及后来的曾住者以及东村变迁中主人们的故事。因世平老师一直与潘老师住在一起，他对东村的变迁及主人们的故事知道得更为具体，与东村的二代们也一直有联系。访谈时，他不时地给他们打电话，向他们求证一些事实。通过对世墨、世平兄弟俩的访谈，我挖掘了一些鲜为人知的厦大往事，更深入地走进了东村，走进了厦大历史。

回味留在世墨、世平老师记忆中的东村生活，回望东村和她主人们的人生经历，使我对东村的兴建、动荡、消失有了更清晰的把握，对中国大学的变迁有了更深刻的体会，对那一代的知识分子有了新的理解。巧的是，当我构思《"消失的"东村和她的主人们》一文的写作时，看到了徐泓先生写的《燕东园的左邻右舍》在财新博客上连载，看来关注这些百年老校的老房子以及她的主人们的并不只是我一个人。也正是因为读了燕园老房子的故事，才坚定了我写东村的信心。我想，作为一所百年大学的"打工者"，应该对自己的校园建筑等有一个自己的认识和判断，它是无形的大学文化，了解这些百年老校，目的是更好地继往开来，为的是实现办好一流大学的梦想。当我们揭开或拂去一所大学的历史面纱或尘埃时，一所大学的变迁过程和知识分子的命运才会慢慢地向我们走来。

东村的由来

在厦门大学老校区思明校区，曾有两处别墅群，一处是兴建于20世纪初的大南新村，一处是兴建于20世纪50年代后期的东村别墅群。厦大档案的记载是：20世纪50年代初，学校对别墅进行了编号，从大南1号至大南10号，今天厦大校友会、基金会等办公场所就是由大南新村的老别墅改造而成。大南新村别墅是华侨所建毋庸置疑，但建于何时却有不同的说法。有人说"大南新村兴建于20世纪30年代"，也有人说"建于厦大建校之前"。我认可后一种说法，因为校主陈嘉庚先生当年为厦大买下的土地契约中明确写道："面向大海，五老峰下，蜂巢山以东，西边社以西，五老峰海拔150米以下皆为厦大用地。"在我看来，当时的校方怎么能允许这些华侨把房子建在校园内？后来，这些别墅多数捐给了学校，还有几栋仍为私产。看来，大南新村的历史有待于继续考证。那么，先来看东村别墅。

抗战结束，厦大从闽西的长汀迁回厦门。鉴于三年内战，校园几乎没有增添大的建筑项目。新中国成立后，中央政府任命经济学家王亚南教授为厦大校长，厦门大学迎来了一个新的建设高潮。在南洋华侨的大力支持下，1950—1955年，学校先后建成了芙蓉、建南两个建筑组群，落成国光、丰庭、成伟等具有闽南风格的建筑群。也就是说，厦大无论在私立时期还是国立时期，50年代中期之前的校园建筑主要是华侨捐建的。为吸引海外人才，为他们创造较好的工作生活条件，中央政府拨出专项经费，为海归教授兴建东村，这是20世纪50年代国家给厦大投资校园建设的一笔较大拨款。所以东村别墅和大南新村别墅虽然都叫别墅，但是两者有很大的差别，东村别墅可以说是"新中国"的"新别墅"，除了"独栋"和"二层"比较符合别墅的特点外，无论是大小还是外形设计，都是别墅的"简易版"，其质量和档次无法与大南新村相比。从大小上看，则和一套普通三室一厅的面积相仿，就好像把一个三室一厅的套房折叠起来分成上下两层一样。东村于1957年底竣工，2000年学校拆除了这些别墅，存续了43年。如今20余年过去了，东村别墅与入住的教授们逐渐消失于厦大的历史中。朝花夕拾，该是重拾东村历史的时节了。

厦大校园的一些地名很有意思，很容易让研究高等教育史的人产生联想。我刚来厦门读书时，发现校园内及周边的一些地方大多是以"村"命名。例如，校园内有大南新村、东村、三家村，校园外有西村、北村。西村在厦门大学正门（亦称西校门）对面，北村原来是学校的校办工厂，既生产一些简单的铁具，也兼做实习实训基地。现在所说的大南新村，位于学校南普陀校门附近。其实大南校门并非朝南，只是因为在大南新村附近，才被称为大南校门。以"村"命名大学附近的居民区，我在西方的大学倒是遇到过。2002年，我在伯克利分校做富布莱特访问学者，临时找的住所是伯克利最早的住宅区，就叫大学村（University Village）。10年后，再到伯克利，当年住的大学村已经变成了高档小区。在西方的高等教育研究中，大学曾经被比作村庄。美国学者克拉克·克尔在《大学的功用》一书中有这样一段描述："传统大学的理念"是把大学当作一个村庄，有着一批教士。"现代大学的理念"是把大学当作一个城镇，一个单一工业的城镇，有着一批知识寡头。"巨型大学的理念"是把大

学当作一个变化无穷的城市。克尔揭示了一个朴素的道理：今日之大学在初创时期，或多或少都有"村"的影子。至于厦大校园内外的居民区为何以"村"为名，其中缘由，有待进一步了解，至少从中外大学史的角度看，有异曲同工之处。

东村原来坐落在思明校区凌云路旁的山坡上，毗邻厦大水库。东村别墅群共有7栋小楼，其中，1号和4号是单体别墅，其余5栋是两两相连的连体别墅，设计时1号、4号各住一户，其余的各住两户，可住12户人家。每套均为2层设计，石木结构，由花岗石垒建，屋顶铺的是改良瓦（亦称嘉庚瓦）；格局虽简单，却也五脏俱全，有客厅、卧室、阳台、厨房、卫生间等，而且每户都配有电话。世墨老师说水库入口向右是东边社，附近有个寺庙，非常破落，没有什么香火。水库旁边有一个很大的泄洪沟，简称"东大沟"。东村下去，就是今天的勤业楼和勤业餐厅。70年前这里有一栋小平房，建有围墙，主要供一些患病的教师居住。再往下走，就是农田，也就是现在的芙蓉湖。虽然当时东村每户都有电话，但教授们用的机会却很少，因为当时只有学校的重要部门才有电话。至于孩子们想打个电话，更是不知打给谁，因为需要总机转接。当时给东村的教授家里安装电话，是一项很高规格的待遇。除了电话，学校当时还为个别著名教授配有公家自行车，时任社会学系主任的林惠祥教授就享有这个福利，且是从英国进口的名牌车，他每天从几里外的同文路骑车上班，十分风光和让人羡慕。关于这台自行车，林惠祥教授的儿子、林华水教授在《老蟋蟀和小蟋蟀：童年记忆》一文中有记载："父亲还健在时，因高血压，学校特地为他配置一辆进口自行车上下班，那时候国内别说汽车，连自行车都无法国产。"

不过在世平老师眼中，当时校园里最好的别墅当属"卧云山舍"，是王亚南校长和几位主要领导居住的地方，还有警卫专门把守，王校长在这里住了16年。但在后来的十年特殊时期，校领导都被赶走了，卧云山舍成为造反派的司令部，很长一段时间以"造反楼"著称。不久前，学校把卧云山舍改成了"王亚南纪念馆"，恢复了卧云山舍的真容。

东村的主人们

东村别墅初建之时，学校就拟定了入住名单，有资格的入住者都是海外归来的教授。但建成之后，有些教授并不愿意住进来，因为当时的东村有点儿"离群索居"，周围非常荒凉，是石子路，晚上没有路灯，显得有点儿"恐怖"。其中，著名人类社会学家林惠祥教授就拒绝搬进来，而是选择住在同文路。林华水教授在《老蟋蟀和小蟋蟀：童年记忆》一文中写道："东村教工宿舍刚盖好，当时称作教授楼，看起来像别墅，可房间都小小的。说好了搬最靠山脚下的一套，我也屁颠屁颠地跟着去看新家，而且立刻就爱上东村后面的荒山野岭，后来被称作情人谷。结果父亲说房子不如同文路的大，一大家子住不下，不要了。于是童年的记忆就留在同文路了。"世平老师说："刚搬进东村时，房子的周围遍布杂草，让人无处下脚，光是杂草就除了好几年。"鉴于房子建了又不能荒废，于是学校将入住对象"扩展"到了学校骨干教师与领导，于是，潘懋元老师就有了机会，一是潘老师1956年被破格升为副教授，且担任教务处长；二是因为原来的房子狭小，家里孩子又比较多。经过世墨、世平老师回忆，东村的别墅主人大致如下：

1号的最早入住者是潘老师一家。1号原准备提供给汪德耀教授，他是留学法国的"国家博士"，其含金量高于大学博士，专业是生物学，曾任厦门大学第四任校长，不知何故当时并未入住。是汪德耀老校长保护了厦大，在新中国成立前后，让学校留在了国内，没有迁到台湾。

2号的最早入住者是袁镇岳教授一家。袁镇岳当时是厦大经济系教授，1942年毕业于中山大学经济系，获法学学士学位。1946年任教于厦门大学，直至去世。历任厦门大学经济学院顾问、经济研究所所长、经济系主任、台湾研究所所长。后来，经济系的陈可昆教授也曾经在2号住过一段时间，他是王亚南校长最后一名研究生，一个人住2号的一个房间。

3号的最早入住者是蔡启瑞教授一家。蔡启瑞是厦大化学系教授，中国催化科学研究与配位催化理论概念的奠基人和开拓者，中国科学院资深院士。1937年毕业于厦门大学化学系，1950年获美国俄亥俄州立大学博士学位，1956年任厦门大学化学系教授，1958年创建了中国高校第一个催化教研室。此外，外贸系教授魏嵩寿和海洋学系教授吴瑜端夫妇也曾在此住过。

4号的最早入住者是陈国珍教授一家。陈国珍是当时厦大化学系教授、厦门大学校长助理，1938年毕业于厦门大学化学系，1951年获英国伦敦大学哲学博士学位后，受聘为厦门大学化学系教授。不久，在卢嘉锡推荐下接任厦门大学化学系系主任。陈国珍搬离4号别墅以后，又住进来过一对夫妇，是南洋所的领导干部，男主人是叶森玉，女主人纪慧瑜。再后来，学校印刷厂厂长曾住过一段时间。后来，这对夫妇去了香港。赵修谦教授搬离东村时，最后居住的地方正是4号。1935年，赵修谦教授从清华大学生物系毕业后，一直任教于厦门大学生物系。

5号的最早入住者是何恩典教授一家。何恩典当时是厦大物理系教授，1941年毕业于厦门大学数理系。1946年后，历任厦门大学讲师、副教授、教授，物理系主任、海洋系主任，兼中国科学院海洋研究所研究员、中国海洋学会第一届副理事长。长期从事海洋水文物理和海洋声学的教学和研究。此后，外文系苏恩卿、物理系石之琅教授、哲学系鲍振元与海洋系胡咏絮夫妇及海洋三所的领导何南等都相继在5号居住过。

6号的最早入住者是陈贤镕教授一家。陈贤镕当时是厦大物理系教授，1943年毕业于福建协和大学物理系，1950年获美国俄勒冈大学硕士学位。1951年回国，任厦门大学物理系副教授、教授。后来，生物系的赵修谦教授曾入住过6号，最后又搬进了4号。

7号的最早入住者是陈朝璧教授一家。陈朝璧是当时厦大法律系教授，1922年入国立中央大学（现南京大学前身），1932年毕业于比利时鲁汶大学法律系，获法学博士学位。1943年入职厦门大学教育系，1945年出任厦门大学法律系主任，1947年担任厦门大学教务长，1980年任法律系主任。除了陈朝璧教授一家，中文系的蔡铁民教授也在7号住过。有一位杨姓工友也曾经入住7号一段时间，因为他存有一张地契，厦大校园有一块地皮是其家族私产，20年代被学校征用，学校必须解决他的住所困难。

8号的最早入住者是郑重教授、顾学民教授夫妇。郑重是当

时厦大海洋学系教授，中国海洋浮游生物学的开拓者。1934年毕业于清华大学，后留校任教，1938年赴英留学，攻读浮游生物学，1944年获阿伯丁大学哲学博士学位，曾在英国阿伯丁大学、牛津大学任教。1947年回国后亲手创立厦门大学海洋学系"海洋浮游生物学"专业，历任厦门大学海洋学系和生物学系教授、系主任，校学术委员会副主任。顾学民是当时厦大化学系教授，1933年毕业于江苏省立苏州女子师范学校，后毕业于浙江大学化学系，赴美国密歇根大学化学系深造，获化学硕士学位。1953年8月调到厦门大学化学系，历任副教授、教授（1981年），1956年创办厦门大学化学系无机化学专业，1963年、1979年两度出任厦门大学化学系主任。之后是经济系罗季荣教授与吴玑端教授两家。罗教授1949年就读于广州岭南大学经济系研究生班，1950年9月起在厦门大学经济系和计划统计系任助教、讲师、副教授、教授。

9号的最早入住者是武装部刘峙峰部长，刘峙峰参加了解放厦门的战斗，转业后先后担任学校保卫科科长、人事处处长、图书馆馆长、校长办公室主任等职。此后，9号搬进来一位海洋三所张姓所长，他是一位军队干部。1983年左右，东村重新装修，装修完成后，潘先生一家搬进9号，自此，9号再未易主。

10号的最早入住者是陈金铭教授一家。陈金铭当时是体育教学部教授，1937年毕业于上海东亚体育专科学校，1950年到厦门大学体育部任教，系国家级田径裁判员。在潘世墨老师的记忆里，陈金铭教授是一位十分可爱、敬业的老头，每天清晨站在学生宿舍大门口督促学生起床跑步、做操。

11号的最早入住者是徐元度（原名徐霞村）教授一家。徐元度教授当时是厦大外文系教授，厦大词典学研究的奠基人之一。1925年秋，入北京中国大学哲学系，1927年5月赴法勤工俭学，就读于巴黎大学文学院。从1932年至七七事变前，为中华教育文化基金会编译委员会译书，闻名于世的《鲁滨孙漂流记》就是他的第一部译作。1947年秋任厦门大学中文系教授，1958年后调入外文系。值得一提的是徐元度教授的夫人吴忠华女士。吴忠华的父亲吴禄贞是著名的辛亥革命烈士，生前任清新军第六军统制等职，在华北秘密从事革命活动，1911年在策划北方新军起义时被袁世凯派人暗杀。

12号的最早入住者是吴心田教授。吴心田教授当时是厦大外文系俄文教授，曾在苏联驻上海领事馆从事翻译工作。此后，中文系的叶宝奎教授也曾在12号居住过。

不难看出，东村别墅的第一批入住者大都是学校的著名学者和中层领导干部，他们既是中国高等教育的见证人，也是厦门大学的见证人。尤其是第一批入住的学者开创了诸多新学科和研究领域。如蔡启瑞院士创建了中国高校第一个催化教研室，提出了催化科学研究与配位催化理论；潘懋元教授创建了高等教育学，郑重教授是中国海洋浮游生物学的开拓者，何恩典、陈朝璧、罗季荣都是学科的带头人……这些都已经发展成今天厦大的一流学科和专业，是他们奠定了厦大的学科基石。这些学科和研究领域不仅推动了厦大发展，也引领了中国相关专业和学科的发展。此外，东村居住着不同专业、不同学科的教授，无形中形成了生活群与学科群的交织，以及"割不断理还乱"的联姻，形成了一个独有的学术共同体。我想，其他大学老房子的故事也大抵如此。

潘家与东村

访谈中，我问世墨老师："东村给您留下的最难忘的记忆是什么？"他脱口而出："跑防空洞和台风。"他告诉我，20世纪50年代是台海关系最为紧张的时期，厦门始终是重要的海防前线之一。为保障师生安全，学校建有四个防空坑道，学校还在各个教学楼和学生宿舍之间挖有长达2万米的防空壕，通达五老峰里的岩石防空洞，共有18个洞，每当防空警报响起，师生们便迅速地进入防空洞躲避。紧急时期，学生还要在防空洞里上课。当时的卧云山舍有一口大钟，钟声即警报，警报一响，他们就拿着小凳子、暖水壶和装有食物的铁盒子，沿着小路跑到南普陀附近的山洞，一边跑一边可以看到和听到国民党的飞机在天上嗡嗡作响。世墨老师还说，与"跑防空"相关，厦大在50年代还经历了两次较大规模的疏散，最难忘的一次是1959年8月。

1959年8月是金门炮战一周年的日子，考虑到台湾可能会伺机报复大陆，学校开始着手安排疏散事宜，东村是不能住了，潘老师等住户就从东村搬到了敬贤楼。1959年8月23日晚上，为了躲避台湾方面可能的袭击，全校师生全部住进了防空坑道，结果那晚没有等来台湾的报复，却遭遇了百年一遇的大台风。这场大台风给厦门造成了巨大损失，渔民死伤惨重，厦大师生却幸运地躲过一劫，没有出现任何人员伤亡。但台风严重摧毁了东村，房顶基本被掀开了，1号楼屋顶上的改良瓦统统被台风掀起，幸好屋顶还有一层木制的天花板，屋子才不至于完全露天。台风过后，满地都是从屋顶掉落的瓦片。学校紧急安排抢修房子，但是需要排队，看着屋子漏水严重，潘老师只好自己修房布瓦。世墨回忆说："我和世平满世界去捡改良瓦，捡来之后，还要搬到楼上。"听到这里，我无法想象当年台风过后的惨状，但1999年10月9日的14号超级台风丹恩（又叫丹尼）正面袭击厦门，让我第一次见识了台风的威力。那一天正逢天文大潮，狂风裹挟着暴雨，整个鹭岛天昏地暗，给厦门造成了13人死亡、3人失踪、727人受伤、直接损失20亿元的重大灾害。此次台风又把东村9号的屋顶掀开了一角。当时的博士生卢晓中告诉我，台风过后的第二天，他们正好有课，潘老师蹚着囊萤楼前几乎没到膝盖的水，来到了教室，让他们十分吃惊。

世墨老师还讲了另外两次疏散。一次是1951年前后，因海峡对岸经常派人或飞机骚扰大陆，学校就将理学院和工学院两个重要学院转移到闽西龙岩，潘老师仍留在学校授课，孩子们随着母亲一齐来到龙岩。第二次疏散是1958年前后，战火将起，部分教师被疏散到鼓浪屿，潘老师一家从学校的国光楼搬到鼓浪屿岛上的厦大教工宿舍，即原日本领事馆旧址。在鼓浪屿的日子里，潘老师一家三代6人挤在一个大间，把小间让给历史系一对退休的老教授夫妇居住。危险解除后，潘家又搬回国光楼。1958年，东村建好之后，潘老师一家从国光1号楼32号搬到东村1号。这次疏散过去之后，蔡启瑞教授、何恩典教授则没有再搬回东村。

◇◇◇◇ 1975年，潘懋元老师一家在东村1号前合影（潘世平供图）

　　熬过两岸对峙，躲过几十年不遇的台风，大家在东村度过了一段安静祥和的日子。然而，好景不长，进入十年特殊时期后，东村的住户发生了较大变化，教授们开始陆续地搬进搬出，有的别墅变成了几家共居的大院落，上演着各家悲欢离合的故事。世墨老师回忆说："我家有两次也险些搬走。第一次是1966年，父亲已于1965年正式调到北京工作，全家开始计划北上，上级给我们发了安家费和布票。但自1966年的特殊时期开始，进京落空了，于是便把安家费退了回去，但是布票退不回去了，因为已经做了棉衣。第二次也是在那个特殊时期，先是外文系的陈世民教授一家搬进来，住一楼，我家住二楼，很长一段时间里都是两家共住1号楼。必须先走出房子，绕到屋外才能进入一楼厨房、厕所。那时每家每户都烧一个蜂窝煤炉子，厨房共用，厕所共用，浴室共用。浴室在别人家里，必须先进入别人的房子才能洗澡，本来好端端的房子硬生生地被拆成两户，极不方便。即便如此，我们家还是被造反派盯上了。有一天，某造反派头头来家里丈量房子，声称要用作婚房。看了一圈，嫌弃两家共用厨房和卫生间，实在不方便，如果独占，又要同时赶走楼上楼下两户人家，只好放弃。"

这种状态维持多年，十年特殊时期之后，东村才恢复了往日的平静。学校开始修路，周边的环境和居住条件得以改善。1983年左右，1号楼已近乎危房，急需维修，恰逢9号刚刚修缮完毕，学校便安排潘老师一家搬进了9号。我对东村的记忆就是从9号开始的，高教所1985—2000级的所有学生对东村的记忆亦是如此。我在厦大读书时，对9号最熟悉的地方是二楼。1997年10月我调回厦大工作，去潘老师家吃饭时，发现厨房已经升级改造了。世平老师说："学校后来觉得房子比较小，于是给东村每户都'违章'加盖了厨房和餐厅，学校出一部分经费，自己再承担一部分。"我还问了世平老师关于房子外的院墙一事，他告诉我："隔壁家的男主人是一个汽修厂的厂长，夫人是某系的教师，他们家最先围起围墙，后来大家纷纷仿效，我们家也围了起来。"

◇◇◇◇ 2016年7月20日，潘懋元老师故地重游（潘世平摄）

厦大在2000年筹备80周年校庆时，配合东边社改造，拆除了东村。但对于在这里住了40余年的潘家来说，情感上是极难割舍的。世平说："父亲当时并不太赞成拆除东村，心里很不情愿，主要是学生来这里开沙龙比较方便。虽然学生来家里开沙龙也稍显拥挤了。"潘老师一家是东村从始至终的老住户，从1958年搬进去，到2000年搬走，是最早搬进去、最晚搬出去的户主，是"从一而终"的老东村。与潘老师一家一起的老住户还有陈金铭教授、袁镇岳教授，他们也是最早入住东村，最晚搬离。搬到前埔之后，潘老师偶尔会带领孩子们到东村走走看看，有照片为证。现在想来，假如当时保留一栋作为纪念馆，给东村和她的主人们的故事留下一个位置，岂不美哉！既可以给老住户们留一个念想，也可以作为校园的老建筑供人观瞻。按世墨老师的说法，"东村于我家而言，是东村与我共存亡了"。如今东村已然作古，当时的第一代居住者们，在潘老师离世之后，也都已不在人世，一想到这些，不免令人唏嘘！

一代之后是二代，东村的二代们大多也比较优秀，父传子，子承父。东村的第一代住户和其二代的子女们演绎着"诗书继世长"的佳话。潘老师的四个孩子都上了大学，大女儿考入中国科学技术大学；蔡启瑞教授的儿女分别考入中国科学技术大学、清华大学，何恩典教授的两个孩子，分别考到清华大学和北京地质大学；郑重、顾学民教授的儿子厦大本科毕业后赴美留学，学成后回国，如今是中科院院士。世墨老师还给我讲了一个插曲："在我们要读中学的时候，父亲担心孩子养成公子小姐式的娇气，特地让大姐放弃报考距离更近、名气更大的双十中学，为她选择了离家更远、学风更朴实的厦门五中。她的东澳小学同学卢咸池（卢嘉锡之子）、何立平（何恩典之子）也都报考了五中。六年后,他们分别考入中国科学技术大学、北京大学和清华大学。因为姐姐读五中,我也只好舍近求远读五中,每天步行往返近两个小时,也就有了一段上学放学路上背单词与古文的'愉快时光'。"听到这里,我感受到一位教育家对孩子的教育方法是多么与众不同!

我的东村记忆

今天,对东村有记忆的厦大人不是很多,21世纪来学习或工作的厦大人,对东村更是一无所知。关于别墅,我的感知甚少。应该是在1999年春节,我带着老母亲围着东村别墅群转了一圈,看了后老母亲说:"这个别墅太小了,一栋还住两家。在你一岁的时候,我们家在葫芦岛农业干校,当时住的是当年日本人留下的别墅!"因此,别墅对当时的我和大多数学生而言,都有一种神秘的感觉。东村,对于教育研究院(原高教所)1982—2000级的学生来说,是一份永远抹不掉的记忆。因为那时的学生几乎每个周末都会去潘老师家参加沙龙,谈天说地,其乐融融,没有了上课时的严肃,留在记忆中的都是欢声笑语和最深切的感悟所得。沙龙上的潘老师总是笑眯眯的,很多时间都是在听学生们说,讲得最多的是在外出差开会的见闻。经过询问潘老师最早的学生得知,沙龙应该是从1985年开始的。因为1981年只招了一位学生,入学时间是1982年初;1982年招了三位学生,没有到学校报到,而是直接去了华东师大进行联合培养。1983年招了三位同学也是如此。1984年没有招生。1985年招了一个研究生班,学生多了,也就有了沙龙。

东村9号是一栋连体的二层别墅,深藏在一片树林里,还有许多香

蕉树和龙眼树。世平老师一家住一楼，潘老师住二楼，二楼的外间是客厅兼书房，里间是卧室；二楼有一个小阳台，旁边有一棵很大的龙眼树，到了中秋节前后，枝头挂满了成熟的龙眼，这时去潘老师家参加沙龙就可以吃到刚刚摘下来的龙眼。为了体验"摘"的感觉，有的同学也会动手摘一些带回宿舍。我调回厦大之后，东村9号已经改造"升级"了，有了一个接出来的厨房。每年的腊月二十九，潘老师会在家里请留校的学生吃饭，我也参加过一两次。

当时我们高教所的男生都住在凌云三的五楼，左边是厦大水库，楼前方是水库的泄洪沟，也叫东大沟，沟上有一座小桥，过了小桥就是东村9号，从宿舍到9号只需十几分钟，我们站在阳台上就可以看到潘老师的家。老人家临时有事找我们，经常叫世平的儿子到楼下喊：某某某！某某某！我们就可以听到了。那个时候，打牌下棋是我们的娱乐活动，80分是每个人的"必修课"。玩的时候，聪明的主会安排一位同学望风，但也有溜号的时候。如果此时潘老师"微服私访"，就会搞得我们措手不及。即使潘老师发现了蛛丝马迹，他也装作没看见，并没有因此批评过我们，后来我们就肆无忌惮了。1988年，高教所招了第二个研究生班，学生多了，潘老师就更忙了，与他沟通不是那么方便了。于是，有心的同学会在早上7点半左右在9号门口等候，假装"巧遇"潘老师，然后一起走到位于西校门的囊萤楼，一路上大约15分钟，该谈的事也就谈得差不多了。后来，许多同学都效仿此做法。

我读书的时候，高教所在囊萤楼，没有专门的教室，我们上课或在潘老师的办公室，或在阅览室，曾有一段时间还在凌云三的宿舍上课。因此，对我们当时的几位博士生而言。潘老师家也是教室，尤其是对大师兄王伟廉和我而言。入学之后，潘老师给我们俩连续上了两天课，所有的课程学习就算是结束了，我们也不知道其余的课程学分老师是怎么给的，反正有事情就去东村9号。在我的脑海中，东村9号既是师生交流的地方，也是我们永远的教室。当然，交流的方式和人数可能有所不同，有时人多，有时人少，有时单兵教练。

那个时候，如果学生临时有事想找潘老师，尤其是晚上，只要看到9号2楼的灯还亮着，就可以去敲门了。早上我们站在凌云三5楼的楼道上，偶尔可以看到潘老师在锻炼身体，打打太极拳。年近70岁的潘老师那时很高产，经常有文章发表，如《教育外部关系规律辨析》（《厦门大学学报（哲社版）》，1990年第2期），《正确对待商品经济对高等教育的冲击》（《高等教育研究》，1989年第3期），《高等教育主动适应经济与社会发展的理论思考》（《教育评论》，1989年第1期），《教育的基本规律及其相互关系》（《高等教育研究》，1988年第3期），《关于民办高等教育体制的探讨》（《上海高教研究》，1988年第3期），《关于现代教育与教育现代化问题》（《高等工程教育研究》，1987年第4期），《王亚南的教育思想》（《厦门大学学报（哲社版）》，1987年第2期）等。此外，还有带着学生发表的文章。

在构思这篇小文期间，世平老师告知我东村有2块记述这个地方的石刻，于是有了前往寻觅的念头。几天后约上别敦荣教授，带三两学生前去找寻，终于在一块巨大的石头上找到了碑文，上面所刻的《高明宫绿地记》与东村的关联不是很大，却是这个地方最早的开发记录，记述的是雍正三年（1725）高明宫与当地住户交易土地的细节。看过石刻，沿着小路，拾阶而上，到了一小块空地，那里摆放着一套石制

桌椅。经与别敦荣回忆互证，应是潘老师家当年的房子所在地。30多年前的东村9号不知开了多少次沙龙，不知有多少学生在此经过熏陶，此情此景恍如昨日。听到同行的一位学生说了一句："此地是高等教育研究的发源地。"令人感慨！

◇◇◇◇ 东村石刻

东村已经消失，第一代的入住者也都走了，但她承载了一段大学历史和部分厦大人的记忆，虽然东村只是一所大学发展的局部空间和"横断面"，但又是一个时代的大学缩影，其中包含的内容远非一篇杂文可以囊括。厦大人文学者朱水涌教授认为："东村是厦大人一段不可忘却的集体记忆与个人记忆，既是历史的也是精神的。"厦大东村的兴建是不是中国大学史上的一个孤例，不得而知；厦大东村的消失是不是中国大学的一个普遍现象，也不得而知。但通过此次对东村的历史梳理，以及跟随世墨、世平两位老师回忆东村往事，恍惚之间似乎自己回到了学生时代，可以重新审视中国高等教育的历史和变迁，仿佛看到了当年潘老师和东村第一代学者们的身影以及他们留下的传说。他们将永远镌刻在一所大学的历史上，铭记于大学人的脑海和内心。

写罢拙文，最为遗憾的是没有找到一张东村别墅的老照片，即使翻遍了《厦大百年建筑》一书，并询问了作者，也没有找到，也许这就是历史留给我们的空白。

致谢：潘世墨、潘世平兄长，以及协助整理访谈记录的两位学生张东亚、贾佳。

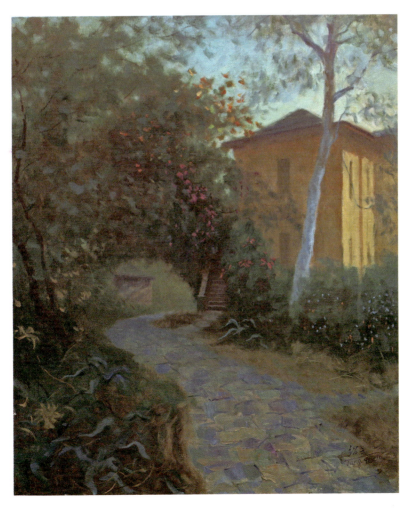

◇◇◇◇ 唐绍云油画作品：东村记忆

我和厦门大学西村讲师楼

许怀中 *

　　多年来，我已搬家几处，然而，曾住过的厦门大学西村讲师楼是最难忘的。虽然后来被调到省委宣传部门工作，住过屏山大院的一座老楼的一大层，与西村讲师楼大小不同，却各有千秋。

　　1952年夏，我毕业于厦门大学中文系。原要留校，后因分配名额和工作需要，分配到有人民志愿军伤病员的荣誉军人学校，和"最可爱的人"一起工作、生活了几年。后到上海第三中级党校学习。1956年母

---

* 许怀中，福建省委宣传部原副部长、省文联原主席，厦大中文系教授。

校厦门大学成立海外华侨函授部后需要师资，我于1957年调回厦大中文系任教。当时住校外，曾在鼓浪屿的厦大教工宿舍住过，就在我童年所住的轮渡码头附近，旁边是菽庄花园。那儿虽然环境优美，但上下班来回不便。后回校内宿舍住，但条件相对较差。

1963年，厦大西村讲师楼落成，分配给中文系两套，我搬进208号宿舍。这座楼名讲师楼，当时，教授寥寥无几，讲师也不多。楼仅三层，共30套，不算高楼大厦，却很实用。"文革"期间，校长王亚南、副校长张玉麟都被造反派赶到这楼住，也有教授住到此楼，大家相安无事。

远亲不如近邻，我那一单元有6家，对面住的是同乡讲师，三楼住的是校工厂工人。那时电视还不普及，看电视都到三楼那户有电视的人家里。那年代，物质生活虽然困难，但人来往密切。恢复高考后，我把邻居子弟集中到我家，给他们布置命题作文，然后评改。"文革"前，我曾当过高考语文评卷老师，我给他们讲课，考取率超高。我到省里工作后，曾在《厦门日报》上发表散文《蓦然回首》，得到俞兆平称赞，他当过我的研究生。

最值得怀念的是，"文革"过后，我为争取失去的时光，一年内撰写了一本鲁迅研究著作，把鲁迅研究以专著形式系列化，暑假完成初稿，寒假定稿。那时为了避开客人来访，我就躲到三楼写作。有时出门，把孩子们关在房间里，门外反锁。有教师找我，见门反锁，里面却有孩子声音，便把锁打开，风趣地对孩子们说："是我替你们开门，不是你们为我开门。"

◇◇◇◇ 许怀中教授（中）
与学生在西村讲
师楼前合影

◇◇◇◇ 许怀中教授著作

西村在厦大的西面，讲师楼对面是厦大平房和小洋房，都是厦大职工住宿。它靠近厦港，去购物只要走一小段路，西校门也在附近，进出十分方便。

入西校门，便是厦大本部。傍晚，我和邻居系友、老师在校园演武场散步，这曾是郑成功的练兵场。旁边一座一字形楼房，叫映雪楼，我当学生时住过。附近又有学生宿舍囊萤楼，教室集美楼、同安楼等，办公室在群贤楼，中文系办公室在三层。鲁迅曾住过集美楼，后为鲁迅纪念馆。鲁迅当时住宿、生活的情况，在他的《两地书》中有详细记叙。鲁迅当时正与许广平密切通信，赞美厦大"此地背山面海，风景佳绝"。

我在厦大西村讲师楼住了20年，1983年离开，正是人生最好年华。"文革"期间没人管，常去游泳。后来备课搞科研，写作累了，也到大海泡水，大海就在附近。有时附近的海洋研究所放电影，在广场放映，也去观赏。平时周末在大礼堂放映，每周必看。校园生活很值得回味。

那时师生关系很密切，学生经常到家里座谈。有时我为研究生上课也在这座讲师楼，尤其是乡亲"莘莘学生"经常约好看望我。有时就在这小楼上用餐，我亲自下厨，炒兴化米粉，至今还有人记得。后来，他们各奔前程，有为作家，有为教授，或在各部门做着默默无私的奉献，如地方志专家陈金添、学者作家杨健民、教授作家林丹娅。恢复高考后第一届考取的詹心丽毕业后留校，担任过副校长。他们都是我心心念念的得意高足。

离开讲师楼时，我已是教授。有时到厦门开会，还回家里住过。讲师楼不知什么时候被拆掉，盖起新西村大楼，这一带都认不得了。此处变得十分热闹，旧址完全变了，心中十分留恋，此楼难忘，往事难忘。

还值得一提的是，我父母生前来这里做客，那年刚恢复评职称，我被评为副教授，父亲特地下厨做菜，高兴一番。他还到图书馆借出诗词，抄了一本。他还和厦大教师唱和诗词，留在我为之出版的《许子烈诗词集》中，为讲师楼增添了诗情画意。

◇◇◇◇ 石刻"知无央，爱无疆"

老白城史话

汪大全[*]　何敦煌[*]　林之融[*]

之一

汪大全（口述）

厦大白城沙滩，是轻轻铺展在蔚蓝海边的一幅细腻画卷。在柔软的

---

[*]　汪大全，厦门大学校办原公务处驾驶员。

[*]　何敦煌，厦门大学经济学院经济系副教授。

[*]　林之融，厦门大学物理系副教授。

金色沙滩看一场夕阳，是厦大学子课后最浪漫的事情之一。咸鲜的海水荡走夏日炎热，留下一片清新。白城，正如它的名字一样让人心旷神怡。站在沙滩回望厦大，新建的白城天桥连接起校园和海岸，仿佛承载着嘉庚先生的眺望：要让外国的轮船来往厦门港时，能从海上一眼就看到一所壮观的学府。以城墙花纹为主体的白城校门静静矗立，庄严地注视着一代又一代学子的成长与蜕变。每当夜幕降临，校门上的灯光亮起，温暖而明亮，像是母校在召唤着远方的游子，归来重温那段难忘的时光。海风柔柔地穿过岁月，轻抚过白城的一百多年。海浪层层地拍打礁石，诉说这里的故事……

这条白带上最具标志性的古迹点是清代留下的"镇北关"，在当年海外教育学院大楼的右旁仍可寻到城墙的残垣断壁。我国已故著名人类学与民族学学者陈国强教授曾在此题语："镇北关系明代抗倭所建的白城关隘之遗址，民族英雄郑成功曾在此及城内演武场操练官兵"，阐明了镇北关与白城的关系。镇北关残留的墙体分两段，均呈西南至东北走向，正面朝东南大海，墙体以沙、灰、土，及细砾石混合板筑于岩坡上。北段靠近教育研究院，南段则在成智楼背后。经测量，残存墙体长约25米，厚0.5~0.6米，残高1.5~1.8米。在残墙与岩石相接处有一个小拱门，门高1.9米，宽0.95米，遗址整体建筑明清风格特征明显。在拱门旁的巨石上，前国防部长张爱萍将军题下"镇北关"三个大字。

由于白城这段墙是在山岭之上，加之当年山上植被稀少，从南普陀看海边方向这个白色显得非常醒目，原来这个地方没有名称，慢慢地大家就把这一带叫作白城了。20世纪20年代初，陈嘉庚先生创立厦门大学，亲自抓基建，推进早期校园建设。白城教员眷属住宅、大桥头教员宿舍

和上弦场宿舍（抗战后重修校舍时，此区域并未重修宿舍，现为操场）等36栋建筑都是在此期间建成。校主从选址、规划、设计、选材、施工等方面进行全流程管理，并且亲自监管财务，总花费不过150多万元。靠东边原白城大山头处的称"大白城宿舍"，小山头处的则称"小白城宿舍"。这片以"白城"命名的教职工居住区曾见证了广聚于厦大的人才。

◇◇◇◇ 20世纪20年代白城山教工别墅

鲁迅初来厦大时居住的地方（现为生物馆），就在白城城墙附近。他在1926年写给许广平的书信中多次提到白城，前有"我对于自然美，自恨并不敏感，所以即使恭逢良辰美景，也不甚感动。但好几天，却忘不掉郑成功的遗迹。离我的住所不远就有一道城墙，据说便是他筑的"，后有"然而郑成功的城（即白城）却很寂寞，听说城脚的沙，还被人盗运去卖给对面鼓浪屿的谁，快要危及城基了。有一天我清早望见许多小船，吃水很重，都张着帆驶向鼓浪屿去，大约便是那卖沙的同胞"。著名语言学家、中国文字改革运动的先驱者周辨明教授早年也居住于白城，他是创办厦大的元老之一，也是厦大内迁长汀的重要推动者。周辨明的父亲周之德早年在长汀一带传教，建立了良好的人脉根基，而教会的一些建筑还保存完好，可以用来做校舍，长汀很快被选定为厦大内迁的校址。1938年5月日军登陆禾山五通，次日向厦门大学开炮。一日之内，26座白城教授住宅被夷为平地。后来厦门沦陷，厦大被迫内迁福建长汀办学。1946年2月7日，日俘从厦大撤走。到1947年，新建复建了白城教员宿舍7座，后被称为白城别墅。

50年代的白城由7栋别墅组成，朝海呈阶梯状分布，以一条大路为分隔，四栋别墅在上，三栋别墅在下。白城区域依山而建，前后两排别墅的落差很大，横隔马路的高度几乎和下排别墅的屋顶平齐。每栋别墅住两户，从1号编到15号（没有13号），共14户住家。

◇◇◇◇ 30年代厦大白城教工宿舍

◇◇◇◇ 1941年厦门岛全图
（局部）

我的父亲、外文系教授汪西林住在1号别墅。汪西林在美国哥伦比亚大学攻读训育原理及教育哲学，并获美国麻省宾斯大学教育学硕士学位，发表论著有《论近代训育原理与实施》等。1946年，汪西林受汪德耀校长的邀请，来到厦大任训导长，分管全校的教学事务。1953年秋天，我家入住1号别墅，我共有8个兄弟姐妹，我是最小的。1950年底，抗美援朝战争爆发，我的2个姐姐响应国家的号召报名参军。大姐汪湘琳因急性阑尾炎落选；二姐汪晧明（厦大校报误写为汪西林儿子）因为身材较高大，多报了一岁，被军干校录取。她在沈阳中国医大护理部等地

培训学习"战地救护",随后便入朝参战。我曾听她说参加过上甘岭战役并立功得奖,具体是二等功还是三等功就不清楚了。还有6个子女随父母住在白城。白城别墅区后面的大榕树边有一段很厚的城墙,用三合土(石灰、糯米和红糖)塑成,是白城子弟幼时的游乐场。城垛比人高,比谁爬上城垛更快是孩子们常常举行的竞赛。晚饭后,墙下的门洞总是聚集了一群孩子,要在这里"做救贡"(厦门话,意思是捉迷藏)。

白城2号住户是历史系傅家麟教授。傅先生是著名的历史学家,1934年毕业于厦门大学历史系,后到日本法政大学深造,1950年到厦大执教,曾任厦大历史系主任、副校长,全国政协委员等职。

白城4号住的是郑重、顾学民夫妇。郑重先生是海洋学系教授、系主任,著名的海洋生物学家,顾学民先生是化学系教授、系主任,著名的无机化学家。1987年,由郑重和顾学民夫妇共同设立"重学奖学金"。2001年,郑重夫妇的儿子、中科院院士郑兰荪教授向该奖项增资,褒扬在海洋、化学学科学习成绩优秀的学生。根据学生郑恩铭的回忆,顾学民教授在讲物质的概念时,从宏观到微观,从实物到场,并提醒学生英语中matter和substance概念的区别。听顾先生的课,感受到先生学识渊博,语言流畅简洁,极富启发性,加上她的音色优美,听起来很有味道,且易懂易记。

住在6号别墅的是体育部陈金铭教授,就读上海东亚体专,先后在9所大中学校担任过体育教师。1950年到厦大体育教研室任教,长达30余年。陈金铭是白城的"孩子王",在他的带领下,白城的孩子们尝试了许多从西方引进的新运动,比如,"打陈归"(厦门话:打垒球)和足球。

外文系教授李庆云住在7号别墅。李庆云先生是广东中山人,早年留学英国,任英国伦敦皇家林肯法院大律师。1935年8月李先生应聘厦门大学，成为当时厦门大学最年轻的教授。1945—1962年李教授任外文系主任，他任教近30年，亲自教授一年级基础课程，并为高年级学生讲授"英诗选读""英国戏剧选读""世界文学史"等课程。他讲授的"英国文学史"和"英文诗歌"课，虽然英文专业只有19名学生，但教务处特地安排了一个可供六七十人上课的大教室。上课期间，教室座无虚席，连空地上都挤满了各系前来旁听的学生和教师。李庆云教授英语语言文学造诣深厚，上课前只在香烟纸背面写提要及例句，上课时旁征博引，效果极佳。著名诗人、外文系系友余光中先生回忆在厦大外文系的求学时光时，也曾满怀深情地说："我还清晰地记得我的导师李庆云老师。有一次他让我坐在他身边，就开始逐字逐句地为我讲解我的英文报告，十分认真。"在白城孩子们的眼里，体态胖胖的李庆云教授不大会讲中文，但脾气却特别好。有一次，李庆云家的窗户被几个玩弹弓的孩子弹碎，砸伤了李太太的眼睛。闯祸的孩子当场吓得呆住，李庆云教授只是挥挥手，并没有责怪。李庆云一家是从香港移居厦门的，李家的3个小孩常常能收到从香港带回的高级玩具，我与李庆云的大儿子李需常玩塑料水枪。也常有学生到7号别墅做客，因为每周末李教授都会在自己家中开办"英语沙龙"，邀请各系英语成绩最好的学生参加。学生们一边学英语，一边品尝李教授的夫人烤好的蛋糕和冲泡的咖啡。参加沙龙的学生们常常感慨："在那个物资极为贫乏的年代，能有幸在庆云师的家庭英语沙龙里过周末，是何等享受啊！"

9号别墅住的是历史系陈碧笙教授。陈碧笙是福州人，1945年加入中国民主同盟，新中国成立后在民盟福建省委任要职，1956年到厦大当了教授，1979年出任历史系主任，接着是民盟厦门市的主委、政协

厦门市副主席、民盟中央委员。

10号别墅主人是历史系叶国庆教授。叶老是漳州人、著名历史学家，是厦大首届毕业生，曾任厦门大学人类博物馆馆长。他的女儿叶雪音是厦大1950级生物学系学生，被称为"厦大援藏第一人"。叶雪音入校第一年就在父亲的影响下，满腔热血、义无反顾地步行随军进藏。在经历了8年异常艰苦的援藏工作后，叶雪音转入西藏公学（西藏民族大学前身）从事汉语教学，直到退休。

住在11号别墅的是物理系何恩典教授。何恩典是厦门大学海洋物理学的奠基人，也是新中国海洋科学事业决策的主要咨询人和推动者。何恩典先生祖籍福建惠安，1920年出生于鼓浪屿，1937年考入厦门大学数理系，在教育部组织的全国理科高等院校学生学业考试竞赛中，大学三年级的何恩典的微分方程和力学夺得全国第一名，使得人们对偏居东南一隅的厦门大学的教学质量刮目相看。何先生1941年大学毕业，先后执教数理系、海洋学系，任系主任。1958年，为响应中央关于"厦大应发扬'面向海洋、面向东南亚'的指示"，时任物理系主任的何恩典带头转入海洋科学研究，在物理系首次设置了海洋物理学专业，组建海洋物理研究室。1962年，何恩典作为中国海洋考察团赴苏联考察成员之一，回国后与28位具有远见卓识的海洋界知名科学家联名发起倡议，提出《关于加强海洋工作的几点建议》，建议组建国家海洋局。此外，何恩典作为发起人之一，和其他老一辈海洋专家学者一同，推动1979年中国海洋学会的成立，并担任第一届理事会副理事长。

12号别墅的主人是物理系黄席棠教授，曾任物理系主任。

白城14号曾短暂地居住过刚从美国归来的化学教授蔡启瑞。他的归来，带来了先进的学术理念，还带来了一种异国的风情。走进蔡启瑞的家，首先映入眼帘的便是那台巨大的留声机。每当留声机缓缓转动，悠扬的音乐便弥漫在整个房间，仿佛穿越了时空的隧道。孩子们爱去蔡启瑞的家里试玩这台神奇的留声机。他们围坐在留声机旁，好奇地打量着这个陌生的玩意儿。蔡启瑞总是耐心地教他们如何操作，让孩子们感受到音乐的魅力。而除了留声机带来的乐趣，蔡启瑞还常常给孩子们分发糖果。那些五颜六色的糖果，构成了白城孩子甜蜜斑斓的童年。

中国第一位数学博士杨武之先生也曾在白城居住过一段时间。杨武之是安徽凤阳人，数学家、数学教育家，是我国早期从事现代数论和代数学教学与研究的学者。自1923年春杨武之在厦门大学任教一年，次年到清华大学数学系、西南联合大学任教。在清华大学和西南联合大学执教时期，他培养和造就了两代数学人才：著名数学家陈省身和华罗庚。

白城别墅的生活在当时是相当优渥的，每隔几天就有专人代买蔬菜鱼肉送到门前，教授上课也有三轮车接送。每家的房间内部都设有木头马桶，有盖子和椭圆坐圈，那在当时是相当少见的家具。

50年代末，海峡两岸关系紧张，常有轰炸机从金门到厦门实施轰炸。汪家子女随着厦大组织的车队疏散到漳州市长泰县，另有一些教职工和学生疏散至龙岩。在1958年金门炮战之前，没有制空权的解放军无法阻止国民党飞机在厦门的扫射骚扰。飞机飞得很低，非常低。我跟着爸妈跑出去看飞机子弹，发现特别大，砸在地上有一个明显的洞。没有疏散的日子里，常有印着青天白日徽章的飞机朝白城投射照明弹，降落伞吊着的一团东西像火球一样亮，每次照明弹一下来，房屋和土地亮

得像白天一样。

白城子弟对白城最深刻的印象是每天晚上睡觉前要把睡衣摆整齐，以便在防空警报响起时，可以快速穿戴出门避难。当时的厦大还未修建大型防空洞，而是在防空壕的两边挖出像坑一样的猫耳洞，一个人一个坑地躲在里面等待轰炸结束。因为离得近、躲得快，当时并没有人员伤亡，但常有严重的房屋损坏——曾有一个巨大的炮弹片落在了4号住户陈贤镕教授的别墅中，炸穿了房顶，径直砸落在茶几和沙发上。在国民党轰炸密集的两年里，白城新架设了高射机枪和海岸炮作为反击。每隔几天，距1号别墅不远处的海岸炮就会试射几轮，军营随后派人到白城居住区来检查是否有误伤的建筑并维修。到1958年，国民党反攻大陆的狼子野心愈发膨胀，我家又相继疏散到市区和厦大东村，此后就再没回到白城。

改革开放年代，为了扩大居住面积，白城别墅被拆除，扩建为筒子楼住宅区。老白城变成马路，大白城是离退休干部住所。80年代在原大、小白城宿舍前盖起教工宿舍，称"白城新村"1至17号楼，直至90年代又将原"大白城宿舍"改扩建为"白城新村"18至31号楼。

千禧年代，白城校门口旁边还有一个小菜市场。修建高架桥后，白城校门便显得低矮了。于是，设计师把厦大白城农贸超市、厦大南校门及地形有机地融合在一起，巧妙再现已经泯灭的厦门历史风貌"白城"的符号，为环岛路新增一个旅游景点。新修建的白城校门承袭了城墙建筑风格，差不多有五六层楼高，从白城沙滩能一眼看到。

如今，当人们再谈起白城的范围，应当包括现厦大"白城新村"18~31号楼周围的一大片区域。白城仍然有"城墙"的含义，包括原来的物理馆、南洋研究院楼、海外函授大楼，直至厦门港沙坡尾连成一片，犹如一条坚固的白带。

◇◇◇◇ 石刻"棲云"

（厦门大学新闻传播学院学生晏子凌参与了本文的采访、整理与撰写工作）

之二

何敦煌

"厦大白城"原本指的是一道古城墙。陈嘉庚先生在创建厦大初期，就曾在白城山坡一带建造教师住宅，取名"白城宿舍"，林语堂等教授曾在此住过。日寇入侵时，这些宿舍被毁。抗战胜利后，厦大在原址上重建的教师宿舍，靠近东边的七幢称"大白城宿舍"，靠近西边的三幢称

"小白城宿舍"。本文中的 "老白城" 即指东边山坡上的 "大白城宿舍"。

20世纪50年代的白城，周边山野乱石成岗、荒冢遍地、草木丛生、蛇虫横行，一片荒凉的景象；但因临山面海，绿树成荫，同时也具备了山环海抱、空气清新的自然景观。由于当时各家的孩子都小，所以住得还算宽裕；每家前面都有宽阔的阳台，可以近览山野，远望大海。老白城地处山坡，基本在现在新白城的位置；与小白城（现外文系位置）和山脚下的老三家村呈三角鼎立状，是当时厦大东南角唯一的一片教工住宅区。现在的旧白城（外文系下、毗邻上弦场）和海滨小区，当时都是一片荒野。现在厦大通往白城海边的路当时是并不宽阔的土路；在快到坡顶的左侧有一条向上延伸的小道，陡峭而窄小（有点像现在芙蓉七女生宿舍边那条通往新白城的便道），那就是老白城14家住户当时出入的唯一的通道。老白城呈二排列七幢间隔开的二连户平房；由于地处山坡，二列房子不在一个水平，上下高差有2~3米；下列三幢编号1~6，上列四幢为7~15号（没有13号，可能认为这个数字不吉利），中间是一条约3米宽、近50米长的路或者说是平台，便于小区各家通行和往来，同时也是公共活动的平台。老白城的房子是统一规格的一幢两户的大平房；每户面积约100平方米，为二房二厅一厨一洗一卫的格式；卧室偏小，约11~12平方米，主厅很大，有20几平方米；厨房也很大，卫生间和洗漱间分开，各一小间，都在后面；大门在前主厅，厨房还有一个后门。老白城位于山坡中段，山脚是一条并不宽敞的公路（现在环岛路的前身），通往当时的海防前线（黄厝、何厝等地）。老白城周边山野大部分是野生的台湾相思树、黄花夹竹桃和银合欢等小乔木和各种灌木。

老白城还有许多山野小生灵，白天各种小鸟叫声不绝，夜晚则是蛤蚧、青蛙和蟋蟀的天下，它们的鸣叫声彻夜不息，各种蛇也是当时这里常见的不速之客。当时，这里绝对是一个原生态的环境；即使在白天，也非常寂静，偶尔只有山下公路传来的一两声汽车喇叭声。

老白城是我一家在厦大生活的第一站，记载着父亲和我们一家太多的往事，留给了我们终生难忘的记忆。20世纪的50年代，老白城15号住着我们一家：父亲何景是生物系教授，母亲翁起厚是财务科职员，以及我们兄妹三人。我们一家是1952年住进白城15号的，那是白城上排最东边的一套。周边都是山野和绿树，前面宽阔的走廊可远眺大海；环境优美，但地处偏僻。

父亲何景是江苏泰兴人，1912年生，1957年加入中国共产党，植物学家。他出身于教育世家，祖父何祖泽早年在家乡开私塾，是当地名儒；后任南通师范校长，在南通、无锡一带颇有声望。在祖父的熏陶下，父亲从小就养成了认真踏实的治学之风，并贯穿在他的终身实践中。他1935年毕业于南京中央大学理学院生物系，毕业后留校任教，曾受学校委派参加原西康省自然科学调查团，在西南康藏和西北祁连山等地区进行植物资源考察，发表有《西康生物调查记》等系列考察报告。1940年受甘肃省科学教育馆之聘，任博物股主任，除全面从事全省植物调查和标本采集外，还专门对兰州地区植物作系统研究，著有《兰州植物志》。1946年调任福建省研究院植物研究所任研究员；并任福州协和大学、福建农学院兼职教授。来福建后，他就开始对全省特别是闽北和闽西南山区的植物资源进行广泛而深入的调查，发表了《福建木本植物检索表》《福建草本植物检索表》；对福建植物资源开发和利用，植物新种的发现和鉴定，以及植物专业的教学和科研，具有重要的参考价值。

在厦大工作期间，父亲主要从事植物生态学、分类学和生理学等方面教学和研究工作。在近30年的教学工作中，他曾开过普通植物学、植物分类学、植物生态学、植物群落学和植物抗性生理学等多门课程，培养了大批研究生、本科生和进修生。他的教学非常重视理论结合实践，特别强调现场教学和野外实习。福建南靖和溪亚热带雨林就是他带学生在考查中发现的，为此他自费买下了当地一间民居设立了厦大生物系最早的野外教学基地。1962年，南靖亚热带雨林升格为南靖"乐土国家森林公园"。1963年1月，经省政府批准，其成为厦门大学永久教学基地。厦大上弦场建南楼群前的那一长列的蒲葵树，就是家父在1957年规划并带着1957级植物班学生种植的；今天这一长列郁郁葱葱、高大挺拔的蒲葵树，已成厦门大学的标志性景观。父亲非常重视滨海生态环境的保护，他很早就进行了福建近海红树林群落的研究和保护工作，50年代早期即发表了《红树林的生态学》这一研究成果；他非常强调对红树林的保护，培养出厦大第一个中国工程院院士林鹏教授，以及一批这方面的后继者。他在我国橡胶树的抗寒生理生态研究方面也倾注了大量心血，为我国的橡胶发展事业做了理论上的阐述。1958年他主持筹建了中国科学院华东亚热带植物研究所并任所长，领导科研人员承担了国家下达的许多重要课题，获得国家发明一等奖的科研成果《我国北纬18~24°环境大面积种植橡胶技术》。1959年，他根据多年积累的教学经验和科研成果，出版了《植物生态学》一书，是我国学者自行编著的第一部高等学校植物生态学专用教材。

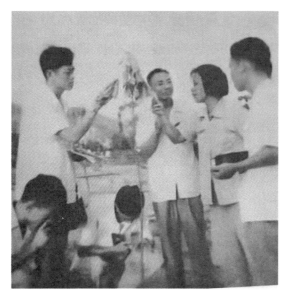

◇◇◇◇ 1959年，何景教授带学生实习

　　父亲为人正直，对工作兢兢业业以致对家庭生活的诸多方面无法分心。在我的印象中，白城时期的父亲，几乎白天都在系里，晚上写作到深夜。夜晚他桌上的台灯总是很迟才熄灭，无怪乎有的邻居会说何先生总是在熬夜做学问。当时他身兼系副主任，除了教学、科研工作外还有许多大、小事务，经常吃饭时间他都没能回来。家里安有一部老式电话，有时为了系务方面的事会和系主任汪德耀大声争执，但对家里的柴米油盐和大小事务他似乎从不介入，对我们孩子也很少管。1958年，母亲在厦门第一医院生下了最小的一个孩子，住院3天他都没能到医院看望一下，这在今天是不可思议的，但当时他也是确实分不开身的。他十分关心青年教师和科研人员的成长，注意以身作则、言传身教。他培养的许多人才如今遍布祖国各地，有些已蜚声国内外。家父长期患有哮喘和肺心病，这是他早年长期在野外考察留下的旧疾。几十年辛劳的工作使

其病情日益加重，最后发展到稍动即喘的地步。但即使在这种情况下，他仍然会用颤抖的双手逐字逐句地为年轻教师修改论文，气喘吁吁地和同事商议课题。在病危住院的那天，在担架上，他还上气不接下气地交代我们要带上他的眼镜和助听器，他还要工作！谁想到，仅仅过了5天，1978年10月5日，父亲带着那颗热爱事业、永不疲倦的心，离开了我们。父亲生前是中国植物学会理事，曾任福建省植物学会理事长、福建省热带作物学会理事长和厦门市科学技术协会主席。

白城各家门前都有一块小平地，大小不等。我们家因在最东面，空地挺大的。跟大家一样，我们有时也在空地上种些瓜果蔬菜，主要是南瓜、地瓜之类，有一段时间还养了鸡鸭和兔子等，这主要是母亲和我们孩子负责的。各家各户生活相对简单，由于此地僻远，柴米油盐除了大人上班或外出带回外，只有为数不多的几个固定小贩会不定时地来卖一些东西。记得有一个卖鸡鸭的大叔来了总是先到7号楼外喊："妮太太么圭。"（闽南话"李太太买鸡"）李太太是李庆云的夫人，在我们的印象中，他们家比较有钱，总买鸡吃。李先生身宽体胖，但李夫人较瘦小，她爱吃鸡以补身体，所以小贩总是先向她推销，有时也会来我家门外喊："何太太么圭。"有一个叫海桐的小哥，挑来的是各色水果，有时还附带一些糖果，很受白城小孩的欢迎。

老白城生活中有一个难以忘怀的时期，就是紧张的台海局势对白城人生活的影响。记得大约是1953年或1954年有一段时间，台湾军机经常飞到厦门一带骚扰，印象中警报一响，飞机已经飞临我们上空，高射炮已经砰砰打成一片。这时大人、小孩只能赶紧逃进防空壕。当时在白城下列住户的前方树丛中有几条约一人深的壕沟可以躲避。这时抬头可见火光满天，炮声隆隆，有时还能看见飞机，有些人被吓得惊叫起来。局势紧张导致的另一方面是担心特务的骚扰，记得有一晚我们去大会堂看电影，家里仅留下一个叫秋桂的阿姨（佣工）。我们回家后她大惊失色地告诉我们："刚才吓死了！你们走后我正在厨房洗碗，不久就听到大门有敲门声，去开了门但并没有见到人，我以为听错了，就关门又回厨房。但到厨房又听见敲门声，再去开门仍不见人，真奇怪！我赶紧锁了门，躲到房里，你们说吓不吓人，会不会是特务啊！"这件事还真有点奇怪：如果说是小偷，他不会敲门，何况当时大门并没锁住；如果不是小偷，又会是谁呢？这件事成了那个时期我们白城生活中的一个疑案。谈起"特务"最有趣的是，白城孩子在海边玩时常会注意周边有没有"特务"，一旦看到一个他们怀疑的对象，就会远远跟在那人后面，神秘兮兮，互相低语："那个人东张西望，又戴着特务帽（电影中特务戴的那种帽子，深印在孩子们的记忆中），会不会是特务啊？"但跟了一段后又往往跟不下去了，只能自嘲："不像特务，算了。"可见，当时白城孩子们的警惕性有多高！对老白城的孩子来说，最让他们铭记在心，深深影响了他们生活的，是那场举世闻名的金门炮战。那场炮战让他们有惊吓，有高兴（要解放台湾了吗），还有离别，最终他们还因此告别了老白城的生活。

那是1958年的8月23日，8月的天气虽然酷热，但天空晴朗，大海宁静。大约傍晚时分，我们兄妹们正在阳台上闲耍，突然远处海面炮声隆隆，火光冲天，那炮声是阵阵相连，完全没有间隙，响成一片，随着夜晚的来到，整个天空都被染红了。大家都感到奇怪："是演习，还是打仗？"很快大人们就判定了：那不像演习，演习没有这么大阵势；那

是在跟金门打仗。不久就证实了，那是前线解放军在炮轰金门。只是后来，金门方面也开始反击了，打来的炮弹不仅落在何厝、大嶝岛等前线，也打到了我们厦大"准前线"，我就在上弦场靠近当时图书馆（现公共事务学院）前看见被炮弹打坏的石栏杆及支撑它的瓷葫芦。由于白城地处厦大东南部，是厦大的"前线"了，于是许多人不淡定了，开始投亲靠友，离开白城往别处躲避。考虑到这一情况，后来学校有关方面，安排了一些校内安置房，让白城住户陆续搬离了白城。当时大家都以为这只是暂时的安排，一些不常用的东西就留在那里没有带走。后来由于最终没有再回白城住，那些留下的东西没有及时取回的，大都流失了。我们家先是去了国光三住了一年左右，后又搬到东村住了一段，最后敬贤楼建好后，再搬到敬贤二201安定下来，就此告别了老白城六七年难忘的生活。巧的是，一年后的同一天，又见证了当时厦门的另一件大事：1959年的"8·23"大台风。彼时我们已在国光三住了。那一晚的经历也是惊心动魄的，也有许多可忆可书的往事，但那已是后事，就不在此赘述了。

今天，老白城的旧房早已拆了，它的一切痕迹都已荡然无存；新白城取代了它，旁边还建有美轮美奂的厦大幼儿园。每当我路过新白城，看到在路边宽阔的平台上嬉戏玩乐的小朋友时，都会心生感慨：今天的孩子们是幸福的，但我怀念那段充满童趣的老白城往事；怀念我的父亲，他那无私奉献的家国情怀和献身事业的拼搏精神。

之三

林之融

20世纪50年代的厦大白城是由10幢独立小别墅组成的建筑群，位于当时厦大校本部最东边小山坡南麓，一条土路贯穿其中，路东面7幢人称大白城，西面3幢人称小白城。别墅的建筑格局完全一样，为单层砖石结构，每幢住2户人家，从正面走过2米多高的台阶是一个宽敞的露台，左右两边各1户人家。每户有前后2间正房，侧面是一条宽阔的内廊，可作为饭厅甚至卧房。靠北边依次是厨房、储物间和卫生间。有内廊或外廊是厦门洋式建筑的一大特点，可以避免东晒或西晒，非常科学。

别墅前面是一片灌木林，大多是被孩子们称作"日本头"的黄花夹竹桃。灌木林一直延伸到海边的公路，越过公路便是著名的白城沙滩。距海滩这么近，对住在白城的厦大孩子们真是近水楼台，难怪个个都是游泳好手。在一起玩得要好的有一大群男孩子，数起来有：汪大智、汪大成、汪大全、傅抗生、傅顺生、吕施、陈樵生、陈建生、陈涵生、李需、李白、林之遂、陈明旦、何立平、何立士、蔡维理、何敦煌、何建生，还有一帮女孩子。那个时候孩子们的学业可不像现在这么紧，大部分课余时间都是在嬉戏打闹：游泳、下棋、打扑克、打野仗、射弹弓、采虎莓（覆盆子）、捉蟋蟀，等等。还组织过集体野炊，虽然做的是夹生饭，但所有人都吃得不亦乐乎。当年最值得津津乐道的是白城的孩子们集体

认养的三条小狗——黄色的叫阿兔，灰色的叫阿虎，白色的叫阿狮，是从附近的建筑工棚里捡来的。这三条小狗成了孩子们的宠物，一叫它们的名字，就会跟在屁股后面跑，蹦蹦跳跳很是热闹，给白城小孩带来无限的欢乐。

在敬贤二到敬贤五楼群建起来之前，白城和东村是校内最好的教工宿舍。许多德高望重的教授学者都曾经住过这里。当年的住户有汪西林、傅家麟、郑重、吕衡敬、陈金铭、李庆云、林莺、陈碧笙、叶国庆、何恩典、黄席棠、蔡启瑞、何景、吴心田、徐元度等。

我们家1954—1958年住在大白城8号。我的爸爸林莺，祖籍福建海澄县（现为漳州市龙海区），时任厦门大学校长办公室主任兼中文系主任。后历任厦门大学教务处处长、福建省作家协会副主席、厦门市文联主席等职。爸爸1936年就读厦门大学中文系，不久抗战爆发，厦大整体搬迁长汀。长汀时期是厦大历史上的辉煌时期，培养出了许多方面的英才。爸爸1940年毕业后留校任教，在鲁迅研究、红学研究方面都有所造诣。他还在厦大中文系首次开设了民间文学课程，为此付出了大量心血。父亲为厦大教育事业做出了自己的贡献。不幸的是1969年爸爸在特殊时期被迫害致死，给家庭留下深深的遗憾。

我的妈妈姚慈心1944年毕业于厦门大学中文系，抗战时期是厦大长汀时期的学生骨干，参加了许多抗日宣传活动，毕业后先后在鼓浪屿毓德女子中学、厦门侨民师范、厦门大同中学、厦门大学工农预科、厦门大学中文系、厦门大学海外函授学院任教，可谓桃李遍天下。爸爸妈妈很注意我们兄弟姐妹的身心发展，从不打骂，始终教育我们要尊老爱幼，懂礼貌，有爱心、有怜悯心，懂得感恩，做一个正直的品德高尚的人。父母在家里也是恩爱有加，从没拌过嘴，一家人幸福和谐，还登上了校刊，当时在厦大教职工中是有口皆碑的恩爱夫妻。他们的言传身教影响了我们一辈子。

时光荏苒，一晃70年，当年无忧无虑的日子历历在目。那时的孩子现在已是古稀老人，但是再次相聚在一起依旧是童心未泯，谈起往事津津乐道。美好的回忆无法忘怀，兹写下数语聊以自慰。

◇◇◇◇ 唐绍云油画作品：锦绣校园

芙蓉楼里故事多

蒋东明[*] 华 艳[*] 潘泽山[*]

芙蓉楼群是陈嘉庚先生在新中国成立之初兴建的学生宿舍，共有四幢：芙蓉一、二、三、四。根据档案记载，芙蓉楼群建筑面积15387平方米。主体建筑高三层，局部加高为四至五层，首层为梁柱式外廊，顶层为藏于屋檐滴水下的拱券式外廊，都是中式屋顶、西式屋身的外廊建筑样式，彩角柱、清水外墙面，个别侧面为混水墙面。芙蓉一、二、三

* 蒋东明，厦门大学出版社原社长，编审。

* 华 艳，作者信息不详。

* 潘泽山，供职于中国移动总公司。

的入口上方和两侧角楼采用了传统的歇山顶，其余部分则为连续的"断檐升箭口"屋顶形式，舒展的水平屋面和柱廊加强了整体的平和感。

◇◇◇ 陈嘉庚巡视芙蓉楼、丰庭楼建筑工地（摄于1951年）

芙蓉一于1951年建成，三层，占地面积1154平方米，使用面积1836平方米，耗建筑费14.9万元，为砖石木结构。面宽118.4米，进深11.7米。

芙蓉二于1953年建成，三层，占地面积1397平方米，使用面积2264平方米，耗建筑费18万元，为砖石木结构。面宽124.4米，进深12.6米。建在兼爱楼、笃行楼的废墟上。

芙蓉三于1954年建成，三层，占地面积1050平方米，使用面积1657平方米，耗建筑费18万元，为砖石木结构。面宽100.3米，进深12.7米。中间南侧部位突出，北侧平直，中间突出部位到第三层上人平顶屋面上收缩，后面再加两层，共五层。中间突出部位第四层楼板前面也有上人天台，北面才是房间，保持单列外廊式。

芙蓉四于1953年建成，三层，占地面积1312平方米，使用面积

2206平方米，耗建筑费10万元，为砖石木结构。楼面宽101.3米，进深14.6米。墙体以花岗岩条石砌筑、红色清水砖作为装饰镶砌，楼面为木结构上铺红色地砖。屋面上铺红色机平瓦，拱券、栏杆及窗套均为西式装饰。西北角紧靠芙蓉二。为节约造价，采用中国式本地瓦普通屋面，粗加工的各种规格的白色花岗岩砌筑，朴素简单。

厦门大学芙蓉楼群是厦门大学校园内的重要的历史建筑群，始建于20世纪20年代，由著名华侨领袖陈嘉庚先生主持兴建，融合了中西建筑风格，具有独特的文化价值和艺术特色。作为厦门大学早期建筑群的重要组成部分，芙蓉楼群见证了厦门大学近百年的发展历程，承载了深厚的历史文化底蕴。2006年，芙蓉楼群与群贤楼群、建南楼群一同被列为全国重点文物保护单位，并于2016年入选首批"中国20世纪建筑遗产"名录，充分体现了其作为历史文化遗产的重要地位和保护价值。如今，芙蓉楼群不仅是厦门大学的标志性建筑，也是中国近现代教育史和建筑史的重要见证。

◇◇◇ 全国重点文物保护单位：芙蓉楼群

"红卫四"
——厦大 "下放干部" 返校后的暂栖地

蒋东明

◇◇◇ 今日芙蓉四（许慧峰摄）

厦大芙蓉楼群，"文革"时更名为"红卫楼群"。"芙蓉四"，当时称为"红卫四"。

之所以特别要叙述她，是因为这栋学生宿舍在1972年到1975年间，是厦大"下放干部"返回学校后集中住宿的宿舍（当年厦大还有其他一些学生宿舍楼也作为下放返校教师的宿舍），那时我家就住在这里。这是"芙蓉四"作为学生宿舍历史上的一段插曲。

我父亲蒋炳钊是厦大历史系教师，母亲王玲玲是中学教师。1969年，我们全家6人（父母、外婆和3个小孩）一起下放到闽西的连城，直到

1972年7月返回厦大。当时，工农兵上大学，需要教师返回讲坛，学校开始恢复比较正常的教学秩序。一批又一批教师从下放地返回，学校不可能一下子拿出那么多的教师宿舍来接纳他们。于是，便腾出学生宿舍，每一位教师，不管家庭有多少人口，都只能分配一间宿舍。我们全家三代6人分配在"红卫四"的310室，在仅有18平方米的房间演绎了一段五味杂陈的难忘时光。

每家住户人口都不少，但家庭的摆设却基本相似。由于下放回来，老师们基本没有自己的家具，所用的家具大多是向学校租的。原来宿舍里的学生双层床基本被保留，以增加居住空间，房中间用布帘隔开，形成内外。厨房都设在走廊上，每层楼两边是洗漱区。最麻烦的是整栋楼只有一楼有一间男厕所，仅供"一号"使用，如需"二号"或洗澡，要到"红卫二"后的一排公共厕所和浴室，当然，浴室只有冷水。

当年"红卫四"里住的，许多都是日后的著名教授。仅我们住的三楼，左邻右舍有中文系的洪笃仁教授、应锦襄教授，外文系芮鹤九教授，历史系的薛谋成教授，会计系的黄忠堃教授、李百龄教授、潘德年教授，南洋所的汪慕恒教授，还有后来的厦大校长陈传鸿教授、常务副校长郑学檬教授等。当时大家都是同样的命运，平等相处，和睦可亲。每天的柴米油盐同样不可或缺。于是，简陋的居家生活夹杂着邻里间的点滴欢乐在岁月里流逝着。

每天清晨，大会堂的钟声响起，挂在树上的广播开始高唱《东方红》，一天的生活开始了。最先从家里出来的大都是男主人，他们手提各色马桶，虽睡意蒙眬，却步伐从容地涌向一楼厕所，也有急匆匆下楼奔向"红卫二"后的厕所的。此时，各家的煤炉打开，开始煮饭。如有哪家不幸炉火灭了，便向邻家紧急借火种。走廊架灶，各家当天食谱一目了然。其实在凭票供应的年代，各家餐桌上的伙食也大同小异。两侧水房，排队洗漱，大家都是教师家庭，倒也礼让有节。只是当年供水不足，到了用水高峰时，三楼的水管便经常细水潺潺，令人着急。当然，水房也是人们交流的好地方，洗衣、洗菜时，大家便可天南海北神聊一番。也有些男孩子懒得跑到浴室，便在水房拎桶水冲冲，如果是冷天，可听到他们惨烈的尖叫声。最为不可思议的是，竟然还有许多家庭在走廊的狭小案板桌下养鸡。记得我外婆在桌底下铺上烧过的煤灰，用剩菜、剩饭喂养了四五只母鸡，居然让我们家人每天都能吃上新鲜的鸡蛋。夏秋台风过后，许多人会跑到白城海边沙滩捡海带；每当厦港渔船归航，市场有巴浪鱼供应（不需要鱼票），便家家奔走相告，采购一番，多余部分，晒干储存。于是，走廊上又多了一道风景——海带、巴浪鱼在阳光下散发着海的气息。

夜幕降临，老师们或备课，或相聚在走廊上聊些学校见闻。小孩在家里做功课，遇到不懂的问题，还可跑去向邻居的大哥请教，也经常听见来访的学生与老师的对话。当年，我正在厦门八中（今双十中学）读高中，经常负责为学校画宣传画。有时任务急，便在狭小的家里摆开画室，在仅有的一点空墙上订上4张全开纸，画着宣传画，现在回想也十分有趣。大楼人虽多，但此时却很安静。在宁静的夜晚，我们常听到小提琴的声音，那是黄忠堃老师的孩子黄力在练琴。这种"谈笑有鸿儒，往来无白丁"的环境，对我们这些孩子来说，那真是一种难得的熏陶。

站在"红卫四"走廊放眼望去，现在的芙蓉园和嘉庚楼群，当年都

是东澳农场的菜地。每当蔬菜收成时，我们便可到田间向菜农买些新鲜的蔬菜。邻近的室内风雨球场，更是孩子们常去的地方。"文革"时，中小学生功课并不多，经常下午可早早回家。我们班好多同学经常相约一起先到海里游泳，然后穿着游泳裤从窗户钻进风雨球场打篮球。球场晚上经常有篮球赛，只要在家里走廊上看到球场亮着灯光，那便是我们今晚观战的好时机。值得一提的是，那个年代，看电影是最重要的娱乐项目。大会堂经常每周放一次电影，一般分两场，第一场主要是教师场。每当电影放映日，全楼男女老少齐出动，归来时一路人头攒动，月光下谈论着电影的精彩片段，蔚为壮观又亲切感人。生活在厦大校园是一种幸福。

厦大校园，在20世纪70年代以前被称为乡下，到中山路算是进城去"厦门"。每当骑着自行车到蜂巢山，驻足远望厦大校园，那是一片田园阡陌景象。青山、沙滩、农田、树丛，是我们孩提时代的生活记忆。我们有幸生活在这片世外桃源般的大学校园，呼吸着大海的气息，滋润着知识的雨露，真是上天的恩赐。"芙蓉四"的一段历史插曲，成了我们心中挥之不去的少年歌声。而暂栖在"红卫四"的许多老师，在经历了"文革"期间的"靠边站"、下放农村、返校的动荡岁月后，仍不忘积蓄力量。当迎来了国家改革开放的新时代，他们更加珍惜来之不易的大好时光，在学校教学、科研、管理的岗位上，大展身手，成为厦门大学腾飞的中坚力量。

芙蓉一里的院士"三剑客"

华　艳

厦大芙蓉湖边，有一幢雕梁画栋、飞檐翘角、古色古香的学生宿舍，名曰"芙蓉一"。也许是"地灵人杰"的缘故，这芙蓉一的一间学生宿舍里，竟出了三位院士，包括中国科学院院士田中群、孙世刚和美国工程院院士孙勇奎，被媒体戏称为院士"三剑客"。

◇◇◇◇　今日芙蓉一（许慧峰摄）

1978年春天，厦门大学迎来了恢复高考后招收的第一届大学生。从芙蓉一到芙蓉六，一幢幢红墙绿瓦、掩映在绿树丛中的学生宿舍楼人来人往，显得格外热闹。

从小在厦大校园里长大的田中群和来自四川的孙世刚、来自江西的

孙勇奎一起走进了芙蓉一，这幢宿舍楼住的全部是化学系的男生。他们三个人被安排在二楼靠楼梯旁边的一间宿舍，宿舍里有4张床，包括上、下铺，总共住了7个人，还有一个铺位被用来堆放行李。

巧的是，他们三个人不仅读的是同一个专业——厦大赫赫有名的物理化学专业，而且还是同一个学习小组的。三个同学中，田中群和孙世刚都当过知青，比孙勇奎大六七岁。

田中群出生于1955年，父母亲都是教师。他从小就比较喜欢读书。父母也从小教育孩子要有志气，要靠自己的努力去取得成绩。中学时田中群当过语文课代表，喜欢读文学作品，对写作也有一定的兴趣，只是后来没有机会让他在这方面发挥。

在十年"文革"的动荡年代，田中群也像所有那个年龄段的人一样，去农村插队，接受贫下中农的再教育。尽管农村的生活相当艰苦，但是，这段经历也培养了他吃苦耐劳的本领，教会了他许多做人的道理。因此，他觉得自己这一段生活没有白费。

下乡时，他原本以为自己再也没有机会上大学了。没想到，"文革"结束后，国家迅速恢复了高考，田中群一得到消息，就立马报名参加，并在高考中取得了优秀的成绩。

他最初的理想是从事计算机科学研究，因此第一志愿报了一所名校的计算机专业，分数也达到了录取线。但不知怎么，他却因"鼻炎"问题被退了档。命运为他做出了新的安排——他被第二志愿填报的厦大化学系录取了。

大学四年，田中群和同学们一样，都很珍惜这来之不易的学习机会，因此读书十分刻苦。他的父亲是中华人民共和国成立前的大学生，1945

年进入厦大化学系学习，师从卢嘉锡、钱人元、蔡启瑞等几位名师。据说当年读书非常刻苦，第一年就以各科高达91分的平均成绩名冠全校。1949年大学毕业后，因成绩优异而留校，担任卢嘉锡先生的助教，后来成为厦大化学系的知名教授。

1980年，田中群读大三时，其父当选为中科院学部委员，成为当时最年轻的化学学部委员。这对他多少有点"刺激"，他有时难免会想，自己什么时候也能像父亲那样，成为一位有造诣的科学家。自然，这得付出比旁人更大的努力、更多的牺牲，而这一切，必须全靠自己去奋斗，父亲并不可能给自己太多的帮助。

田中群还清楚地记得，自己读高中二年级时，有一道数学题解不出来，就去问父亲。父亲却不高兴地反问他："难道你不能靠自己解决吗？"后来，他再也没有向父亲请教过数学习题。

1982年2月，田中群从厦大化学系毕业，考上了化学系的硕士研究生，而他父亲恰好也在此时被国务院任命为厦门大学校长。不久，他通过国家选拔考试，被公派到英国南安普敦大学化学系直接攻读博士学位。远离父母，自己一个人在远隔重洋的英伦三岛闯荡。

刚到英国留学时，田中群不仅在语言交流和生活习惯等方面遇到了一系列问题，而且在科研上也遇到了一些难题。他觉得，正是父亲帮助他养成的独立解决问题的习惯，使他较快跨越了不适应期。

当时南安普敦大学是国际电化学的中心之一，田中群的导师、英国皇家学会院士弗莱施曼教授是将激光拉曼光谱用于研究电化学体系的第一人，这使得他直接进入当时电化学的前沿。

在同时入学的研究生中，田中群是最早获得博士学位的。1987年，

在通过博士学位答辩后两周，他放弃了国外优厚的待遇和良好的科研条件，立即回到厦大。虽然和父亲一样都从事电化学研究，但由于科研方向存在较大的不同，他和父亲在一起探讨学术问题的时候并不多。

多年之后，他理解了父亲，他认为这其实是父亲的天性所在："父亲一向认为，做什么事都要立足于靠自己；而且父亲自己就是这么做的，父亲在电化学领域的成功之路，基本上是靠自己的努力铺就而成的。父亲通过自己的言传身教，潜移默化地教育、培养我们。"这使田中群悟出：对于需要原始创新的人来说，有时不教比教更重要，因为独立思考和解决问题的素质是最重要的。

2005年，田中群当选为中科院院士，这一年他刚好50岁，在中国的院士队伍中，算是年轻的。他当选院士的主要学术贡献，是在表面增强拉曼散射（surface enhanced Raman scattering，SERS）方面的研究。在田中群之前，科学家们普遍认为，只有金、银、铜才具有SERS特性，田中群的研究团队却证明，除了金、银、铜，其他多种重要金属，诸如铁、铂等过渡金属也有这种特性。

这一发现被成功地应用于糖尿病血糖和肿瘤细胞的快速检测，当然，还有检测微量毒品和炸药及无损伤地鉴定古画等其他用途。

如今，田中群不仅是一位蜚声中外的物理化学家，还担任着国际电化学学会的主席。父子都是化学部的中科院院士，难免会给人一些联想。但是在公开场合，父子俩很少一同出现。在田中群看来，因为有了院士父亲，他不得不付出更多努力来证明自己的能力——他必须做得更好，以证明他的成绩是靠自己，而不是靠父亲获得的。

入住芙蓉一，对田中群来说是近在咫尺，因为他的家就在厦大；而对孙世刚来说，却是远隔千里，因为他的家在长江上游的重庆万州（原四川万县）。1954年，孙世刚出生在万县。1969年，当他从万县高级中学毕业时，"上山下乡"的浪潮已席卷了大半个中国。

1970年，16岁的孙世刚来到万县的一个小山村插队。他辛辛苦苦干了一年，年底分红只有10元钱。过年的时候，他买了一块肉，像珍宝般捧回家孝敬爹妈，却不料错买了母猪肉，放到锅里怎么煮也煮不烂，这让他记忆犹新。

1977年恢复高考，身处小山村的孙世刚由此看到，家乡外面还有一个广阔的天地。当年，他便考入厦大化学系。1982年毕业后，他考取了国家教委出国研究生，赴法国巴黎居里大学攻读博士学位。读完博士，他又在法国科学院界面电化学研究所做了一年的博士后研究。

在那个年代出国，可以直观地看到中国和外国之间存在的惊人差距，但这并没有影响孙世刚回国的信心。1986年，田昭武校长到巴黎探望中国留学生，希望孙世刚博士毕业后回国，并想方设法为他争取到厦大博士后流动站的名额，由厦大自己承担博士后全部培养经费。

1987年底，孙世刚放弃在法国的一份有着丰厚年薪的工作，踏上回国的旅途。他的想法很朴素：赶快回国，把自己所学的知识教给学生，让中国与发达国家的差距不要再这么大。

回国后，孙世刚先后担任厦门大学物理化学研究所副所长、化学系主任、校长助理，2000年1月起任厦门大学副校长，并兼任厦大研究生院院长。

尽管行政事务繁忙，孙世刚仍然长期坚持为本科生授课，主讲化学本科的主干核心课程——"物理化学"，同时也为研究生开设选修课。

他上课不喜欢照搬教材，通常会结合学科前沿的研究成果。他教导学生做实验要做到"头脑发热"，那才说明是用心做了。由于教学成绩出色，他获得了"国家级教学名师"的荣誉称号。

在科研方面，孙世刚也始终坚持在科研第一线，他和自己的研究团队在表面电化学与电催化方面开展了深入、系统的研究，取得了一系列原创性的科研成果，先后在国际和国内重要学术刊物上发表了200多篇论文（其中被SCI收录130篇，被EI收录85篇，被CSCD收录95篇），还申请了6项国家发明专利（其中2项获授权）。

2012年，孙世刚辞去担任了12年的厦大副校长，带领自己的课题组全力攻关，获得了国家科学技术三大奖之一的"国家自然科学奖"（二等奖）。这个获奖项目，他从1987年回国后就开始进行了，前后历时20多年。

在能源、化工领域，如何设计和制备出性能更高、成本更低的催化剂，一直是一个焦点。而孙世刚的主要学术成就也集中于此。其课题组最出名的成果是：首次制备出一种新型的二十四面体铂纳米晶粒催化剂。传统的化学法只能合成立方体、八面体或是截角八面体，而越多面，就越能提高一些重要化学反应的效率。二十四面体就是一种十分罕见的晶体形状，它在能源、催化、材料等领域具有重大的应用价值。

2015年12月，孙世刚当选为中国科学院院士，这一年他已61岁，不再年轻。在学校举行的座谈会上，他质朴地说："要感谢党和人民的培养，感谢国家的改革开放政策，感谢厦大……这些感言似乎很老套，但大家如果知道我的经历，就不会这样说了。"

孙世刚身材挺拔，会说一口流利的法语，看起来也比实际年龄年轻，这改变了人们对科学家不修边幅的印象。他虽然衣着朴素，但总是很整洁。这可能和他的"出身"有关，他原本是做贵金属单晶电极的，这个方向对耐心要求很高，而且要保证实验的极度洁净，稍有污染就可能前功尽弃。

这位新科院士还有出人意料的一面：他曾是电影爱好者，在法国读书时就曾加入当地一个电影俱乐部；他还是一位乒乓球好手。虽然科研使他远离了电影和乒乓球，但他仍然保留着打网球的习惯，他认为，科研需要好身体。

孙世刚当年从长江上游奔赴厦大，孙勇奎则是从长江中游奔赴厦大，他的家在庐山脚下的江西九江，古称"江州"。在院士"三剑客"中，出生于1961年的孙勇奎年龄最小，入学前是应届高中毕业生，在当时能考上大学也算是"极品"了。

1973年孙勇奎从九江双峰小学毕业后，进入九江市同文中学就读初中和高中。1977年高中毕业不久，正好国家恢复高考，他以优异成绩被厦门大学化学系录取。

在回忆大学生活时他说："1977级同学里面我感觉是藏龙卧虎，比如我们刚学求导数时，有的同学已经学过复变函数了，因此感觉压力非常大。我们当时并没有真正的教科书，因为毕竟很多年没有正规的大学了。真是要感谢母校的老师在我们进大学之前就刻出各种讲义，像《电极过程动力学》等，里面的字都是手刻的。这些讲义对我的受教育起了巨大的作用。"

在大学读书期间，孙勇奎在班上年龄虽然最小，却是最努力、最晚睡觉的。宿舍灯熄灭了，他还要到公共食堂去"偷光"读书，有时躺在

床上还要背英语。

1982年从厦大本科毕业后，他继续在母校攻读硕士学位，师从田昭武院士。1983年到美国加州理工学院留学，1989年获化学博士学位。博士毕业后，他先后在美国华盛顿大学化学系、美国埃克森公司研究中心从事博士后研究。

1993年，孙勇奎加入美国默克公司，担任高级化学研究员，开始了自己的职业生涯。在默克公司工作的20多年间，他先后从事新药合成工艺放大研究、工艺化学研发、新兴市场研发战略制定、中国研发业务运营、研发商务拓展及许可等相关工作，获得了丰富的新药研发与商务管理经验，并先后获得英国化学工程师协会阿斯利康绿色化学与工程优秀奖、美国总统绿色化学挑战奖、托马斯·爱迪生专利奖以及默克实验室最高奖——总裁奖等荣誉。

◇◇◇◇ 院士宿舍

2016年2月8日，美国工程院院士选举结果在华盛顿揭晓，来自中国的孙勇奎当选为美国工程院院士。这一年，孙勇奎54岁，是美国制药业唯一入选美国工程院的华人科学家。

"美国工程院院士"是一个荣誉称号，旨在表彰在工程研究、实践或者教育领域做出杰出贡献的工程师，是美国工程师职业生涯的最高荣誉之一。业内认为，它的含金量相当于中国的科学院、工程院院士。

获悉自己当选美国工程院院士，事前毫不知情的孙勇奎感到非常惊喜，也深感荣幸，他认为，这份荣誉不仅仅属于他个人，而应当属于专注敬业的默克科学家！

一所大学能培养出一两位院士已属不易，厦大的一间学生宿舍7个人，却走出了3位院士，堪称密度最高的"院士宿舍"。

孙世刚认为，这可能和大背景有关——1977级学生经历了中华人民共和国成立以来最激烈、最残酷的高考淘汰才走入大学校门，大家都十分珍惜这个来之不易的学习机会。田中群则认为，一个班级学生年龄跨度这么大，也是"一门三院士"的重要原因。

"一门三院士"的经历和故事，如今已成为厦大化院乃至中国化学界的一段佳话。在化院举行的关于"化学与人生"的座谈会上，田中群谈起十年"文革"时的艰辛及1977年恢复高考、进入厦大后，与孙世刚、孙勇奎在一起学习的经历，不禁唏嘘不已，感慨良多。

厦大化学研究不仅硕果累累，而且人才辈出，这背后必定有某种文化因素的支撑。对此，田中群认为可以用九个字来概括，即"敢为先，重细节，合为贵"。"敢为先"指搞科学研究，不仅要敢于做新的体系，而且要敢于开创新的方向，甚至新的领域，才会有一代又一代的发展；"重细节"指做事要认真细致，打好基础，对细节完全了解、清晰把握才有可能做到"新"；"合为贵"即一定要学会合作，在目前的科学研究中，合作是最为重要的，否则就可能丧失许多机会。

作为厦大化学系培养出来的院士，田中群希望同学们能够继承和发扬厦大化学这种"敢为先，重细节，合为贵"的精神，发奋读书，争取

比前辈做出更大的贡献。

◇◇◇◇ "三剑客"与班级集体照

（本文原载于《回眸高考四十年》，厦门大学出版社2018年版，略有改动）

渐行渐远芙蓉三

潘泽山

从大南校门进来，沿主路前行约六七百米，经过逸夫楼，右手边的绿树掩映下，横卧着一幢引人注目的三层长楼，那就是芙蓉三。

芙蓉群楼环抱着芙蓉湖。早年间，校园的主路为沥青铺就，从芙蓉三背面经过，再依次从芙蓉二、芙蓉四和芙蓉一的前侧穿过，如果你乐意驻足观望，会发觉芙蓉一、二、四仿佛都展开了双臂，其热情一览无余，只有芙蓉三露出坚实的脊背，以庄重和沉默示人。

◇◇◇ 今日芙蓉三（许慧峰摄）

这四幢芙蓉老楼，一直以来都是厦大引以为豪的建筑群落，记述繁多。而相较于三位"兄弟"，对芙蓉三的回忆则落墨较少。有一部分原因在于，八九十年代它作为年轻教工寓所，后又成为博士生公寓，居住者人数较少，因此留下的校园传说也不算多。

对我来说，芙蓉三是一个乐园，深藏着童年的点点回忆。

父亲是老三届知青，从厦大毕业后留校任教。1983年，父亲作为青年教师，分到了宿舍。于是我们一家三口搬进了芙蓉三（105），在这个不到20平方米的小房间，度过了难忘的三年半。

如今看来，20平方米真是太小了，但在当年，因为家当有限，摆放有序，房间并不显得促狭。一张双人床、一张单人架子床、一个小衣柜和书柜、一张小书桌和两把木沙发，还留出了腾挪的通道。比较麻烦的就是，我们需要在吃饭时，挪开木沙发，支起折叠圆桌。

后来，几乎每家都在门口走廊上，搭起近两米高的木格栅，隔出两米见方的小空间，当作厨房，以放置小炉子、煤砖和杂物。连廊很宽，即便加了格挡，还能容两人并排通行。一到中午，锅铲声、煎炸声、拌嘴声、儿童哭声四起，油烟味、饭菜香四溢，热闹非凡。

芙蓉楼的宿舍是没有独立厕所的，只有居中的 111 和 112 房间是公厕和水房，臭不可闻，因此家家都备了痰盂。洗澡也很不方便，得提水烧热，在房间内用澡盆混着凉水洗，洗完后再倒入门前排水沟。

房间不大，家当不多，生活不便，但小小的 105 足以承载一个崭新小家庭对美好生活的全部渴望和寄托。

20世纪80年代，大部分宿舍楼建在半山或陡坡上，芙蓉三所处的位置，属于平缓地带，算是校园的中心了。

当时的厦大幼儿园坐落在半山上的大南9号，和芙蓉三之间有一条又宽又长的陡坡相接，每次从幼儿园放学，我们几十个男孩都会兴高采烈地喊着口号，冲刺而下。

芙蓉三最吸引我的，是楼前楼后的两片小广场。

在楼背面的广场上，种着许多高大的柠檬桉和银桦树。柠檬桉被称为林中仙女，树干挺拔，树皮光洁，到了秋天还会脱落老茧，生出新皮；而银桦树则因其粗糙的外皮，成为我们练习攀爬的好伙伴。树林和楼宇之间，还有一道半人多高的排水旱沟，那是我们捉迷藏、打仗的躲避之处。我们每每玩得乐不思家，直到六七点，听到大人们轮番呼唤、呵斥，才恋恋不舍离开。

而楼正面的空旷沙地，不仅是大人的晾衣晒被区、家禽饲养区，更是孩子们的武术表演区。芙蓉三一层走廊的平台高约1米，和沙地间隔一道窄深的排雨沟。我们每回都拎起"兵器"纵身一跃，跨过沟渠，尽情奔跑挥舞，追打着惊慌失措的麻雀、花猫或母鸡。不过，这个动作其实挺危险的，有个小朋友就因为没跳好，摔进沟内骨折了。此后我们再也不敢这么跳，而是乖乖绕开沟渠走过去。

◇◇◇◇ 芙蓉三过道（许慧峰摄）

芙蓉三和芙蓉湖之间还有一片大花圃，平日总是铁将军把门，只有重大节庆时，才看到工人进出，搬运三角梅、海棠等盆花。某个春节，还举办过花卉游园活动。

父母亲常常说，远亲不如近邻，我们搬过好几次家，总遇到好邻居，这是我们家的幸运。关于芙蓉三邻居的记忆，还来自儿时玩伴家和隔壁宿舍。

住在104的一家，主人叫阿龙和阿茹，阿龙是司机，家庭条件优渥，他们小孩经常骑着一辆会唱歌的电动玩具摩托；106住的是我的舅舅历史系郑力人老师；107是阿李叔叔，他的女儿应是小我三四岁；108应该是物理系杨胜利老师一家，我还能记得他四个孩子名字，小女儿杨丹心是我的小学同学；110（可能）有位比我大一岁的哥哥，叫陈燕峰。

二楼的201，住着我的发小赵建峰。他的爷爷是老红军，父亲也是军人，母亲赵锁花阿姨在厦大百货商店当店长。赵建峰小时候个儿不高，很白净，说话奶声奶气。大学后，我们又见面时，他在厦大音乐系，又高又帅气，我一开始并没认出来。

三楼的324，住着另一位发小沈昱。他的父亲是生物系的沈明山老师，非常和善友爱。有一次和沈昱打架，沈老师得知后，带着他来向我道歉。其实调皮小孩打架，许多时候没对错可言。不打不相识，自此后我和沈昱也成了好朋友。他就读于厦大会计系，毕业后去了深圳工作。

其他年龄相仿的朋友还包括：三楼的叶永青（后就读法律系，现在上海知名外企）、二楼的邓林（台湾所邓孔昭的孩子）、一楼的林晓斌（体育教研室林清江老师的孩子）等。

每次去小伙伴家玩耍回来时，天色已晚，我踩着嘎吱嘎吱的木板楼梯下楼，楼道灯光昏黄，时不时还有野猫蹿出，紧张和害怕的心情，至今记忆犹新。

芙蓉三的邻居们是友善的，3层楼，每层连廊30多个房间，我确实没有听过左邻右舍吵架争执的事情。

后来，感谢国家的好政策，大家的生活都慢慢好起来：我们家添置了16寸的福日彩电和万宝路牌冰箱，晚饭时肉菜也多了，还吃上了大虾，告别了带补丁的衣裳。周末时，爸爸的同事、朋友还会带着易拉罐啤酒，买点小菜来家里小聚。

还记得买完电视后，爸爸用木架子、易拉罐等制作了天线，我则负责爬到高处把天线架上去，一边调方向，一边大声问有没有图像。一阵折腾后，我终于能看上彩电，能和同学们兴高采烈地讨论降龙十八掌和九阴白骨爪了。

1986年，我上二年级时，父亲评上了讲师。同年我们告别芙蓉三，搬进了海滨新村。新老区之间没有笔直的大道，我沿着泥泞小道，爬坡过水，跋涉了一个多小时才来到新家。

当时的心被坐校车、有独立卧室等各种憧憬填满，对芙蓉三没有太过留恋。反倒是前一阵，母亲又回了趟芙蓉三，给我发来照片，才激发了散落已久的回忆。

如今望去，芙蓉三周边修葺得非常齐整，一尘不染，水沟被填上了，以前舞枪弄棒的沙地铺上了红色方砖，父亲备课时常倚靠的石榴树也不见了踪影。幸而，高耸的柠檬桉还矗立在那，特有的气味随风散逸。

母亲留言感叹道：住在这里的时候，正是父亲奋斗时，妈妈忙碌时，小儿淘气时，如今时光倏然，白发染霜。

幸而，那些童年时光的喧闹声，那些寻常人家的烟火气，那些缓慢成长的点滴往事，虽渐行渐远，却还留在脑海，能诉诸纸笔。

在这个偌大的校园里，我穿行了数十年，有时用腿，有时用车轮，有时用眼睛。时过境迁，多少物是人非已成常态。偶尔回来，面对全新规划的校园环境，我甚至还会迷路，在某一个路口不知所措。

但我不遗憾，因为此时的心，被更葱郁的绿植、整齐的停车位等各种规划填满，对芙蓉三的往昔不必太过留恋。新的道路引导和环境规划，让我们能全景式地看到芙蓉三的正面。看，芙蓉三又恢复了生机，和几位兄弟一起，紧紧拥抱着明净的芙蓉湖，展现出深藏已久的热情和光彩！

冠名"勤业"的那些楼那些事

蒋东明 许晓春[*]

勤业斋

蒋东明

在老厦大人的记忆中，现在的勤业楼一带，是校园排水体系的东大

---

* 许晓春，厦门市老字号研究院副院长。

沟流经之地。早年,这里是东边社的一片荒野之地,居住在这里的农民在乱石遍布、杂草丛生的荒地里见缝插针,种上一些地瓜、蔬菜,但每逢大雨,荒地便变成沼泽地。在临近马路边,有一个类似四合院的平房,从四合院的小门跨进去,里面由20个单间围成一个"U"字形,每个房间门外是连通的走廊,中间是一个小庭院。这个四合院的建筑面积为263平方米,使用面积实际上只有144平方米。据说这里居住的都是体弱、不宜过集体生活的单身中青年教师。院门口有一块"闲人勿进"的牌子,叫人望而却步,这个四合院被称为"勤业斋"。此后,这一带楼宇就冠以"勤业"称号。勤业斋里每个房间门外是连通的走廊,各户门口摆着蜂窝煤炉或木炭炉,简单的炊具。因为病号多,小庭院的空中弥漫着煎中药的气味。勤业斋的中部是一个小庭院,种植几株约两米高的木瓜树(俗称"万寿瓢"),树叶枯黄,树干细长,挂着七八颗青涩的木瓜,一幅摇摇晃晃、弱不禁风却"忍辱负重"的模样。更奇特的是,木瓜树的树汁居然是乳白的,可见,当地人把木瓜树称为"母亲树",非常形象。

当年,已回厦大工作的数学家陈景润因身体不适,就曾在这里居住过,更使"勤业斋"平添了几分神秘感。

与勤业斋为邻的还有一栋建于20世纪60年代,外墙为土黄色的二层小楼。当年,校办工厂曾经在这里制造可以代替粮食的"小球藻",还开设过粮店。到了70年代,该楼成为教工宿舍,称为"东村第三宿舍",住着九户教工,也称"九家村"。楼里住有史杰力、钟明、俤永龄、杨英再、郑奇光等老师。人类博物馆吴汉池先生一家曾住在一楼。吴先生擅长泥塑,又写着一手漂亮的小楷字,是林惠祥先生创办人类博物馆

的得力助手。受父亲的影响，他们家的几个孩子都写着一手好字，当年经常全家孩子齐上阵为誊印社刻蜡版。大公子吴孙权是1977级厦大历史系学生，毕业后留校任教，是著名的书法家，厦门书法协会副主席。"文革"时，还是高中生的吴孙权在大生里用毛笔蘸油漆直接在墙上写红色楹联和大标语，赢得人们的赞叹。

◇◇◇◇ 正在书法创作的吴孙权

◇◇◇◇ 吴孙权的楚篆书法作品

◇◇◇◇ 矗立在厦门翔安隧道口的雕塑（吴曦煌创作）

"九家村"旁边有一条小溪，是从五老峰上流淌下来的涓涓细流，经年不断。溪边的沙地一隅被吴先生开辟为玫瑰园，不仅种有红玫瑰、黄玫瑰，还有罕见的黑玫瑰。站在门前的小沙地，竟有一番"世外桃源"的感觉。据吴孙权夫人熊老师回忆，当年他们的"婚宴"就是在门前摆上很平民化的两桌酒席，而令他们全家感到不平凡的是已80多岁高龄的厦门书法大师罗丹先生拄着拐杖，笑意盈盈地亲自来为自己的得意门生贺喜。虽居陋室，却蓬荜生辉，喜悦满满。值得一提的是吴孙权的公子吴曦煌子承父业，是厦门雕塑界的后起之秀。厦门翔安隧道口的那座14米高的"业翔民安"巨型雕塑，就是出自吴曦煌之手。另一座同样的雕塑安放在上海中国极地中心的雪龙号停靠港口。而这座雕塑的原件"华夏苍穹"（黄铜，高1.4米。考虑不宜太高太重，会沉到冰地下面），2007年由中国南极第24次科考队随"雪龙号"运抵南极，安装在南极冰穹顶上，象征着中国人探索征服南极的豪迈气概。

勤业楼

蒋东明

1980年，为适应学校事业的发展，经教育部批准，学校拆除已显"老态龙钟"的勤业斋、九家村，建了新的教工宿舍楼，取名勤业楼。勤业楼（勤业一、二、三）三栋作为一个整体，每栋有6层，每层45间，总共270个单间。这就大大缓解改善了教工，尤其是青年教师的住宿条件。

20世纪八九十年代，学校教工的居住条件十分窘迫。许多教工，特别是那些准备结婚的年轻教工，最为期盼的就是能从集体宿舍搬进勤业楼，让自己拥有一个哪怕仅有14平方米的独立小天地。住进勤业楼的喜悦，不亚于如今搬入新购买的100多平方米豪宅的兴奋之情。

勤业楼里曾住着许多名师，如中文系的黄典诚教授、周祖撰教授，物理系的刘士毅教授等。也有后来成为学校教学科研管理中坚力量的一批教师，仅左邻右舍比较熟悉的就有出版社陈章干、王依民、吴晓平、

高良喜、张翼良，化学系黄田、付金印、姚士冰，哲学系徐梦秋，物理系陈书潮，财金系郑振龙、陈建淦，海外教育学院中医系张水生，计算机系李名士，厦大学报（哲社版）洪峻峰、历史系古籍所侯真平，人类学系董建辉，马院徐雅芬，基建处林宏根（因记忆不全，挂一漏万，抱歉）……许许多多当年蜗居在勤业楼的年轻教师，正是从这里出发，走向自己事业的辉煌。

◇◇◇◇ 80年代的勤业楼

勤业楼三栋相连，朝东侧是公共洗漱区。每天清晨，大家在这里迎着冉冉升起的朝阳，相互问候，洗漱一番，开始一天的忙碌。西侧是公共厕所和浴室，由于每层厕所间数不多，早上起来，大家都要排队等候。到了晚上，浴室前等候的人也不少。每户都是在走廊过道摆放生煤砖的炉灶，虽然拥挤，邻里之间也互相礼让，有时甚至驻足交流厨艺菜谱。有些单身教师，会端着从食堂打来的饭菜，溜进有家眷的好友家，这位"不速之客"还会毫无顾忌地品尝主人餐桌上的"佳肴"。我们几位担任辅导员的老师，如化学系黄田、生物系陈友平等，经常中午端着从食堂打来的饭菜，聚集在一起谈论各自的工作、校园趣事。楼里的孩子也特别开心，放学之后，便可跑到邻居小朋友家玩，分享零食、玩具，到了吃饭时，家长只要在走廊大声呼唤，孩子便会突然从某一家里蹿出来。那时，电视机还是稀罕物，每当有精彩节目时，有电视机的主人便会邀请左邻右舍一起观看，一起分享电视剧的感人故事，或竞争激烈的体育赛事。邻里之间有个头疼脑热，可以马上请教隔壁的医生，很是温馨。还有一景，大楼只有一部公用电话安在五楼，电话铃声响起，如有热心人接了，便大声呼喊：×××电话！紧接着回应声响起，楼道上便响起急迫的脚步声和感谢声，构成一幅生动的画面。

◇◇◇◇ 如今的勤业楼内（许慧峰摄）

我是1984年因结婚而申请入住勤业楼，那时我担任物理系1982级辅导员，又要上"道德品质修养"课，当"热学"课的助教，工作挺忙的。不久，家里添了孩子，我外婆来帮忙，一家四口人挤在14平方米的小房间里。每到晚上，便要在沙发上垫个床板，整理被褥，让老人家休息。哄得孩子入睡后，关掉大灯，点亮小台灯，在狭小的饭桌上读书，备课，改考卷、作业。此时，想要外出洗脸上厕所，需要"翻山越岭"，

不出声响，怕吵醒正在酣睡的老人孩子。夜深人静，在楼道走廊上，可以看见每个拥挤的房间里透出的灯光，那是挑灯夜战的老师正在备课、研究。有时生活、工作条件与成果并不成正比，我自己在这蜗居的环境里，除了顺利完成自己的本职工作，还完成了《李政道传》的写作出版任务。1987年，我调到出版社工作，挑灯夜战编书稿更是家常便饭。在狭小的空间里，还经常要接待学生、作者、朋友来访，于是，沙发和床的功能要在顷刻之间进行变化。更难忘的是老师们经常在走廊、水房"相聚"，谈论科研课题、学校新闻、天下大势，等等。在这里，人与人之间少了陌生的隔阂，多了无拘无束的交流。这"筒子楼"就像一个大家庭，拥挤的空间却充满其乐融融的温情。多年后，当年的邻居如相遇，总会回忆起那段虽然窘迫却乐在其中的岁月。

1999年9月，教育部批复厦大改造筒子楼的报告，其中就有勤业楼，主要是对其内部平面做适当的变动，将三间房改为两套，增加厨房、卫生间，建起楼梯，使每家住户都能独门独户，有独立的厨卫，极大地改善了勤业楼的居住条件。多年来，这里的居民对勤业楼有个自我调侃的外号——集中营。随着筒子楼改造，勤业楼的居住条件大为改善，且这栋楼位于校园中心，又紧挨着勤业餐厅，大南校门、情人谷、芙蓉园近在咫尺，成了教师向往的居所。"集中营"的外号自然就消失了。

在勤业楼的住户，基本上都是厦大教职工，唯有一个例外，就是勤业一号楼107、108室是一家理发室，而且特地破墙，使大门朝外，挂着一块"厦大理发店"的招牌。小小的理发店里摆放了几张理发转椅，有三四位理发师，头家人称"小陈师傅"。这家理发室的特殊待遇有其特殊的历史背景，凡50岁以上的厦大人都晓得，20世纪七八十年代，厦大校园内有一家颇受师生欢迎的理发店，位于现在逸夫楼外侧(当年在煤炭店隔壁)，后来又迁到丰庭楼。老刘师傅带着几位操福州口音的大妈为广大师生理发。年逾七十的厦大老人知道，理发店更早是开在现在勤业楼前马路的对面，有十多位师傅，负责人就是老刘师傅。老刘师傅不知何年月在厦大摆摊理发，抗战时期跟随厦大内迁长汀，八年后又随学校返回，几十年坚守岗位。老刘师傅不是厦大人却胜似厦大人，对学校的大事小情耳闻目睹。许多师生理发或等待理发时，都喜欢与他聊起校园的趣闻轶事，这里成了校园的信息中心。老刘师傅晚年最自豪的就是历数几任校长、多少大牌教授都与他有交情，其"顶上功夫"被笑称为"敢在校长头上动刀的人"。他的最后一个徒弟，大家习惯称他"小陈师傅"，秉承了老刘师傅的勤快、热情，笑容可掬，服务周到，深受大人、小孩欢迎。因此，2014年理发店驻地拆迁，学校特批其搬到勤业楼现址，由店变室，门面朝外。我们家祖孙四代都是厦大理发店的忠实"发友"，我与小陈师傅也有很深的感情。令人难过的是，这位年过七旬小陈师傅没有躲过新冠疫情，于前年病逝。我甚至不知道他的大名，但记住了他的音容笑貌。（近期采访小陈师傅的徒弟柯师傅，才知道他的大名叫"陈天赐"）

◇◇◇◇ 勤业楼理发店（许慧峰摄）

勤业餐厅

许晓春

紧挨着勤业楼的勤业餐厅，兴建于1979年，1981年正式投入使用。因为其建筑形状呈椭圆形，也有很多老校友习惯称它"圆形餐厅"。

勤业餐厅的老面馒头、巴浪鱼、小笼包、面线糊、五香卷、沙茶面、炒米粉、炒海瓜子、炒田螺等，堪称一代厦大校友的校园青春记忆。2013年，勤业餐厅进行改扩建工程，2015年底竣工试营业。改建前，厦门当地媒体报道称：厦大勤业餐厅将重建，粉丝难舍最老食堂"馒头味"；而改建后，《厦门日报》也专题报道：厦大勤业餐厅"王者归来"，楼更高饭更香馒头随便买。

改扩建后的勤业餐厅由原来的两层变成四层，地下一层是加工区，地上三层为餐厅，总建筑面积10790平方米，三层楼同时可以容纳2500个人用餐，成为厦大思明校区最大的食堂。餐厅除了有楼梯、扶梯，还配备了无障碍升降梯，主要是方便退休教师或者行动不便的人。餐厅内部实现高度机械化作业，配有洗消一体的霍巴特洗碗机、超声波清洗机、大型物件清洗机，以及日本进口的米饭电加热生产线、包子生产线、切菜机、刨片机等，依托机械化操作提高生产效率，更好地腾出人力资源为师生服务。

勤业"老面馒头"，一直是大家心中勤业餐厅的招牌菜肴，也是历届老校友回校相聚就餐的标配。不少校友不远万里回校后还会带上一二十个"勤业馒头"，最远的居然被带到了大洋彼岸。"勤业馒头"声名远播，也惹得诸多市民与游客想方设法一尝为快。勤业餐厅每天不管做多少个馒头，都会被一抢而空。所以，厦大学生中曾经流传一个段子："爱她，就请她吃勤业馒头！因为哈根达斯可以用钱解决，但勤业馒头常常抢不到。"厦大教授郑启五在博客上曾提到，他回土耳其带了一袋勤业馒头，机场偶遇老同学，边聊边吃，竟吃了个精光。

◇◇◇ 勤业馒头是校友和吃货们
心中不变的"白月光"

◇◇◇ 勤业菜肴

在改建过程中，这个"五毛钱"馒头甚至还惊动了校领导——由于买馒头的人实在太多，晚来的经常买不到，有师生"愤"而上书给校领导。后来，勤业馒头实行限购。就在得知餐厅要改建时，据说不少人的第一反应是：馒头呢？馒头怎么办？

新勤业餐厅的一楼设有大众快餐窗口，同时推出风味不同的特色小吃，满足师生员工的不同口味；二楼则经营特色牛肉煲、一品卤锅、刀削面、拌面、热汤面等；三楼的自助餐厅还承担了学校各部门的培训、会议、院庆等供餐活动，能够举办600人左右的自助餐晚宴。每到除夕之夜，勤业餐厅和学校其他食堂一样，要举办丰富的"年夜饭"，领导、老师和没有回家过年的学生一起聚餐，共享充满温情的跨年大餐。

在各种节日、传统节气和季节更迭的日子，勤业餐厅还会温馨地推出各式各样的小吃，为师生增加用餐多样性。比如冬至的汤圆、端午的粽子、腊月的八宝粥、夏日的绿豆汤、冬日的羊肉煲，更别提要"排上长队"的夏季凉拌面、秋冬四物汤面、现炸大鸡腿、甜品及每到12月都会出现的小火锅。

而每一次校友的集体返校，也在勤业餐厅留下了许多美好的"镜头"与回忆。2018年，勤业餐厅承办厦大1977、1978级校友纪念高考恢复40周年供餐活动，厦大1988级校友入学30周年感恩母校活动等，都令人印象深刻。其中，1988级校友纪念入学30周年感恩母校活动中，勤业餐厅为1800多名返校校友及家属举办了丰盛的自助餐——两张15米长的自助餐台，根据怀旧主题烹制了美味的厦门特色小吃和20世纪80年代的经典菜肴：面线糊，卤大块豆腐、三层肉、排骨、猪脚，还有不可或缺的巴浪鱼……还有校友强烈要求吃海瓜子。毕竟，在当年物美价廉的海瓜子是大学生私下聚会的必点菜。为了满足校友的愿望，虽然当时不是海瓜子盛产的季节，餐厅还是特意去批发市场采购了一批个头最大的海瓜子，让校友们重拾当年的记忆。

讲究传统，重视传承，是厦大餐饮一代代师傅传下来的一个习惯，厦大很多食品不求高档，但求口味地道。除了馒头，勤业餐厅的油条、沙茶面、生煎包、小笼包、砂锅，也在厦大吃货中享有崇高地位。或许，只能用"情怀"来解释人们对勤业的感情。一位厦大校友说，他还记得勤业餐厅的小笼包，他和当时的女朋友时不时要去那里点上一笼，然后海阔天空地聊，一笼能吃上好久。有的校友回忆，当年读书时，几位同学下午到操场打篮球，三对三进行鏖战。大家事先说好，输球一方要请大家到圆形餐厅，每人吃一份五毛钱的"炒米粉"。饥肠辘辘时想到香喷喷的炒米粉，顿时豪气冲天，干劲十足，令人难忘。所以，改建后的勤业餐厅恢复了一些古早味，如炒饭、炒米粉、小笼包，当然还包括留在很多人味蕾记忆中的生煎包、炸面包等。

◇◇◇◇ 2015年改扩建后的勤业餐厅

自校主陈嘉庚创办厦门大学以来，学校就延续并弘扬着关爱师生一日三餐的"爱的历史"。勤业餐厅的故事，是生活在厦大的师生们独有的幸福温馨的记忆；舌尖上的厦大，不仅仅是菜肴的美味，更代表了一种学子与母校的情感联结，爱的延伸……

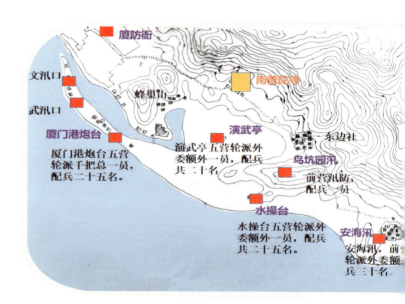

演武场风云

徐文才*

　　1650年，郑成功以厦门为大本营图反清复明大业，军队驻扎五老山前的澳仔操场，郑成功日夜出督操练。由于每天往返殊难，"命冯工官就澳仔操场筑演武亭楼台"，1655年3月建成，作为他教练观兵及处理军务的驻节之地，此为演武场之名的肇始。清代把福建水师提督署衙设在厦门岛，演武场一直为清军武营所有，成为清军训练军队检阅军队的重要场所。然而1840年之后，演武场上风起云涌，战争与和平，屈辱

＊　徐文才，厦大基建处原处长，唯畅想建筑设计事务所总经理，一级注册建筑师。

与抗争，许多事件在此发生，其中以下四则，尤为重大。

一、战争

清乾隆《鹭江志》中讲述演武场："大校场一，演武亭一座，在南普陀前"，但在防围篇中演武亭（场）并没有作为汛口提出，可见当时的演武场只是作为训练阅兵的场地。清道光《厦门志》记载：演武亭是福建水师五营公汛，由五营轮派外委额外一员，配兵共二十名，与水操台、厦门港炮台等共同防守厦门岛南岸，此时演武亭已开始驻兵。实际上水师所谓防守的对象仅仅是海盗与武装走私商船，并没有考虑与外来军队战争的布防，直到鸦片战争打响。

嘉庆年间《同安县志》中的《厦门海防图》局部，"校场"即演武场

根据史学专家茅海建先生《鸦片战争时期厦门之战研究》，1840年

至1841年中英军队在厦门的战斗一共发生了三次。第一次是1840年7月3日，英军一艘军舰（"布朗底"号）进入厦门港南水道，停留在演武场外的海面上，放下一艘小舢板划向水操台，目的是向厦门地方官员转交一封英国外相巴麦尊给中国宰相的公文副本，由于语言交流不畅引起冲突，双方相互炮击造成伤亡，英军留下副本后离开。

冲突发生后，闽浙总督邓廷桢加强了厦门岛南岸的军事布防，用沙袋快速构筑了水操台、厦门港等炮墩，并抽调福建各地的兵驻防厦门。1840年8月22日，此时英政府准备与清政府进行谈判，为了给清政府增加压力，封锁了中国沿海的主要贸易港口，包括厦门港。因封港而引起了小规模的武装冲突，英舰追赶中国商船，遭到清军岸炮的打击，英舰炮击水操台造成多名清军伤亡，这是第二次战斗。

真正的侵略战争发生在1841年8月26日，即第三次中英厦门之战，当时新任闽浙总督颜伯焘已经基本完成了厦门岛及其周边布防设施新的建设，其中厦门岛上最重要的防御设施就是演武场沿海的石壁炮台。所谓"石壁"是用花岗岩大石砌成，呈线状式炮兵阵地，高一丈，厚八尺，全长五百丈，每五丈留一炮洞，共安设大炮一百门，因其长度特别也被英军称为"长列炮台"。炮台西起沙坡尾现双子塔楼处，东至厦门大学上弦场东侧海岬。为防止英军舰炮击中石壁飞起石块伤及守军，在石壁的外侧，护以泥土，所谓以柔克刚。石壁之后，建以库房兵房，供存放弹药及守军栖居。另外在石壁兵房的东侧自海岬向上沿山脊筑了一道牢固的城墙，以作为炮台的侧后翼防御，这道墙现在仍存遗址，就是镇北关城墙遗址。这样，石壁成为厦门岛南岸的永久性的核心炮兵阵地，它是一个包括炮位、弹药库、士兵生活于一体的工事。

石壁炮台虽然异常坚固，但其炮台在筑建时根据红夷大炮"长以攻堞，欲拙于野战"的特点，将炮口固定在石墙的炮眼里，与敌作战时，大炮只能直轰一线，不能左右上下移动，实战时敌军很容易凭借炮火的"死角"，从侧面绕过"火力网"攻而歼之。加上刚刚发明的"铁模铸炮法"赶铸出来的红夷大炮炮身粗糙，规格不一，弹不圆心，口不直顺。虽重达几千斤，只是粗大笨重，射程近、精度差、射速慢、易炸堂，事实也证明石壁炮台成为中看不中用的设施。

除了石壁炮台，在东面的曾厝垵、白石头等处另建有炮台多座，同时厦门港南岸的屿仔尾、中间的鼓浪屿均修建炮台，形成三点交叉火力网，封锁进入厦门港的南水道。

1841年8月26日下午1时30分，14艘英军作战船舰分成三个战队分别向鼓浪屿和石壁炮台进攻，其中第一战队仅用80分钟就打哑了鼓浪屿上的3座清军炮台，下午3时占领了鼓浪屿。第二战队2艘英舰各载炮74门，停在演武场外距离石壁炮台400码的海面上，这个距离已在清军火炮射程之外，英舰位置差不多是石壁炮台的中间点，两舰向石壁炮台发射了猛烈的炮火，英军随军军医日记记载两舰各自发射了1.2万发以上炮弹，大概有不少炮弹落在演武场上。下午4时左右石壁炮台火力渐弱，另2艘蒸汽船上的英军在舰炮掩护下用登陆艇在演武场外沙滩上登陆。第三战队由4艘军舰组成，进攻目标是石壁炮台东端，掩护2艘蒸汽船上的英军在现白城沙滩一带登陆，这里可以避开石壁炮台正面的炮火阻击，越过炮台侧面的城墙，绕到炮台的后方，由上而下地攻击石壁守军，清军的主要防御在沿海方向，英军出其不意迅速攻开石壁炮台后方。毕腓力在《厦门纵横》中描述："中国人勇敢地冒着炮火，坚

守着他们的阵地，直到被从背后而来的步枪击倒。"

◁◁◁ 厦门之战英军进攻示意图

守壁清军见势大部溃逃，部分将士与之肉搏。宾汉在《英军在华作战记》中也记述了炮台逃离士兵试图在演武场进行抵抗的情景，炮台被击毁后"大船上的一批水兵在弗莱秋司令的指挥下，在与船只并排的陆地上登陆，排好以后，直进而前，从炮眼进入炮台，随飞奔的敌人越过郊外，进入一片空旷的沙地。后者在沙地上略图抵抗，但是立刻又不得不飞跑，向着分割城镇和郊外的山脊的窄径奔去"。宾汉描述的空旷沙地就是演武场，山脊应是蜂巢山。石壁炮台失守，厦门岛南岸的其他炮台阵地随之亦陷。沿海战事结束，英军马上在演武场集结军队沿镇南关外道路向厦门城前进，到达镇南关时天色已晚，便停止进攻，就近安营扎寨，第二天早上攻入厦门城时发现清军已经全部撤走，未见一兵一卒，颜伯焘早已带清军退守同安县城。随后两天，英军工程兵对清军防御工事包括石壁炮台开展破坏，销毁大炮、火药及造船厂设施。

◇◇◇◇ 1841年，英军随军画师笔下的石壁炮台，英军称之为"长列炮台"

◇◇◇◇ 1843年，英军攻打泉州港图（阿罗姆绘制）

　　19世纪英国著名插画师托马斯·阿罗姆（Thomas Allom，1804—1872）虽然没有到过中国，但他根据别人的画稿或侵略中国的英军人员的描述绘制了大量有关中国的图画，这幅铜版画《英军攻打泉州港图》表达的战术与攻打厦门石壁炮台完全吻合，沿岸炮台阵地受到海面船舰

正面登陆进攻，同时英军已经从后山包抄居高临下，使清军腹背受敌。

此战，清军金门总兵江继芸溺亡，2名游击、1名守备、约1000人战死，厦门岛南岸各阵地阵亡兵丁40余名。英方的报告称，英军在此战中共战死1名，受伤16名。

厦门大学建校初期囊萤楼前草地上有两尊埋了一半的铁炮，各重10000斤和7000斤，铁炮上刻有道光二十一年（1941）制字样，便是鸦片战争的遗物。

二、租地

1841年8月26日鸦片战争厦门之战后英国人占据鼓浪屿，一年后《南京条约》签订，其中第二款"自今以后，大皇帝恩准英国人民带同所属家眷，寄居大清沿海之广州、福州、厦门、宁波、上海等五处港口，贸易通商无碍；且大英国君主派设领事、管事等官，住该五处城邑，专理商贾事宜，与各该地方官公文往来……"。1843年11月3日，厦门开埠，英国政府派舰长记里布担任驻厦首任领事，按照条约约定英军应在1845年退出并缴还鼓浪屿，英国人须在厦门岛租住，兴泉永道觅得海关附近吴姓空房一所，让记里布租用。但"该夷以厦门民居稠密，屡有火患，此外空隙之处又多坟冢，请即在鼓浪屿栖止"。闽浙总督刘韵珂等清政府官员担心英军当时占领鼓浪屿，此时如果同意英领事居住，"诚恐将来久假不归，另生枝节"，因此坚决不同意，并且提供了厦门可建盖领事馆的场地多处，供其选择，记里布以地势不便为由，未能确定。究其原因，是因为英国人占据鼓浪屿后建造了房屋，一时不肯舍弃。

1844年12月25日，刘韵珂再次呈道光帝奏折，说明英国驻厦门领事记里布选定了两处官地建盖洋馆。"记里布在厦门官地内，择定二处，为建盖夷馆之所，经该道等勘明所择之地，一为官荒，一系水操台废址，堪以给该夷建屋。当与记里布面议，每地见方一丈，令该夷年纳租价银一两，俟其房屋造成，丈量地基若干，照数积算。业据记里布面为应允。唯该夷以营造房屋，有需时日，将来鼓浪屿缴还后，所驻之夷兵，自应全数撤退，其夷官人等仍须在该处暂时栖止，俟厦门新屋成就，再行迁移等情"。这份奏折明确了当时选择的地方是水操台废址及另外一块政府所有的荒地，面积待房屋建成后再确定，用多少算多少。根据其他资料说明当时的两处地方为南校场周围周长约为291丈，以及水操台周围周长约为28丈。

南校场也称演武场，对照现在的位置为厦门大学演武运动场区域，从现在的群贤楼群一直到海边，包括海洋三所。根据清道光《厦门志》所绘厦门全图水操台位置在演武场附近沿海，笔者推断在上弦场外海滨，居高临下便于观看水师操练，可能在现在舒友酒楼的岩石上。而《厦门志》文字所述水操台在演武场西侧沙坡尾，邻近当时的风神庙，风神庙与朝宗宫近，20世纪初拆除建厦门电灯厂。从提供的南校场周长来看，最大占地面积达到5万平方米，超过了现在厦门大学演武运动场的总面积。

◇◇◇◇ 清道光《厦门志》厦门全图中的水操台、演武亭（即南校场）

　　就在刘总督上奏之时，阿礼国接替记里布成为英国驻厦门第二任领事，对于建馆之事，新领事又托故迁延，经过调查得知他的目的是希望中国人出资建领事馆，他们出钱租住，这样可以省建造费用。为此兴泉永道在1845年正月找到了愿意集资代建领事馆的承包商，但对于原先选定的演武场地，阿礼国以"地势空阔，恐遭窃劫"为由，要求另外找合适的地方建造。他看中了兴泉永道旧署的余地一段，自鸦片战争后，这里变成了瓦砾场所，可以建房。"阿礼国绘具屋图，交匠头照图营建，复计工料等项，须番银九千元，阿礼国愿每年出租银九百元，并愿先付两年租银，以助缮造，议俟新屋造成，该领事即率同该国官商迁入居住，将鼓浪屿全境交还中国，不敢再行逗留。"双方签订了文书，以防一变再变。房屋还没有建成，阿礼国调福州任领事，原福州领事李太郭任厦门领事，幸好李太郭按原议执行，未生异变，这样英国人租地之事暂时平息。

◇◇◇ 清道光四年（1824）《厦门舆图》（局部）中玉沙坡一带主要设施

　　鸦片战争之前厦门岛人口达到14万，已经是相当繁华的城市，但岛上的建设主要集中在厦门老城及老城以西到鹭江海滨一带，当时鹭江沿岸码头密布，俗称"十三路头"，商船云集。而演武场一带为防圃汛地鲜有居民，附近玉沙坡（沙坡头、沙坡尾）为查验商船的政府机构及祭祀庙宇。当时从厦门老城到演武场有两条路线：一条是走陆路，出镇南关走太师墓路翻过蜂巢山，需要步行翻山越岭，路两侧都是坟墓。另一条走水路，坐船从海后滩路头到玉沙坡。英国人租地主要是为了与中国人进行贸易，显然当时的演武场对厦门来说有些偏僻，不是进行贸易的理想场所。

　　"英夷情既诡诈，性复贪刁"，这是当时地方官员对英国人的评价。果然英国人把在兴泉永道衙署旧址上建造的小洋楼仅仅作领事馆办公，而并未退出鼓浪屿，寻找各种理由继续在鹿礁顶、漳州路所建楼里居住。

　　数年后，英国在厦门的贸易有了很大发展，人数大量增加，租地之事再起。《咸丰元年兴泉永道致英国驻厦领事之照会》记载："大清钦命福建兴泉永兵备道赵照覆事。咸丰元年十二月二十日，准贵领事照会，内开：本国在厦居住各商民自开市以来，贸易日益鼎隆，而近来尤盛，所以各英商行栈及住眷寓处，亟宜刻日兴工，建造房屋，不能再为稍缓时日。案查：道光二十四年八月间，经前贵地方官同本国前管事官遵照和约，前往会勘校场及水操台等处。因该处并无坟墓，亦无民房等项，实为无（主）之地，定与英人建造行栈寓所，当经公同定价，每地方圆四丈年出租银库平壹两。又该两处附近民地田园，均准英人自向地主彼此公平租赁。前贵地方官亦经出示晓谕各在案，则该两处基地理应照约听英人自行兴工建造。兹本日早准，贵道公同面商，请将校场一处仍归华官，另将别地换与英人。本府因冀彼此和睦，故无不应之。第欲更换则其地之宽、长及租价等项亦应与校场相等，亦无坟墓、民房相碍者，方昭妥叶。本日复准贵道督同委员暨厦防厅、同安县等会同本府公勘：自岛美路头至新路头等窄狭滩地，计长伍拾伍丈，深贰十丈，亦属无碍之区，略可建造数间栈房。本府依照所请，即按滩地丈数将校场地面扣抵。"如此，英国人将建设用地瞄向了海后滩，但因海后滩用地面积比较小，同时要求另外再选地补足演武场用地之差，否则将继续在演武场建房。为此，兴泉永道以"校场、水操台两处，既经恒前道议定，现在亦可彼此通融商办，但事隔多年，断非旦夕间所能办结"。拖延之下，英人最终未在演武场建房。同治年间，英美商人续租新路头以北地块建盖行栈，扩大了租界范围。但是租界还是租地问题，1855年1月厦门地方官厅与英国领事就厦门租界章程一项，彼此不能同意，双方并未签字。

该卷宗档案存放在厦门海防厅，1861年该处遭火灾，1864年又遇风灾，所有档卷荡然无存。

◇◇◇◇ 1885年，英国人绘制海后滩租地街道店屋图

对于演武场之地，走了英国人，又来日本人。

甲午战争后日本占据台湾，随即以台湾为基地，觊觎大陆，展开"对岸经营"，以图南进福建，厦门已成为日本政府"北守南进"政策的要地。光绪二十三年（1897年）二月，日本驻华公使照会清总理衙门，根据两国政府上年签订的"公立文凭"，其中条款"日本允中国酌课机器制造货物税饷，中国亦允日本在上海、天津、厦门、汉口等处设日本专管租界"为由，索要厦门虎头山、火仔垵、沙坡头及中间沿海、背后至山顶一带12万坪①及鼓浪屿部分用地作为日本专管租界。

_____

① 编者注：坪，日本面积单位名，约合3.3平方米。

◇◇◇◇ *虎头山南侧和尚澳沿海*（1869）

　　日本人要这块地的意图全在虎头山，虎头山为临海高地，因"上戴二小石如虎耳，故名"。兴泉永道道台恽祖祁一针见血指出："虎头山雄峙海面，在厦门为第一形胜之地，俯瞰城市，了如指掌，若得此地，即可制全厦之死命。日人包藏祸心，岂为商务起见。其藉词商务要地者，伪说也。台湾已去，厦门为漳、泉门户，与省垣城犄角之势。日人专力谋厦，故必争虎头山。"厦门地方政府多方推脱，理由是：厦门地方狭隘，并无余地，各国行栈，与民错处，若"划分租界，诸多窒碍（障碍）"。继而又建议厦门港的"沙坡尾，长宽均约八十丈，居民坟墓尚不甚多"，可以租用。沙坡尾能够有八十丈见方的空旷地在哪里？考虑到当时安装有克虏伯大炮的磐石炮台是扼守厦门港的重要军事设施，不可能让出该地，那么政府建议之地只有废弃的武口炮台旧址，以及向上延伸至演武场的西南大部分。但日本人认为沙坡尾之地不便下锚、不便行船，又与市衢距离较远，不便通商，不能接受，继续索要虎头山地界。

日本人强要虎头山为租界引起了厦门人民的强烈愤慨，居民"聚众喧闹，愤愤不平"，全厦罢市。同时英美等国不愿日本独享租界，给政府施压，表示如果厦门通商口岸内有专管租界答应他国，那么也得有份。

1900年8月23日（清光绪二十六年七月二十九日，八国联军侵华期间）夜，日本驻厦领事馆暗地里指使日籍台湾浪人在厦门山仔顶制造"东本愿寺"自焚事件。翌日，日本领事借口保护侨民，命"高千穗"号军舰上的陆战队士兵强行登陆，架炮于虎头山，炮口直指城内提督衙门，威胁中国当局，企图独霸厦门。日本政府的"厦门占领计划"最终在中外势力压迫下以撤兵为结局未能成功，但继续坚持要求"正定租界"，经过多年纷争，最后租界之事也不了了之。

英国人和日本人最终没有得到演武场用地成就了数十年后（1921）陈嘉庚建设厦门大学的夙愿，演武场变成了"南方之强"的著名学府。

三、赛马

牛津大学出版社出版的《中国赛马》记载：中国大陆洋人赛马始于厦门，外国人在鼓浪屿修建了赛马场，1842年秋举行首次赛马。1841年8月英军攻占厦门，随即撤走主力留下3艘军舰500士兵驻扎鼓浪屿，这些军人完成了赛马场的建设。英国《泰晤士报》登载显示1843年4月9日，鼓浪屿举行了厦门春季赛马会。厦门开埠后洋人逐步增多，也把西方流行的体育娱乐活动带到了厦门，如壁球、板球、网球、保龄球率先在鼓浪屿开展，其中之一是赛马，但由于赛马需要较大场地，在鼓浪屿发展受到极大限制，随着赛马活动快速发展，赛马场在1868年从鼓

浪屿迁移至演武场。当时的演武场仍然是归清军武营管理的场所，训练和赛马期间由马会向武营租用演武场，请来木匠造好木栏，内外两大圈基本呈圆形，漆上白油，标界出跑道。马厩就建在海边，许多马都是从蒙古买来的，比赛前的一个多月里骑手和赛马要在跑马场进行训练。

赛马的时间一般选在公历新年后，这个时候生意上的账目都已基本结清，中国人在过节，对于这些洋人来说，赛马是他们最好的消遣了。赛马要连续举行三天，一般午后2时开始，每次赛马都会邀请水师提督、兴泉永道、厦防同知等地方官员及地方名流到场观看。演武亭从前是操练指挥阅兵台，现在变成了最好的跑马观赏点，前面和两侧还搭建了遮阳棚，亭前有一段直跑道，非常有利观看，洋人和中国官员主要汇聚在此，而厦门老百姓站在场地四周，有的爬上场地边山坡观看。

◇◇◇◇ 1871年，洋人与清政府官员观看赛马（来源：《厦门记忆》）

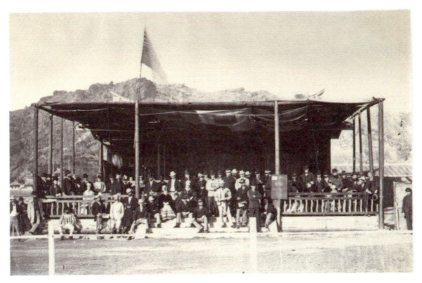

◇◇◇◇ 演武亭前搭建的遮阳棚

◇◇◇◇ 山坡上观看赛马的观众

　　为了增加比赛的趣味性，赛会准备各种奖杯，从"格里芬杯"（the "Griffin" Plate）的金奖到给落败小马驹的安慰奖；有来访的洋人出资设立的"访问者杯"，还有帅气绅士号召淑女们出资捐钱专门设立"淑女

奖项"(the "Ladies" Purse)。比赛结束时,奖杯还会刻上马主、骑手以及马驹的名字,以表纪念。

据史料记载,厦门每次赛马比赛时,还有赌马。赛马场的外围赌场林立,各类赌博皆有。来观看赛马的洋人和中国商人主要为了买赌马用的马票,只有妇女儿童才是真正为了观看赛马比赛。赛马一开始,就会出售马票,马票一张5元,分为"温拿"和"皮里是"两种。"温拿"是第一名有奖,奖金较多;"皮里是"是一、二、三名都有奖,奖金较少,而奖金多少则根据买票的多少而定。热门马买票多,分得的奖金则少,反之,冷门马买票少,分得的奖金则多,所以马票也算是一种巨大的赌博,有时输赢甚至可以达到十几万元。正因如此,赛马带来的赌博业,吸引了大量洋人、清朝官员和商人前来一试运气。

◇◇◇ 演武场19世纪70年代赛马,前景为演武亭,背景是蜂巢山
(陈亚元收藏)

◇◇◇◇ 1888年赛马后合影，特别注明居中者是兴泉永道道台（紫日收藏）

演武场赛马初期，主要看台在演武亭前及两侧，搭建有遮阳棚，栏杆是简易围栏。1887年前后是厦门赛马的黄金时期，此时，在演武亭两侧专门搭建了观看台，栏杆也做工精细，可能已经是永久设施。观看台后面是围墙，围墙内仍是驻防的武营。

◇◇◇◇ 1889年赛马场全景

《大航海时代与鼓浪屿》一书中有《厦门港和鼓浪屿水道图》，图注说明是1921年美国海军部印制的军用地图，地图的基础信息源自英国早年的测绘。1913年厦门电灯厂在沙坡尾建成，图中没有反映；1908年为迎接美国大白舰队来访，修建了从沙坡尾到南普陀寺的道路也没有反映，从这点来说该地图上陆地的信息要早于1908年，大概美军测绘的重点是水道信息更新。这张图让我们能够看到当时演武场区域主要设施分布、赛马场跑道的形状、通往演武场的道路、演武亭的位置以及周边的炮台、南普陀寺、蜂巢山、厦门港港湾等珍贵信息。

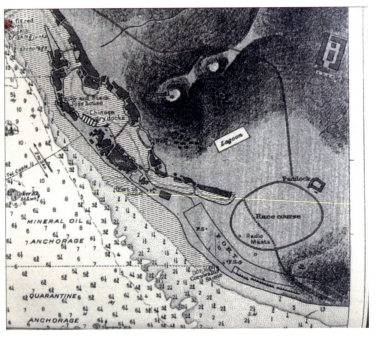

◇◇◇◇《厦门港和鼓浪屿水道图》局部

清人萧宝芬有《鹭江竹枝词》传世，大约作于清光绪七年（1881）之前，诗云："演武亭空不阅兵，往来无数马蹄声。鞭丝络绎驰残照，尽是夷人乐晚晴。"诗人题注道："近南普陀里许有演武亭，近日英法诸商人每于傍晚时在此驰马。"

1904年赛马发生了"跑马场事件"，1月8日赛马将近结束，数名印度巡捕调戏观看的中国妇女，周围看到的人打抱不平，有印度巡捕鞭打了其中一人，导致被打人头破血流，引起民愤，大家就把巡捕围起来打。在场各领事馆派来维持秩序的洋人士兵也加入混战，一时场面飞沙走石，乱成一团。洋人不敌，最后厦防同知和中营参将带领士兵赶来开枪示警，才把民众驱散，洋人得以解围。第二天，德记洋行书记威麟竟奉各国领事命令要求兴泉永道道台追究这次事件中的民众，道台要他们指认出"肇事"的人才能法办，巡捕根本说不出谁来，此事也就不了了之。

厦门赛马何时停止的？民国《厦门市志》中记载"光绪三十四年（1908），停止跑马"。原因大致有二：一是甲午战争后日本占领台湾，台湾的茶叶和其他产品不再经厦门出口，这样厦门的贸易锐减，商人无力赞助赛马，不少外商离开厦门；二是厦门岛1909年霍乱、鼠疫等疫情严重。然而，有史料记载在1910年7月24日至25日，还举办了一场赛马比赛。民国伊始，汀州客家诗人郑克明有诗《南校场观赛马》："细草平沙看赛马，新年新国两欢呼。遗民犹用汉时腊，几见门前换旧符。"如此算来演武场赛马前后有40余年。

四、盛宴

1907年美国海军舰队开启全球巡航，共有16艘战列舰、6艘驱逐舰和4艘后勤保障舰，舰身刷成白色，因此俗称"大白舰队"。这支实力强大的舰队，以一种和平的方式，无言地展示了美利坚合众国新海军的威容，给外界传递一个信息：美国海军可以部署在世界的任何一个地方，即使从大西洋的港口出发，也足以保护美国在菲律宾群岛及太平洋地区的利益。舰队于1907年12月16日从东海岸的弗吉尼亚州汉普顿海军基地起航，当时巴拿马运河还未开通，"大白舰队"沿大西洋一路南下，先后访问了巴西、阿根廷，然后穿越麦哲伦海峡北上，经过智利、秘鲁、墨西哥，前往美国西海岸城市旧金山。1908年3月，美国政府宣布旧金山不是舰队的终点，而将环球航行返回出发地，闻此消息澳洲、日本政府马上邀请舰队访问。仅隔数天，中国驻美公使伍廷芳请示外务部，得到复电允肯后即邀请舰队访华，美国政府很快表示接受。几经协商，中国的接待地点选址厦门，4月30日，美国驻华公使照会正式通知确定访问时间定为1908年10月29日至11月3日。实际因故在30日到达停留6天，这也是舰队访问的最后一站。

为了做好接待工作，厦门划拨城外演武场为迎宾特区，新建一系列场馆及配套设施，包括主宴会厅、展览馆、剧院、售货处等，地方名胜南普陀寺也被列入迎宾范围内。出于安全考虑及当时厦门流传霍乱，禁止士兵去厦门市区和指定区域之外的任何地方。外务部特派本部郎中谦豫、直隶候补道也是招商局总办麦信坚赴当地督办，并于海关人员内选择美国人马尔芬等前往商议接待办法。由于当时厦门条件有限，加之演武场乃跑马旷地，除接待馆舍建设外还要建造码头、开辟马路、订装电灯、定造运送淡水轮船、购办两国旗帜及桌椅、花木陈设、烟酒餐具、纪念品等。筹备工作似乎一切顺利，但10月12日一场强台风袭击厦门，谦豫、麦信坚致电外务部"连日风雨大作，接待场水深盈尺，餐棚十余座同时吹倒"。接着"至午风雨益暴，平地水深数尺，所有座棚、戏棚、望台、陈列所、厨房亦皆坍倒，电机被水淹没，马路间有冲坏，南普陀新工亦有倒塌，餐具、烟酒、灯彩等物均被水浸破坏，多少未知"。台风过后紧急安排招商局派船运送建筑材料，工人昼夜赶做，终于在舰队到来之前完工。

访问厦门的美国军舰一共有8艘战列舰及医护船、补给船、工作船等辅助舰船8艘，官兵有7200人，是大白舰队第二分遣队，从日本横滨港直接到达厦门，中国海军在海军南北洋总理大臣萨镇冰指挥下几乎出动了当时国内最好的4艘巡洋舰，即海圻号、海容号、海筹号、海琛号，及飞鹰号驱逐舰，通济号训练舰，福安号、元凯号炮舰等舰艇到厦门港外迎接，最后中美舰队列队抛锚停留在演武场外海面上。清政府以光绪皇帝的名义降旨派贝勒毓朗、外务部右侍郎梁敦彦到达厦门"劳问"，闽浙总督松寿、福建布政使尚其亨提前到达协调接待事务。为了打造仪仗队的形象，清政府特命上海江南制造局，赶造新毛瑟枪1600支，马枪300支，立即武装和训练精锐新军，这支队伍一律全新衣帽、皮靴，挎着洋枪、佩刀。由于当时革命活动此起彼伏，南方尤乱，松寿派兵驻守舰队官兵允许活动的区域，实际上就是把接待区重重围起来，严加防范。

◇◇◇◇ 停靠在演武场外海面上的大白舰队，
白色烟雾为中国海军鸣放欢迎礼炮

　　在中国和厦门生活了20年的美国牧师毕腓力见证了当时的现场，他在1912年出版的《厦门纵横》（*In and About Amoy*）中描述道："在那里建有15座楼阁和牌楼，布置了上万面装饰辉煌的旗帜、鲜花以及电灯。楼阁中有一座长200英尺、宽100英尺的大彩棚，官方在这里接待、宴请舰队官员。——还有10座楼阁（由竹子和席草搭盖而成），每一座都有能力为舰队官兵提供350人进行宴会的桌子。通常每天都有大约3000人被批准上岸，因此这些人在中午和晚上7点钟都能免费享受一流的饭菜。""富丽堂皇而且十全十美，全都超乎预计之外，让官兵们感到舒适方便。这支舰队经常访问别的地方，官兵经常放弃上岸的机会，但在厦门没有人想错过上岸机会。"

◇◇◇◇ 演武场上搭建的迎宾彩楼，位于厦门大学大学路校门的位置

◇◇◇◇ 迎宾大彩棚，位于厦门大学群贤楼的位置

◇◇◇◇ 演武场全景（拍摄地点为厦门大学成义楼的山岗上）

◇◇◇◇ 从厦门大学成义楼山岗看向沙坡尾

　　结合照片我们可以看到这十几座楼阁和牌楼在演武场上构成了一个环形建筑群，中圈是运动场地，供美军官兵进行棒球、足球、角力活动，中心点也临时搭台进行杂耍表演。

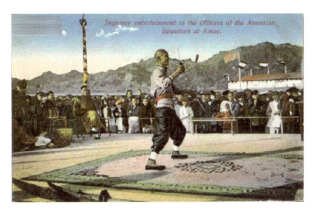

◇◇◇◇ 杂耍表演

访问最后一天前的晚上还盛放烟花，这是厦门有史以来规模最大的放烟花活动，令美国舰队官兵度过了一个难忘的夜晚。略感遗憾的是，放烟花失火烧毁了美国海军官兵部分等待寄出的明信片。

这次接待留下了多个厦门第一：

1.厦门第一条可以通车的马路，在旧武口炮台海滩边建筑临时专用木码头，修建从码头到南普陀寺的道路，可以走马车和人力车，这条路就是现在演武路的雏形。

2.第一次引进马车、人力车。向日本购买新人力车数百辆（也有资料说向上海租用），以便美国海军登陆乘坐之用。由于当时厦门城市内道路崎岖狭窄，没有条件行车，厦门交通主要靠船和步行。

3.安装电灯，租用"爱仁轮船，自天津来厦，专载电灯机器，共4500盏"。虽是临时措施，但这是厦门历史上第一次安装电灯。晚上的演武场张灯结彩，与厦门港军舰上的灯光闪耀辉映，一派节日气氛。

4.第一次举办百货陈列展销会，时厦门商务总会成立不久，总会总理林尔嘉认为可利用美舰来访之机筹办百货陈列所，以促进实业，提升

厦门知名度，得到清政府农工商部的支持，厦门商务总会向各省商会发出参展邀请。展销会设在南普陀寺东侧廊房，并在室外广场上搭建了三座陈列大棚，产品琳琅满目，价廉物美，深受美军官兵喜爱。

除了宴会厅还修建了戏台，请来戏班演戏及表演杂耍，"赶建大戏园2处，每处座位可容千人，雇广东戏三班来演"。

为了让美军官兵能在厦门大饱口福，清政府还从北京、上海招募700多名厨师，供应中餐和西餐。根据11月3日（初十，是日为慈禧寿日）的菜单除了宴请美军官兵外还有各国官商来宾，西餐有青脚鱼汤、酱三文鱼、生蚝、烩火腿、鹅肝冻、烩牛柳、烧羊鞍、烧火鸡、俄式生菜、什锦布丁、生果、咖啡等，还有一道厦门本地特色美食"路笋冻"（即土笋冻）。席间，鼓浪屿女学生、当年14岁的周淑安（长大后成为中国现代声乐事业的先驱、第一位女合唱指挥家，哥哥周辩明后来担任厦门大学语言学教授、文学院院长）用英语领唱美国国歌，大受额墨利司令赞赏，"就是美国小孩，也很少能唱得这么好"。

〈〈〈〈 大宴会厅宴席场景

清政府为舰队成员每人准备了一份特制景泰蓝纪念瓶和碟，还专门铸造面值1元的银牌7200枚，面值30元的金牌200枚，以分赠美海军官兵，尴尬的是按美国政府规定官兵个人不能接受这样的纪念品。

◇◇◇◇ 中方赠送给美方的景泰蓝纪念盘和掐丝珐琅瓶，
上面带有两面交叉的中美国旗

舰队访问结束后，美国驻华公使照会外务部称："厦门接待兵舰之举，足为我两国最为敦睦之据，朗贝勒、梁大臣二位钦使为此事格外分心，特设盛宴，礼文周到，以接待伊提督及美国员弁，彼此并有他省官员亦往接待。美国总统与臣民尤为心感，兹伊提督与厦门领事，请本大臣特为致谢。"

这次接待总花费100万两银子（也有统计是136万两），除了上面讲到的内容还有：修葺厦门的名胜古迹，如南普陀寺围墙、头门、放生池；武口、磐石炮台墙体刷白色；采购花木盆景、烟花等。演武场在一派欢乐友谊声中度过了6天美好时光，成为中国历史上第一次大规模接待外国军队的和平接触之城市客厅。

盛宴过后，临时建筑和设施也拆除了，但演武场沿海的城墙由于刷了白色变成了"白城"。

为纪念中美海军早期交往中的这一段佳话，清政府将此次交流活动的过程题刻于南普陀寺后山的摩崖之上，以示永久纪念，今刻石依存："光绪三十四年冬十月大美国海军额墨利提督座舰路易森那号、乏瑾昵呵号、呵海呵号、咪率梨号全石乐达提督座舰喊士肯车心号、伊令挪意司号、肯答机号、凯尔刹区号来游厦门。我政府特简朗贝勒、梁侍郎、松制军、尚方伯、海军萨提督带领海圻、海容、海筹、海琛四舰及阖厦文武官绅在演武亭开会欢迎，联两国之邦交，诚一时之盛典，是则我国家官绅商民所厚望者也。"

◇◇◇ 唐绍云油画作品：夕阳

厦大校门集锦

林　麒[*]

在厦门大学百年变迁中，校门也有着它的过去、现在与将来。现在的校门，大家天天从中走过，是再熟悉不过了。可是它的过去呢？又蕴含了多少厦大的故事和我们对它的深情？

---

*　林　麒，厦门大学航空航天学院教授。

一、解放前的厦大校门

1.最老的老校门

现在，能找到最早记载厦大校门的资料是1948年的校舍分布平面图（见图1）。

记得有一次听报告，报告人提到卢嘉锡先生是建校初期入学的，当年卢先生来厦大上学，是乘船到沙坡尾上岸，走路到学校来报到的。我的一位小学同学，其父母系厦大退休职工，解放前就为厦大服务。据他回忆，他母亲提到过，1947年从贵州贵阳带着他大哥、二哥来厦大时，是坐船到厦门的，三轮车快进厦大时没路可进了。由此可见，当年厦大校园西南角虽然与厦门港沙坡尾接壤，但厦大地处甚偏，远离市区。

◇◇◇◇ 图1 1948年前厦门大学主要校舍分布平面图

　　仔细观察图1，可以发现，在图的左侧，有一个校门。那是位于往沙坡尾方向的大学路上，我青少年时期多次从该门中走过。这个校门，离厦大医院不远。当年从厦大医院往沙坡尾方向上一个小坡，在坡顶的路两边分别矗立着高约3~4米的石柱子作为两个门柱，并无门扇。从图1看，这两个门柱的老校门离海边不远。

　　根据图1，卢先生当年势必走过这个老校门的路。只是目前无法考证那两个门柱是哪年建的。这个校门也就成了有证可考的最早的厦大老校门了。此老校门所在的那段路在旧城改造中改变很大。从厦大医院往沙坡尾方向的那条路，改造后不仅拓宽了，还把小坡铲平了。这条路因厦大缘故，名为"大学路"。虽然这个老校门的两个门柱也在旧城改造中被拆除了，但是它一直留在我的记忆里。

　　图2是现今厦大医院大门前的大学路。路的两边各有一棵老榕树，看上去很有些年头，特别是右边那株围挡里的榕树。据1975年在这个老校门门柱附近的厦大修建科工作过的发小回忆，当年老校门两个门柱的位置，就在图2中大学路上的榕树附近，而修建科地处那门柱靠海一侧；从门柱到海边，有6棵榕树，作为厦大校园的界线。因此，那两个门柱，与其说是校门，不如说是通往厦大校园的界碑。

　　虽然迄今未知老校门门柱的建造年代，但经考证，询问当年厦大建筑公司的土建队队长，得知它们大约是1980年后被拆除的。而大桥头那座筒子楼宿舍则是大约在1993年改建成博士后公寓的。

◇◇◇ 图2 老校门所在处现今的景象

2.长汀时期的厦大校门

1937年，厦门大学被南京国民政府接管后成为国立厦门大学，紧接着发生了"七七事变"和"八一三事变"。10月26日，日军占领与厦门岛一水相连的金门岛，封锁了厦门港的出海口。厦门大学内迁至汀州。在长汀，厦大校址位于北山麓文庙、万寿宫一带，校本部则设于县文庙大成殿。在大成殿外，建有一座"国立厦门大学"校门〔见图3（a）〕。厦门大学在长汀的旧址（Former site of Xiamen University），已被列入首批中国20世纪建筑遗产项目名录。1945年8月16日，日本军队无条件投降。1946年秋收季节，厦大师生全部返回厦门。

（a）摄于1940年10月29日　　　　　　　　（b）摄于2024年10月26日

◇◇◇　图3　厦门大学长汀旧址之老校门

虽然厦大迁回了厦门，但与长汀人民结下了深厚的情谊。20世纪90年代末，长汀县政府对厦大原校门进行修葺翻建，使这座老校门焕发青春，更加壮观。2024年10月，学院组织到长汀进行党建学习，我随团来到厦大长汀旧址，在老校门前留影纪念〔如图3（b）〕。

3.校园西南角校门

据1948年考入厦大就读数理系的父亲回忆，解放前夕，在厦大校园的西南角，现演武路与大学路交接处有一个校门，那里还有几间平房（见图1中的警卫室），住着人数不多的校警队。20世纪60年代初，那几间房子曾作为肝病病人隔离区宿舍，仅留了一个类似房门大小的小门向外。后来那个门也被封上了。

二、解放后至"文革"前的厦大校门

记得在"文革"前，厦大除了在现西校门附近有围墙外，其余区域并无围墙，最多是一些树木起到校园界线的作用，如前述的6棵老榕树。虽然如此，还是有这么几个开口较大的校门：面向思明南路的主校门、大南校门、朝向厦大医院的校门、上弦场两侧面向大海的校门、白城通往海边的校门等。彼时校园的西面虽有一长道石头砌的围墙，但没有设校门，只有一个宽度仅可供一个人出入的小门。以上这些校门当时都没有门扇，且无人"把守"，进出自由，只是作为厦大校园边界的标志而已。

为了描述厦大近50年来的变化和各校门所在地，我多方寻找，终于觅得一张手绘厦大地图，在此基础上凭印象修改，还原"文革"前厦大的地域面貌，如图4所示。本文涉及的校门和地点无一离得开这张手绘地图。为进行对比，同时附上我寻得的手绘厦大地图的原图（见图5），这是厦大2015年的面貌。近10年来，厦大的版图与图5相比变化不大。比较图5和图4，不仅是校门的变化，校区的扩大，校区内土地的规划运用和建筑物的增加，都展现出厦大这60年来的巨大变化。

◇◇◇◇ 图4 20世纪60年代中期的 厦大地域面貌

◇◇◇◇ 图5 2015年厦大之面貌

1.主校门

20世纪90年代前有一座面向思明南路的校门（即现在北村对面经济学院后面），那才是当时厦大真正的校门：主校门。这是一个三跨的校门，中间跨的横梁上书写着鲁迅体的"厦门大学"四个大字（见图6）。

（a）20世纪80年代前的厦大主校门画像

（b）1958年的厦大主校门照片

◇◇◇◇ 图6　曾经的厦大主校门

　　图6是厦大档案馆里珍藏着的厦大原主校门的资料。其中图6（a）不知是哪位高手的绘画作品，由于年代久远，颜色有些发黄，用PS把它还原了本色。而图6(b)则记录了解放后厦大学生火热的生活。你看，照片中的厦大学生英姿飒爽，荷实弹，扛着重机枪，雄赳赳、气昂昂地行进着，俨然正在奔赴炮火连天的战场。这也是厦大民兵师的光荣写照，照片留下了时代的烙印。经父亲回忆确认，这张照片拍摄于1958年年底或1959年年初。早年，但凡学生毕业，或具有纪念意义的留影大都以此主校门为背景拍摄〔如图7（a）〕。20世纪80年代中后期，厦门市因修建钟鼓山隧道，以及厦大一条街的建设，进行城区改造，这个主校门被拆了。自此往后，学生毕业时都到上弦场去，以建南大会堂为背景拍毕业照。

　　厦大原主校门坐落于现在的北村路对过，面向北村，正对着南普陀西侧山门之路。其位置大约位于一条街未拆前的"麦当劳"处，现在那里是经济学院大楼北面作为校园围墙的一排铁栏杆〔见图7（b）〕。之所以说这个校门是主校门，是因为它一直是当年厦大最宏伟和最正式的校门。因当时厦大的校门都仅是校园范围界线的象征，所以这个校门也只有门柱，而无门扇，没有作为门的实质意义。

原主校门的位置

（a）早年的厦大主校门　　　　　（b）厦大原主校门地址现状

◇◇◇ 图7　当年面朝思明南路的厦大主校门

2.大南校门

大南校门就是俗称的南普陀校门，历来都是人流量最大的校门。大南校门附近曾经是厦大招待所、专家楼，是学校的行政活动中心，还有工会俱乐部、灯光球场、教工食堂，以及教工生活服务场所等。

现在有不少人误将此校门称为"南校门"，以为"大南"的"大"字是多余的。那都是因不懂历史和地理名称所致。每次有人称此校门为"南校门"时，我都会反问："这个校门明明向西，何谓南校门？"然后告诉他，这个校门是因为所在地称为"大南"，故称"大南校门"。主校门被拆除后，大南校门就成为拍纪念照的优选背景。大南校门的变化很大。20世纪60年代初，大南校门的两个门柱是用几根如电线杆的木杆支成的三脚架，没有门扇。后来建了木质门柱和门框，再后来（大约是

"文革"后）木质门柱换成了水泥门柱［如图8（a）］。而现在的大南校门则壮观地矗立在校门口［见图8（b）］。从图8（a）影中人的右手侧看进校门，那里有一栋两层的楼房，它的门牌号是"大南1号"。"大南校门"由此地而得名。这座两层小楼的一楼，在"文革"前曾是总务处等校行政机关的办公地点，而楼上则是教师住宅。

（a）20世纪80年代初的大南校门　　　（b）如今的大南校门远景

◇◇◇　图8　大南校门的今昔

从图8（a）中的右边门看进去，那里有一排长达50米的报栏。"文革"前报栏里张贴着各种报纸，如《人民日报》《光明日报》等。宣传部门每天更新，保持实时提供给全校师生最新的党的方针政策和时政新闻。虽然家里订有报刊，但读小学的我从报栏走过时，常会驻足看报学习。报栏里的雷锋事迹，欧阳海烈士和王杰烈士的壮烈事迹深深地刻入我心中，成为我学习的榜样。更刻骨铭心的是，"文革"开始后，报栏成了大字报报栏。我多位发小的家长（包括我父亲）被打成黑帮、牛鬼蛇神，大名"荣登上榜"，被红、黑毛笔大画叉。

20世纪90年代之前，大南校门内有一座钢筋混凝土建造的碉堡。从图9（a）中右边的大南校门左边门往里看，还隐约能看到那个用花篮装扮的钢筋混凝土碉堡。

（a）学生在大南校门前留影纪念　　　（b）大南校门内侧军事碉堡遗址

◇◇◇ 图9　大南校门内侧的军事碉堡

过去大南校门附近没有围墙，最多是在现在的围墙处种些灌木丛。"文革"前曾经有一段时间，公共汽车站终点站设在校门内。公交车开进校门，先绕着碉堡掉头，在图9（b）中横幅标语下的小车处拐弯，再停在图8（a）中的大南1号楼前（即现在的建文楼靠西侧的草地路边），作为终点站，供人们上车。现在大南校门内南侧的图书馆大约是20世纪90年代建的，原先那里是东澳农场的菜地。"文革"后，大南校门内侧靠现在的图书馆那段路旁还建了个菜市场。我读大学放假回家时还去那个菜市场排队买过鱼、肉。在图4和图5中，大南校门进来的那条路称"大南路"，到第一个十字路口处，往北方向是"国光路"，往南方向是"博学路"。这个十字路口周边集中了很多重要的建筑物。西北

方向是工会俱乐部，东北方向是笃行楼、教工第一食堂和丰庭三，西南方向是灯光球场，东南方向是一排平房。

走进大南校门，右前方是一片绿茵草地。20世纪，大南校门附近人气鼎盛的不仅是早年的工会俱乐部，还有一个灯光球场，也是人气满满。工会俱乐部的路对过是一排报栏，"文革"开始后成了大字报报栏，"文革"结束后才恢复成报栏。灯光球场就坐落于当年的报栏（后来的大字报报栏）后面的这片绿茵草地上，在博学路口现在的逸夫楼路对过处。灯光球场，是一个用石块建筑起来的四周封闭的露天体育馆，在东北角和西北角各有一个入口。四周是高高的看台，中间场地设有篮球架，可以进行篮球赛，也可以进行排球赛、羽毛球赛等体育赛事。

3.上弦场校门

厦大有两个很像样的校门：上弦场两侧通往大学路的校门，现在都设有铁门，但平时都不开。它们都直面大海。"文革"前这两个门是敞开的，只有门柱，没有门扇。"文革"后，学校加强对校园的管理，为这两扇门安上了铁门。通常铁门紧闭，无法经此出入学校。

图10是上弦场面向大海的两个大门。图10（a）是西侧的门，图10（b）是东侧的门。从图10（b）可以看到，东侧校门地面比马路高出近20个台阶。原先，东侧校门与马路是同高的，出校门即到马路上。21世纪初，为修环岛路的演武大桥立交桥，把马路挖深了，于是东侧校门与马路形成了落差。

（a）上弦场西侧大门　　　　　　（b）上弦场东侧大门

◇◇◇　图10　上弦场两侧面向大海的校门

特别要提及的是，上弦场两侧校门的路对过现在是海洋局第三研究所的家属住宅区和办公区。但在40多年前，它们都是厦大的地盘，是一片沙滩，沿海一片种植了相思树。上弦场西侧门的马路对过还有一块厦大的属地，建有曾呈奎楼，楼前的门也应是厦大的一个校门（如图11所示）。该楼就建在海边，视野极好。

◇◇◇　图11　曾呈奎楼前的校门

4.朝向厦大医院的校门

朝向厦大医院的校门到2015年时还在，图12（a）是从大学路上拍的照片。这个门内的区域曾经是厦大仪器厂，2004年建王清明游泳馆（图12两个小图中左侧掩映在树后的红墙白顶的建筑物）等体育设施，仪器厂的厂房都拆除了，门也封了。近年来，厦大新建南大门和访客中心通道，以及3号线地铁的建设，将原朝向厦大医院的校门拆除了，其现状见图12（b）。

（a）　　　　　　　　　　　　　（b）

▷▷▷▷ 图12　朝向厦大医院的校门

从这个校门往外走，右向斜对过（西南方向）不远就是厦大医院。往校内走，是一条土路，两侧种满了木麻黄树。路上总是落满树上掉下的食指头大小、形似松果的果实。这条路现在还保留着有约50米长的一段，就是演武操场与明培体育馆之间的那条路的延长。当时这条路往校内一直通往囊萤楼与同安楼之间的走廊。再往前走，便是早年的厦大信箱了。

三、"文革"后建成的厦大校门

1.西校门

20世纪60年代初的厦大没有正式的西校门，校园西边只以石头砌的约2米高的围墙为界。说到西校门，不能不提厦大信箱。改革开放后的90年代中期，厦大有一座虽然简陋，但是人气很旺的建筑物，那就是信箱。它是一座平房，虽称作信箱，但其实是邮件收发室，其向南一面的墙用薄木板隔成1000多个小信箱，每个小信箱高约20厘米，宽7~8厘米，深约30厘米，外面用整片玻璃封住。哪怕是信箱工作人员下班了，去了也可以知道有无信件。凑近玻璃往里看，甚至可以看到信是从哪寄来的。与信箱隔壁的是一个小小的邮局（称为邮政代办点可能更为合适），可办理各种邮寄、订阅业务。人们通常将它与收发室合称为信箱。

当时的通信手段单一，没有现在这么丰富的网络、电话、微信等，与外界联系最重要的纽带是邮件，包括信件、包裹、杂志等。厦大信箱担负着全校与外界联系的所有邮件往来。学生们都是出外读书之人，哪位不盼着收到家人与朋友的来信？我上大学期间，与家里的邮件往来和感情沟通就全靠这信箱了。所以信箱成为人们最经常去的交流中心。

与信箱并排，隔路横对过是一个小储蓄所。厦大信箱在同安二的西北方，储蓄所在同安二的东北方。三个建筑物呈三角形的三个顶点。信箱与储蓄所之间是一个多岔路口，背向同安二再往前走便通向面朝思明

南路的厦大主校门。当时那片区域的面貌从图7可见一斑。信箱与储蓄所各连着一排东西走向的平房，平房后是一条不宽的土路，大约5米宽。早年厦大校内的路全部是土路，没有现在的石板路。20世纪60年代初铺了三合土路，那算是比较好的路了，没有扬起的沙土。所谓三合土路，是用石灰、红土和沙子三种材料按一定比例与水混合搅拌后铺就的道路。到了60年代中期，校内的主干道，如从大会堂下来的博学路改成了柏油路。直到80年代初，学校才在建南大会堂前及群贤楼前铺上石板路。为迎95周年校庆，学校花巨资把校内多条水泥道路改成石板路，要恢复校园原貌，以配合校内的嘉庚历史建筑风貌。如今，当年的信箱已被化学报告厅所取代，而储蓄所那排平房所在地则盖起了台湾研究院大楼和基金楼。

沿着信箱与储蓄所后面那条土路往西，走到学校西围墙根，那里有一个仅可供一个人进出的石门，有一个不上锁的小铁门。向西去西村或朝西出入校园只能由此门出入，这个小门权且当作一个向西的校门吧！彼时住西村的男孩子们调皮，进校园不走此小门，常以爬围墙进入校园为乐。

早先在囊萤楼边上靠学校围墙内建有一排平房"囊萤斋"，同时在囊萤楼后面还有一个外文食堂，供外文系学生住宿和用餐。楼前还有一个喷水池。大约是1965年，学校在新西村南面新建外文食堂，为便于外文系师生去外文食堂用餐，于是在囊萤楼边（现在的西校门处）破墙做了个简易的校门。朝向厦大医院的校门关闭后，人们都经该校门去厦大医院和向西进出校园。20世纪末，外文食堂旧址那块地卖给了普达房地产公司，兴建了大学城。

从向西的那个信箱后面仅可供一个人出入的小校门出去，就是早年的演武路了，那是一条沙土路。与演武路并行的，是西大沟，那时西大沟是阳沟。从这个小校门出门向左（即向南）拐直走，可到厦大医院。若左拐走几十米后向右拐，过一个桥（跨过西大沟的桥，类似涵洞的桥），即通往西村。

图4中的储蓄所连着的那排平房，是厦大一些单位或部门的仓库之类的用房，比如教材科的书库（存放全校的教材用书）等。那排平房的尽头（最东边）是新华书店。信箱—储蓄所这排平房后的土路的另一侧是原东澳农场的菜地，所以它也是那时厦大的地界之一。新华书店旁有一个小门通往这条路，如果这条路算是厦大的地界，那这个小门姑且也可当作厦大的一个校门了。储蓄所—新华书店后面这条土路与东澳农场的田地之间还有一条防空壕，一直通到大南校门。这条壕沟现在已不见踪影，当年有不少小男生在壕沟里"打仗"。虽然壕沟边种了密集的带刺的龙舌兰，壕沟里布满了蜘蛛网，也未能阻挡男孩子们的"斗志"。沿此路向东北方向再折向偏北向，可走到大南校门那由日本人建造的钢筋混凝土碉堡边。听说防空壕也是日本人所挖。校园里有防空壕沟和碉堡，全中国大约也就厦大一家吧！

20世纪90年代初，晋江籍旅菲侨胞、名誉校友张子露先生捐赠10万美元建造厦大西校门，如图13所示。西校门的"官方"名称是群贤校门，但人们习惯称其为西校门，并被认为是主校门。

囊萤楼　　　　　　　　　　　　明培体育馆
◇◇◇◇ 图13　如今的群贤校门（西校门）

　　现在的西校门本是对着通往西村的涵洞桥和西村的，由于西大沟已成阴沟，因此现在已全然不见西大沟和桥的影子。从图13可看到，今天的西校门端庄又宏伟。校门内左侧是囊萤楼，右侧是旅菲华侨、校友佘明培先生捐建的明培体育馆。这两栋建筑，图13中都只露出屋顶的一角。

　　厦大因校园美丽而充满魅力，名声在外，早成了厦门著名的旅游景点，吸引全国各地的游客前来游览，天天游客不断。从图13可看到，有不少游客逗留于西校门外。而右侧门外游客们正排长队准备进入厦大一游。近年来，这已经是常态现象了。学校为了维持师生的工作和学习环境，不得不限制游客人数。在对群贤楼前的操场进行改造的同时，在操场下建了一个地下访客中心，内含两层地下停车场和一层地下商城。学校为使出入西校门游客与校内师生分流，将西校门向南延伸的围墙改造成访客中心入口，如图14所示。访客中心对游客和车辆是分流的，见图15。这两个入校口是就近靠在一起的。前几年，学校开发了一个手机App小程序——U厦大，供游客预约进厦大游览。游客进入访客中心后被引导进入地下一层的商城，从图16中的地下一层的访客中心（在星巴克店附近）凭预约记录刷脸通过后登扶梯上到地面的入校口进入校园（见图17）。

◇◇◇◇ 图14　西校门及南侧的访客中心入口

（a）访客中心的游客入校口　　　　（b）访客中心的车辆入校口

◇◇◇◇ 图15　西校门访客中心的游客与车辆入口

　　图16是访客中心地下分布图。地下有三层，包括一个夹层和两个地下层。夹层与地下两层均为停车场。地下一层的中央部分是停车场，周边是商城（如图16地下一层中黄色部分所示）。车辆则通过车辆通道进入地下停车场。教职工的自驾车也都按学校规定停放在地下停车场。如此一来，校园变得清爽、整洁多了。图17中的扶梯，既是从图15（a）进入地下访客中心的游客通过刷脸经扶梯上到地面的入校口，也是去地下停车场取车的人们必经的通道。这个出入学校的关口，与从西校门往博学楼方向的群贤路上的映雪楼相对看。从游客的角度看，这里是一个校门。

◇◇◇◇ 图16　访客中心地下功能区分布

进出地下的扶梯

◇◇◇◇ 图17　从访客中心进入厦大校园的入校口

新冠疫情暴发后，但凡校外人员来访均需提前向学校相关管理部门报备人员和车辆（如果有的话）信息，公务来访也不例外。这也促使校门的管理愈发规范化和制度化。虽然对校门的管理增加了预约和报备程序，但是对校友，还是比较友好的。但凡校友，都可以凭校友卡（电子的，或实体的均可）进出校门，不必走访客中心通道，还可以带家属。

2.新建的厦大南大门

学校在2014年对群贤楼群前的运动场进行大规模的改造，不仅将演武运动场的东西向跑道改成南北向跑道，还挖地三丈，在运动场地下建了三层地下停车场和商场（见图16）。

厦大原先南向的门不少，但都很小，不成其为门面。在对运动场进行改造的同时，学校在正对群贤楼的大学路边建了一个新校门，它是名副其实的厦门大学主校门。

图18是厦大百年校庆时为南门装扮的夜景。这个大门可担当厦大主校门的地位。

◇◇◇ 图18 百年校庆时盛装的厦大南门

厦大南门的两侧也设有行人访客入口，游客可以由此进入运动场下的地下商城，再通过刷脸从图17的入校口进入校园。

3. 大学路校门

大学路校门因其通往大学路方向而得名。这个校门原先为东大沟校门，其实在"文革"前就存在。

图19是大学路校门在2015年时的外侧景象。此门原先很小，如图19中左侧告示牌中间的小门所示，仅可供一人推辆自行车路过。后因学校对进入校园的社会车辆进行管理，破墙扩建此门，增加了车辆进出的通道，所有进入主校园的社会车辆只能从这个门驶出。

行人出入的小门

◇◇◇ 图19　曾经的大学路校门（摄于2015年）

　　这个门与原厦大化工厂相邻，从图19中的门向内看可见到化工厂的围墙，它其实是"化工厂旁边的校门"，可能是为省事，简称为"化工厂校门"。直至今日，这个门发生了翻天覆地的变化，但人们仍习惯性地称其为"化工厂校门"。而真正的厦大化工厂大门建于20世纪80年代，它与校园是不通的，仅仅是个厂门，而且在新建厦大南大门时学校关闭了化工厂，化工厂的大门也随之消失了。

　　图20是随着大南门的兴建而改造过的现今的大学路校门。它作为厦大访客中心的一个重要出入口，既可以为车辆提供进出地下停车场的通道，也可以提供刷脸进出的查验服务（图中三个红色告示牌处的通道）。图19中校门口外的那些树在图20中还是那几棵树，但校门"换了人间"！

◇◇◇◇ 图20　现今的大学路校门（摄于2024年）

行人通过此门的刷脸查验，才可进入校园内。

现在这个大学路校门（前两天还听到西校门的门卫仍称其为"化工厂校门"，化工厂已关闭有10年之久，足见人们的惯性有多大）也是提供车辆驶出校园的主要通道。通过这个校门的车辆也必须全部进入地下停车场，而无法进入校园内。这个校门也是地下停车场的车唯一的出校口。图21为大学路校门内车辆进入地下停车场的入口，地下停车场的车也是由此驶出离校的。通道前方弧形屋顶的建筑物为现今演武运动场的主席台。

◇◇◇◇ 图21　大学路校门车辆进出地下停车场的通道

4.白城校门

白城通向海边的校门，在海滨新村建设前形同虚设，连个门柱都没有，更别说门扇和传达室及保安了。改革开放前，这里只有一条从物理馆边的小路下山，蜿蜒通向海边，只是一个进出厦大校园的通道。厦大的孩子们去海边或游泳池游泳，大多走这条路。

20世纪70年代末，学校在白城校门内兴建了海滨新村，同时建了白城校门。于是，白城校门有了门柱。2000年前，出了白城校门右拐走约50米，马路对过是厦大游泳池，共有5个池。其中一个儿童池，很浅，专供儿童用；有一个练习池，也不深，供初学者学游泳，我小学时还在里面学过游泳。还有一个长50米的标准比赛池，学校的游泳比赛都在此进行。它的一侧依山而建有多层台阶作为人们观看比赛的看台。比赛池靠海的一头还有个跳台，大约是5米跳台。我们小时候去游泳时，有胆大的，爬上去跳水。小人们没接受过跳水训练，一般都跳"冰棍式"，即立正站着往下跳。

游泳池建在海边，运行成本很低。退潮时，打开闸门，可以把池里的水放出去；涨潮时，打开闸门，干净的海水便涌入池内，因此游泳池里是天然海水。在极少污染的50年前，池水不必消毒也很干净。后来市政府修建环岛路，拆了游泳池，在它的原址上立起了演武大桥的立交桥。原先学校每年在比赛池组织全校性的游泳比赛，游泳池拆除后，建了王清明游泳馆，游泳比赛移至王清明游泳馆进行。

自解放后，厦门一直作为一个对敌前线地而存在。直到改革开放初期，出白城校门后沿环岛路左拐，向东走到现在的环岛路木栈道起始处，那里有一个民兵岗哨。岗哨再往东，就是前线了。民兵持枪站岗，闲人不准再往前走。就连海滩，也只能走到岗哨跟前，再往前（即往东，朝胡里山炮台方向）走，就会被站岗的民兵唤回来。当年民兵岗哨哨所的位置就在现今的胡里山炮台公共汽车站门口边不远处，那块上刻"环岛滨海步道"的石碑右边附近，如图22所示。而岗哨哨所是一个用石块简单搭建的小屋子，留有小门和面海的观察窗。

<<<<>>>> 图22　早年白城海滨民兵岗哨哨所原址

"文革"前，胡里山炮台驻扎有部队。我读小学时，有一年八一建军节，学校组织我们准备了文艺节目去与解放军叔叔们联欢，是经过重重岗哨才进到炮台院子里去的。

白城校门，随着年代变迁，几经改建，现在已经是个极具景观效应的高大上建筑物了，如图23所示。

◇◇◇◇ 图 23　现今的白城校门

校外公务车来访，只能走两个校门，通常走西校门。而白城校门，是公务车来访的另一通道。大门右边阳伞处的行人通道，校内人员可以扫脸进入校园。

5.今日更多的厦大校门

"文革"后，厦大的变化之大前所未有。看现在厦大的校门，或富丽堂皇，或戒备森严。要问厦大现在有几个校门，我还真一下子回答不上来。本部的思明校区，有西校门、大南校门、大学路校门、白城校门……现在不仅有了校门，围墙也建得很严实，有了规范化的校园管理。

除了上述校门，思明校区的校门还有海滨东区校门（艺术学院进出的校门）、海韵校门、曾厝垵学生公寓校门等。漳州校区、翔安校区、马来西亚校区也有各自的校门，掰着手指已经数不过来了。

通过对校门变迁的回顾，在光影岁月流转间，追寻学校的发展轨迹，抒发对厦大的深情热爱。厦大校门的变迁，承载了学校风雨沧桑，透视出学校的发展历程，也展示出学校的美好未来。

大生里，梦里的那幢楼

林华水

　　1958年，父亲林惠祥刚去世不久，我们家原来所住的同文路厦大宿舍临海一幢被海军征用，于是被安置在了大生里。那时我还只是小学4年级的学生，在大生里一住近30年，其间经历了小学、中学、"文革"、上山下乡、当工人、上大学、留校工作、结婚生子，虽然下乡当知青及上大学的那几年并没有住在那里，但家一直在那里。

　　20世纪20—30年代，厦门市政建设兴起，在出镇南关不远处建起了钢筋混凝土三栋楼房，其中两栋中间隔一条马路，即如今市区通厦大的思明南路。每栋楼长172米，由前后两列围合而成，中间夹一宽3米左右的巷子。沿街底层外廊架空，为典型骑楼风格，基本上都是商铺。

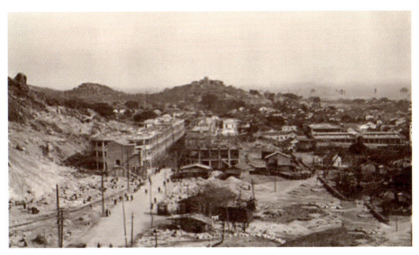

◇◇◇ 20世纪30年代的大生里（来源：网络）

　　1952年，厦大将道路南侧一栋买下作为教职员工宿舍。当时前列
（马路边）有三层楼，但第三层只有梁柱屋顶，没有隔间，后列只有两
层。1958年同文路厦大宿舍被征用时，学校赶紧把前列隔成一套套住家，
安置包括我家在内的十几户教职工，而后列三楼的住家是20世纪60年
代中期加盖的，又住进了十多户人家。不同于前列屋顶是钢筋混凝土大
平层，后列加盖的是双坡面机平瓦屋顶。有意思的是，后列三楼的住户
出门必须过天桥、走前列每户门前的大通道、楼中间及东西两头的楼梯。
如今天桥已拆除，后列也改造成平顶，摇摇欲坠的砖砌镂空栏杆也换成
不锈钢。

　　中国房地产开发商喜欢把人口稠密的居住区取名"××广场"，而
早期这样的居住区则通常命名为"××里"，此处的开发商是洪晓春的
"大生房地产公司"，因而称作"大生里"，与网上传说此地生长一种什

么树没有什么关系。不过厦门话"生意"和"生里"同音，大生里出现后倒也成了厦门市商贾繁盛之地，甚至有人说这里曾一度是厦门的花街柳巷红灯区。抗战时期厦门被日本占领，据说大生里曾被占作日本人的兵营，却查无实据（当年日寇占据了厦大校园）。

如今家家都在装修房子，人人都是家装设计师，几十年前人们还不知道"装修"为何物，厦大教职员工分配到什么房子就住什么房子。若遇屋漏、地烂、门窗垮、家具坏，就叫学校修建科派工修修补补。家具是学校租借的，到谁家一看，床铺、桌椅，甚至脸盆架都是一个样式。不过床板刚租进家来，妈妈总是烧一大壶开水将它们浇个透，不然常有臭虫躲在缝隙里。房子地板粗糙得像锉刀，房顶的墙皮要时刻提防它掉一块下来。无论如何修建，大生里的楼房一直是以"危房"的身份存在。我家当年就住在大生里前列最西边的324号。西头的楼梯间很宽大，横跨前后列，一直没有隔间，成了我们的儿童乐园。但好景不长，几年后修复成厦大图书馆的藏书库，藏书库不久又搬家，重新修建一番，每层楼又住进三户人家。

提到这个厦大图书馆的藏书库，我必须在这里坦白交代一下。"文革"前几年，我正处于求知欲、好奇心躁动的年龄，家里父亲的藏书大部分早已赠送给学校，剩下基本上是些摄影及美术方面的书，而且大多是外文（日文居多），引不起我多大兴趣，而一个规模不小的藏书库竟近在咫尺，诱惑力是无比巨大的。

我们几个大生里的孩子总是在"探索"溜进去的方法。终于找到入口，只需搬开屋顶天井石头压住的盖板。大生里三层的孩子们大都有一绝技，能徒手攀爬上下屋顶，虽然东边楼头有阶梯，但太远了，从自家的墙壁上去更快。一般都是晚上才会上屋顶，因为在太阳暴晒下，房间极热，夏天每晚都要爬到屋顶乘凉到半夜才能回家睡觉。藏书库的书很杂，更多的是些解放前国内外的杂志、报纸，记得有本体育杂志，载有许多国际游泳比赛极其精美的照片，还有外国运动员各种泳姿的技术分解动作照片。有一阵子我常在里头边看边比画，一待就是大半天。这样读书看报的好日子终止于一次被当场"抓获"。据观察，藏书库管理员几个月甚至大半年才会来一次，但那一次却被碰上了。管理员拧开那把锈迹斑斑的锁头走了进来，在书架间昏暗的角落里突然一个大活人站在他面前，更远处似乎还有一两个，吓得他向后倒退好几步，声音颤抖道："你，你们是谁？……怎么进来的？"第二天，来了几个人把我叫去盘问好久，幸亏没发现丢失什么也就作罢。不过，大概是有此"污点"，多年以后上大学在校图书馆借书时碰到那几位见过面的老馆员，双方都有点尴尬。"读书人偷书不算偷"，这是鲁迅先生笔下的孔乙己老先生说的。当年我们都是中小学生，属于半个读书人，翻墙偷看书更不算偷吧。记得有件比这还更有辱斯文的事。

刚搬迁到大生里那几年，马路对面那栋楼东边是部队的营房，每个房间都摆满了上下铺的架子床。大生里的孩子们和解放军叔叔关系很好，可以在部队山脚下的操场踢球，有时还能上到山顶的部队观察所，用潜望镜数数海对面敌占大担岛有几个"匪兵"在站岗。后来部队都撤走了，对面那栋楼成了属市房管局管理的普通居民住宅。有天晚上几个在我家玩耍的小朋友都趴在窗口朝对面指指点点，几个人还轮流用我家那个古董双筒望远镜来回扫视。原来对面不知住的是什么人家，大人睡觉身上的布料几乎省略到极限，而且开着大灯在房间随意走动，丝毫

不避讳对面有人围观。围观者指指点点终于还是惊动了对方，于是有人到派出所报警说对面324号有人从事特务活动。民警立即到我家里破案，原来特务是一群小屁孩。民警最后把那台老旧破望远镜收缴了去（我和弟弟上山下乡后，民警还上门来没收家里所有刀、剑，其实那都是父亲带着我们练武术的道具）。

要说住大生里的最大感受，那就是"一吵二热三缺水"。从影响较小的"吵"说起。从市内去厦门港、厦大方向只有两条路：一条是海边走大学路，路窄且曲里拐弯，基本上不走汽车；另一条是过大生里、蜂巢山的思明南路，这是条公交主路。那时候没有"噪声污染"这一说法，因为紧挨马路，车声人声极嘈杂，不过仅限于路边这一列。从市内全速开来的公交车，在我家这头通常要急刹车，因为车站在下坡道的另一头，而且常有人突然横穿马路。因此那声高达几百分贝的"吱……"叫声常使人心脏紧缩一下。从小到大一直受此训练，碰到突发状况常能处变不惊。但初生婴儿就受不了，我儿子出生时，睡梦中老是被吓醒吓哭。即便没有刹车声，车辆的噪声在夹道楼房窄小空间的加持下有如飞机过顶，"轰隆隆"不曾断过。后来家搬到厦大西村，小孩倒安稳了，可我却不习惯，甚至晚上睡不着，因为太安静了。

◇◇◇ 住在大生里时期我的小家庭和母亲的合影

再说"热"。热的范围小些，主要是前列的三楼。后列当年没有那么多高楼，可以接受不远处吹来的海风，而且双坡面的屋顶只晒半天阳光。而前列就惨了，南边被后列挡住，北面是鸿山，再加上屋顶是大平层，太阳一天晒到晚。刚住进来时夏天在家都会中暑，后来学校用方砖加盖了隔热层，其实也没改善多少。那时没有电风扇等小家电，更别说空调了，但人似乎都很"耐温"，我赤膊醒来总是在草席上留下一个人形的汗迹。我妈倒有个解决办法，避开高温的房间，全家人在通透些的大厅打地铺。记得有天半夜，妈妈睡意蒙眬中看到靠走廊的房间有个白色影子从房门飘出窗外，赶紧开门查看，原来是小偷用竹竿隔着铁栏杆把挂在房门上的衬衫挑走，从走廊通道迅速逃离了。

大生里最严重的问题是"缺水"。厦门岛长期缺水，随着城市的发

展越来越严重，直到近年北溪引水工程完工才逐步缓解。我印象中在大生里生活多年中从来没有畅所欲"水"过。大生里因地处鸿山脚下，地势比市区及厦门港都高，一般都是其他地区用量少了水才能到达，这个时间段基本在半夜，夏天就要到下半夜。每户都备有一个半个人高的大水缸、一两对大铁桶，水来时迅速到楼下排队挑水。学校（或是自来水公司？）在一楼中段路边设了两个水龙头：一个供三楼住户用，另一个供二楼住户用。一到这时，水流冲击铁桶的"叮咚"声及排队移动铁桶的"咣当"声此起彼伏，整个大生里天天都响彻扁担、铁桶奏鸣曲。家家户户只要是能挑得起爬得上（楼）的大人小孩都曾聚在这里，不管你是白天道貌岸然在讲台授课的教授、讲师，还是晚上做作业到半夜打着哈欠的中小学生，也不管你白天多绅士、淑女，此时人人都邋里邋遢、衣衫不整，挑起水或健步如飞或摇曳多姿。

大生里除了三大问题之外，还有两个好处：一个是孩子们在逼仄的混凝土空间中拓展出的自由天地，另一个是大平层屋顶，以及可供种瓜养兔的从楼东到楼西贯通的走廊。三楼的孩子们都有可以不借助梯子徒手抓住窗栏杆爬上爬下屋顶的本领。由于家里太热，这里是纳凉撒欢的好地方。搬几件器械上去，如花岗岩做的哑铃、杠铃，屋顶成了健身房。有一次，我还做了一个火箭形状的大风筝，在微风习习的夜晚，躺在草席上看风筝在头顶上悬停，犹如天上的小星星，因为风筝上挂了一个5号电池和小灯泡。空中这个小亮点被路人说成是特务在发暗号，后来只好当垃圾扔掉了。前列的屋顶，现在改造翻新过，装了不锈钢护栏，甚至每户统一加装了通风柜及配套设备（白色立柜）。屋顶还是一个晾晒物品的好场所，许多人家在换季时会把冬被夏衣拿到屋顶晒太阳以便收藏或使用。记得插队期间，同队知青陈网腰从她爸的朋友，一位厦港渔船的船老大那里拿来一箩筐鱼饵（渔民捕带鱼除了网捕，还有钓捕，用现捕的带鱼剁成一块块作鱼饵。出海回来后往往剩不少这样的鱼饵，特别新鲜）。拿到屋顶晒鱼干准备拿到知青点作佐餐佳肴，没想到第二天爬上屋顶一看，现场一片狼藉，晒了一天又晾了一夜的鱼饵只剩一小半。开始以为被人偷走，在排水沟口上发现几块鱼饵让我们找到了小偷。原来那天晚上全大生里的老鼠都来赴"百鱼宴"了。

三楼的大通道走廊，每家都把自己的地盘做了充分利用，各种材料搭成的瓜架，绿荫下多少增加些凉意；在不影响通行的情况下，靠栏杆处不是鸡鸭舍就是兔子窝。20世纪60年代的困难时期，小动物们的数量达到顶峰。我家也养了一大窝兔子，妈妈下班后经过厦大顶沃仔农场，总是在田边地角拔兔草带回家，我们放学后也常去拔草，至今我还记得兔子喜欢吃哪几种草、什么草兔子吃了会死掉。后来这一"习俗"渐渐消失了，再后来的《城市市容和环境卫生管理条例》也不允许养鸡养鸭等。另外，大生里三楼这个大通道还是儿子的赛车场。儿子上幼儿园前，因家里没人，白天寄在楼东侧历史系叶文程教授的爱人金香阿姨那里。叶老师是我父亲当年招的两个副博士研究生之一（另一位是蒋炳钊教授），后因父亲突然故去而未完成研究生学业。每天上下班去或回，儿子骑着一辆三轮小童车踩得飞快，呼啦啦的声音一响整层楼都知道是何人大驾光临。由于楼西高东低，通道每隔两户就有几级台阶，儿子一路飞奔不减速，冲到台阶前急停、身不离车抬跨过台阶再继续飞奔而去，所有动作一气呵成，多少年老邻居们还记得有这么个"小飞车党"。

大生里这种独特、便捷的内部交通，长期以来让我认识了许多大生

里人。大生里并不以"商"而是以"人"闻名于校内、岛内，曾经不少有名的教授在此居住过（注意这个"曾经"，因为先后都搬迁到厦大别的住处），比如：化学系的陈国珍教授，厦门大学化学系本科、英国伦敦大学博士，1962年从厦大化学系调任第二机械工业部生产局总工程师兼原子能研究所研究员，负责核燃料的质量分析和生产工作。后任生产局副局长兼总工程师。为中国原子弹工程作出重大贡献，他的小女儿陈重昱是我姐华清的闺密。他家住前列三楼的中段，住的时间不长。

20世纪80年代初，为了二机部的一项科研课题，我与同事叶柏龄到北京办理去西北核基地实验的介绍信等手续，还特地去拜访该项目的牵线人陈先生。

中文系的郑朝宗教授，清华大学外文系本科、英国剑桥大学研究生毕业，福建省文联副主席及厦门市文联主席，他执掌厦门大学中文系半个多世纪。他家在后列二楼中段。他的女儿郑天昕是我小学同班同学，厦门市有名的妇产科大夫，记得我妹华素当年难产就是她到场解困的，如今小学同学偶有聚会还能见到她。

郑朝宗教授　　　　　　　　　陈国珍教授

化学系周绍民教授，厦门大学化学系本科、苏联莫斯科门捷列夫化工学院副博士。1958年学校在高级知识分子中吸收了一批党员，主要有周先生（他刚从苏联学成回国不久）及我父亲，他的入党介绍人是化学系总支书记刘正坤，而刘的爱人、厦大党委副书记未力功恰好是我父亲的入党介绍人，这是我从大生里那个藏书库中的某期厦大校刊《新厦大》查获的，无形中对周先生有一种亲近感。他住在前列东边二楼。有幸和周先生是电化学教研室的同事，虽从事的研究方向不同，但我从他身上受教良多。退休后我担任化学系电化学专业退休党支部书记，每次支部活动，90多岁高龄的周先生都欣然而至从不缺席，忠厚长者之誉名副其实。

生物系的金德祥教授，著名海洋生物学家、中国文昌鱼研究的开拓者、海洋硅藻研究的奠基人，历任厦门大学海洋生物学和植物学教研室主任、生物系副主任，兼任国家海洋局第三海洋研究所研究员。金家当时住在后列靠东二楼，比较少来往。还没从同文路搬迁过来前，就听说金教授是文昌鱼专家，还听说文昌鱼是厦大海沙滩独有（其实在中国南方其他海域及日本、托雷斯海峡、加里曼丹、新加坡、斯里兰卡和非洲东海岸一带沿海也有分布），味道极其鲜美，和小伙伴们在白城海滩游泳时从未见其踪迹。有小伙伴想去请教金教授，但被劝阻："算了，文昌鱼只有一丁点大，抓一两条还不够塞牙缝，何况还是保护鱼类。"

经济系的龙维一教授，国立西南联大本科、1947年公费赴美国哥伦比亚大学经济系留学。1958—1967年担任厦门大学计划统计专业主任，是厦门大学经济计划统计专业的创始人之一。"文革"期间因下放的下放、插队的插队，家中仅剩他一人。1971年他正在编写《统计学》教

材准备为"文革"后即将到来的第一批工农兵学员上课，在一次外出调研回来后，由于劳累过度经抢救无效，英年早逝。龙家早期住在大生里的位置是前列二楼中段。龙家三兄妹（仁俊、仁亮、仁映）和我都是双十中学的校友，老二、老三和我还是小学校友。老二仁亮和我同龄因而同级但不同班。后来老三仁映成了我的夫人，其实那时基本没什么交往，只知道这个短发大眼睛的初中女孩总是混在双十女篮和一伙高中生中练球，而且是各年级各班教唱员中比较出名的一个，中学时期几乎每周都有新歌出炉，大都是新上映的电影插曲。

陈国珍先生一家搬走后，住进来的是外文系吕恒敬教授一家。大生里那么多孩子，大家都一直"相亲相爱"那是不可能的。吕家二子一女，老大似乎总是"拽拽的"，不太合群。那时后列三层还没盖房，孩子们常在后列大平层上玩耍。有一次一个小家伙跑来求助说吕老大欺负他们，我立马冲过去扭住吕老大，不想天桥那头正是吕家，吕妈飞奔过来解救儿子，还斥责了我一顿。多年后在岳母家遇到吕妈，原来她是我岳母的同事和朋友。我倒是很坦然，那时虽然还没结婚，但我早就告诉仁映说男孩子谁没打过架，但那次真的不算打架。

数学系黄水引教授，当年我们工农兵学员入学时，因水平差别较大，他负责补习中学数学并教"高等数学"课程，老先生脾气好讲课慢声细气，偶尔也会发飙，比如，他斥责某个同学："直线是两点之间最短距离连狗都知道，你连这个都不懂？"有一次上课，他让大家先自习新内容，我认为这些内容不重要，翻到别的章节去看，半节课后，没想到他把我叫到讲台边，让我替他讲解这节课的内容，我一时语塞，不知从何说起，场面十分尴尬。他家住在我家楼下，挑水的通常是他儿子或女儿的任务，他女儿黄丽玲是我大学同系同级不同专业（高分子）的同学。不过偶尔也会在骑楼下或楼道中碰到穿着背心裤头、趿拉着拖鞋挑水的老先生，双方相视一笑。

外文系的汪西林教授，毕业于金陵大学，先后在美国哥伦比亚大学攻读训育原理及教育哲学，并获美国麻省宾斯大学教育学硕士学位。曾任厦大的总务长、代训导长。退休后仍在鹭江大学、华侨大学和国家海洋局第三研究所教授英文。汪家住后列三楼，与我家只隔一个天桥。老先生风度翩翩，年轻时绝对是个帅哥。他平时沉默寡言不太与人交往，不过他家的孩子倒是很容易同邻居打成一片，小儿子汪大全是我弟华岩交往数十年的老朋友。

历史系吴孙权教授，其实他和我同龄，那时他还只是学生，从小学到中学我们都是不同班同学。他家在前列一楼中段。我父亲在筹办厦门大学人类博物馆时，四处物色能从事雕塑的人才，有人介绍了一位名叫吴汉池的手艺人，他雕塑的小面人栩栩如生，而且写得一手漂亮的楷书，于是被聘为技术员。博物馆开馆时，许多雕塑作品及展品介绍牌都出自他手。吴孙权是他的大儿子。

他管教他家的孩子很简单，每天不是在手握鸡蛋练手型，就是在握笔俯身于桌写字，在大生里这么多年我从来没看到吴家孩子出门玩耍。小学时，学校举办一次书法比赛，吴孙权第一名，陈国强的弟弟陈小杰第二名，记得班主任蔡秀英替我争来第三名，因为吴已经有第一，陈和我是她这个班的，只好让与吴同班的龙仁亮屈居第四（名次没错，但评分过程是我揣测的）。如今吴孙权已是国内知名的书法大家（可惜英年早逝），而我连自称书法爱法者都不好意思，这就是勤奋与躺平的区别。

◇◇◇◇ 林惠祥（前排右五）和博物馆的同事吕荣芳（前排右二），陈国强（前排右三），庄为玑（前排左三），蒋炳钊（后排左四），叶文程（后排左三），吴汉池（后排左二）

　　大生里教授中最应该提到的是历史系（后来是人类学系）陈国强教授，他自从1951年厦大历史系毕业后，就一直被选为我父亲的助手，在倡导人类学的恢复和学科重建方面做出了突出贡献，曾任人类博物馆馆长兼厦门大学研究生院副院长、中国人类学学会会长，福建省民俗学会会长。我父亲在世时，他们情同父子，父亲大事小事都要和他商量，出差都带着他。陈家在后列三楼319号，是我唯一记得门牌号的邻居，同我家也只隔一个天桥。陈国强同他父母、兄弟都住在一起，所以他最小的弟弟陈小杰一直是我相伴长大的同学、朋友。父亲去世后，他对我们一家各方面都关怀备至，照顾有加。仅举一小例，小学时，我不知什么原因拒绝看学校统一订票的电影，可能是觉得妈妈工作很辛苦，工资又低，想为家里省钱，虽然电影票价只有五分、一角。我虽再三推却，陈国强却让他弟弟陈小杰为我订了好几回票，这事我一直记在心里。他为人心善且又心细，一般人很难达到这境界。

历史系的蒋炳钊教授，当年他家在大生里前列中段偏东的一楼。他那时还是助教。他和住东头二楼的叶文程教授当年是我父亲的副博士研究生，是厦大最早招收的研究生。但由于我父亲突然去世，他俩的学籍也就中断了。提起他们二人，我妈妈常常替他们扼腕痛惜。蒋教授的爱人王老师经常到我家和我妈聊家常。当时他的儿子蒋东明还是个"小不点"，和我们这些大孩子玩不到一块。蒋先生很高大，会打篮球，是厦大篮球队的前锋。当年我曾跟他去厦大篮球场看打球，在他眼里，我也是个大"小不点"，没资格和他玩篮球。不过我在他家陪东明玩过一两回。他家在大生里的时间不长。多年之后相遇，东明已是个大小伙，我还认得他，他却不认识我了。

大生里百多户人家，还有许多先生教授我完全不认识，肯定藏龙卧虎让我漏掉不少。上面提到的这几位都已不在人世。

大生里除了常住人口之外，还有临时住户。当年住三楼前列中段靠东的朋友苏克森说，1958年震惊中外的"8·23万炮震金门"时，厦大校园内落下不少金门打过来的炮弹，因此厦大许多教师疏散到大生里，其中蔡启瑞先生一家疏散到苏家，当时克森兄的父亲苏昌焕是住宅区的区长。蔡先生还给苏家兄弟姐妹拍过照，蔡夫人（东澳小学教师）还把她带学生制作的雪花膏给他们试用。我夫人证实田昭武先生一家也疏散到龙家。当时蔡先生最小的女儿正好出生，而田先生的儿子田中群还只是一个小小孩，那时龙家兄妹可没因为再过50多年后他是个院士、大科学家而少去捏他胖嘟嘟的小脸。

也许是因为人老了，常常会做些关于大生里的梦，比如：父亲的藏书放在卫生间的小阁楼上被白蚁蛀光了、临街的窗户快散架了、水龙头没关家里突然发大水了……大都是些小事，但总是让人惊醒。前些天我妈妈五周年忌日，我回到"老家"。原先畅通无阻的各个门洞都新装了密码锁的铁门，只好从大生里这头到那头来来回回转了5圈才碰到有人要从我家原来的门洞进去，赶紧跟上，一聊，发现也是老邻居——原先住前列中段偏西的"重营"（名字只知道读音不知道怎么写）家老三，他两个哥哥小时候也曾是我的玩伴，均已过世多年。上得楼来，在三楼通道走个来回，特地爬上屋顶坐了一会儿，回忆大生里相关的人和事，用这篇文章草草记录下来，有些杂乱无章。有一点遗憾的是，我没怎么提到妈妈，在大生里二三十年中，我家一大群孩子是依偎着她坚强的臂膀长大的，值得回忆的东西太多太厚重，我无法用一篇文章来承载它，就让它留在心里吧！

（厦门大学中文系尤彬如同学参与了本文的采访、整理与撰写工作）

鼓浪屿原日本领事馆的前世今生

王沈扬 *

在厦门大学18栋国家级文保建筑中，与思明校区群贤楼群、建南楼群等15栋嘉庚风格建筑比较，曾作为厦大校舍的鼓浪屿原日本领事馆、警察署和警察署宿舍等3栋建筑风格别具一格。从19世纪末20世纪初至今，原日本领事馆旧址先后作为日本领事馆及其警察本部、抗战前和厦门沦陷时期日本侵略者囚禁和残害抗日志士的场所、厦门大学复

---

* 王沈扬，厦门大学资产与后勤事务管理处处长。

员时期的临时校舍、厦门大学教职工居住地、厦门大学人文与高等艺术研究院基地而存在。因此，原日本领事馆旧址不仅是19世纪末20世纪初鼓浪屿这个特殊的"公共地界"内不同文化和价值观之间交流、交换、影响与融合的缩影，更是帝国主义侵略和奴役中国人民的场所和实证，众多抗日爱国志士和革命先辈曾经被囚于此，他们用生命铸就了这些旧址的革命基因和红色血脉；它们已成为厦大百年办学历史的重要组成部分，承载了厦大科学名家和人文大师的记忆和情感。

一、透视馆舍：帝国主义的侵略工具和文化交融的建筑遗产

鼓浪屿原日本领事馆旧址坐落于鹿礁路24、26、28号，旧址包括领事馆及警察本部3栋建筑。1874年，日本政府派"台湾都督"率陆军少佐来鼓浪屿筹建领事馆，办公地暂设于日本在鼓浪屿的大和俱乐部内。1895年，中日甲午战争以清政府战败告终，日本得以强占台湾。之后日本政府野心不断膨胀，企图进一步占据海峡西岸的福建，从而攫取我国南方的利益。在此背景下，与台湾隔海相对的厦门在日本对华政策中的地位日益提升。为此，日本政府强迫清政府允许其在厦门设立专管租界，并派出上野专一到厦门担任领事并负责筹建新的领事馆。由于当时英国是世界头号强国，所以日本"什么都刻意学英国"。1896年3月，上野专一选址鼓浪屿鹿礁路24号（正对着鼓浪屿码头并紧靠英国领事馆）正式兴建馆舍。1898年，领事馆竣工落成。1902年1月，中外代表在日本领事馆签署《厦门鼓浪屿公共地界章程》。1915年，日本人在该

馆内附设警所。1928年7月，日本领事馆在馆舍右侧增建2幢楼房作为警察本部，其中一幢作为警察署，内设刑讯室和监狱，另一幢作为警察宿舍。鼓浪屿原日本领事馆旧址院落占地面积3580平方米，建筑面积4293平方米。其中，原日本领事馆主体建筑坐北朝南，建筑面积2930平方米，分为地上两层、地下一层，内设办公室、领事公馆和会客厅等空间。该建筑由中国设计师王天赐设计承建，虽然是日本的领事馆，整体却呈现出典型的英式建筑风格。

该馆舍特意模仿英国维多利亚式半圆拱券宽廊的别墅特点，建筑形式采用外廊样式，两层立面均设置连续的半圆拱券。主体为砖木结构，屋架为西洋的双柱木桁架，屋顶为中国传统的斜坡顶，外廊及室内局部楼板使用了19世纪末的早期钢筋混凝土技术，勒脚下为花岗岩石墙。因此，虽然该馆舍的主体建材为闽南传统的烟炙砖和花岗石，空间却是早期开埠城市流行的外廊样式与平面格局，内部结构混搭了近代建筑典型的木桁架、工字钢和混凝土板，而装饰上既有维多利亚风格的壁炉，又有日式的和室。原日本领事馆警察本部共2栋：一栋为警察署，地上两层，地下一层，建筑面积855平方米；另一栋为警察宿舍，共两层，建筑面积508平方米。两者均为砖混结构，红色清水砖墙，厚墙长窗，简洁厚重，系20世纪典型的日式建筑。顾名思义，领事馆本应是外交机构，但是弱国无外交，在积贫积弱的旧中国，鼓浪屿原日本领事馆充当了帝国主义侵略和奴役中国人民的场所和工具，是日本侵略者实现其帝国主义野心和企图的军事据点和暴力机关。

除此之外，我们还应看到原日本领事馆旧址所体现的建筑研究价值。作为目前鼓浪屿上完整留存的19世纪外国领事馆建筑之一，原日

本领事馆融合了中国、英国和日本三国的建筑元素、建筑风格和建筑文化，可谓是19世纪末20世纪初东西方文化和价值观交流和碰撞的产物。

二、铭记历史：爱国抗日志士铸就红色血脉的革命旧址

1936年，日本领事馆升格为总领事馆。1937年，日本发动全面侵华战争，领事馆关闭。1938年5月厦门沦陷后，总领事馆重新开馆并迁至岛内，鼓浪屿馆舍主要以领事官邸、一部分馆员和警察官活动为主。1928—1945年，警察署地下监狱曾关押过大批爱国志士和无辜百姓，至今警察署地下监狱的墙上还残留着当年关押在此的爱国志士用手指或木片刻画的字迹数十处，包括入狱时间、囚禁天数以及受刑及痛斥日寇暴行等内容的文字……他们用鲜血谱写了无数可歌可泣的感人事迹，其中包括著名爱国华侨领袖庄希泉先生、"兆和惨案"遇难者、"厦门第一潜伏组"成员等。

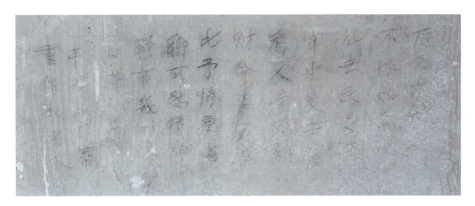

◇◇◇◇ 地牢语录

◇◇◇◇ 中日亲善语虽豪
无幸妄禁领事牢
籍辞借义背盟约
谁（亏）治民遗憾多

◇◇◇◇ 打倒中日亲善

◇◇◇◇ 坐牢不怕

　　爱国华侨领袖庄希泉，1888年出生于福建厦门，是中国著名爱国华侨领袖、实业家、教育家和社会活动家，在厦门创办"厦南女子学校"，投身教育救国事业。1934年，国民党趁他回厦门时，由宪兵将他逮捕，之后，庄希泉被关押在鼓浪屿日本领事馆警察局的地下拘留所，后经多

方营救出狱。

"兆和惨案"主角是军统厦门潜伏组长陈清保，1938年5月，陈清保任兆和酱油厂经理，担任军统"兆和情报组"负责人，设机关于厂内，装置无线电台供送情报，在此期间由其外甥女婿陈重宗引导开始参加抗日地下工作，并为其介绍与当时抗日志士相识。"兆和情报组"秘密策划爆破日本领事馆，后遭叛徒出卖，1940年6月17日，日本警察署抓捕了陈清保、林思温等30余人，并将他们关押在警察署地下监狱。陈清保被施以酷刑惨死狱中。"兆和案"中，公司其他10名职员与其同时殉难，事迹忠烈，兆和厂被掠夺一空，公司所属厂房地产被纵火焚毁，变为一片焦土。这就是震惊厦门的"兆和惨案"。

随着"兆和惨案"的发生，鼓浪屿设立的潜伏组和后续接替的潜伏人员先后被捕，1943年4月，鼓浪屿著名眼科医生许葆栋，接过国民政府驻闽绥靖公署情报处"厦门潜伏组"负责人的重任。他以过人的胆识，吸收妻子和岳父等一些亲属为潜伏组工作，并利用担任眼科医生之便，搜集和传递有关军事情报。1945年5月，日军溃败前夕，日本警察署在鼓浪屿大肆搜捕过去与英美势力有关系的商人和民众，他们分析认为许葆栋有隐藏抗日分子的嫌疑，随即于5月17日将其逮捕。许葆栋被捕后，由于拒绝承认相关指控，日本警察署的特工们因没有证据证明其是反日分子，只好将其关押在警察署的地下监狱看管。后几经周折，在潜伏组成员刘寿祺医生的帮助下，才被营救出狱。除许葆栋之外，厦门潜伏组的其他成员还包括鼓浪屿著名的音乐指挥家廖超勋（厦门大学南洋研究院廖少廉教授之叔父）、鼓浪屿绸布店老板林文火等人，他们也充分利用各自的身份之便，大量搜集有关军事情报，为抗战胜利立下不朽功勋。

因此"许葆栋潜伏组"获得"厦门第一潜伏组"称号。

抗日义士钟广文，积极宣传抗日救亡运动被囚数年而失踪。钟广文，生于1880年，同安人，抗日义士，系钟南山院士的五叔公。钟广文生前居住在中山路局口街，经营"丰美参行"，不仅生意做得不错，而且乐善好施，经常救济穷人，在厦门乃至东南亚一带小有名气。他非常爱国，常和一些爱国志士谈论国事。卢沟桥事变后，更是积极宣传抗日。厦门沦陷后，他将商行迁往鼓浪屿，经常在商行里谈论国事，引起敌人注意，不幸被日本人盯上。日本人阴险狡诈，先拘捕商行伙计，再引诱钟广文前去救人。据其女儿钟氏姐妹回忆："我父亲的名气较大，日本人不敢来店里直接抓他，就先抓走了参行里的一名店员，引诱父亲前去救人。父亲准备去救人时，许多人都劝阻，说日本人太狠毒了，还是不去为妙。但父亲是非常讲义气的人，毅然前去找日本人要人……"结果，他于1939年9月27日被拘留，关押在警察署地下监狱。之后，街面上99家店铺的老板联名担保，想救他出狱，但日本人铁了心要害他，根本不予理会。最终，钟广文被囚禁数年而失踪，传闻被枪决，其女儿钟氏姐妹闻知噩耗后，历尽艰辛寻找父亲尸骨，但尸积如山，找不到尸体所在。其事迹被收录于民国《厦门市志》。

三、见证大师：承载厦大人情感与记忆的"科学家寓所"

1945年8月，日本无条件投降后，鼓浪屿原日本领事馆停止运行，国民政府将馆舍作为敌伪财产予以接收。与此同时，厦大师生殷切盼望

复员厦门，但由于厦大校舍被毁严重，修复经费严重不足，无法修复生物院和化学院。而且，国民政府将残存的厦大校舍充作抗战胜利后的日俘集中营，造成复员及办学条件非常困难。为补偿学校损失，弥补校舍之不足，政府将没收的敌伪财产鼓浪屿日本领事馆、日本小学、英华中学、毓德女中、博爱医院、八卦楼等调拨给厦大当临时校舍。其中，原日本领事馆旧址主要作为厦大教职工的居住地。在入住原日本领事馆楼栋的教职工之中，涌现出一批熠熠生辉、享誉国内外的专家学者，他们为新中国的学科建设和人才培养做出了重要的贡献。

遥想当年，在那个交通还很不发达的年代，这些科学名家和人文大师只能通过船舶通勤于厦门本岛和鼓浪屿两地之间，纵然劳苦奔波，他们仍风雨无阻，砥砺前行；他们笔耕不辍，著书立说；他们科研不息，成果不断。他们秉承和践行了"自强不息，止于至善"的厦大校训，演绎了厦大人自立校以来固有的身处艰苦年代弦歌不辍的"自强精神"和献身科学事业勇攀高峰的"科学精神"。由此可见，原日本领事馆旧址已经成为厦大百年办学历史的重要组成部分，承载了几代厦大科学名家和人文大师的情感和记忆。正是他们的辛勤付出和杰出贡献，为国家昌盛奠定了坚实的科学基础，同时也为百年厦大留下了珍贵的精神瑰宝。

四、传承精神：凝聚新时代奋进力量的学术殿堂

2006年，3栋建筑被国务院公布为第六批全国重点文物保护单位（也是厦门大学18栋文保建筑的组成部分）。2013年起，为配合鼓浪屿申报

世界文化遗产工作，加之经过了几十年的使用，年久失修，内部结构损坏比较严重，十分不利于国家文保建筑的保护。厦门市政府和学校积极推进并妥善解决了原有十几户住房的搬迁安置工作，同时，学校启动原日本领事馆旧址结构加固和内部修缮申报立项工作，并于2016年获得国家文物局经费支持，该工程历时4年多，于2020年8月竣工并投入使用。

作为"厦门大学人文与艺术高等研究院"的创作研讨与作品展示基地，这主要基于两方面的考虑：一是与鼓浪屿作为"钢琴之岛""音乐之岛"的文化内涵相一致；二是结合金鸡百花奖落户厦门和厦门大学筹建电影学院及相关学科建设的契机，打造人文社科艺术高端学术研究与交流平台和高端人才培养基地。作为爱国抗日志士铸就的革命旧址，原日本领事馆留存的爱国志士的英雄事迹，与校主陈嘉庚先生的爱国精神和罗扬才烈士的革命精神是一致的；作为承载几代厦大人情感与记忆的"科学家寓所"，居住在原日本领事馆的老一辈科学名家和人文大师的奋斗故事，生动诠释了厦大人的自强精神和科学精神。继往开来，在新的伟大时代里，在新的百年征程中，厦大人赓续红色血脉，汇聚人文艺术和社会科学领域的大师力量，致力于将厦门大学人文与艺术高等研究院打造成人文兴盛、艺术活跃和社会科学繁荣的学术殿堂，为中国式现代化和民族复兴贡献"厦大学派"的思想、艺术和科学的力量。

（厦门大学社会与人类学院陈杨钰同学参与了本文的采访、整理与撰写工作）

鼓浪屿厦大宿舍大院的
左邻右舍

黄 田[*]

20世纪40年代，日本领事馆位于厦门市鼓浪屿鹿礁路24、26、28号，有3栋楼房，分别为办公楼、警察署、领事官邸。抗日战争胜利后，鼓浪屿原日本领事馆作为敌伪财产，由当时的国民政府予以没收，划拨给厦门大学，辟为"国立厦门大学教授宿舍"。20世纪60年代以前，仅住着15户人家，后来学校安排入住的人家就多了，最多时，大人小孩足

---

[*] 黄　田，厦门大学生命科学学院原党委书记。

有百多号人。2013年，应着鼓浪屿申遗成功的步伐，厦门市政府对这3栋楼房进行大规模的维修，宿舍中的住户分别迁出，另行安置。鼓浪屿原日本领事馆经过整修，焕然一新。2022年5月，学校成立人文与艺术高等研究院，置于鼓浪屿原日本领事馆旧址，并且加挂一块牌子：厦门大学教职工宿舍旧址。

我父亲黄典诚教授是鼓浪屿厦大宿舍大院最资深的住户，我们家于1945年入住至1989年搬离，整整43个年头。鼓浪屿厦大宿舍（原日本领事馆）在我的人生轨迹中不可磨灭，那些年那些事，长久地铭刻在我的记忆中。当年，我家住原日本领事馆一楼西北侧那一套。这栋楼作为办公用途设计建造，一、二层是领事馆各机构及会议厅，地下室互为连通，作为临时拘押"人犯"场所及仓储库地。早期仅住8户人家，各家虽居住面积达二三百平方米以上，但从楼房坐向、空间区隔及功能划分，对生活起居并不太实用。我家住的是西向，夏天阳光斜射，炎热难耐；冬天北风呼啸，令人寒冷哆嗦。好在有这偌大的居住面积和活动空间，要不然我家十几口人可就犯难了。20世纪50年代，我们家就住有爷爷、奶奶、爸爸、妈妈、五个姐姐、一个哥哥、堂姐、堂哥和我。

我的爷爷曾任龙溪县立第34小学校长，通晓古诗文。奶奶在县立小学当老师。我的父亲黄典诚，1933年于龙溪师范学校考入厦门大学文学语言系，受周辨明先生的影响，对汉语言学、音韵学、方言学、汉语拼音学探赜索隐，学有专长。1937年毕业，1938年始执教厦门大学中文系。1955年之后，受不公正待遇，20多年虽身处困境，仍以坚韧的毅力潜心于中国文字、语言、音韵、训诂、诗经、词典、古籍整理等方面的学术研究，毫不动摇。父亲是我国著名语言学家，担任厦门大学

中文系教授，汉语史博士研究生导师，躬耕乐道，坚守杏坛五十六载，著述等身。邻居们在多年后碰面聊起或写文章回忆，都说那些年到家里上课，父亲对教学相当用心，讲课生动精到，穷微阐奥，博观约取，厚积薄发，让大家印象深刻，受益终身。父亲在语言、音韵、训诂、方言、诗词等方面研深覃精，造诣极臻，让学生们惊叹不已。

我的母亲蔡恩喜，是厦门市第二中学高中部医务室的校医。她从毓德女中、厦门女中到厦门二中，几十年如一日，坚守岗位，勤勉敬业。她诚恳待人，好善乐施，为二中师生及家属看诊送药，为左邻右舍大人小孩医务服务。我有5位姐姐和1位哥哥，在父母亲的教育和良好的家庭环境下，努力学习，认真工作，在各自的岗位上奉献自己的力量。我参加1978年的高考，被录取在厦门大学化学系扩招班学习。毕业留校，担任化学系1981级学生政治辅导员，30多年来，在学校机关、院系多个部门工作。

我父亲黄典诚于1949年在漳州创办私立厦大校友中学，为普及国民教育而努力。我们家祖孙三代，足有一半人从事教育工作。有趣的是，早先那些年仍沿袭着传统的春节上门拜年的习俗，每年总有不少学生来家拜年，学生们一进家门就忙不迭地礼貌地道声："老师，新年好！"家里开门人总是一愣一愣的，真不知找的是哪一位老师，每每还得细问是找哪位老师，搞得学生也云里雾里，不明就里。因为我们家有三代十几个人，在教育系统的不同岗位上，辛勤耕耘，培养人才，贡献力量，桃李芬芳。1991年第七个教师节来临之际，我们家被厦门市教育系统评为"教育世家"，受颁一块书有"教育世家"的厚重牌匾。

我们家里有张大写字桌配套旋转椅、四座大书橱、一台大圆桌配套八张藤木靠背椅、一张长方形云石餐桌、一对沙发、两张铁床，还有锄草机、英文打字机，这都是周辨明先生在移民新加坡前交代其夫人朱秀鸾女士赠予我家的。这些家具全是欧式结构。还有一座长3米、宽1米、高2.4米，特别气派的名木镜台桌，那应该是原日本领事馆留下的。所有这些构成我们家里的基本摆设。这些家具年份已久，但别具一格，耐看实用，在别人家里是几乎看不到这种式样尺寸和造型的，实属高档珍贵。写字桌是父亲在家搞研究做学问的最大"用地"，他总能长时间地在那伏案疾书，有时一坐就是好几个小时。我们家小孩成群，加上儿伴到家里来玩，孩子们满屋子跑跳喊叫，时常闹得"屋顶要掀开"似的，却丝毫没能影响到父亲。父亲做学问全神贯注，全然不受周边喧闹噪声的干扰。有时，家人会问父亲"孩子们的闹腾可否吵着您啦？"，他反倒笑着回答："没感觉，出什么事了吗？"让家人感到诧异，感叹不已，足见父亲做学问搞科研已达心无旁骛的忘我境界。家里除了名木镜台桌，还有一张大圆桌，也是名贵实木制作。桌面直径有1.6米，还配有一块宽60厘米、长160厘米、厚3厘米的备用面板。圆桌可拆分变样扩容，套入铆上长方形备用板后可成椭圆形大桌，拆装便利，形变自如。父亲说，在这张圆桌上，周辨明先生曾经设家宴，请他的本姓同事鲁迅先生。他们在这张圆桌上一边包薄饼（春卷），一边欢饮畅谈，好不惬意。这张大圆桌送到我家后，也派上了大用场，它既是我们学习的桌子，也是一大家子用餐的桌子，使用率非常高。每每客人来访，同学串门，都派上用场。记得我高中时，同是文艺队的几位男同学，到了期末考试，老师希望能到我家一块复习功课。由于采用集中到我家互帮互助的考前复习形式，原基础较差的同学，几次的期末考试，成绩明显提高。回想

家里七八个小孩围坐在一张大桌做作业，以及每逢假期，特别是除夕围炉那热气腾腾的氛围，在我们家延续了两三代人，那热闹劲儿，让我们终生难忘。家里的客厅很大，有近百平方米，我们兄弟姐妹是在家里学会骑自行车的。说起你还不信，就是父亲用一辆已骑用多年的老旧红牌自行车，围着大圆桌一遍遍示范，一回回鼓励，一茬茬练习，终于一个个教会我们骑自行车。小时候每到寒假，忙完作业和家务，我们兄弟姐妹们总要缠着父亲，围坐在房间里听讲故事，父亲也总是毫不吝啬地开讲，几乎中国的四大经典章回小说，父亲都讲全了。当然，有时讲到精彩生动处他会戛然而止，一句"欲知后事如何，请听下回分解"就把孩子们打发了，让我们顿想跃跃欲续却悻悻然。寒假父亲会带着孩子们去海边溜达，夏天会带着去游泳。父亲从小在九龙江边生活，打小就学会了游泳。他擅长的是站姿泳，这泳姿现在几乎绝迹，没见有谁这么游。站姿游泳挺耗体力，却也锻炼了人的耐性和毅力。

改革开放后，父亲开始带研究生，他培养了13名硕士、5名博士，其中数人已成为语言学界的中坚和领军人物。那几年，学校课室紧张，母亲就提议，可否让研究生到家里来上课，既能解决学校困难，又能充分利用家里的空间。当然，这可得辛苦了研究生。于是，父亲征得学校同意，取得研究生的理解支持后，便把课堂放在了家里。有些不是研究生的中文系老师也跑来听课，父亲并不介意，同样热情接待。我母亲心疼研究生们在厦大和鼓浪屿来回跑的不易，时常备一些茶水、点心和水果供学生们品用，有时还准备饭菜招待他们。学生们感觉就像回到自己家一样，幸福感满满，大家称赞母亲是一位淑德贤惠、慈祥善良的好师母。

◇◇◇◇ 两位中国语言学大师：　　　　　◇◇◇◇ 黄典诚于24号楼外
周辨明与黄典诚合影

在我的记忆中，以及询问知情者，对这里的左邻右舍，有一个基本的轮廓，这是一个名师荟萃的地方，长住这里的有：历史系明清史专家、中国近代海关史研究首创人陈诗启教授，夫人黄美德，子女克陵、克恬、克琴、平江；著名数学家方德植教授，夫人陈白霞，子女庆华、庆年、国主、国全、国亭、国旺、国泊、国呈；化学系物理化学家与海洋化学家、中国海洋学科奠基人之一李法西教授，夫人陈碧玉，儿子李立、李达、李明、李炎、李永；数学系数学家、控制论专家李文清教授，夫人游玉贞，子女小娜、晨生、小娟、小婵；历史系魏晋隋唐史学科和中国经济史学科奠基人之一、文科资深教授韩国磐先生，夫人刘慈萍，子女韩耿、韩雯、韩昇；中文系唐五代文学研究专家周祖譔教授，夫人吕淳瑜，儿子孔祯、孔祎、孔礽；数学系罗炽才教授，夫人李梅英，子女英明、惠华、粤华、闽华；化学系江培萱教授，夫人吕彩云，子女浔茵、浔鹭、绵茵、青茵；化学系蔡瑞霖教授，夫人张淑莺，子女蔡思鸣、蔡蔚鸣。

李文清住处之前住的是来通先生，女儿来机。韩国磐住处之前是住陈本明先生，女儿陈文霏。周祖撰住处之前住的是经济系龙维一教授，夫人朱竹清，子女仁俊、仁亮、仁映。再之前是姓沙的法国人，沙太太是福州人，子女有中南、中西、鱼丸（孩子们起的别名）、沙英。我家有只欧式大木箱，就是沙先生回法国时半卖半送的。我家的正对面住着归先生，子女无量、无瑕、无疆、无忌、宗毅。林植三先生，儿子林伟。早期住在这里又迁出的有：建筑系的洪敦枢教授，夫人苏柑，子女有雅玲、阿琦、阿琅。外文系的吴绍沣老师，夫人傅伯英，子女荫东、旭东、吴莹、庆东。中文系的洪笃仁教授，子女钦民、新民、洪笙、洪琴。生物系的翁绳周教授，夫人李金旬，女儿鹭滨、毅滨、伟滨。经济系黄雁秋教授。化学系的江培萱老师，夫人吕彩云，子女浔茵、浔鹭、绵茵、青茵。1958年"8·23"炮轰金门期间，还有一批老师及家眷为避炮火短暂入住宿舍楼一年左右，其中就有国家高等教育学奠基人潘懋元教授一家人。据潘世墨回忆说："1958年由于局势紧张，疏散至日本领事馆，一家三代，外婆、妈妈与四姐弟暂时居住在大楼一层一大间。我是鹿礁小学四年乙班的插班生，在大院的同班同学有方国主、李达、罗粤华，班主任梁老师是一位五十开外的女教师。记不起学了哪些功课，只记得我们的劳动课是每周一次，在教室将鼓浪屿塑料厂的塑料纽扣除去毛坯，勤工俭学的收入用于购置打扫卫生的扫帚和儿童节的礼品。我们的课外活动是每周2次，走上街头，看到（听到）行人讲厦门话，上前行个队礼：'同志，请讲普通话！'"

20世纪60年代初以及"文革"期间，曾住宿舍楼的有王亚南老校长的遗孀李文泉及其女儿王岱平一家人。中文系石文英教授，先生范晖，子女范可、范密。海洋系的何灌生老师，子女吴叔扶、吴晓燕。化学系的黄德东教授，夫人叶彩卿，子女华凯、华蕾。南洋研究所李滋仁研究员，夫人林主悯，女儿竹吟、竹菁。化学系蔡瑞霖老师，夫人张淑莺，子女思鸣、蔚鸣。哲学系的包定环，生物系的洪功传，经济系的陈克俭，外文系的吴宣豪和叶碧玉夫妇等一批老师，以及艺术学院的黄春星、保卫处的宋再德、继续教育学院的吴水咨、航空航天学院的黄冰海等家庭。另有几家入住时间不长，就不太有印象了。

鼓浪屿上唯一一所中学是福建省厦门市第二中学，由其前身毓德女中、英华中学、厦门女中、厦大校友中学、厦门二中、鼓浪屿侨中等学校合并而成，我们大院里的许多教授夫人任职于这所中学。李法西的夫人陈碧玉老师是二中的老校长，后是厦门外国语学校创始人，曾任市教育局副局长，是厦门教育界的著名人物。吴绍洸的夫人傅伯英是英语老师，江培萱的夫人吕彩云是数学老师，周祖譔的夫人吕淳瑜和宋再德的夫人林毅玲是语文老师，黄德东的夫人叶彩卿是化学老师，我的母亲是校医。方德植的夫人陈白霞、陈诗启的夫人黄美德、韩国磐的夫人刘慈萍、李滋仁的夫人林主悯，都曾经在二中任教。在我的同辈人中，我和周孔祯亦曾在二中代课当民办教师，我教化学，他教物理。

厦门本岛与鼓浪屿隔着一条鹭江，父辈们到学校得靠轮船过渡，遇气象灾害渡轮停航，加上原有交通并不那么便捷，父辈们多是骑自行车上下班，到码头附近找停车场放车，再赶着搭轮船。为方便联系，学校在我家和许长灿家的室内过道的墙壁上安装了一部公共电话（20世纪60年代中期移入许家入门处，开了个活动小窗口，里外可接听），我们都叫那过道为"电话厅"。许长灿先生是厦大教务处职员，夫人曾国花，

子女继兴、继团、黛英、继宗，还有一对老人与他们共同生活。他们一大家子也是大院最老的住户。许家人很热心，也很尽心，不分时段，不辞辛劳，一有电话铃响就跑出来接听，还得三栋楼奔走，呼唤人接听电话。就这样，几十年如一日，义务为大家服务。许长灿的父母热情好客，人缘挺好，我们叫他"阿伯"，负责全宿舍区公共绿化及公共卫生工作。不论盛暑寒冬，浇灌养护整理修剪花丛绿植，冲洗疏通打扫清理暗沟明道，使宿舍区全年都保持郁郁葱葱，鸟语花香，环境舒适整洁。大家叫他母亲"阿婆"，是位虔诚的佛教信徒，虽守着旧时裹缠着的小脚，却还腿脚灵活，忙里忙外闲不住。她非常热心公益，很有互助帮扶精神。宿舍里那部公共电话，看起来非常老旧，几经维修更换，却能够长年保持着学校与宿舍间联络通畅无阻，即使是国内外的长途电话，也能够通讯顺畅无差错。这方面，许家劳苦功高，其服务意识令人钦佩，精神可嘉。

早期宿舍的住户们，邻里关系非常好，大家来往较密切，加之同辈年龄相差无几，多为同校同班或上下届的同学。大家偶有串门，男孩女孩基本不太打交道，却能自发地成群结伴，分别开展适合各自爱好、有益身心健康的各种活动。一同学习做作业，一道游戏玩耍，一块运动健身，一起采摘龙眼、柚子、洋板栗，结伴逛街讨小海，相互打趣作乐不忌讳，关系单纯融洽，相处很是和谐。谁家来个亲戚朋友的都热情相迎，谁家有个好吃好玩的都邻里共享，谁家缺个酱油盐醋的都相互援助，谁家有个急事啥的都互相帮助。大家礼尚往来，睦邻友好，其情其景，如今仍历历在目，让人回味无穷，感慨万千。"五十年代初，学校为厦大宿舍的教授家属子女提供许多娱乐器材，丰富活跃家属区的文化生活。

有康乐球桌、麻将桌、滑冰鞋等。时常有总政歌舞团、中国民族乐团等来厦大慰问演出，学校都会派敞篷卡车到厦门轮渡码头接送家住鼓浪屿的家属子女，经常是挤得满满的一车人。那个时候，我们是多么盼着这种机会快快多多到来，大家能欢聚在一起，有说有笑多么开心！"

厦大宿舍内有两口井，我懂事时，只知仅有一口井能用，宿舍区及其周边无水源的全到这儿打水，我们的饮用水也全靠着它。家里人多，我们在厨房边盖了个可储存五六百斤水的水池，每天我们都得拎着大小铁桶，到井边去挑水，大家分工合作，不分你我，有的提水，有的挑水，轮流着来。因我们兄弟姐妹多，往往成了井口边的一道风景线。宿舍区这口井挖得很深，提水桶绑的麻绳得两条连接才够得到井水，总有不小心脱手掉桶或桶绳磨损老化提水一半断绳掉桶的时候，所以家里还得备着一套捞桶钩，遇上这种捞桶机会，大家都争先恐后，跃跃欲试。有时捞桶很悬，捞钩仅钩住桶绳，虽屏住呼吸小心翼翼往上提，可总会提到一半脱钩滑下，那是承重装满水的吊桶啊。吊桶捞上时，我们会不约而同地欢呼雀跃。当然，我们心里都明白，要是吊桶捞不上来，家里用水立马成问题。那场景蛮有趣且气氛好得很。其实，我们争先机会均等，这次姐姐们一下子捞上，下回弟弟们很快就钩中。直到20世纪70年代后，宿舍区才用上了自来水。

大院里的孩子们，大都受到良好的教育，几乎每家都有子女上大学，甚至有不少家庭的孩子全部接受高等教育，有的还上了名牌大学，在教育、科研、机关、企业里成就一番事业。李法西和陈碧玉夫妇的"五虎将"堪称优秀。李立就读北京大学，是海洋三所副所长研究员；李达毕业于厦门大学1977级数学系，曾任厦门理工学院副校长；李明是福州大

学毕业，当过厦门市电力局副局长；李炎也是北京大学毕业，是厦大环境与生态学院教授；李永浙江大学毕业，是厦门重要企业的业务骨干。李文清教授的双胞胎女儿李小娟和李小婵，参加1977年高考，分别被厦门大学数学系和外文系录取。姐妹俩性格迥异，姐姐文静矜持、低调寡言，在厦大工作时，默默地付出和奉献。妹妹落落大方，爱拼敢创，现旅居日本。韩国磐教授的儿女韩耿、韩旻和韩昇一直是学习尖子生，韩耿大学毕业后在外交部工作，韩旻是厦门理工学院的教授，韩昇是复旦大学历史系教授。周孔祎与周孔礽参加"文革"后恢复高考第一年的考试，分别录取在厦门大学的数学系和经济系，毕业后孔祎去美国继续深造并留美工作，孔礽先分配到北京文物管理局，后调回厦门理工学院当老师；孔祯毕业于集美师专，现定居澳大利亚。吴荫东通过刻苦学习，从一位厦大食堂职工成长为经济学院的专业技术人员。吴旭东从福师大毕业后继续出国留学攻读博士，后回国任教，是广东省外语外贸大学教授。吴莹和吴庆东分别考入厦门大学财金系和外文系，毕业后吴莹在政府机关工作，吴庆东在安踏集团当高管。李竹吟1979年考入厦大化学系，研究生毕业后赴美留学，在加州理工学院攻读博士，现居美国普林斯顿市，任施贵宝（BMS）制药公司研发总监；李竹菁福州大学毕业，在厦门东亚银行工作，任经理。蔡思鸣1979年入职厦大化学系，系教授；蔡蔚鸣清华大学毕业后分配到外交部工作。方国亭、方国旺、方国泊三兄弟聪明好学，兴趣面广，喜欢运动，在上山下乡期间，方国亭还被选拔成为龙岩青少年的羽毛球教练。陈克陵是厦门大学历史系毕业生，在中学当老师。小名"大妹小妹"的姊妹花陈克恬和陈克琴，那可是大院里的活跃分子，各种活动总少不了她俩的身影。陈克恬能歌善舞，经常见她身着表演服装，匆忙赶着去参加演出，时常还能在大院内崭露头角。上山下乡返城后，她俩都分配在教育系统工作，大妹在同安当老师，小妹为厦门五中职员。罗英明，毕业于北京钢铁学院，是工程师；罗惠华毕业于福建省第二师范学院；罗粤华毕业于武汉大学，是厦门旅游专科学校老师。翁鹭滨是厦门大学化学系1977级学生，毕业后分配到海洋局二所（杭州），与李炎一南一北的不同大学分配在同一单位，水到渠成，成为一家人，这可是鼓浪屿厦大宿舍绝无仅有的一对。前些年，他们一家子作为人才引进，调回厦门大学工作。翁毅滨是1978级厦门大学化学系学生，与我同班，毕业后留校工作。她们还有一位年龄相差好几岁的妹妹翁伟滨，记得搬离我们宿舍时，还只是步履蹒跚、咿哇学语的孩提，现定居澳大利亚墨尔本。

厦门大学与鼓浪屿的渊源，除了原日本领事馆之外，还在许多建筑、许多人物，留存厦大的文化印迹。鼓浪屿笔山路5号是厦门大学创校校长林文庆的故居。林文庆很早便与鼓浪屿结缘，而厦大与鼓浪屿的亲密往来，就与林文庆校长有着直接关系。林文庆曾多次在家中宴请客人，如1927年1月9日中午，林文庆举行家宴邀请林语堂、顾颉刚、陈万里、章廷谦、张星烺等人为鲁迅先生饯行。厦大文科主任、国学研究院总秘书林语堂，著名语言学家、中国现代语言学、文字改革运动的先驱者周辨明，以及卢嘉锡、郑德坤、曾呈奎、陈万里等人曾在此居住或停留，留下一段佳话。1937年，厦门大学内迁闽西长汀之前，鼓浪屿为厦门大学在危急存亡之际的内迁提供了重要的过渡之机。厦门大学在鼓浪屿办学的三个月，得到鼓浪屿的英华中学及其他学校的大力支持。1945年11月下旬，厦门大学从长汀复员返回厦门，部分师生暂居鼓浪屿，经

汪校长及复员处多方努力，征得日本侵占期间的日本小学旭瀛书院、日本博爱医院、日本总领事馆及八卦楼等数处为厦大校产，这些都为一年级新生在鼓浪屿上课提供了很好的条件。直到1950年，厦大建设日趋完善，学生全部迁回厦大原校址，新生院结束了历史使命。20世纪50年代以来，厦大教授张乾二、严楚江与赵竹韵夫妇、黄雁秋、蔡丕杰、汪慕恒、廖少廉等，或长或短居住鼓浪屿。

时光荏苒，转眼之间，离开鼓浪屿十多年了。但我总会登岛，自觉不自觉地走近原日本领事馆，从紧闭的大门朝里面张望。整个大院一片寂静，没有当年的喧哗，遑论熟悉的身影。我在这里生活了大半辈子，缅怀我的父母大人、各位名师，回想骨肉亲情与伙伴友情。鼓浪屿厦大宿舍大院的那些故人、那些故事铭刻于心。

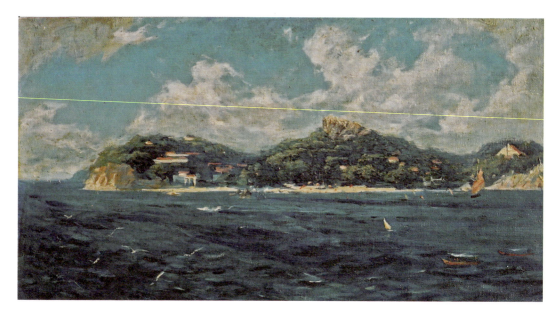

◇◇◇ 唐绍云油画作品：夏日鼓浪屿

鹿礁路 28 号：
关于海洋的回忆

李　达[*]　李　炎[*]　洪华生[*]

鹿礁路28号，难忘的回忆

李　达

　　我的父亲李法西和我的母亲陈碧玉都是泉州人，他们恰巧都于1938

＊　李　达，厦门理工学院原副校长，副教授。

＊　李　炎，厦门大学福建台湾海峡海洋生态系统国家野外科学观测研究站研究员。

＊　洪华生，海洋环境国家重点实验室（厦门大学）名誉主任，厦门大学教授。

年考入因抗战内迁长汀的厦门大学。在那里，他们有幸相识并相爱，从而建立了深厚的感情。然而，父亲很快在第二年又考上了中央大学的化学系，那时的中央大学也已经内迁到遥远的重庆。为了追求心中的理想，父亲毅然背起行装告别了我的母亲，千里赴学。在中央大学读书的那几年，两人的来往书信从未中断过。在战火纷飞中分隔异地，并未让二人的感情逐渐淡去，反倒更加坚定了对彼此的心意，因为他们拥有共同的理想，以及共同的奋斗目标。1943年父亲拿到了毕业证书，决定留校当助教以便于继续攻读研究生，而我的母亲也早在一年前从厦大数理系毕业，之后也留校当了助教。

1944年4月至12月，侵华日军发动了贯穿河南、湖南和广西三省的大规模进攻战役，试图打通由北到南的大陆交通线。得知消息的父亲担心大西南与福建的东西向交通线会被日军从中切断，便当机立断离开重庆踏上了归家的千里征程。沿途他经过贵州、广西、湖南、江西和广东数省，其间换过各种交通工具，最后是靠着自己的两条腿步行穿过可能的战区，跨过堆满炸药随时准备爆破的桥梁，一路历尽千辛万苦，直到抵达广东韶关，才给身在长汀的我的母亲发去一份报平安的电报。经历这一番跋山涉水回到长汀之后，父亲决定留在厦大任教。可是根据当时厦大的规定，同校工作的男女职员一旦结婚，就只能有一个人继续留校工作。我父母当时的感情基本稳定，双方家长也已经开始谈婚论嫁了，于是母亲离开厦大，转而去了永安和长汀的中学当老师，从此开始她的中学教师生涯，想必当年的她也从未想过自己会在这条路上走得那么远。抗战胜利后，厦大迁回厦门，中央大学也回到了南京。父亲的"中大情结"依然很强烈，因为那里有他向往的当时全国最好的化学系。于是在 1947 年，我的父母带着年仅一岁的大儿子即我的大哥李立乘船前往南京。父亲如愿回到中央大学任教，母亲也在南京东方中学当老师。1948 年，父亲获得美国俄勒冈大学研究助理津贴，即将赴美留学，而此刻母亲的肚子里已经有了一个小小的我。在经过一番权衡之后，父亲决定先送我们母子回泉州。这恐怕是我此生第一次坐飞机吧。飞机在厦门机场平安降落，一家人随即乘车返回泉州。安顿好家人后，父亲孤身赴美。母亲生下我之后，便留在泉州当中学老师，于 1949 年担任西隅中学校长，并于同年初加入中国共产党，没过多久便迎来了泉州和厦门的解放。

1950 年，母亲受组织派遣重回厦门，迎接她的是一位姓沙的解放军同志，也是她的新上级。她此次的任务是在不暴露党员身份的前提下，在厦门找到一份稳定的工作，定期与沙同志单线联系并汇报工作。那一年的福建沿海局势尚不稳定，因此需要预先安排，防止反复。在卢嘉锡教授的帮忙下，母亲在位于鼓浪屿的厦大校友中学担任生活指导主任，其间暂时借住在鼓浪屿的亲戚家中。一年以后，福建前线的整体形势好转，从上级组织传来指令，母亲的党员身份可以公开，终于可以光明正大地参加鼓浪屿的党支部活动了。不久之后，母亲便被任命为厦门女子中学校长。1950 年秋，父亲放弃正在攻读的加州理工大学博士学位，响应国家号召毅然回国。他重回厦门大学，任教于化学系。从此之后，我们一家团圆，正式开始了鹿礁路 28 号的新生活。

◇◇◇◇ 20世纪50年代，李法西、陈碧玉和他们的5个儿子（李达供图）

　　童年的生活是幸福的，也是紧张的。家里陆续添了三个小弟弟——李明、李炎和李永。五兄弟在父母和老保姆的关怀及照顾下茁壮成长，在逐渐长大的过程中，渐渐习惯了经常突然凭空冒出来的空袭警报和大炮的声音。与现在为了不让孩子输在起跑线上而疲于奔命的新时代家长不同，父母当年可是从来不为五个孩子的学习操心。比起关心我们的功课，他们更关心我们的课外生活。只要有了空闲时间，父母就会带上我们观看各种音乐或者演出活动。尤其是父亲，他一直特别注重培养每个孩子的动手能力，培养每个孩子不同的兴趣爱好。家里的柜子上长年摆着一箱五金工具，任由我们随便使用。我们几个兄弟的无线电兴趣，都是跟着父亲从组装矿石收音机开始慢慢形成的。直到有一天，家里的老五喜欢上了摄影，家里便很快出现了简易的洗相和放大设备。表面上，似乎我们每个人的成长都是自发的，是通过自身努力逐渐取得成功的，但实际上，父母恰如其分的引导和帮助在其中起到了十分关键的推动作用。空袭警报声和大炮声是童年另一个不可磨灭的记忆。幼儿园的时候，升旗山下有个部队挖的防空洞，距离幼儿园后门不远，一有警报老师就会带着大家往里面钻。小学念的是鼓浪屿鹿礁小学。有一学期学校停课，学生分成小组在"避弹所"自学，老师负责巡视。时间一长，自学就变成了玩耍。1958年，我念四年级。因为炮轰金门，厦门大学又有几家教授临时迁到鼓浪屿厦大宿舍，我有幸与世墨成了邻居，成了同班同学。因为鹿礁路28号这幢楼看着比同院的其他楼坚固，又有地下室，便顺理成章成了"避弹所"。如有需要，整个厦大宿舍的住家，都要到这个地下室避弹，因此还分配了各家的位置。直到1958年，因为炮轰金门，解放军空军进驻福建，在接连打了几次胜仗后，沿海制空权被我方牢牢掌握，老百姓日子逐渐安稳了。

记得当年的鹿礁路28号住户，常住的只有二楼的数学系方德植教授一家，以及一楼的我们家。一楼我家对面的另一个单元前前后后换了好几户人家，让我印象比较深刻的只有两家：一家是厦大外贸系首任系主任归鉴明老师，另外一家是化学系江培萱老师。归教授不幸于1953年因脑出血去世，他们一家便逐渐搬出了厦大宿舍。而江培萱老师则于1958年大跃进时举家奔赴三明，他本人被调到三明化工厂担任总工程师。鹿礁路24号的住户，记忆中有黄典诚、陈诗启和洪敦枢老师三家，以及后来迁入的周祖撰一家。洪敦枢老师调往福州大学工作，直到厦大复办建筑系时才又回到了厦门。鹿礁路26号的住户，常住的是历史系韩国磐老师一家和数学系李文清老师一家。李文清老师为人温和、待人诚恳，我就读数学系期间经常过去找他请教习题，为老教授的品行深深折服。从幼儿园开始，因为年纪相仿，鹿礁路28号二楼的方国主以及一楼对门的归崇毅便和我成了同班同学。这天赐的缘分，跨越了小学和

初中，一直延续到了高中。还有鹿礁路24号化学系罗炽才教授的女儿罗粤华，也是从小学开始的同学。据说，罗炽才教授是厦大的杰出校友罗扬才烈士的兄弟。当我进入厦门大学数学系就读时，同班同学有李文清的女儿李小娟、周祖撰老师的二儿子周孔炜。参加工作后，又与韩国磐老师的女儿韩旻、周家老三周孔礽成为同事。可以说，厦大宿舍的第二代，既有厦大教工子女的传承，又有鼓浪屿小岛文化的熏陶，自有较为独特的文化沉淀。

早期厦大宿舍的大花园相当漂亮，还有专人维护，不仅有各种各样的花草树木，还有沙质的运动场地。其中的几棵七里香树，开花时香气四溢，沁人心脾，我就经常爬到树上，顺手摘上几枝花。还有一棵玉兰树，每次开花就是小朋友们最开心的时候，大家纷纷拿着竹竿去采摘，又把叶子编成皮夹子的模样，将里面塞满一排排芳香的玉兰花。但是，如此狂欢对树本身的伤害极大，玉兰树从那之后便一年不如一年了。花园里还有几棵高大的龙眼树，每年果子快成熟时，经常有外面的人跑进来偷摘，于是，三座楼的邻居们决定同心协力，然后将采下来的龙眼给每家分上一份。没过多久，花园里便到处都是龙眼壳和龙眼核，打扫都来不及。记得20世纪50年代，24号住着一位法国教授，他的几个儿女都在岛上的二中念书。有一天，他们邀来几个同学，用花园地上的龙眼核做子弹，分成两边打野仗。在场的小朋友们都自发成为小小游击队员，兴高采烈地在草丛中寻找"子弹"。大概从1959年开始，大花园就每况愈下了。当年8月23日的超强台风，吹倒了很多树木。紧接着的三年困难时期，各家纷纷在园子里开荒种地，地瓜玉米，蔬菜瓜果，养鸡养鸭。即使以后有过几次整理，大花园也再难恢复原貌了。

鼓浪屿厦大宿舍是我们一家人难忘的记忆。我们一家人从1950年秋入住，到母亲于2009年依依不舍地搬离，算下来有整整59年的时间。我们兄弟多次在聊天时谈及，时常在梦中回到阔别的那个鼓浪屿的家。厦大宿舍是我们梦中的美好家园，28号是我们梦中永远的家。

鹿礁路28号的海洋记忆

李 炎

1950年8月，父亲李法西带着加州理工学院鲍林导师的推荐信，与其他37位归国留学生一起搭乘克里夫兰总统号第19航次，由旧金山出发，经檀香山、横滨、菲律宾到达香港，经罗湖到广州，分别后再转陆路经上饶、泉州，于9月回到曾经学习和工作过的厦门大学，应聘化学系副教授。他在校刊上的《新年感言》写道："当我重返别已四年的厦大时，我显然地（看）到崭新的教学。腐旧的转为新生，丑恶的转为端庄，软弱的转为坚强，狭隘的转为广阔，拘泥的转为灵活……也许这四年一直生活在厦大的人会不自觉吧。然而一个刚回家来的浪子，确格外的敏感。"就是带着这股炽热，父亲伴着应聘到厦大校友中学任教的母亲陈碧玉，还有我的大哥、二哥，很快地迁入鼓浪屿"博爱路30号"，即现鹿礁路28号。

鼓浪屿鹿礁路28号建于1928年，是原日本驻厦门领事馆院内的三座建筑之一，厦门沦陷期间是日本警察署本部，抗战胜利后被政府没收，1946年曾用作厦门大学新生院的图书馆与理化生物实验室，新生院结

业后改作厦门大学教工宿舍。该建筑地下一层，地上两层。地下室西南侧原为刑讯室和监狱，厦大宿舍时期平时是公用物品仓库，备战时当作人防空间，在"9·3"和"8·23"炮战期间，还供从校本部疏散的职工和家属留宿。一楼大门面朝西北，门厅左侧是楼梯间，正面有一约2米宽的主廊道贯穿，将建筑分为东北与西南两部分。门厅正面和门厅右侧面均为用玻璃窗封闭的拱形结构，玻璃窗下方有齐胸高的长柜台，留有几个小小的窗口。自从来到厦门后我家就住在一楼门厅正面柜台后面的东北部居室，直至2010年搬迁，虽然其间有所变化。柜台往里是个T字形的办公大厅，附有封闭的档案室和巨大的保险柜。那个铸铁保险柜体积大致两立方，重以吨计，坐落在巨型水泥墩上，算是该建筑的"镇馆之宝"。当年日军撤离时锁上了保险柜，据父母回忆我家迁入时柜上贴满安全部门一层层的封条。20世纪50年代，厦门市公安局请了专业锁匠，小心翼翼撬开柜锁，才发觉是个空柜。有关部门曾数次想移出他用，均因超重而作罢。此外，在办公大厅中部，地上有一电缆枢纽似乎通往刑讯室。办公大厅后方经一过道间与通往地下室的楼梯间连接，楼梯下经一扇厚重的铁栅门可进入地下监狱。楼梯间侧面有个明亮的大房间，有六个窗户，好像是个相对隐秘的预审大厅，地面遗存一长条痕迹，疑似柜台的基础。楼梯间还有个西南后门通往楼外。二楼结构与一楼类似，但与一楼过道间对应处为一小阳台，有铁梯通屋顶。二楼主厅铺设着当年罕见的橡胶地板，似为接待空间。除了由一楼门厅的楼梯外，二楼还有个隐蔽的后楼梯，可下到一楼西南并排的另一个后门。此外，在门厅楼梯下方和地下室东北侧也各有一门。一座建筑面积仅500余平方米的建筑，前前后后设置了5个出口，确实有点诡异。

数学系方德植先生一家最早入住鼓浪屿鹿礁路28号二楼，一直到2010年后才最后迁出。一楼居住两户，我家于1950年入住，2010年迁出，算来也是住了一甲子的老住户。另一住户则换得较勤。有时地下室东北侧一排地面小间，也住下一户。到了20世纪70年代，全楼共挤下了六七户人家。物理系何恩典先生也曾居住在28号，但很快地搬到校本部去了。1956年，响应"向科学进军"的号召，厦门大学发挥历史条件和地理区位优势，以"面向东南亚华侨、面向海洋"为今后发展方向，加强与海洋有关的学科建设，支持与海洋科学有关的研究工作。学校一方面积极发展1952年院系调整时全力保留在生物系建制中，由郑重先生领衔的海洋生物学专业和海洋生物研究室。另一方面，在物理系新设海洋物理学专业和海洋物理研究室，时任物理系主任的何恩典先生牵头；在化学系新设海洋化学专门化和海洋化学研究室，由父亲负责。1959年，厦门大学与中国科学院共建福建海洋研究所（后改名为中国科学院华东海洋研究所、国家海洋局第三海洋研究所和自然资源部第三海洋研究所），郑重、何恩典和父亲三人又兼任了副所长或研究室主任。1963年，他们三人一同参与国家科委海洋组制订全国海洋科学发展规划的研讨，也一同在国家科委海洋组组长袁也烈牵头下，参与29名海洋专家联名向国家科委和有关国家领导人呈报的《关于加强海洋工作的几点建议》，建议成立国家海洋局，统一管理和发展国家的海洋事业。1970年，因院系调整而撤销的厦门大学海洋学系复建，将分设于各系的海洋生物学、海洋物理学、海洋化学等专业（或专门化）的教学、科研力量再次集聚起来。到了1976年拨乱反正后的"科学的春天"，何恩典出任海洋学系主任，父亲出任亚热带海洋研究所所长，老中青科学家

梯队齐整的厦门大学海洋学科再次成为海洋界的"南方之强",为社会输送了一代代具有创新精神和实践能力突出的海洋人才。

由于鼓浪屿特有的地理区位和人文氛围,因此无论是台海危机期间,还是政治动乱期间,鹿礁路厦大宿舍都成为校本部老师的避风港湾。1958年"8·23"炮战期间,生物系张其永老师一家三代就暂住在鹿礁路28号。张老师是厦门大学海洋学系1946级学生,我国第一批海洋学本科生之一,毕业后留校,跟随郑重先生从事科研与教学,成为知名的鱼类学和鱼类生态学专家。2016年,在厦门大学海洋学系70年纪念大会上,90岁高龄的他还上台演讲了一个多小时。张老师与鹿礁路厦大宿舍的缘分,还可回溯到新生院时期。1947年2月,厦门大学海洋学会成立,作为海洋学会的第一批会员,他和同学们就是在鹿礁路24号门前石梯上,与海洋学系创系主任唐世凤先生以及郑执中老师合影的。

◇◇◇ 厦门大学海洋学会第一次会员大会全体合影(1947年摄于鼓浪屿鹿礁路24号;前排左五唐世凤、左六郑执中,后排右二张其永;选自袁东星、李炎:《启航问海——厦门大学早期的海洋学科(1921—1952)》,厦门大学出版社2021年版)

鹿礁路 24 号和 28 号的地下室仓库里，当年还保存着不少新生院留下的旧物。记得 28 号地下室仓库有一间据称是新生院周辨明院长留下的公物，大部分是私立时期的学生登记卡片，还有灯具衣架一类生活用品，另有几个由编织绳网包裹的大型玻璃浮球，后来才知道这是海洋生物调查网具的系留浮子，估计都是 1937 年厦大搬迁长汀前，留在鼓浪屿福民小学物品的遗存。可惜 20 世纪 60 年代末那场动乱时期，该间仓库被梁上君子光临，可当废品收购的卡片、金属和玻璃制品都被一扫而空。24 号地下室仓库也满满地保存着很多从上海玻璃厂订制的水生生物样品瓶，听说当年工作人员订货时多写了一个"0"，造成大量的积压，只好从校本部运到鼓浪屿仓库长期保存。也是那场动乱时期，梁上君子发现这批生物样品瓶可卖到花鸟市场作为金鱼苗零售容器，遂隔三岔五破窗而入，一批批顺走。

父亲留有一张 1982 年在鹿礁路 28 号宿舍的工作照，好像正在整理出差报销凭证，所用的家具都是从地下室仓库租借的，很多还是新生院留下来的杉木家具，窗户上也加上了杉木条防盗格栅。那是父亲最忙的，也是心情最舒畅的时期，积聚多年的情感和能量一下子迸发出来。1978 年，他参加全国科学技术代表大会，又参加中国海洋科学代表考察团赴美考察海洋科学研究并洽谈中美海洋科技协作事宜。1979 年，他出席联合国教科文组织河口专门小组罗马学术会议，介绍"河口硅酸盐转移机理研究"等成果；出席了澳大利亚堪培拉"国际大地测量与地球物理协会、国际海洋物理科学协会"大会。1980 年，他参加化学海洋学的 Gorden 会议，介绍了"河口海水混合形成自生硅酸盐矿物实验模拟研究"等成果。1982 年，他参加加拿大 Halifax 召开的联合海洋学大会，交流了研究论文《从溶解态物质形成自生硅酸盐矿物地球化学过程及其与重

金属在海洋中迁移的关系》；1983年，他又出席在德国汉堡举行的学术会议。在这几年中，他邀请并接待不少国内外海洋学同行到厦门大学访问讲学。这期间他也积极向国外一流实验室的同行推荐中国海洋学年青一代出国学习深造，其中包括黄奕普、胡明辉、陈泽夏、洪华生、陈立奇、郭劳动等一批后来颇有影响力的化学海洋学学者。

◇◇◇◇ 在1983年4月12—16日于杭州浙江宾馆召开的东海及其他陆架沉积作用国际学术讨论会上，父亲李法西与我的合影

1980—1983年，父亲作为中国专家组成员参加了中美长江口沉积作用过程的联合调查研究。1982年，厦门大学的海洋化学学科争取到教育部下达的国家级重点实验室的创建任务。可是他的身体状况越来越差，在家养病的时间越来越多，那个设在鹿礁路28号宿舍通道间，醒目地悬挂着周总理著名工作照的小会客室，成为他与来访的同事和同行们讨论海洋学的主要场所。但也是在这个时候，当时还在北京大学地质地理系

求学，或开始入行国家海洋局第二海洋研究所河口海岸室的我，才有机会一边给来访的前辈们倒茶，一边倾听与思考他们的讨论。我能感觉到，父亲脑子里的蓝图，正像他在《东海海洋》创刊贺词中所说的，已经紧紧围绕着物理海洋学、地质海洋学、生物海洋学和化学海洋学这四个海洋学分支学科的"相互渗透配合的综合性研究工作"。他多次与我讨论关于河口与深海自生矿物的地质学观点，讨论如何将细颗粒沉积物作为凝聚河口化学与河口动力学和河口沉积学研究主题。记得有一次，他非常兴奋地找我讨论他们实验室刚刚获得的模拟河口过程试验自生硅酸盐矿物的显微照相、X光衍射以及电子探针扫描结果……可是这段与父亲学术距离最近的难忘时光，却在1984年6月戛然中止，当母亲和我陪伴从上海胸科医院手术治疗出院的父亲返厦途中，他在火车卧铺上不幸突发脑出血，并在一年多后离开我们，离开他一生热爱的人们和他一世追求的科学。我只能从他留下来的论文和报告中，一次次去体会他们那被当今学界因碳中和挑战再次关注的河口硅酸盐逆风化理论光辉。

国内海洋科学研究群体相对较小，学术会议上经常遇到熟悉的同行。2002年我从杭州调到厦门大学海洋与环境学院，能够在父亲长期工作过的映雪楼里任教，接着研究九龙江河口和台湾海峡的海洋学问题。我大哥李立则在厦门的国家海洋局第三海洋研究所从事物理海洋学研究，大嫂陈淑美也曾在该所从事海洋化学研究，他们的女儿李钫后来也成为该所的海洋生物学研究员。方德植先生抗战期间留在浙江老家的二儿子方国洪，先在青岛的中国科学院海洋研究所当了几十年的物理海洋学室主任，后来转到国家海洋局第一海洋研究所，并在那里当选为中国工程院院士。当来自不同机构的我们相遇时，共同话题的引子却常是鼓

浪屿鹿礁路28号。这座日本由警察署和监狱改造的厦门大学教工宿舍，竟然深深地联结着将近100年的中国海洋科学发展历程。

◇◇◇ 陈碧玉校长与长子李立教授出席厦门大学海洋学系建系60周年纪念大会（2006年10月20日）

我与鼓浪屿鹿礁路28号有缘

洪华生

我是鼓浪屿的"岛民"，而不是鼓浪屿鹿礁路28号的居民，但是我与28号有缘，因为我的父亲曾经被日本人囚禁在28号，我的恩师李法西教授与陈碧玉校长一大家子，是居住在28号几十年的老住户。

我的父亲洪克刚，1932年获得庚子赔偿助学金，前往日本就读早稻田大学，1937年就获电气工程工学学士学位。七七事变前离开日本回国，在厦门鼓浪屿当家庭老师，学校代课教师。他联系爱国青年和群众，积极宣传抗日爱国思想，并且不愿意为日本人当翻译。1941年被日本领事馆宪兵以抗日之嫌逮捕，关押在鼓浪屿鹿礁路28号——日本领事馆的地下室一个多月，后来经过祖母设法营救出来，逃难到菲律宾，投靠大伯父。1942年太平洋战争爆发，菲律宾也被日本占领，他就和我妈妈洪如萍一起参加地下抗日工作，1945年参加了菲共组织。1954年，菲律宾警察当局根据国民党右派提供的名单进行大肆搜捕，爸爸和妈妈同时以共产党嫌疑被逮捕，后来伯父花钱营救办理担保手续，保释在外候审。记得每周我们还要跟爸爸妈妈到警察局去报到，后来在组织的帮助下，于1954年和1955年分别带着我们五姐弟回国。父母精忠报国的爱国情怀以他们的言行潜移默化影响着我们姐弟，成为我们的人生指引。后来我到美国攻读博士，爸妈一再嘱咐学成后要马上回来报效祖国。

我的恩师李法西先生，是中国海洋化学的开拓者和学术带领人。李法西先生1943年毕业于中央大学化学系，曾在美国俄勒冈大学化学系、加州理工学院分别攻读硕士和博士，1950年秋博士初试时，正值朝鲜战争爆发，他毅然响应周恩来总理关于海外留学生归国的号召，中断学业回国支持国家建设，在厦门大学化学系执教。此后一直致力于培养海洋化学人才，建立海洋化学研究基地。

"文革"期间，李先生受到了不公平的待遇。1970年4月，厦大复办海洋化学系并设置海洋化学专业，当时李先生虽尚未平反，仍然利用一切可能的机会，推动海洋化学教学与科研活动，组织同事翻译美国Honrne所著《海洋化学》一书，为追赶国际同行的进展做准备。1978年得以平反后，他马不停蹄地参加了首个中国海洋科学代表团赴美访

问，随后出任厦门大学海洋学系副主任和重建的厦门大学亚热带海洋研究所所长。

李法西先生非常重视对中国海洋化学人才的培养，1978年全国恢复高考和恢复研究生招生制度之后，李先生和他的研究小组先后承担了我、张家忠、郭劳动、罗尚德等几批海洋化学专业研究生的培养任务，并为厦门大学与其他海洋单位数十名留学研究生和年轻教师研究人员牵线搭桥，为他们推荐世界一流的学习院校和导师。在李法西先生的推荐下，我得以于1978年参加公派出国研究生考试，并于1980年到美国罗得岛大学攻读博士，师从著名海洋物理化学家Dana Kester教授，从事微量元素的化学海洋学研究。李法西先生当时随国家海洋局去美国考察的时候，到了罗得岛大学，认识了Kester教授，他也是搞化学海洋学的，李先生写信给他推荐我，虽然当时他们学校从没有大陆去的研究生，刚开始也没有托福和GRE的要求，因为是公派的，国家一个月给400美元的生活费，但是需要学校免学费和其他一切费用。由于Kester教授非常信任李先生，所以他很高兴地接受了这些条件，并帮忙办理了我的入学手续。

有着海外留学经历的李法西先生，随和、睿智又不失严谨，讲课虽慢条斯理却深入浅出、风趣幽默，再枯燥严肃的课题和知识，到了他那里都能变得轻松、易懂和有趣，所以很多同学都喜欢上李先生的课。即使我到了国外，李先生还是经常通过写信等方式，关心我的学习和科研。李法西先生身体力行，积极倡导海洋化学工作者"下海"，积极推动海洋学分支相互渗透、互相配合，解决重大海洋科学问题。他全力促进化学海洋学领域的国际合作与国际化人才培养，推动了改革开放时期我国海洋化学，特别是化学海洋学的迅速发展，并且率先开展了九龙江口硅的系列研究。作为我国海洋化学学科的奠基人，李法西教授不仅是我的恩师，更是我的楷模和榜样。

我清楚地记得，1982 年暑假，第一次回国时，李先生正好在北京，在厦门碰不上面。返回美国前，李先生约我在北京会面，还特地请我在北京有名的"老莫"（莫斯科餐厅）吃饭，他语重心长地对我说："你要好好学习，学好扎实的本领，将来回来报效祖国。"我怎么都没有想到，这竟然是自己和李先生的最后一次面谈。由于"文革"期间的旧疾加重，李先生在 1984 年做了手术，出院后又突发脑出血，等到 1984 年 11 月我再从美国归来时，李先生已经没法开口讲话了。而在此之前，他仍然一直通过家人写信敦促我尽快回国，投入厦大海洋化学学科的建设，传承他为之奋斗了大半生的事业。他殷切地希望，也坚信自己这位优秀的学生一定可以接过他的衣钵，为厦大、为中国的海洋化学科研教学做出突出的贡献。1984 年 6 月 6 日做手术之前，李先生写下了人生中最后一段文字——"一愿全国海洋化学界的伙伴为建立我国化学海洋学这门新兴的交叉学科的研究队伍而努力，使它能在我国开发海洋、建设四化中发挥作用。二愿厦门大学海洋系同志，特别是海洋化学研究室的同志们，能够珍惜已有的一点成绩和已经形成的力量，更好地团结协作，一切以共同事业为重，不辜负上级领导的重视、支持和期望……外国有一格言：Life is to give，not to take（生命在于奉献，而不是索取）。"在以后数十年的漫长岁月中，我能为厦门大学、福建省乃至全国的海洋科学教学和科研以及国际化合作，无怨无悔地奉献着，是因为恩师的教导和嘱托一直在我的心中。

　　我的中学时代是在鼓浪屿厦门二中度过的。回顾多姿多彩的中学时代，感到非常幸运。我仍然时时感念当年母校为自己夯实的人生的基础，包括道德理念、文化素质、做人原则等，都让我终身受益。当时，二中的师资情况非常好，老师以身作则，言传身教，用高尚的情怀育人。这其中，我印象最深也最感恩的正是可敬可亲的陈碧玉校长——李法西先生爱人。陈碧玉校长抗战时期毕业于厦门大学数理系，师从厦大老校长萨本栋教授。她从1952年起担任二中校长，有口皆碑，说她影响了鼓浪屿近半个世纪的教育史，一点都不为过。陈校长德高望重、学识渊博，为教育一生不懈追求和勇于奉献的精神，不仅是我学习的楷模，更成为我的人生标杆。

　　我记得，在二中读书的时候，陈校长最重视的就是培养学生高尚的情操、科学的理想以及外语的能力。居里夫人是陈校长的偶像，她常常以居里夫人为例子，教导我们用什么样的态度来对待学习、对待工作、对待自己的生活。我还记得，自己因为高考没有考上第一志愿清华大学而只被厦门大学化学系录取而难过时，陈校长语重心长地鼓励我，不要失望，又给我讲了一遍好好学习居里夫人在科学领域里不懈奋斗的故事。后来，我一直牢记居里夫人的那句话——人生如梦，要把梦想变成现实。1978年，一声春雷带来了科学的春天，高校又恢复招收研究生，自己被"文革"淹没的科学梦想又重新被点燃了。可是，作为已经34岁、2个孩子的母亲的我，重新捡起丢失10年的书本，报考远离工作单位的母校研究生，是不是白日做梦？在这茫然的关键时刻，陈校长"肯定行"的鼓励和支持，给了我极大的勇气和毅力，成就了自己人生重要的一个转折点。

我还记得，1984年底学成回国后，去医院探望在病榻上的导师。李先生说话已经有些困难，还是陈校长一字一句地"翻译"着李先生的嘱托，希望我回到母校继续李先生未竟的海洋事业。正是老师的殷切期望，使得我狠下决心，无论前进的路上有多么艰难，都要一如既往地追寻着那蓝色海洋梦。因为出国留学4年，加上回国后李西先生就去世，所以我跟陈碧玉校长的感情从中学时代一直延续到2021年，她百岁高龄辞世，有60多年之久。陈校长虽然没实现"居里夫人梦"，但她以居里夫人为榜样，教育学生和下一代，要"让学生像居里夫人那样既有渊博的学识，更有高尚的品德，善良、正直、聪慧，有非凡的毅力、创造力，有爱国心，有社会责任感，成为一个人格完整的人"。我就是其中终身受益的一名学生。

因为陈校长只有5个男孩，所以她也把我当成女儿疼爱，超越了师生情。我家住在鼓浪屿体育场旁边，每次周末回家去看望我爸妈，我总要先拐到原来的日本领事馆厦大宿舍去看望陈碧玉校长。她每次都很认真地询问学校海洋发展的情况，几十年来，每

◇◇◇◇ 陈碧玉校长和其学生洪华生教授被评选为厦门市"十大杰出时代女性"（2010年3月8日）

当我取得"一点点进步"向她汇报时,陈校长总为我高兴;每当碰到困难向她倾诉时,陈校长总会及时给予指点和鼓励。2010年"三八"国际劳动妇女节100周年之际,厦门市推评出"十大杰出时代女性",陈碧玉校长和我都是其中之一。她非常高兴,把她和我站在台上的一张照片一直摆在客厅里。陈校长不仅是我的楷模,更是我人生的一盏指路明灯。"女性一定要自强自爱,碰到困难要克服,不要随便放弃。"陈校长的这句肺腑之言,成为我的座右铭之一。几十年来,陈校长对教育事业的追求与奉献,先进的教育理念和高尚的品格,对我后来献身海洋教育事业,起到了极大的示范作用。

◇◇◇ 唐绍云油画作品:海洋桥·海洋楼

鹿礁路 26 号：回忆父亲韩国磐先生

韩　旻 *

在鼓浪屿钢琴码头上去不远，坐落着三座红砖楼，分别是鹿礁路26号原日本警察署宿舍；鹿礁路28号原日本警察署和鹿礁路24号原日本领事馆及其附属建筑。1896年，日本上野专一担任日本领事馆厦门领事，兴建了日本领事馆，1982年又建了日本警察署和警察署宿舍。1937年，日本发动了全面侵略中国的战争，领事馆关闭，至1938年厦门沦陷后

* 韩　旻，厦门理工学院教授。

重新开馆，主要以领事官邸、一部分馆员和警察官活动为主。1945年日本无条件投降后，领馆停止运行。此后交由厦门大学作为职工宿舍使用。

三座红楼用围墙围起来，前门是铸造的雕花大门，十分气派，据1993年出版的《近代建筑总览－厦门篇》所辑伊藤聪著《厦门日本领事馆的建设及台湾总督府在厦门的活动》一文记载，铸造的雕花大门是1897年在日本造好后运过来装上的，这是我们儿时攀爬玩耍的地方，1958年大炼钢铁时被拆去炼钢铁了，宿舍里面的孩子一觉睡醒，玩耍的地方没有了，遗憾了好一阵子。后门是一个小门，直通鼓浪屿医院和鼓浪屿商业街，院子里的人们大都从后门进出。自从大门被拆除之后，住在鼓浪屿附近一带的居民都从院子穿过，成为一条便捷的鼓浪屿商业街通道。

从大门进去的左边，是一片场地，种有板栗树、冬青、要有一株老榕树，老榕树枝繁叶茂，是院子里小孩夏天玩耍的好地方。2016年莫兰蒂台风刮倒了这株大榕树，现在是卧式地顽强生长。1960年困难时期，院子里几乎家家都养鸡下蛋补充营养，各家在每只鸡羽毛上做记号，白天放养在院子里，晚上再收回家。收鸡是个体力活，围着院子一番追逐，好不容易才能将鸡全部抓到笼子里。记得我家这个体力活一直是哥哥韩耿承担的。

大门的右边有上下两片场地，下面有一口井，自来水管道还未铺设到鼓浪屿时，我们常常到这口井打水，上下两片场地还种有几株龙眼树，每年龙眼刚长有一点肉时，院子的孩子们就千方百计地去摘龙眼，一直到龙眼成熟，那几株龙眼树，让孩子们快活了好几个月。院子里除了上课时间外，都是孩子们的喧闹声，打仗、跳格子、转陀螺、打珠子、捉迷藏，各种游戏轮番玩，到了饭点大人出来招呼，孩子们才陆续回家。

我的游泳还是黄典诚的女儿黄平茹教的，先是面朝下飘在海面上，再就是学手脚划动，抬头呼吸。暑假天天去游泳，一天去两趟，头发从早到晚都是湿的。1960年困难时期，上下两片场地都种上了青菜，大人小孩有空都在菜地忙活。上面的场地原有一根粗大的原木旗杆，约有十几米高，儿时的我们都想攀爬上去，但是终究是没能完成挑战。

鹿礁路26号日本警察署宿舍，整座楼房只有上下两层四套宿舍，每套都有一百多平方米。我的父亲–厦门大学文科资深教授韩国磐先生和母亲刘慈萍从1951年搬进鹿礁路26号楼上，一直住到双双去世，经历了52年的岁月。这楼还住了数学系李文清教授一家，南阳研究所李滋仁研究员一家等。

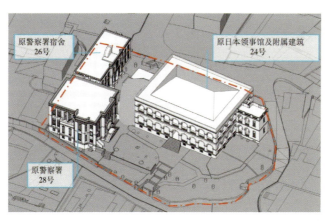

◇◇◇◇ 日本领事馆设计图

与鹿礁路26号日本警察署宿舍一墙相隔的是原大和俱乐部日本小学校，新中国成立后更名为侨办小学，宿舍的孩子全部就读该小学。由于小学和我家只有一墙之隔，我和哥哥韩耿往往在上课钟响起才翻墙到学校，三遍钟声结束时，我们已经端坐在教室的座位上了。

新中国刚成立不久，百废待兴，学校缺乏经费，爸爸妈妈便从生活费中节约出来，每年为小学捐款，由于热心捐款支持办学，侨办小学还专门颁奖给我的父母亲。1997年我母亲去世后，父亲韩国磐先生将家里的积蓄以母亲刘慈萍的名义捐给厦门科技中学，作为奖学金；父亲非常重视教育，还捐款资助家乡的如皋韩庄小学办学。

"文革"初期，韩国磐先生被打成反动学术权威，批判他学术的大字报铺天盖地，回到家里，要自己做高帽，做"反动学术权威"的牌子，挂牌戴高帽到学校游街接受批判，母亲愁得一夜未眠，而父亲做完牌子和高帽，安然入睡，"心底无私天地宽"呀！ 1971年，父亲彻底平反了。也是在这栋小楼，韩国磐先生完成20部著作，127篇论文，成为当代中国魏晋隋唐史学科和中国经济史学科的奠基人之一，也是我国第一个专门史（经济史）国家重点学科的主要奠基者和学术带头人，为中国古代史教学和研究做出了杰出的贡献，被誉为"一代宗师、史学泰斗"。

再次回到父母亲居住了52年的故居，院子里的住户都迁出了。修旧如旧，如今收归为厦门大学人文社科艺术高等研究院。从后门望去，仿佛父母亲还站在楼前，仿佛又能聆听到父亲那博大深邃的大道之音，默默领会那山高水长的情怀。

◇◇◇ 韩国磐先生和夫人刘慈萍合影

演武小学百年回眸

钟安平

　　我是厦门市东澳小学1965届毕业生，母校现在叫厦门市演武小学，最早叫厦门大学附属模范小学，至今已有近百年历史了。我母亲与五位姨舅及我兄弟俩都在这所小学读过书，对它很有感情。

　　厦门大学附属模范小学于1925年8月创办，隶属厦大教育学院，校址在现在厦大医院位置。当时厦大是私立，为便利本校教职员工子弟就学和教育科学生教学实验，在教育科（教育学院）附设模范小学，小学主任（即校长）初期由厦大教育心理学教授孙贵定博士兼任，1926年改由张祖荫担任，1927年由教育学院助教黄傍桂接任。模范小学当时是比

较现代化的小学，1925年秋刚开办时有三个年级，学生68人，1926年秋增至五个年级，学生136人，以后逐年增加。校内运动场、教室、办公室、教员寝室及图书室、会客室、膳房等一应俱全。学校采用新的学制，一、二年级为设计部，上课时试行混合设计教学法，学习时间无固定时间表，不分科目，由教师指导儿童设计学习。课余还组织学生会、演说竞赛等活动，"俾学生所学，得适用于现代之社会焉"。

中科院院士、诺贝尔物理学奖获得者杨振宁是厦大附属模范小学的校友。他的父亲数学家杨武之（当时名杨克纯），1928年秋到厦大算学系任教授，6岁的杨振宁随家庭来到厦大，因此也在模范小学读了一年的书，他的数学和国文都念得不错。1995年7月底至8月初，第19届国际物理统计大会在厦大举行，杨振宁前来参加。他说，小学在厦大附小读书，如今已离开67年之久，想再看一下当时的学校。遗憾的是原来的小学已经拆除。厦大相关方面召集一些老教授开了座谈会，回忆当时的情景。杨振宁在会上当场写下了这样一段话（如下图）：

◇◇◇ 杨振宁与父母在厦门的合影

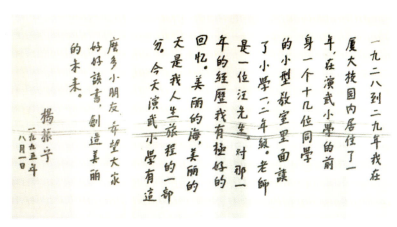

一九二八到二九年我在
厦大技园内居住了一
年，在演武小学的前
身一个十几位同学
的小型教室里面读
了小学一、二年级。老师
是一位汪先生。对那一
年的经历我有极好的
回忆。美丽的海，美丽的
天是我人生旅程的一部
分。今天演武小学有这
的未来。

磨多小朋友，希望大家
好好读书，创造美丽

杨振宁
一九九五年
八月一日

◇◇◇◇ 杨振宁手书

1929年8月模范小学改名为私立厦门大学实验小学，校长仍为黄傥桂，学生达200人。1931年初，厦大实验小学有教职员11人，学生192人（男生129人，女生63人），分为五个班：一年级28人，试行设计教学法；二、三年级复式班50人，实施复式教学法；四年级40人，施行普通教学法；五年级41人，六年级33人，都是施行自学辅导法。1935年厦大实验小学校长由教育学院助教茅乐楠接任。

我外公何励生1928年与杨武之教授同时到厦大工作，不久就担任文书课主任兼半月刊总编辑、校闻总编。1930年我母亲何吉利出生，她6岁时，外公送她进厦大实验小学读一年级，启蒙女老师名叫李淑美。据《厦大校刊》报道，1936年厦大实验小学有10余位教职员工，共有学生252人，其中男生182人、女生70人。当时厦大重视附属小学教育，幼教们还有研究任务，李淑美老师曾做过低年级唱游设计的专题研究。实验小学还出版校刊，进行了教学实验研究。据《厦大校刊》1936年10月15日报道，最近实验小学校刊第一卷第二期《实验研究专

号》已出版，刊载了茅乐楠、简达森、郭行初、卢江潮、周在田等作者的14篇文章。《厦大校刊》经常刊载附属实验小学的报道。如1937年4月6日《厦大校刊》纪念校庆16周年专号刊载了《附设实验小学概况》，介绍实验小学上年秋天因学院合并改为附属于厦大文学院，校内分设总务、教导、实验研究三部，专任教职员9人，兼任2人。学生299人（其中男生206人、女生93人）。

1937年7月，厦大改为国立不久，卢沟桥事变爆发，日寇侵华战事扩大，威胁厦门，厦大即停办了实验小学，部分师生和家属临时搬到鼓浪屿，全校于当年底迁往长汀。

1946年夏，厦大从长汀复员迁回厦门，教职员工子女到市区就读不便，教育系学生实验亦有需要，但教育部规定只有设师范学院的大学才能附设小学，厦大只有教育学系不能附设。为此汪德耀校长到教育部汇报，教育部批准复办厦大附小，其名称为"国立厦门大学附属小学"，并规定当年最多先办六个班，以后再逐年增加招生。汪校长和教育系主任李培囷教授10月间电告1945年厦大教育系毕业的潘懋元，担任教育系助教兼小学校长，筹办附小复办事宜。经过短暂筹备，复办的厦大附小于1946年12月23日开学，先用厦大囊萤楼后面的西餐厅一排平房作为临时校舍。厦大附小的教职员，除校长由潘懋元兼任外，教务主任是教育系助教郭佩玉，事务主任是陈永垂。据卢嘉锡教授的长子卢嵩岳回忆，他当时在那里读五年级下学期，五年级有16名同学，六年级有林华山，四年级有王洛林、蔡俊修等。

厦大对附小十分重视，第一学期放寒假前，厦大校长汪德耀到附小恳亲会讲话鼓劲。并于1947年1月专门成立附小指导委员会，由汪西林任主席，李培囿、郭一岑、陈景磐、陈朝璧、古文捷、潘懋元为委员，秋季又增加林砺儒为委员。指导委员会每两周召开一次附小教员座谈会，由委员轮流主持。鼓励附小教员到厦大旁听心理学、小学教材教法等教育课程。限于校舍与设备，附小招生比较严格，1947年3月新学期开学前招收插班生，报考者78人，只录取21人，备取12人。

据《厦大校刊》1947年2月28日报道，附小的教导方针有四：（一）注重三育并进。每周有德性训练及课外活动，已举行秩序周、礼节周、服务周、孝顺周、仁爱周、勤俭周、整洁周、助人周、学问周。已举行拔河、写字、跳绳比赛。每天早晨早操，全校师生参加。（二）注重个性教育。每位教师每周家访至少两次。（三）注重国语教育。校内禁用方言。（四）养成清洁秩序习惯。每日进行教室及个人清洁与秩序检查，每周给奖一次。潘懋元校长重视学生德智体全面发展，经常教导学生不但要学好文化课，还要注意锻炼身体，健康成长。学校有两张乒乓球桌，每学期都举行乒乓球赛，他亲自当裁判；让孩子们尽情地荡秋千、砌沙盘、放风筝。学校校车每天接送孩子们上下学。附小设立学生牛奶站，每天早上孩子们还能喝一杯牛奶。

厦门市教科所原所长谭南周先生载文介绍潘懋元先生的文章《厦大附小散记》回忆这段厦大附小校长的经历。首先是师资问题，厦大前校长萨本栋教授规定"夫妻工能回校"。潘懋元坚持这种规定，认为一批教授夫人在附小任教很不好管理。他向汪德耀校长说："教师，由我聘；聘书由你来发，我副署。"从而获得了聘请教师的自主权，通过各种渠道聘了一批好教师。

其次是用什么样的教育理念来办学的问题。潘懋元对杜威的"从做

中学",陶行知的"生活即教育""社会即学校""教学做合一",陈鹤琴的"活教育"等思想,进行了深刻的学习和理解,并收这些理念积极践行于办学实践中,取得了十分显著的办学效果。潘懋元还为学校写了首"校歌":"歌声和海韵,我们的学校在太武山南、鹭水滨。沙滩上,拾贝壳;清风里,荡秋千。做工,游戏,游戏,做工。如问力学,好动力行。循科学的大道,做民主的公民。歌声和海韵,我们的学校在太武山南、鹭水滨。小社会,真生活,用脑多,用手勤。家庭,学校,学校,家庭。师长慈和,同学相亲。循科学的大道,做民主的公民。"2010年后,他还到厦大附小,也就是演武小学,回首往事,与师生一起再唱这首校歌。

附小注意密切家校联系,每个学期结束时都要召开恳亲会,邀请学生家长参加座谈,观看学生表演。省内许多学校师生纷纷到厦大附小参观。据《厦大校刊》1947年6月26日报道,最近来校参观的有南安师范、平和简师、仙游师范、侨民师范、龙岩师范、侨师附小、毓德小学及晋江国校参观团等。

1947年秋季,厦大附小从西餐厅迁到海边(即现在厦大医院处)新盖的两排平房新校舍。附小校舍设备建设告一段落之后,附小开始加强教育实验研究工作。据《厦大校刊》1948年3月31日报道,实验研究包括:(一)修订并补充教材。(二)专题研究,由各教师分别从事实验研究并限期提出报告。(三)教学座谈会,经常由各科教师主持召开。1948年7月上旬,厦大附小第二届毕业生毕业。据《厦大校刊》报道,本届有毕业生17人,前四学期平均成绩76分以上者报送本市优良中学升学。全体毕业生集资捐赠给母校铜钟一口,作为作息号钟。

1948年6月28日，潘懋元辞去兼任的附小校长职务，厦大改派教育系助教汪养仁兼任附小校长。汪养仁在抗战之前曾担任厦大附设模范小学、实验小学教务主任10年，小学教育工作经验丰富。他接任校长后，在1948年秋季新学期第七周进行学生标准测验，在此基础上各年级实行分组教学，高才生不受进度限制，尽量发挥其能力；低能生进度可稍慢，避免降级。

新中国建立初期，在厦大附小办学的同时，南普陀寺又办起一所小学。当时南普陀寺佛教养正院停办，厦门郑梦星（普雪）居士向南普陀寺倡议，利用养正院的场地设备开办养正义务小学，免费招收附近儿童入学。此举得到南普陀寺常住和佛教界人士的赞同，乃报请市教育局批准正式开办，于1950年春季开始招生，设初小、高小两个学段4个班级，校长由南普陀寺提名郑普雪担任，报请教育部门正式任命，教师8人，其中特聘厦大学生6人兼课。郑普雪校长是闽南史学界名人，耄耋之年还担任《厦门佛教志》（2006年）和《南普陀寺志》（2009年）主笔。

◇◇◇◇ 2007年，84岁的郑普雪老校长接受厦门晚报采访

1950年秋季，厦大决定撤销附属小学，其学生和教学设备转入养正义务小学。养正义务小学校名中的"养正"，源自南普陀佛教养正院，顾名思义就是颐养正气。养正小学学生数量骤然增加，达到250多人。养正义务小学成立校董会，由林金沙和南普陀住持释广心、释本宗等任校董，林金沙任校长，教员仍然多数聘请厦大学生兼任。但学校经费却

由于南普陀寺难以支撑而产生困难，市教育局批示组织校董向社会募资，教育局给予部分补助，才得以继续维持办学。1952年6月，原倡办学校负责人离开后，养正义务小学即与南普陀寺脱钩，由市教育局接管，改为公办，更名为东澳小学，继续招收厦大教职员工子女和附近居民子女入学。原校董会撤销，思明区人民政府指派林友梅出任首任校长，学校教员8人，职工1人，学生约200人，校址仍设在南普陀寺养正院旧址。

◇◇◇ 林友梅校长（1952—1965年任校长）

当时东澳小学的校名，是从南普陀寺附近的村名东边社、顶澳仔和下澳仔中取字组成的。厦门有个东澳地名，在何厝村东澳社，村边的小山在清代叫东澳山，现在叫香山。但是东澳社距离南普陀寺十几公里，与东澳小学的取名无关。20世纪60年代初，由于生源增加，校舍不够，东澳小学又在南普陀寺外西边山坡上（钻钱孔石边）建设了几间教室，给低年级使用。

◇◇◇◇ 东澳小学校舍一角，中间是大教室，左侧是南普陀寺鼓楼

东澳小学还组织师生参加社会的政治活动。1958年8月1日，东澳小学师生参加厦门市反对美英侵略中东化装示威游行，在街头演出了支援阿拉伯人民斗争的活报剧。

◇◇◇◇ 前排：左一陈重煜，左二黄木妮老师，右二吴秀英老师，右一潘凯伦；
后排：左一陈安琪，左二方玮玮，右二方金妹

上面的合影后不久，发生"8·23"炮击金门作战，东澳小学一度临时搬到大生里上课。

东澳小学经常组织学生参加市里和区里的各项文化、体育、文艺比赛，并获得较好名次。1963年3月5日，毛主席发出"向雷锋同志学习"的号召，东澳小学也开展了这项活动，并邀请驻扎在厦大海边磐石炮台的几位解放军战士担任少先队课外辅导员，其中担任六年级课外辅导员的是骆道发，担任我们三年级甲班辅导员的是肖昌贵。我们1965年毕业后，过了几年肖辅导员也复员回家乡了，失去了联系。一直到2016年我们班才找到他，并派了7位同学去江西安远县探望慰问，50多年后重逢，大家都很激动。厦门是海防前线，厦门军分区与市教育局、体委在全市小学组织开展手旗训练，东澳小学于1959年组建手旗队。第一批队员有潘世墨、林之遂、许邦伟、黄晞4人，吴秀英是带队老师。手旗队在1960年、1964年和1965年全市小学手旗比赛中都取得优秀成绩。

1965年厦门市发的手旗比赛纪念奖（笔者在右起第三列东澳小学队）

东澳小学从1960年招生开始，同时实行六年制与五年一贯制，由于我读的是五年一贯制，1965年夏我所在的五年级甲班与建平所在的六年级班一起毕业。毕业证书上有校长林友梅的签章，她当了13年校长，培养了几百名毕业生，桃李满天下。给我们发完毕业证书，当月她就退休了，由思明区教育局任命的新校长周惠珍接任。

◇◇◇◇ 1965年7月，东澳小学老师欢送林友梅和欢迎周惠珍
（前排：左三林友梅，右二周惠珍，右一黄木妮；二排：右三黄珠美，右二吴秀英，右一陈金銮；后排左一王洁治）

1966年6月起，东澳小学教学秩序因"文革"受到破坏，虽还有上课，但与前已大不相同，例如当年毕业的学生拿到的毕业证书用蜡纸刻写油印，十分简陋。虽然毕业证书简陋，但东澳小学为学生打下良好的文化基础和学习能力。1968年底"复课闹革命"，市水产造船厂工宣队进驻学校，原有教学管理体制被废止，成立小学教育革命领导小组，校址仍设在南普陀寺，办学规模与"文革"前相近。原来的少先队改为红

小兵组织。1969年上半年，东澳小学曾短暂改名为朝阳小学，并办了戴帽初中班。初中班借用原厦大仪器厂靠近南普陀寺的一栋平房上课，外语老师是请厦大蔡姓女学生兼任。初中班只办了一个学期就并到厦门前线中学（现华侨中学）了。

1969年8月，朝阳小学改名为厦门市造船厂七·二七小学。1973年以后，郑仕仁接任七·二七小学革命领导小组组长，当时学校虽处在"文革"动乱年代，但是全校教师仍坚守岗位教学，办学规模有所扩大，实行五年制小学教育制度。

◇◇◇◇ 1966年7月，东澳小学发给邹友苏（思）同学的毕业证

1976年粉碎"四人帮"后，通过批判教育战线"左"的路线，1977年底各级学校恢复党委领导下的校长负责制，七·二七小学取消革命领导小组，由陈胞与任副校长。1978年至1979年由陈慰锭任副校长，1979年底思明区人民政府任命蔡琼珍为副校长，后升任校长。1980年，七·二七小学恢复东澳小学校名，消除了"文革"的印记，1981年8月由五年制改为六年制。

◇◇◇◇ 1980届（5）班毕业生合影（后排左六杨福源老师，左七胡国伟老师）

　　2015年12月，东澳小学1980届校友纪念入校40周年，在母校聚会，专门作了一首歌曲《匆匆四十年》，歌中唱道："日出五老峰，宿鸟迎晨钟，池边木棉纷飞絮，三三两两学童。"形象地描绘出当年地处南普陀寺的小学景色。

　　当年东澳小学的公章、校徽、通知单、毕业照、校门牌匾都将"东澳"的"澳"写成"沃"，属于不规范的简化字。许多校友都习惯于这种不规范的简化写法，过去的一些毕业照片上也有这种写法。但现在"澳"与"沃"的读音和释义都是不同的，不能通用。

　　1983年，东澳小学规模扩大，学生人数倍增，原在南普陀寺的校舍已不敷使用。南普陀寺也需要养正院老校舍复办闽南佛学院。在厦门市教育委员会、思明区人民政府、厦门大学和国家海洋第三研究所的支持

下，学校开始在演武池畔重建校舍，筹备迁校。1985年底，东澳小学正式迁址于当年郑成功操练水师的演武池畔。为纪念郑成功，市政府将东澳小学更名为厦门市演武小学。迁校后演武小学加快发展，规模扩大到20个班，学生1000多名，教职工40多名。学校开展以电教为突破口的教学改革，取得丰硕成果，成为省、市电教窗口学校，1988年全省小学电教现场会在演武小学召开。1990年12月，蔡琼珍校长退休，思明区人民政府任命蔡家珩为校长，1992年甘秀琴担任小学党支部书记。演武小学深入贯彻党的教育方针，深化教育改革，开始了新的征程。

1995年8月1日，趁杰出校友杨振宁院士来厦大参加第19届国际统计物理大会之机，演武小学师生代表拜访了他，向他赠送了"华夏之光"的书法条幅作为纪念。

◇◇◇ 1995年8月1日，演武小学学生向杨振宁赠送书法条幅（左一杨振宁院士，中为厦大教授王小茹，右一为演武小学校长蔡家珩，右二为条幅作者余麒祥同学）

我所在的东澳小学1965届五甲班毕业同学，为了感谢母校的培养之恩，专门制作了一座雕塑献给母校，立在母校操场旁边。雕塑中的老师是已故的五甲班第一任班主任吴秀英的形象创作。上方"月亮在白莲花般的云朵里穿行"的音乐旋律，是当年老师教唱的少年歌曲《听妈妈讲那过去的事情》中的一句，体现了雕塑的主旋律。

◇◇◇◇ 2006年1月22日，演武小学举行1965届五甲班捐献
雕塑揭幕仪式时五甲班同学合影

2009年厦大88周年校庆时，厦门大学与思明区人民政府共建厦门市演武小学，签订协议书，把"厦门大学附属演武小学"作为学校第二名称。2011年3月，演武小学扩为两个校区：演武池校区（老校区）和大学路校区（原鹭江大学）。演武小学校园扩大后，校园建筑面积近万平方米，全校40个教学班，教师近百名，学生2000多名，学校现代化教学设备完善，具有校园网、闭路电视系统、广播系统、远程网络系统、演播室、多媒体电教室、网络电脑室、自然实验室、多功能教室、图书馆、电子阅览室等。

为了弘扬母校光荣传统，2011年3月，演武小学邀请91岁的老校长潘懋元到校给教师们作《回顾创校历史，弘扬演武精神》专题讲座。他在讲座上强调，唯有真正用心于教书育人，才会在三尺讲台甘之如饴，鼓励演武人继往开来再创新篇。

◇◇◇◇ 潘懋元老校长到演武小学开讲座（2011年）

2014年10月26日，趁台湾著名诗人余光中应邀出席在厦门举办的"海外华文女作家协会双年会"之机，演武小学蔡宏敏校长、蔡红红副校长在厦门大学台湾研究院徐学教授（1965届五甲班同学）的引见下，在厦门大学文化艺术中心拜访了余光中先生。

◇◇◇◇ 余光中先生为演武小学馈赠墨宝"演武不忘修文"，这是他首次为祖国大陆小学题词（左起蔡宏敏、余光中、徐学）

2000年9月，吴章玲副校长接替蔡家珩担任校长，10月吴校长因病逝世，由方勇财接任校长，罗平（1965届五甲班同学）任副校长。2003年底方勇财调到区教育局工作，由罗平副校长临时主持工作。2004年9月，由蔡宏敏接任校长。2015年2月底由王志勤接任演武小学校长。厦门大学对附属演武小学班子建设也很重视，派来两位优秀干部挂职任副校长。

2019年底，演武小学大学路校区开始进行扩建，扩建项目包括新建教学楼、新建大门、新建运动场地（观众席主席台、200米环形+60米塑胶直跑道、足球场、篮球场等）。

衷心祝愿母校更高更强更好地发展，母校的明天更加美好！

◇◇◇ 演武小学校门

厦大幼儿园：孩子们的"人生起跑线"

潘世墨　郑诚燕[*]

那浮雕上，嵌有两帧留住历史的老照片

潘世墨

在厦门大学幼儿园建园70周年前夕，我们步入幼儿园大门，迎面

---

* 郑诚燕，厦门大学幼儿园党支部书记。

投入眼帘的是一幅大型玉石浮雕《永远的厦大孩子》：在蓝天与碧海环抱之中，在翱翔的白鹭、游弋的白海豚伴随下，幼儿园如同一艘巨轮，从五老峰下演武场启程，驰向浩瀚的海洋。在这幅美轮美奂的大型玉石浮雕画面上，嵌有两帧厦大幼儿园早年的集体照的影雕，非常引人注目。这两帧照片弥足珍贵，其中一帧《厦大托儿所》（1951年度下期结业纪念）是我母亲珍藏的老照片，10多年前厦大幼儿园建园60周年园庆时，我们家将它赠送给幼儿园收藏。这是厦大幼儿园最早的集体照，让我们不但能够追寻幼儿园70年前的踪迹，而且可以折射出厦门大学与闽西龙岩的一段情缘。另一帧《厦大幼儿园欢送毕业班留影》（1959年8月1日）（照片由幼儿园提供）是从幼儿园70年来历届毕业集体照中挑选出来的一幅"全家福"：12位老师与106名小朋友同框留影。慈祥的老师、活泼的孩子，洋溢着浓浓的师生情、同窗谊，让我们不但能够回想起在幼儿园度过的美好时光，而且可以回顾自己成长的经历。作为一个70年前的幼儿园小朋友，我愿将由这两帧老照片引发的所知所思，化作一瓣心花，献给我们的厦大幼儿园。

◇◇◇ 大型玉石浮雕《永远的厦大孩子》（潘世建供图）

　　鸣谢：这座大型浮雕是厦门凌云玉石集团谢友权总经理捐赠的。作品整体长4.8米，高2.6米，采用多种天然玉石雕刻而成。两幅影雕是厦门惠和股份有限公司李雅华董事长捐赠的。作品尺寸分别为40×60厘米，60×80厘米，采用大理石材质琢刻而成。

　　新中国成立之初，朝鲜战争爆发，台湾海峡局势骤然紧张，地处海防前线的厦门大学遭受到蒋介石集团的空袭和炮击，学校正常的教学、生活秩序受到极大的威胁。根据中央和教育部的决定，厦门大学理学院、工学院内迁闽西龙岩上课。1951年春天，时任厦大副教务长的卢嘉锡教授率领理学院、工学院师生700余人以及部分教职工家属子女，"疏散"到山城龙岩。龙岩人民热情欢迎厦大师生的到来，当地父老乡亲发扬革命老区的光荣传统，尽其所能，腾出民房、宗庙祠堂、小学校舍，作为教室、实验室和宿舍，使得厦大师生顺利安顿下来，而教工家属则安排在城关文庙（现已不复存在，旧址在老地委原档案馆后面）。

◇◇◇ 厦大托儿所师生合影（1951年12月摄于龙岩，潘世墨供图）

当时，教工家属就地在城关文庙办起厦大托儿所，托儿所有20多名学前儿童，老师主要是厦大教师的家属。在这帧老照片中共40多个人，我们尚可认出后排老师：左三林瑞云（经济系陈恩成夫人）、左四林友梅（办公室连少鹤夫人）、左六张瑞征（教务长章振乾夫人）、左十一龚延娇（教育系潘懋元夫人）。小朋友左起：第三排×××、何立士、章重、陈子声、潘凯伦、郑天昕、何立平、林之融、陈安琪、×××、×××；第二排×××、×××、戴熙功、郑元真、黄天倪、刘端适、陈登波、潘世墨、×××；第一排×××、×××、×××、×××、简庆闽、刘光朝、林之遂、×××、陈仲汀、张胜利。如果没有这帧老照片，大概没有多少人会晓得有这么一个托儿所，甚至影中人都认不出

自己当年的模样。

　　1952年2月，台湾海峡形势有所缓和，内迁山区的厦大师生及家属奉命返回校本部。虽然只有短短的一年时间，但是厦门大学与闽西龙岩的山海情结，却延绵不断，如1965年厦大师生赴上杭参加"社教"运动，70年代一大批厦大教工及其子女安家落户、上山下乡在武平、永定、上杭等地。

◁◁◁ 厦大幼儿园欢送毕业班留影（1959年8月1日，厦大幼儿园供图）

　　将厦大幼儿园各个时期的集体照片汇集起来，会让我们回忆起一段段的历史，编织出一串串的故事。在大型玉石浮雕的另一帧幼儿园早年集体照《厦大幼儿园欢送毕业班留影》（1959年8月1日）中，后排共有12位教师，我还记得20世纪50年代带过我们的关玉英老师（左五历史系李金培书记的家属）、柯碧黎老师（左三）、李亚招老师（右三）；还能够捕捉到印象的有：胡光瑶老师（右一体育部王光远教授的家属）、涂云芳老师（右五林鸿禧教授的家属）、郑云卿老师（右二经济系陈昭桐教授的家属）、卓琴如老师（右六）。之所以能够记得起、辨认出大几十年前的幼儿园老师，显然不是记忆力有多么好，而是自幼的尊师之心使然。

根据厦大校史资料记载以及年逾七秩的园友记忆，厦大托儿所的首任所长是一位姓费的女士。第二任所长是石钰臻女士（1953年上任），园址已经在大南新村9号（俗称"红楼"），当时在同文路厦大宿舍区还有另一个托儿所。1956年，厦大托儿所更名厦大幼儿园，先后担任园长（或者副园长）的有：胡光瑶（1956年）、章绮霞（1960年）、陈美美（1962年）、葛来萍（1964年）、陈玲（1973年）、卓琴如（1978年）、章仁美（1979年）、黄琪玲（1983年）、黄淑联（1994年）、蒋力（2002年）、林健敏（2006年）、陈维欣（2010年）。

厦大幼儿园一代一代的老师、阿姨们，是无私奉献幼儿教育事业的"园丁"。她们十几年、几十年如一日，毕生精心培育小树苗长成参天大树。现在的教师群体，继承幼儿园的优良传统，不但有爱心，更有"专心"。园长王美玲、书记郑诚燕提出"依托高校沐浴人才建立幼儿发展共同体"的办园理念，将家长、幼儿、教师、学校有机结合，传承厦门大学的基因，形成有别于政府、社会办园，甚至有别于师范类高校附属幼儿园学前教育的特质，取得令人瞩目的成绩。

重视幼儿教育是百年厦大的优良传统。陈嘉庚先生在创办各类学校的同时，办起幼稚园，足见校主充分认识到幼儿教育的重要性。嘉庚学院庄德昆教授向我提供了一帧老照片，标注"厦门大学教职员子女年终

俱乐会纪念十九年十二月廿四日"，是林文庆老校长在1930年岁末与约40名教职员子女的合影，足见一校之尊对学校教职员子女的关爱。

厦门大学教职员子女年终俱乐会纪念
（后排右三林文庆校长，庄德昆供图）

50年代初，学校部分家属疏散到龙岩山城，在极其困难的环境下，因陋就简办起托儿所。厦门大学在1952年正式成立厦门大学托儿所，1956年，学校加强对幼儿园的领导，成立幼儿园管理委员会，校长办公室主任范公荣、校党委副书记末力工先后兼任管委会主任。50、60年代，王亚南校长把自己的一大笔稿费，交给学校财务部门保管，专门用于学校的公益事业，包括资助校办托儿所，为"儿童之家"购置少儿图书。每逢"六一"儿童节，学校领导以及主管部门负责人都会亲临幼儿园，与孩子们欢度佳节。近年来学校的校庆大型文艺晚会、新年团拜会，都有幼儿园小朋友的精彩节目。从70年前只有几十名幼儿的托儿所，发展到今天拥有白城、大南、翔安三个园区、132名教职工、近900名学童的规模，幼儿园成为厦大孩子的幸福乐园。这一切，充分反映出学校领导班子，操劳大事但不忘小朋友。"70岁"的厦大幼儿园，从来就是厦门大学的一个"直属"单位，而不是"附属"机构，更不曾被推出校门"社会化"，因为学校领导认识到，办好幼儿园，不仅是为了解决教职工的后顾之忧，更重要的是要让厦门大学的后代健康成长。

瞧，那一艘扬帆起航的"福船"

郑诚燕

改革开放40多年来，厦大幼儿园发生了翻天覆地的变化。政府投入巨资改建幼儿园，新的园舍依山傍海、漂亮舒适，教具、玩具应有尽有，更有得天独厚的小山坡，给孩子们提供玩沙戏水、匍匐攀登等户外活动的场地。尤其是厚重的百年名校的文化积淀，如春风雨露，沐浴着孩子们茁壮成长。现在，这座富有嘉庚建筑风格的园区坐落在厦大校园靠白城沙滩附近，处在厦门名片环岛滨海旅游景观带的起点位置，是美丽厦大校园内一颗闪亮的明珠，也是孩子们心中那艘即将扬帆起航的"福船"。园区用地近9000平方米，由园舍建筑和室外活动场地两部分组成，坐北朝南，背靠北边山坡，面向开阔的白城海面，景观、日照、通风条件极佳。

2012年2月，园舍进行了改扩建，延续了厦大具有闽南特色的嘉庚建筑风格，对坡屋顶举折、燕尾脊、镜面墙等处理手法进行改造，辅以现代铝合金、木格栅、玻璃等材料，使幼儿园建筑既能反映现代建

筑的风格特点，又能充分体现嘉庚建筑的情境与韵味。建筑立面采用"拟""借"等手法，在充分利用玻璃与石材的虚实结合的基础上，配以如燕尾脊的管型铝材、仿木铝合金格栅等细部做法构筑，使整个立面既井井有条，又富于变化，为建筑赋予了新内涵。屋面采取层层退台的处理手法，舒缓了建筑对外部环境的压力，并在建筑内部产生丰富的光影变化。建筑立面色彩以暖白墙红顶为主色调，砖红色的瓦屋顶与浅色花岗岩墙身和轻钢的深咖啡色互为映衬，适当点缀砖红色彩釉玻璃，素雅中带点质朴，营造出闽南特有的"清、静、素、雅"的艺术氛围，力图透过现代手法及新建筑语言，在这座蕴含浓郁古色古香气息的现代幼儿园中使闽南传统民居形式得到新的诠释。2012年初，改扩建后的幼儿园主体建筑保留了建筑结构单元最高四层，局部三层，为墙体与梁柱承重的混合结构。楼面为现浇钢筋混凝土楼板，屋面为平屋面，改造后为坡屋面，整体类似山坡地建筑的错层结构，经鉴定检测，该建筑不满足现行抗震规范要求，需进行结构抗震加固。新扩建建筑需与保留建筑贴紧建设，层层相通，功能融合，风格适应，与周边的嘉庚建筑有机结合起来。园区嘉庚风格的建筑设计顺应地形和海景景观，公共活动空间与环境充分对话，遵循与自然协调的原则，依山就势在保证规划功能结构及景观绿化完整的前提下，既有个性，又低调含蓄，力求与环境融为一体，为幼儿园提供丰富的室内外活动场地。每个标高层上均设有不同类型活动平台，如天桥、各层景观平台，屋顶半开放景观平台等，将环境引入建筑，与大海、山体进行巧妙地对话，建筑西侧作逐层退台处理，既化解了建筑的体量，又拓展了空间深度，将建筑"印"在环境之中。

◇◇◇ 厦大幼儿园（郑诚燕供图）

2013年8月，幼儿园迁回改扩建一新的新园。新园舍建筑面积4360.964平方米，使用面积比原来扩大了1倍多，独立设置教学用房、生活用房和音体美综合功能用房。各功能空间布局合理，流线简洁、清晰，很好地满足了幼儿活动的需求，让幼儿可充分沐浴阳光并享受美丽海景。园舍地理位置出神入化，无与伦比。在视野辽阔的廊道里，一面蓝盈盈、光灿灿的海面尽收眼底，推窗可看海景，在岛内幼儿园中独树一帜，也成为该地段的一道独特风景，具有很好的社会、经济和环境效益。

厦大幼儿园现拥有白城、大南和翔安三个园区，有近900名孩童在这里愉快地度过美好时光。园内设有恒温泳池、听海书吧、陶泥坊、创意美劳室等各类功能室。有一个5300平方米的原生态山坡。依山傍海的优美环境，深厚底蕴的高校资源，构建了得天独厚的幼儿探究世界和

健康成长的乐园。老园友潘世建在参观时深情地说起园舍的建筑造型如同一艘福船，生活在厦大幼儿园的孩子是有福气的孩子，他们将乘着这艘福船在山光海色中破浪远航。所谓"福船"，是福建沿海所造木帆船的统称，是中国古代海船的主要船型，船体规模大而结构坚固，容量多且善于装卸，稳定性好并抗风力强。

我园秉承厦门大学"自强不息，止于至善"的校训，栉风沐雨、砥砺奋进。坚持以"崇尚自然、释放天性、尊重儿童、发展个性"的办园理念，充分利用厦大优质的社区、人文、自然资源及浓郁的书香氛围滋润孩子们的童真，让孩子们在大学校园这片沃土上融入自然，回归社会，自主发展。我园在优质幼教、育人环境、专业管理、游戏活动等方面形成了园本特色，成为福建省"十三五"规划课题、国家滚动课题实践园、厦门市陈鹤琴教育思想研究基地园、厦门市集美大学教师教育学院以及诚毅学院学前教育系实习基地园、思明区早教基地园等。近年来，又赢得了省高校后勤先进单位、省巾帼文明岗、市先进家长学校、市"陈鹤琴教育思想研究"先进单位、金砖厦门会晤先进单位、区文明学校及卫生先进单位等多项殊荣。幼儿园桃李芬芳，教泽绵长，祖国的花朵茁壮成长为国之栋梁，园友们在各个领域创造辉煌，绽放人生异彩。

走进新时代，站在新起点，幼儿园带着对新百年的憧憬，以精细化的科学管理优化师资队伍，高起点、高标准、高质量地行进在新征程上，锐意进取，不断深化幼教改革，为建设与厦门大学世界一流高校相匹配的幼儿园砥砺奋进，续谱新的篇章。

一个人的成长，始于幼儿教育，幼儿园是孩子们生长、认知的摇篮，是孩子们人生的"起跑线"。1955届园友潘世墨曾在《厦大孩子的"味道"》文章里，把很有历史文化底蕴的大学校园比喻为腌菜坛子，体现在"厦大孩子"身上的"味道"，大体有三：一是以校为家。对生于斯、长于斯的学校，引以为豪。对校主陈嘉庚爱国爱乡、倾资兴学精神，无限敬仰。二是好学上进。父母是人生的第一教师，校园是接触社会的第一课堂，从而打下良好的基础。三是洁身自好。相对而言，相比"富二代""星二代"，作为教工子弟的"教二代"，更加注重修身养性，谦虚待人，谨慎处事。潘世墨认为，经历厦大幼儿园的孩子，具有这种"厦大孩子"的"味道"，有着这些铭刻一生的烙印。厦大幼儿园的园友们，不论是"50后""60后"，还是"00后""10后"，只要谈论自己的幼儿园生活，总是眉飞色舞，感恩之情溢于言表。逢年过节，还有好多耳顺、从心之年的"小朋友"登门看望、电话问候年逾鲐背的老师、阿姨。幼儿园的元老们，说起这些五六十岁的"孩子们"，居然还能把他们几十年前的性格爱好、淘气情节，描述一番。他说，坊间有过这么一个说法："我不如你们，因为我没有上过厦大幼儿园。"这显然有些夸张的意味，但我们这些老园友听了，却十分惬意。我们可以自豪地说，经历厦大幼儿园的孩子们，没有输在"人生起跑线"上。

在厦门大学的百年历史长河中，既有"长汀时期的南方之强""海防前线的英雄大学""国家211、985重点大学、双一流大学"的"巨浪"，也有厦大幼儿园这样的小小"浪花"。70多年的历史长河迸发出来的许许多多的"浪花"，汇成汹涌澎湃的"巨浪"，谱写出百年黉门壮丽的交响曲。我们衷心祝愿幼儿园的老师，牵领着一代又一代的孩子们，驾驶"福轮"，扬帆起航；满载着对美好未来的憧憬，乘风破浪，勇往前行！

佛刹连黉舍

——厦门大学与南普陀寺的历史故事

汪金铭[*]　饶满华[*]

"喜瞻佛刹连黉舍，饱听天风拍海涛。"这是一副由著名学者居士、厦大杰出校友虞愚先生撰写的南普陀寺山门楹联，字蕴佛禅，寓意深远："佛刹"南普陀寺与"黉舍"厦门大学紧紧相连，禅院渺渺梵音与大学琅琅书声，诸法空相与经世致用，犹如入律的天风和壮阔的波涛，

---

* 汪金铭，厦门日报社原副总编兼报业传媒集团原董事长，高级编辑（正高）。

* 饶满华，厦门市市场监管局原副局长，二级巡视员。

在依山面海的胜景中激荡飞扬，和谐共鸣。

一、校主深谋选址宝地，高僧远虑 创设"学堂"

20世纪初叶，校主陈嘉庚本着"欲救国家及援助社会，当以教育为先"的理念，在自己的家乡集美办起了幼稚园、小学和中学，并积极筹办大学。但在大学选址时，他没有局限于魂牵梦绕的故乡集美，而是把眼光投向更具人文底蕴和发展空间的厦门岛内最南端。

在大片不毛山地上，除密如鱼鳞的墓地外，有演武场、南普陀寺等历史遗迹和人文景观。校主认为"唯南普陀佛寺或仍留存，或兼作校园"。尽管当时南普陀寺建筑规模尚小，但校主却甚为看重。

南普陀寺始建于唐末或五代，初称泗洲院。北宋僧文翠改建称无尽岩。元废。明初复建，更名普照寺。明末迁建于山前。清初又废于兵祸。清康熙二十二年（1683），靖海侯施琅平定台湾后驻镇厦门，捐资修复寺院旧观，又增建大悲阁，并将之与浙江普陀山观音道场类比，更名为南普陀寺。此后历200余年风雨，成为近代闽南名刹之一。

针对厦大建校的土地要求，南普陀寺亦以慈悲为怀，以共襄教育救国大业为念，提供极可贵的支持。据载，"民国十年（1921）4月6日，爱国华侨陈嘉庚在南普陀寺东创建厦门大学，由南普陀寺让出大片土地，作为厦门大学建校基地"。

◇◇◇ 厦大与南普陀

值得特别关注的是，就在厦大建校后的第四年（1925），南普陀寺也成立了闽南佛学院，住持会泉法师兼任院长。会泉法师与厦大校主陈嘉庚都是同安人，且同岁（1874年生），两位都以社会苍生为念，十分重视教育和人才培养，因而在厦门岛南端同一个区域，一个创办现代大学，一个创办佛学院，在俗僧两界大放光彩，亦可谓殊途同归。厦大邬大光教授把这种关系概括为"声应气求"，认为这是寺庙和大学的共同追求。

古刹庠黉相得益彰，钟声书声同振共鸣。南普陀寺为厦大出让部分地基，厦大建筑也有意在南普陀寺正前方主动限高，从不阻挡寺院的视觉和风光。厦大位于西北方向的校门，也因为紧邻香火旺盛的南普陀寺和一进校门有"大南新村"，而被命名为"大南校门"（见潘世墨教授《大南新村的故事》）。由此，仅一墙之隔的两个知名教化之所，成为闽南僧俗知识分子的集聚地和社会文化的重要交流场所，二者和而不同，和睦相邻，各美其美，交流共进。

二、厦大教师入寺授课，法师居士合育僧才

20世纪20年代初，面对满目荒凉的南普陀寺，转逢法师立宏愿振兴古刹。他首先把流弊甚多的子孙承传制，改革为十方丛林选贤制，并选出会泉法师为改制后的首任住持。1925年，在会泉、转逢、太虚、常惺等高僧的主持下，闽南佛学院落成开学，出现了一派兴旺景象，1934年，在弘一法师的倡导下，又成立了佛教养正院，使南普陀寺僧伽教育进入兴盛阶段。从佛学院及养正院开办的第一天起，院方就借助厦大的师资优势，先后聘请了一大批厦大教师担任寺院的有关课程。这一时期来自厦大的老师主要有：叶长青、丁山、邵尔章、陈定谟、徐淮光、虞愚、高文显、刘锡亭等，尤以陈定谟、虞愚最为有名。

◇◇◇◇ 闽南佛学院旧照

陈定谟（1889—1961），字汉卿，号海安，江苏昆山人。早年在美国留学7年，获芝加哥大学、哥伦比亚大学哲学硕士、社会学硕士学位，

曾任留美东方学生会主席及泛亚洲会议第一任会长。回国后，陈定谟先后在北大、复旦、南开等大学任哲学教授，1925年来到厦门大学，任哲学教授及系主任、校训导长、校教务长等职，1934年底离任。

有资料记载，陈定谟一到厦门大学，就随"民国四大高僧"之一、南普陀寺太虚大师学佛，并受聘为南普陀寺董事及厦门佛教会执委，精研佛学，笃信佛教；同年9月，闽南佛学院创建，陈定谟一直兼任闽南佛学院讲席，主授哲学、论理和自然科学等课程。在这个过程中，他与佛学家弘一、大醒、常惺、芝峰等法师结为挚友，与太虚尤其交好，成为太虚最看重的品格高、有学问、通外语、懂佛法的著名佛教居士。

1939年11月11日至次年1月9日，陈定谟作为译者，参加了以太虚大师为团长的"中国佛教访问代表团"，他积极为太虚参谋策划和翻译沟通，为访问团圆满完成政府交给的抗日外交使命，发挥了突出的作用。其表现受到太虚大师和社会的高度肯定。

据有关资料记载，陈定谟还积极引荐厦大教授到南普陀寺交往交流，如他领着鲁迅先生到南普陀寺找常惺、太虚等法师，使他们也成了好朋友。鲁迅在自己的著作和日记中多处提到陈定谟，说"这个人是个好人"。鲁迅当年是一位自视甚高的教授，能这样说，可见他认可陈定谟的学识和为人并引为同道。

尽管陈定谟学识渊博，著作等身，一生传奇，但他自己却一直保持低调，尊崇内心信仰，行善事做好人。正如他所概括的"昆山精神"一样："浑厚而不逞能，处事不图侥幸而重条理准备，不事矜夸而唯务实际。"这也是其一生的写照。

虞愚（1909—1989），原名德元，号北山。现代著名佛学家、因明家、诗人和书法家。他出生于厦门，中小学就读于厦门，1924年进入武昌佛学院，从学于太虚大师。1928年考入厦门大学，专门学习研究哲学，经常到闽南佛学院研读，并从吕澂学因明学。毕业后留校任教开设"因明学"课程。在此期间，恰巧太虚大师应邀任厦门南普陀寺住持兼闽南佛学院院长，每当太虚大师莅院演讲或授课时，虞愚都去听讲。并且居中联络，请厦大教授到闽南佛学院教授文史哲学课程，自己也被聘为佛学院教师，讲授论理、国文、常识、唯识哲学和书法等课程。民国二十二年（1933），虞愚和释寄尘共同编写出版了《厦门南普陀寺志》，全书分寺考、法制、教育、列传、法物、文艺、公牍等七篇，如实详载了自民国十三年（1924）南普陀寺改制为十方丛林前后至民国二十二年10年的历史沿革。因该志具开创意义，被称为"虞志"。

◇◇◇ 虞愚

民国二十五年（1936），虞愚把在闽南佛学院讲授"因明学"的讲义加以整理，以《因明学》书名出版，太虚大师还专门为之作序。

虞愚自幼酷爱书法，在闽南佛学院兼职授课时，就为南普陀寺书写过许多碑刻。后来他又师从于右任，并得到弘一法师指点，形成独树一帜的"虞体"，广受珍重。如：

题厦门南普陀西山门

广厦岛连沧海阔，大心量比五峰高。

题厦门南普陀东山门

喜瞻佛刹连黉舍，饱听天风拍海涛。

题厦门会泉法师纪念堂

曼陀天雨呈奇彩，般若灵源助辩材。

心生大欢喜，佛放净光明。

闽南佛学院及养正院几经兴衰。抗战爆发后被迫停办又两度复办，断断续续维持数年，抗战后直至20世纪80年代初，缘于种种因素，停办长达半个世纪，校舍曾一度改为东澳小学，许多厦大及其周边学子当年在此接受新式教育，留下难忘的青葱记忆。

20世纪80年代初，闽南佛学院几位早年的毕业生提出复办倡议，后经中国佛教协会会长赵朴初和新加坡佛教总会会长宏船老法师的鼎力支持，南普陀寺住持妙湛和尚奔波筹备，1985年5月，闽南佛学院正式复办新生。如今佛学院已成为"在中国历史最悠久，最具规模，师资力量雄厚，学僧人数最多，硬件和软件最好的一所佛教院校"。在此期间，厦门大学许国栋、高令印、孙明章、陈进坤、郭载忠、张之江、连心豪、何乃川、许良、许锡昌、陈茂同、陈锦希、刘清泉、林天乙、薛锡振、郑明鲁、詹石窗、哲世伦、吴洲、刘泽亮、林观潮等一大批老师先后获聘为授课教师，他们和闽南佛学院其他老师一起，为僧伽教育，为培育僧才，为厦大与南普陀寺的合作与交流，做出了积极贡献！

三、和尚大德讲经厦大，南方之强
"普渡慈航"

厦大之于南普陀寺，有如科学之于宗教，在某种程度上既有矛盾冲突，更有交流融合，两所高知名度的学府（"985"高校及中国一流佛学院）旨义迥异却和谐共处，各美其美，双双为国家民族，为人类文明进步做出杰出贡献，传为古今佳话。

平日，除厦大老师到佛学院讲课外，厦大师生也常常把南普陀寺作为自己课余的好去处，进得寺来，或读书，或静修，像在自己的校园一般。同样，在厦大校园也常常有袈裟青衣的典雅身影，南普陀寺或佛学院的僧伽与厦大学生在这里自然地交流交往，以至坊间流传着不少关于他们的故事和谈资……

民国二十一年（1932）十一月，南普陀寺太虚大师在百忙中，应厦大教授所组织的"文哲学会"之请，到厦大讲授"法相唯识学概论"，前后两周，由虞愚担任记录。太虚对在厦大讲课十分重视，特意把原来讲于世界佛教居士林的讲课大纲加以充实细化，使在厦大的讲解"系统条理俱备，深入浅出以析世学"。因之，在厦大虞愚所作的记录基础上，大师审阅改定，汇编出版为《法相唯识学概论》一书。大师特别分函邀约王恩洋、张化声、唐大圆、林彦明、梅光羲、罗灿、密林、法尊、胡妙观、黄忏华等知名人士为该书作序，可知大师对这本成书于厦大的著作的重视程度。法相唯识是佛门中最为精辟的学问，太虚先生学贯中西，精研于此二十余载。这本著作被认为是融贯了西方哲学思想与佛教

思想、对佛家经典的通俗性的，也是全面的阐释性作品。

同为"民国四大高僧"之一的弘一法师人生最后的14年是在闽南度过的，其因缘殊胜就源于厦门大学的"二校主"陈敬贤。陈嘉庚、陈敬贤兄弟与弘一法师是结识很早的朋友。1928年底，弘一法师的俗家朋友尤惜阴、谢国梁发心去暹罗弘法，弘一知道以后"觉得很喜欢"（《南闽十年之梦影》），旋即决定一同前往。当船停靠在厦门时，当时主政厦门大学校务的陈敬贤就介绍弘一法师住在南普陀寺，并敦请弘一留在闽南弘法，弘一法师当即欣然接受。正是这次南普陀寺之行，开启了弘一与闽南的14年法缘。

太虚与弘一都是中国首屈一指的佛界大师，他俩惺惺相惜，互尊互学互帮。两位大师共同创作了《三宝歌》，成为佛教的精神之歌。弘一还倡议指导创立了南普陀寺养正院，并亲自题写院名。太虚说："弘一大师在中国僧伽中可说是持戒第一；其道德与品格为全国无论识者不识者一致钦仰，为现代中国僧伽之模范者。"因此，他请弘一指导闽南佛学院僧伽教育工作。也正是在弘一的指导下，闽南佛学院重新设计了课程体系，将佛教教育理念与实践教学相结合，其中就包括凭借一步之遥的厦大师资力量办好佛学院的内容。

由于南普陀寺与厦大的密切关系，所以这里众多僧人学人的人生经历与体验，总是有无法分离的交集，哪怕是离开许久，亦有对方的影子。一位叫梦参的老和尚，就时常在讲经授课时提到厦门大学。

梦参长老（1915—2017），法名原为"觉醒"，但是他认为自己没有觉也没有醒，再加上是做梦的因缘出家，便给自己取名为"梦参"，世寿103岁，僧腊87载。1984—1987年，应时任南普陀寺方丈妙湛老和尚的邀请，梦参长老来厦参与闽南佛学院的复办，并担任教务长一职，为闽南佛学院的发展奠定了坚实的教务基础。

梦参显密兼修，教律并弘，毕生致力于恢复僧伽教育，尤以宣讲华严经、地藏三经著称。在担任闽南佛学院教务长期间，与隔壁的厦大联系甚多，他在演讲经、律、论时，常常引用厦大的人物事例。如他讲解《法华经》时这样说，若人入于塔庙中，单合掌、小低头，看着菩萨像，就种了因。有这个因，一定能结果。结什么果呢？最后一定能成佛，就是这个含义。我在厦门就有这么个故事：厦门大学跟南普陀寺的佛学院紧挨着，从厦大的门就可以进入南普陀寺的门，有一位厦大的老教授，他来到南普陀寺的庙里，看到了："若人入于塔庙中，单合掌、小低头，皆共成佛道。"他就问佛学院的一位同学："你们这写错了。"小和尚回答说："没错，这是从《法华经》摘下来的。"老教授就说："我天天到庙里头来，我不仅是单合掌、小低头，而且是双合掌的；我不是小低头，而是真正磕下去了，但到现在，我也没成佛！不但没成佛，佛学很多还不进入。"我们小和尚没法答复他，找来找去，就把他引到我这来了。他还坚持说："老和尚，你们这儿写错了。"我说："没错，应该是您想错了。"我进一步解释说："单合掌、小低头，是因呢！你双合掌、磕头礼拜，也是因！这样一定能成佛，但不一定是现在。"老教授还是困惑，我就说："你知道你现在当教授，但你是怎么当上教授？你不是一上来就当教授的吧？你得有个因，因跟果结合起来才行。"否则，对这个问题往往有些误解，不仅教授不信，连我们诸位道友恐怕也不信，但诸佛过去成佛就是这么成的！你现在到庙里头来拜磕头很好的，你慢慢修吧！修好了才能成佛。这叫善因，这么一个因，将来得到的果就是

成佛，佛果。要先种因，"因该果海"，这就是《华严经》的教义。

梦参长老为了他的"讲经开示"，经常信手拈来，举出与厦大师生交往的例子加以说明，南普陀寺与厦大之间交集融通的程度，由此可见一斑。据有关资料，在全国，与寺庙相邻的大学有好些所，大学与佛教界有交流合作的也不在少数，但与寺庙（含佛学院）有如此密切且有特色的历史人文关系，厦大则是绝无仅有的。这点我们从具有一定精神图腾意义的校歌中也能看出某种端倪。

厦大的校歌歌词是这样写的："自强！自强！人生何茫茫！谁与普渡驾慈航？鹭江深且长，充吾爱于无疆。吁嗟乎！南方之强！……"

这里直接引用了佛教用语"普渡"与"慈航"，这两个词本义是指以慈悲之心广施法力，超度众生，"普渡"众人。校歌则是勉励教师，喻指要像观音菩萨驾慈航普度众生那样，以大爱情怀，爱护学生，指引学生；像滚滚鹭江一样，师生齐心协力，自强不息，把厦门大学办成"南方之强"！歌词包含着自强不息、止于至善的精神和慈悲为怀、超凡脱俗的禅意，正所谓：教之道在于度，学之道在于悟。

这首校歌歌词，是筹建厦大时由校主陈嘉庚和校长邓萃英亲自点将，化学家、教育家、时任该校教务处主任郑贞文创作的，由时任清华大学教授赵元任谱曲。校歌歌词虽不足百字，却将厦大的校训、办学理念和宗旨及治学精神融入其中，既体现了嘉庚先生的建校精神，又展示了兼容并包的大学品格。在厦大举行建校仪式的当天，校主陈嘉庚就公布了该校歌，并由学生登台演唱。厦大校歌由此传诵百年，在本校师生和全国高校中起到很好的教化感染、示范带动作用。

◇◇◇◇ 唐绍云油画作品：烟雨南普陀

桂华山楼的灯光

潘世墨

在厦门大学思明校区，有一栋不太显眼的两层小楼——桂华山楼。小楼之所以"不太显眼"，是因为她位居百年典雅的群贤楼群与现代雄伟的嘉庚楼群之间，确实是不那么"气派"。然而，正是从这栋小楼窗户透出的灯光，流传出感人的故事。

四月清明时节，在大南新村3号大院，经老同学杨明志、苏细柳介绍，我与桂华山楼的捐赠人桂华山先生之孙桂荣祖先生会面。每年清明，桂荣祖从香港返乡给父亲桂汉民扫墓，祭拜先人。我们属于同龄人且满口厦门腔，所以初次见面却一见如故。我请桂荣祖讲讲他的祖父桂华山与父亲桂汉民的传奇故事，他表示，祖父的故事他尚年幼不懂事，父亲的往事不堪回首。他说，祖父桂华山所著《桂华山九十忆述》与吴永奇撰写的《"远去的飞鹰"——中国空军"笕桥抗日英雄"桂汉民》文章，已经有详细的介绍，足够了。嗣后，我根据他提供的资料，并查阅桂华山楼的档案，感触良多，写就《桂华山楼的灯光》，与大家共享。

◇◇◇◇ 2024年春，笔者（前左）与桂荣祖（前中）、杨明志（前右）（杨扬摄于大南新村3号楼）

桂华山先生1896年出生，祖籍晋江安海镇。桂华山早年参与辛亥革命与反帝运动，被通缉追捕。1918年南渡菲律宾，与同乡合资办公司。20世纪20年代初，桂华山联络杨孔莺、杨孝西等菲律宾侨商，集资100万比索（菲币），在厦门创办华侨兴业公司，亲自担任董事长。华侨兴业公司在毗邻南普陀寺与演武场一带购置地产，与厦大校舍破土动工同时期，兴建4栋华侨别墅。之后又陆续兴建6栋别墅，合计10栋，就是现在的"大南新村"。华侨兴业公司还投资市政建设，劈山开路，清理坟冢，修建演武场通往市区的道路；在厦门港镇南关一带，沿路兴建两列骑楼式楼房，

就是至今仍然保留原来模样的"大生里"。1924年桂华山在上海组织"南洋影片公司",1925年起他在菲律宾担任出入商会会长和中华总商会、教育会董事。当年上海发生"五卅惨案",桂华山被推选为菲律宾华侨各侨团组成的临时救济会副主席,积极发动同侨捐款支援上海罢工工人。同期,桂华山参与组织"闽南救乡会",担任副主席。抗日时期,他被推选为"菲律宾华侨反日会"执行委员、菲律宾华侨援助抗敌委员会常委,负责经济组、组织组具体事务,开展募捐活动,发动侨胞支援祖国抗战。1941年12月桂华山被日本宪兵拘捕入狱,在狱中坚贞不屈,被判处20年徒刑。抗日胜利后,桂华山出狱,除了在马尼拉恢复旧业之外,回国在上海、泉州、重庆、台北等地发展实业,在厦门成立"华侨兴业公司"及"大华栈"。1949年以后,桂华山定居香港,成立"华侨建业公司",从事酒家、旅游、进出口贸易和银行投资业务。桂华山于1977年捐赠40万元(港币)兴建香港桂华山中学,1982年出资50万余元捐建家乡安海幼儿园教学楼——"林德惠女士教学楼"。桂华山先生于1987年3月在香港病逝。

◇◇◇ 桂华山、桂汉民父子(桂荣祖供图)

桂华山先生与夫人林德惠女士育有二女二男，其中三位早年负笈美国，各自通过勤奋努力，事业有成。最值得他骄傲的是长子桂汉民。桂汉民出生于1915年，从小受到父亲"抗敌报国"思想的影响，学习战斗机飞行驾驶和修理技术。桂汉民于1935年回国，任杭州笕桥中央航空学校的飞行教官，为刚起步的中国空军培养人才。

1937年7月7日，抗日战争全面爆发。8月14—18日，中日两国空军在华东战场上空第一次空中对决。几天之内，日军先后派出250余架次战机入侵我国领空。笕桥中央航校"空军战神"高志航少校率领飞行员驾机迎战，在杭州、南京、上海上空对日作战。桂汉民驾驶一架霍克–2型战斗机参战，与战友配合，击落日军飞机3架。此役史称"八一四空战"，中国空军共打掉29架日军战机，取得了中日空战史上的一次重大胜利。桂汉民是中国空军军史上最早一批战斗机飞行员中极少数的幸存者之一，荣立战功。抗日战争胜利后，桂汉民不愿参加内战，申请转业，前往上海，帮助父亲打理商务。1948年，桂汉民携家眷返回家乡厦门料理公司业务，定居鼓浪屿。20世纪五六十年代，桂汉民遭到错误处理。1980年7月，桂汉民去世，终年64岁。1986年，有关部门撤销此前对桂汉民的错误判决，为其平反、恢复名誉。一代"远去的飞鹰"，其英灵得以告慰。

桂汉民夫人傅松霞，一位柔弱的女子，带着桂荣祖等6个儿女，跟随丈夫转战了大半个中国，支撑着一大家子，坚持到了抗日战争胜利，之后又度过一段艰难的岁月。现在桂汉民的子女都已经成家立业，业已安度晚年。2015年4月的清明节，94岁高龄的傅松霞老人，在桂荣祖陪护下，再次从香港回厦门，赴中华永久墓园为先夫桂汉民扫墓。

20世纪20年代以来，桂华山先生始终敬仰陈嘉庚先生兴学报国义举，并且身体力行，热心支持厦门大学的教育事业。1982年，桂华山闻讯厦门大学教学、科研用房困难，慷慨捐资100万元（港币），在厦大兴建电镜科研楼——"桂华山楼"，这是我国改革开放之初厦大接受的首批华侨捐赠项目之一。关于"桂华山楼"的缘起，桂华山所著《桂华山九十忆述》有详细记述："……厦门大学已获得联合国文教机构赠送'电子显微仪器'两部，供高级科学及医学研究之用。但校中必须新建一座'科研楼'，始能配合新仪器之安装与应用，希望海外闽籍侨领能资助此新'科研楼'之建筑费用云云。……襄助桑梓高等学府在此方面之发展，余固所乐为。1982年9月间，厦大负责人曾鸣潘潮玄两先生来港考察，与余晤谈，使余更深切明了建筑'科研楼'之具体计划。同年11月间，寄来建筑设计蓝图，余阅览之后，亦觉合适。该校新任校长田昭武先生表示对于余所提之三点，亦经校中当局同意。余遂捐赠建筑费港币壹佰万元。于1983年秋冬之际动工，1984年初完工。同年4月，两部电子显微仪器，亦顺利到位，赓即安装妥当。经校中命名该科研楼为'华山楼'，由许书亮兄题匾。"

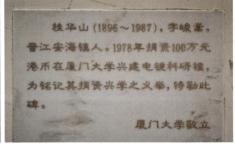

◇◇◇◇ 桂华山楼

桂华山楼建成于1984年，为混合式结构建筑，共2层，占地面积为451平方米，建筑面积为1021平方米。该楼主要作为生物、化工科研实验，还设有计算机房，供师生使用。2007年，学校新建一座3层白色新楼，并与桂华山楼相连。2012年，由于学校发展需要，重新规划，将桂华山楼老楼拆除，新楼保留。桂华山楼现有实验室34间（其中教学实验室14间，科研实验室20间），放置荧光分光光度计、液相色谱仪、酶标仪等贵重仪器设备29台套，总值749.54万元，主要服务于化学工程与工艺、化学生物学和生物化工等专业。

桂华山楼至今40年，几易其主。早先是生命科学学院、公共卫生学院、化学化工学院等多家单位开展实验教学与科学研究的场所，承担国家自然科学基金项目，取得多项原创性科研成果。1995年，夏宁邵入职厦门大学生命科学学院，带领科研团队在桂华山楼开展了一系列传染病疫苗、检测试剂等的科学研究。吴乔教授团队也在这里工作过。2013年，桂华山楼移交化学化工学院化学工程与生物工程系生物化工研究所使用，厦门市合成生物技术重点实验室、生物工程专业实验室、化学生物学专业实验室和生物工程专业实验室等重要实验室在此挂牌，有卢英华、方柏山、何宁、曹名锋、王远鹏等科研团队在这里攻关。

桂华山楼是工程院院士夏宁邵腾飞的起点。夏宁邵1981年毕业于邵阳地区卫生学校，原是老家湖南娄底地区人民医院的一名医生，他于而立之年就在微生物学、病毒学方面显示出色的科研能力。1995年，由厦大生物系老主任曾定教授极力推荐，时任副校长朱崇实积极引进，从团队组建、启动资金各方面给予全力支持。彼时，时任校长陈传鸿教授决定，把桂华山楼作为夏宁邵团队的科研攻关的专属场地，他鼓

励夏宁邵："你在这里独立干事情，没有人会来打搅你，好好干！"学校领导慧眼识才，给夏宁邵创造超常规的工作条件与环境，他就这样在无后顾之忧，全身心投入科研工作。夏宁邵不负众望，率领其研究团队，在桂华山楼一干就是20年，夜以继日，寒冬酷暑，每周工作6天，全年工作超过300天，人均每天工作时长达12.7个小时，一些人甚至达到十六七个小时。他们付出血汗，取得一系列瞩目的成果。夏宁邵团队从事传染病疫苗和诊断试剂创新与转化应用研究，开创了原核表达类病毒颗粒人用疫苗工程技术体系，完成一系列传染病疫苗和诊断试剂的转化应用。先后主持及承担国家科技重大项目、863计划、国家自然科学基金等国家、省、市重大重点课题48项。他的团队研发上市了全球首个戊肝疫苗、首个国产人乳头状瘤病毒（HPV）疫苗、全球首个鼻喷流感病毒载体新冠疫苗、新一代国际"金标准"戊肝诊断试剂、全球首个艾滋尿液抗体自检试剂、全球首个新冠总抗体诊断试剂、首个国产艾滋第三代诊断试剂等创新产品。夏宁邵荣获国家技术发明二等奖、国家科技进步二等奖、全国创新争先奖、中国专利金奖等荣誉。夏宁邵现任中国医学科学院学部委员、中国工程院院士，厦门大学生命科学院、公共卫生学院教授、国家传染病诊断试剂与疫苗工程技术研究中心主任、省部共建分子疫苗学和分子诊断学国家重点实验室主任。

◇◇◇◇ 夏宁邵教授在实验室

　　关于桂华山楼，在厦大校园流传着一个励志故事。1999年，养生堂有限公司开始寻找生物医药项目进行风险投资，公司董事长钟睒睒先生对生物医药并不了解，他主要投"人"——要求对科研有理想、有热情。为此，有人向他推荐厦门大学。于是，钟睒睒在夜晚12点"潜入"厦大校园，看看哪间实验室的灯还亮着。他发现，有一间实验室总是亮着灯，这就是每天在桂华山楼工作到深夜的夏宁邵。桂华山楼的灯光，引起了钟睒睒的注意，对夏宁邵"产生不问过程的高度信任"。钟睒睒看好夏宁邵研发项目的市场前景，更看中夏宁邵坚韧不拔的精神。很快，钟董事长就拍板投资夏宁邵，双方合作共建联合实验室，并与北京万泰生物药业股份有限公司形成从技术到产品的全面协作关系。从此，夏宁邵团队如虎添翼，驶上科研、研发的快车道。

　　20多年过去，随着事业的快速发展，夏宁邵团队已拥有近300人的研究队伍，在翔安校区建成50万平方米的实验大楼，形成了基因工程疫苗、体外诊断、工程抗体、乙肝研究、流行病学与临床评价等研究方

向，建立了从基础研究到应用研究的完整创新链条，成为我国疫苗领域一支重要创新团队。

回顾起在桂华山楼的这段历史时，许多人不解，那会儿夏宁邵也就30岁出头，究竟是什么打动了钟睒睒？夏宁邵回答说，我们起步比别人晚，条件不如别人，我们唯有更辛苦才行。感恩学校的全力支持，包括把这栋小楼提供团队专用。夏宁邵团队的核心、公共卫生学院院长张军教授将钟睒睒的投资称为"关键节点"。因为，彼时他们的团队已将目光投入疫苗领域，而疫苗研发周期长、投入大，资本的注入犹如一剂强心针，加速了团队的科研进程。"在我们的研发过程中，百分之九十九都是瓶颈。我们每一天都是用百分之一百的努力和坚持在与瓶颈斗争。但我们的坚持也不是盲目，是基于充分论证得出的实验数据的自信。"张军如是说。

◇◇◇◇ 夏宁邵团队合影

　　桂华山楼闪烁的灯光，讲述着桂华山、桂汉民父子爱国爱乡的传奇故事，实现了桂华山老人当年捐楼时的祝愿："余于此亦遥祝厦门大学师生利用此项设备，在未来之医学或科学研究方面，发挥卓越之成就！"（《桂华山九十忆述》）。桂华山楼的灯光熠熠生辉，传颂着夏宁邵团队攀登科学高峰的精神，激励着厦大人秉承"自强不息，止于至善"光荣传统，在新的征程中开创新的辉煌！

◇◇◇◇　凤凰花开（宋文艳摄）

华侨之家与厦大侨联

陈力文 *

　　站在勤业餐厅前的岔路口，往枝繁叶茂的坡上走去，一座坐落于思源谷畔的红砖小楼便映入眼帘。这座位于重重叠叠花木间的精致小楼，独享着一方悠然与宁静，在周边行色匆匆的人群中显得有些"遗世而独立"。两只气势非凡的石狮子镇守在入口处，拾阶而上是置放着休闲桌椅的露天花园，转角处的入口上镶着四个烫金大字：华侨之家。

---

*　陈力文，厦门大学党委原副书记。

◇◇◇◇ 华侨之家牌匾

　　华侨之家的故事要从我校杰出校友、旅菲华侨陈卿卿博士与外文系曾淑萍老师说起。陈卿卿的父亲陈掌谔先生曾任厦门大学体育部主任，抗战爆发后随厦大内迁长汀，后移居菲律宾与家人团聚。陈掌谔一直忘不了母校，总是叮嘱儿女要为厦大、为祖国做贡献。1981年，陈卿卿回国，见到了老同学曾淑萍，向她说起父亲生前希望能为母校做点贡献。曾淑萍告诉她，学校十分重视华侨工作，刚刚成立了厦大侨联，建议陈卿卿捐建华侨之家，陈卿卿欣然应允捐款5万元。由此，曾淑萍又想到自己在菲华中学就读时的校长庄材保（毕业于厦门大学化学系）和同学庄中坚（庄材保的侄子）。不久，恰逢庄中坚回国来到厦门，曾淑萍就告知他正在筹建华侨之家的事，庄中坚当即表示支持，捐款5万元。有了10万元的捐款，经学校研究决定，为侨联建设华侨之家。

◇◇◇◇ 1976年，蔡启瑞副校长（右二）、曾淑萍老师（左一）陪同
庄材保博士（左二）、陈掌谔先生（中）、陈卿卿博士（右一）参观母校

华侨之家的原址临近东村，是一座年久失修的山神庙，经年累月的风雨侵蚀，使得这座小庙只剩下了几堵花岗岩石墙和一堆残缺倒塌的石柱石墩。基建处充分考虑了原址环境和周边树木的保留，精心设计了这栋三层小楼。在施工过程中遇到难题，首当其冲的就是打桩时发现地基全是坚硬的石头，基建处和施工团队因地制宜调整施工方案，将混凝土钢筋和石头固定在一起再倒梁。基建处与施工队通力配合，保证质量，顺利竣工。

◇◇◇◇ 1982年，学校侨联曾淑萍（右三）等陪香港校友施玉梅（中）
考察华侨之家的原址山神庙

　　房子有了，还需要配套设施，厦大侨联继续多方争取海外侨胞支援，旅菲华侨曾淑富与王仲甫夫妇、香港校友许泽正、曾宗敏、张克儒、施玉梅，以及厦大侨联香港委员肖金华、王贞国、陈典力、杨益春、张锦富、李其汉、钟少康等纷纷慷慨解囊，捐款捐物，以添置设备。

　　1984年10月，华侨之家正式建成，适逢校主陈嘉庚诞辰110周年，全国侨联副主席肖岗及省市侨联、侨办领导来校参加厦门大学纪念陈嘉庚诞辰110周年活动，并与学校领导出席华侨之家剪彩落成典礼。肖岗副主席盛赞华侨之家的建立为"全国高校侨联中的一项创举"。华侨之家周边生长着高大的榕树和木棉树，其中一棵大榕树的树龄已然超过200年，至今依然屹立在华侨之家的南侧，荫庇庭院一角，见证着厦大侨联的成立与发展。

◇◇◇◇ 1984年，参加华侨之家落成典礼的校领导与全国及省市侨联来宾合影（从左至右：×××、谢白秋、刘峥峰、曾鸣、蔡启瑞、汪德耀、姜国文、颜西岳、赵启安、×××、×××、王洛林、陆维特、肖岗、曾淑萍、×××）

华侨之家这座环境幽静、设施齐全的精巧建筑，既能接待海内外校友侨胞，同时为侨联提供办公、开会、活动的场所。陈卿卿和庄中坚每次回国观光、探亲路过厦门，都会到小楼走一走、看一看，并于1993年再次捐款15000美元用于华侨之家的维护，2007年陈卿卿又一次向学校捐款100万元人民币。

<<<<< 2007年，朱崇实校长代表学校接受陈卿卿博士捐款

学校十分重视侨联工作，分别于1993年、2011年和2019年三次扩建和修缮华侨之家，所用经费来自学校经费、华侨捐款和华侨之家的住宿收入。华侨之家初建时占地面积191平方米，建筑面积557平方米。1993年扩建后，加盖了楼前的小院。时任学校侨联副秘书长姜国文老师说，每次打报告申请经费，未力工老书记总是及时批复，体现党组织对归侨的关怀。

◇◇◇◇ 1991年，校领导谢白秋（二排右五）、王豪杰（二排右四），市侨办领
导及参加首届全国部分高校侨务工作研讨会的代表合影

◇◇◇◇ 1994年，华侨之家维修完成。校党委副书记未力工（右四）同陈卿卿（右
六）、庄中坚（右二）一同剪彩

2011年，更新了老化的设备，外墙改为与芙蓉楼群更协调的红砖红瓦。2017年1月，国际学术交流中心与侨联签订协议，对"华侨之家"进行为期10年的经营管理，每年向侨联捐赠20万元。2020年，为迎接

百年校庆，华侨之家再次进行修缮。重新修缮后的华侨之家，共占地1200平方米、建筑面积1060平方米。三层楼有16间客房，一楼会客区域陈列着记载侨联发展历程的照片、物品。楼前的"八卦石"与舒适惬意的户外庭院交互衬托，展现出崭新的面貌。如今的华侨之家不仅是厦大侨联的活动场所，又是厦门市新侨人才联谊会的驿站、厦门市侨商联合会的产学研合作基地。

华侨之家的创建，凝聚着众多海内外校友的关怀，不仅反映了厦门大学与海内外华侨的深厚历史渊源，承载着海外侨胞校友对母校、对祖国的牵挂与思念，更传承和彰显了陈嘉庚先生爱国精神对厦大文化的深刻影响。

厦大侨联人才荟萃，广大归侨教职工为厦大的发展、落实高校侨务政策、参政议政，以及丰富归侨教职工业余生活同心协力，与祖国的改革开放同行，走过了为数不多的中国高校侨联的不平凡征程。

厦大侨联历届委员会都十分珍视华侨之家，对之用心管理和经营。陈有理同志厦大南洋研究所教师陈曾唯、陈安尼夫妇的女儿，20世纪60年代随父母亲回国。1985年，陈有理负责华侨之家的日常管理工作，她在任期间始终清廉奉公，严格管理每笔经费，还自己动手修冲水箱、缝被单、通厕所。华侨之家招待所开始营业时仅有5间客房、13个床位，1995年重新装修后增至13间客房、37个床位。陈有理将华侨之家的特色定为"家"，还定下了让客人"高兴而来，满意而回"的服务标准。华侨之家招待所的客满率常年稳定在90%以上，4次以"最好的服务"被区、市政府部门评为先进单位。

◇◇◇◇ 2021年，93岁的离休干部曾淑萍老师讲党课（廖志丹供图）

　　华侨之家的建立与厦大侨联的成立，曾淑萍老师功不可没。曾淑萍出生在菲律宾马尼拉，16岁参加革命，后加入菲律宾共产党。1958年，曾淑萍回到祖国，先后在中侨委、华侨大学工作，1970年成为厦门大学外语教师。1978年，曾淑萍在北京参加第二届全国侨代会，当选为全国侨联委员。为了更好地发挥厦大归侨教职工的作用，曾淑萍向学校党委建议成立厦大侨联。在时任厦门市侨联主席颜西岳和校党委原副书记谢白秋的大力支持下，1981年，厦门大学第一次归侨大会顺利召开，曾淑萍当选主席。厦大侨联每一个前进的脚步，都是贯彻和落实党的侨务政策的结果，都是承载着省、市侨联，特别是厦门大学党委的关心、支持。曾淑萍以后的历任主要负责人有赵启安、郭一飞、关国恩、陈裕秀、程璇，厦大侨联的每一届领导班子都为学校归侨工作做出了积极的贡献。

　　40年来，厦大侨联的会员从成立初期的50多人，发展到现在的160

余人，侨居国覆盖印度尼西亚、菲律宾、马来西亚、泰国、新加坡、缅甸、越南、日本、美国等19个国家，其中既有从20世纪五六十年代回国参加社会主义建设的老归侨，也有改革开放后出国留学再回国工作的新侨。厦门大学因侨而立、依侨而兴、为侨服务，迎来了一批又一批海外华侨加入学校的教职工队伍中。广大归侨师生的赤子之心始终与祖国母亲紧紧相连，为国家富强和民族振兴做出了积极贡献。陈嘉庚先生的爱国兴教精神在一代又一代厦大人得以身上延续、传承。林惠祥（1901—1958，福建石狮人，菲律宾归侨，厦门大学历史学系教授）、陈曲水（1902—1985，福建泉州人，菲律宾归侨，厦门大学党委原常委、统战部长）、庄为玑（1909—1991，福建泉州人，新加坡归侨，厦门大学历史系教授）、张松踪（1911—1990，菲律宾归侨，厦门大学生物系教授）、李文清（1913—2017，河北滦县人，日本归侨，厦门大学计算机系教授）、何启拔（1913—2008，海南文昌人，新加坡归侨，厦门大学南洋研究院教授）、蔡启瑞（1914—2016，福建厦门人，美国归侨，厦门大学原副校长，中国科学院院士，厦门大学化学化工学院教授）、李法西（1916—1985，福建泉州人，菲律宾归侨，厦门大学海洋学系教授）、谢白秋（1917—2008，福建漳州人，马来西亚归侨，厦门大学党委原副书记）、黄本立（1928至今，广东江门人，印尼归侨，中国科学院院士，厦门大学化学化工学院教授）、汪慕恒（1925至今，台湾台南人，印尼归侨，厦门大学南洋研究院教授）、黄志贤（1926—2019，广东潮州人，越南归侨，厦门大学经济系教授）、周畅（1931—2018，广东梅县人，新加坡归侨，厦门大学艺术学院教授）、洪成得（1935—2024，福建晋江人，缅甸归侨，厦门大学哲学系教授）、许金钩（1937至今，缅甸归侨，厦门大学化学系教授）……他们的业绩，载入"南方之强"的史册。

我的父亲陈曲水先生于1921年考入集美师范，毕业后在泉州等地教书。时值国共合作北伐期间，他向学生大力宣传民主爱国思想。大革命失败后，陈曲水于1929年被迫下南洋，到菲律宾怡朗华商中学任教。九一八事变后，他发起组织"怡朗华侨救亡协会"，主编《民族斗争》半月刊，宣传中国共产党的抗日救亡主张。救亡会先后选派四批20余名爱国华侨青年回国，到延安学习、参加抗战。1939年，陈曲水加入菲律宾共产党。1941年底，太平洋战争爆发，菲律宾沦陷，陈曲水转入地下负责宣传和统战工作，主编地下刊物《侨商公报》。1947年11月，陈曲水回香港担任中共华南分局香港福建特别支部书记和福建新民主主义促进会宣传部长。1950年，陈曲水回国，任福建省侨委办公室主任、副主任。1953年兼任集美华侨补习学校校长。1958年调任厦门大学华侨函授部主任、南洋研究所副所长。

◇◇◇◇ 1975年，陈曲水在建南大会堂外

建校之初，陈嘉庚先生就提出厦门大学"面向南洋华侨、国内弟子"的办学方向；20世纪50年代，高教部在《关于厦门大学发展方向的决定》中，明确厦大以"面向东南亚华侨、面向海洋"作为今后的发展方向；20世纪80年代改革开放以来，厦门大学发挥了"侨、台、特、海"的区位优势和鲜明特色，向着从"国内一流、国际知名"到"建设世界一流大学"的目标踔厉奋进。

◇◇◇◇ 前排从左至右：蔡仁龙，陈有理，郭一飞，关国恩，曾淑萍，许乔蓁

2021年4月6日，习近平总书记在给厦门大学建校100周年的重要贺信中指出："厦门大学是一所具有光荣传统的大学。100年来，学校秉持爱国华侨领袖陈嘉庚先生的立校志向，形成了'爱国、革命、自强、

科学'的优良校风，打造了鲜明的办学特色，培养了大批优秀人才，为国家富强、人民幸福和中华文化海外传播做出了积极贡献。"

在厦门大学的百年校庆期间，厦大侨联开展了一系列纪念活动，举办"侨与厦大百年"高端论坛、"厦门大学百年校庆全球校友招商大会"、"重走嘉庚路 致敬新时代"主题展览。建校百年来，以爱国主义为核心的嘉庚精神始终是厦大鲜亮的底色，也是与生俱来的基因。厦大侨联始终拥护中国共产党领导，以致力国家振兴的使命担当，勇攀高峰的创新精神，克己奉公的崇高境界，为实现中华民族伟大复兴中国梦而奉献自己的力量。

（厦门大学马克思主义学院研究生施林江参与了本文的采访、整理和撰写工作）

◇◇◇◇ 唐绍云油画作品：沧桑

出版印刷大楼，
厦大出版社腾飞的宝地

蒋东明

这是一栋地处厦大思明校区田径场主席台后的黄金地段，却是最为其貌不扬的大楼。与校园里的其他楼都有文雅响亮的楼名不同，这栋楼一直没有自己的名字。在校园众多大楼中，它的历史最为短暂，从始建到拆除，前后只有26年。

我们姑且从楼的用途"望楼生义"，称之为"出版印刷大楼"吧！

1987年，这栋五层大楼建成。当时基建处陈天明处长亲口告诉我，为了迎接1991年厦大70周年校庆，学校决定建西校门。当时印刷厂就在现在的西校门和信箱处，需要搬迁，因此学校就选在这里建印刷大楼。当时明培体育馆也正在建设中，场馆内的观众座椅是由电子工程系的电子厂捐献的，学校也考虑建一层给电子厂做厂房；而出版社刚创办不久，还暂时蜗居在经济学院会计系的五间小办公室，需要有发展空间。更重要的是陈天明处长还兼出版社顾问，他是位热心侠义之人，总想为幼小的出版社做点事。于是，也把出版社考虑进去（陈处长还在大南校门外一条街为出版社留三间书店用房，很不容易的）。最后，此楼一至三层为印刷厂，四层为电子设备厂，五层为出版社和学报（哲社版）办公室。值得一提的是，当时厦大印刷厂规模不小，业务繁忙，正是在鼎盛时期，五楼也被划出1/3作为印刷厂会议室。五楼总面积530多平方米，实际给出版社约300平方米。出版社在这里奠定了自己的基础，从幼小走向青春，不断壮大。出版社几代人在这里努力工作，从1988年初搬入，到2009年初迁到厦门软件园二期望海路39号楼，在这里度过了难忘的22年。

1988年，出版社欢天喜地地搬进新盖的大楼。对于只有20多人的出版社，20多间的办公室已经令大家如刘姥姥进大观园。站在五楼办公室，向南远眺，蔚蓝大海近在咫尺；从北望去，五老峰、南普陀寺、群贤楼、田径场尽收眼底。环视大楼四周，群贤楼群、明培体育馆、王清明游泳馆，及至典雅的西校门，都如高傲的贵族昂首矗立。而出版印刷大楼就如同胆小生怯的仆人站立其中。如果您走近她，在她的背后徘徊一阵，您还会大吃一惊，在整洁葱郁的校园里，这里竟然还有一处"贫民窟"。在高楼掩映之下，这里是民工驻地，锅灶横摆，衣服到处晾晒，

鸡鸭成群,杂草丛生。露天堆放着基建处的建筑杂物,还有美术系的雕塑工棚、木工场、车库。特别是每逢台风大雨,这里便成了水乡泽国,上下班的人们要穿雨鞋蹚水才能通过。有一年,教育部社科司司长要来出版社视察,学校赶忙要求校管科派人对大楼周边连夜除草、整理堆物、打扫卫生。当时大楼西侧主楼梯通道由印刷厂封闭管理,要上四楼和五楼的人只能从东侧狭小的楼梯上去,我陪着司长上楼时,楼道里还摆着锅灶厨具,他的奇怪表情明白无误地表明对此的不解。

更有意思的是这栋楼不是一体的,在建筑主体的两侧楼梯是互为独立的,它们之间用钢板连接,时间久了,两侧梯楼居然有点向外倾斜。出版社刚搬来时,办公室南面前排几间是水磨地,后排则是水泥地。由于水泥质量问题,不到几个月,后排办公室水泥地破损,尘土不断,勉强维持几年后又重新修整,改为水磨地。不久,出版社配上电脑,为了安全,每个办公室都装上铁门铁窗,但很快,铁门铁窗生锈,很不雅观,反倒又成了一块心病。随着出版社的发展,人员不断增加,办公室明显不足,好多人挤在一间,样书、资料到处堆放,开个全社大会不少人还要站着。凡到过出版社的人,都说风景很好,地点很好,就是办公室建筑装修质量较差。但这也造就出版社人纯朴、节俭的风尚。为了改善出版社的办公环境和形象,我们不断进行装修,先是铺上木地板,后是除去原有的吊扇,装上吊顶和空调。后来,学报搬到群贤楼办公,学校将腾出的三间办公室划归出版社。此后,我们又得到印刷厂支持,将属于他们的会议室租借给我们作为编辑办公室、会议室、总编室;打通西侧宽敞楼梯通道,五楼入口处修了个稍有气势的单位牌匾,在大楼顶层外挂上"厦门大学出版社"的醒目招牌;到了2008年,我们拆掉铁门铁窗,换上铝合金窗和新款门，卫生间也改造了，各办公室又粉刷一新，至此，出版社已有几分现代气息。许多到出版社的人都说，爬到五楼，有顿觉焕然一新的感觉，这点点滴滴的变化记录着出版社的进步。

值得一提的是，这栋大楼与演武操场近在咫尺，每天清晨或周末，出版社的小伙子们便会相聚在球场打篮球。长年累月，小伙子们养成良好的运动健身习惯，喜爱篮球成了出版社的风尚。2001年，在厦门大学80周年校庆时，出版社以"强健体魄、著书立说"为口号，发起并赞助全校教职工"出版杯"篮球赛。在学校领导、校工会、校体育部的组织与指导下，这项由学校各学院及校外附属单位参加的赛事，多达近30支队伍参赛，得到全校教职工的关注和喜爱。每年校庆期间进行，一直延续至今，已成功举办了23届，是厦大球迷们的盛大节日，是出版社更加密切联系作者、读者，宣传出版社形象的重要平台。

◇◇◇◇ 2024年4月，厦大出版社男子篮球队合影

厦大出版社是1985年5月成立的。最先的办公地点在囊萤楼一楼西

侧的两间办公室，不久又迁到经济学院C楼二楼五间办公室。1988年初，时任社长陈天择、总编周勇胜、书记许宏业带领大家在这新的"出版印刷大楼"里开始新的创业路程。陈社长是物理系教授，教学科研任务十分繁重，兼任出版社社长后，他兢兢业业，勇于开拓，带领出版社走过初创时期的艰辛历程，为出版社的发展打下坚实的基础。他提倡的"把出版社办成一个温馨的家"的企业文化理念，培育了出版社良好的团队精神。此后，新老领导不断更替：1993年，陈福郎任副总编；1994年，许经勇任总编，杨际平任副总编；1996年，蒋东明任副社长。到1999年，陈社长、许总编、杨副总编退休。经学校组织全校性公开竞聘，任命蒋东明为社长，陈福郎为总编，于力为副社长，宋文艳、侯真平为副总编。在几代领导的带领下，出版社在这栋出版印刷大楼里不断发展，从迁入之初年出书码洋不到1000万元，发展到2009年搬入厦门软件园二期时，出书码洋过亿。厦大出版社以"蕴大学精神，铸学术精品"为办社理念，以"进取、奉献、温馨、和谐"和"把出版社办成一个温馨的家"为企业文化的特质，培养出一支热爱出版、甘于奉献的出版队伍，出版了一批在全国学术界、出版界有重大影响、高水平的学术著作和高校教材，多次获得国家级、省部级重大出版奖，图书获奖率高达13%。一个只有四五十号人的中小型大学出版社，在2009年首次全国出版社等级评估中，经过严格的测评，被国家新闻出版署评为"国家一级出版社""全国百佳图书出版单位"，是福建省唯一获此荣誉的出版社，名列我国100多家大学出版社前20名。在厦大出版社不长的历史里，"出版印刷大楼"绝对是一块值得铭记的宝地。

◇◇◇◇ 厦大出版社部分获奖图书

也是在2009年，在校领导的关心支持下，出版社搬迁到自购的、拥有自主产权的厦门软件园二期望海路39号6楼，共有2200平方米。这里的办公条件更好，更加宽敞，出版社从此开启了一个新的天地。

2012年12月，按照学校的新规划，出版印刷大楼开始拆除。这期间，从拆除围栏，到拆掉一半，到全部拆除，我都特地去看她，拍下她。一栋记载出版社许多故事的楼房，仅仅用了10天就在校园里永远消失。

◇◇◇◇ 厦大出版社新办公楼

这栋楼的故事也许就此结束了，但对于曾经与她朝夕相处的我们，在那里发生的每一件事，都记载着厦大出版社前行的一段段难忘的历史，依然是那样清晰可见。

明培体育馆与佘明培家庭

施淑好*　黄良快*（口述）

　　"体育一道，配德育与智育，而德智皆寄于体，无体是无德智也"。体育的真谛并非止于运动技艺，实为塑造学子全面素质的基石。秉持此道，以育英才。在厦门大学百年办学历程中，体育事业始终紧跟着教育的步伐。从五老峰鸟瞰而过，从白城至西校门、上弦场、风雨球馆、演武场、露天篮球场、王清明游泳馆、明培体育馆，其体育设施皆位于厦

---

*　施淑好，菲律宾菲立电线电缆有限公司董事长，厦门大学菲律宾校友会名誉
　　会长。

*　黄良快，厦门大学总务处原处长。

大黄金地段，悉数排开。

每当提到厦大体育事业，总让人们想起校主陈嘉庚先生倡导兴建的演武场和上弦场，若要说起厦大体育是如何逐步走向正规化、现代化，那就不得不提到明培体育馆。明培体育馆坐落在学校"祖厝"囊萤楼对面，演武场的西边，占地面积4768平方米，上下共计两层。从外形上看，体育馆的造型颇具特点，二层和屋顶之间，是一个上大下小的倒锥形屋体，由四根独立巨大角柱支撑，直达屋面角檐，犹如两双向上托举的手，将人们的目光吸引向上，意味德育、智育、体育、美育四育并重，显示博大崇高的气派，有高山仰止之意。屋体多面开窗，使得室内宽敞明亮，保证基本的通风采光；屋顶则采用橘红色锥形钢网架结构，颜色鲜明。红色的屋顶，雪白的墙面，既融入了闽南传统的建筑风格，在一众嘉庚建筑中不显突兀，远远望去，体育馆犹如一把永不熄灭的火炬，寓意厦大体育事业蓬勃发展。

由体育馆正门进入馆内，第一层是占地420平方米的篮球场，球场共设有2000个看台座位，内部空间的包容度高，无论篮球，还是排球、乒乓球、羽毛球，只要安装对应的球网、球架，切换自如，一场多用，符合正规体育比赛的基本要求，因此场馆的使用频率极高。球场隔墙的外围，还分离出教练员室、运动员室等空间。从一楼沿着外部旱桥楼梯上去，可见二楼的回形外廊，外廊东西向各有两个宽大的红色间歇平台，为师生提供休闲、娱乐之用，外廊设置多个大门直通看台座位，供观众进出，使得人员分流清楚，集散方便。

明培体育馆于1988年开土动工，1990年竣工，1991年开馆剪彩，正式投入使用。2004年、2010年，学校两次对明培体育馆进行全面大

整修,不但提供学生上课、运动训练的需要[1],也满足室内正规球类比赛的需求。体育教学部原主任何德馨教授感慨地说:"作为厦大第一座正规化的室内体育馆,明培体育馆为厦大多元体育教学课程的开展提供了坚实的保障,使体育课程、训练不为风雨所阻,见证厦门大学的体育事业迈上更高的平台。"这颗嵌在演武场上的明珠,是与一位菲律宾爱国华侨及其家庭分不开的,这位爱国华侨名叫佘明培,是厦门大学海外函授部1957级校友。

20世纪五六十年代,晋江人在菲律宾的商业贸易十分活跃,构成了菲律宾最主要的华侨群体,时年3岁的佘明培便跟随父母南渡吕宋。因出身寒素,佘明培中学辍学,早早地便进入社会中摸爬滚打,辗转于商贸领域艰辛创业。生意刚起步的佘明培认识了从教的施淑好,于1965年喜结连理。从此,妻子弃教从商以支持夫君的事业。70年代,佘明培除了在商贸的洪流中站稳脚跟,也将目光投入电器、建材等诸多行业中,以实业助力当地发展所需要的材料,其中最知名的,便是创建菲立电线电缆有限公司。十几年间,他白手起家,将电缆厂发展成为菲律宾电线电缆生产及销售量最大的企业,终于成就了一番兴旺的事业。佘明培置身于异国,心却在华夏,他曾说:"唯故国家却时刻萦怀于心,未敢稍忘,对具有悠久历史之中华文化,更是衷心领慕。"[2]他对中国文化有着深厚的情感,经商之余,特地入学厦门大学海外函授学院专修中国语文。1985年,佘明培先生与《菲律宾商报》专栏记者柯芳南先生一

---

[1] 《明培体育馆》,见厦门大学体育教学部网站:https://tyjxb.xmu.edu.cn/info/1050/1515.htm。

[2] 白蓝:《函授生佘明培,捐赠体育馆》,厦大校刊,1986年3月8日。

起来厦，参加爱国华侨进步青年的组织活动。佘明培与柯芳南到厦大游览，喜逢时任厦大总务处处长的黄良快先生。老朋友相逢，倍感亲切。佘明培虽长年旅居海外，母语却未曾落下，说得一口流利而标准的汉语，谈吐潇洒，从华侨实业畅谈至母校发展，总有着说不完的话题。在欣赏一栋栋历史底蕴深厚的嘉庚建筑时，佘明培不禁感慨道，自己深受爱国华侨领袖陈嘉庚先生伟大精神的感召，对母校有着一片赤诚之心，想为学校做一些实在的事。在听闻黄良快先生向他介绍，学校只有靠近大南校门有一处灯光球场和南光附近一座较小的风雨球馆，尚没有一所正式的体育馆供学生所使用。体育场所缺失，使得排球、篮球等球类体育课程难以开展，佘明培当即表达了自己捐建体育场馆的意愿。

佘明培言出必行，回到菲律宾后，就与太太商量，答应了便应落实。不久，厦大校务委员会便收到佘明培先生的来函："以敝人及内子淑好之名义献捐人民币外汇券100万，以作为在母校校园建一室内体育馆之费用。为故国教育、体育事业的发展，为母校的建设和发展，稍尽绵力。"轻薄的一封来信，却承载着沉甸甸的母校情谊。100万元外汇券，这在当时并非小数目，况且当时他正处在经济困难时期。但佘明培伉俪一致表示："既然答应捐款就要用实践证明。"对于佘明培来说，尽心竭力、毫无保留地支持教育事业，这样的善举已并非第一次。也许是幼时家境贫寒，高中不得不辍学从商的原因，佘明培深知教育对个人前程，乃至民族振兴的重要性，20世纪70年代后，随着佘明培的电线与贸易实业蒸蒸日上，他饮水思源，首先想到的是同他一起从贫穷中挣扎过来的乡亲和故土，在修建故乡福建晋江永宁的陶青校舍的款项中，他捐资甚巨。在菲华文化教育事业衰落之际，他也主动出资，以"雁门佘氏宗亲会"

之名，每年固定补助宗氏子弟中从事华文教育的教师。[①]

　　"教育"二字在佘明培心头有万斤之重，这也让他更加难忘母校的教育之恩。在他心中，"一百万外汇券"仅仅是"绵力"，但这一栋楼宇的建立，却如他所愿，带来了实实在在的"抛砖引玉"之势。佘明培是改革开放初期最早捐建厦大基础设施的校友之一，他投资捐建体育馆的消息在报刊上一经刊登，便迅速在校友圈和华侨之中传递开来，不少校友深受感召，并在厦大总务处黄良快处长等人的穿针引线下，随着一两颗"建筑石子"的投入，佘明培那"抛砖引玉"的愿景，也最终得以实现。

◇◇◇◇ 佘明培（左）和黄良快

　　1988年，厦门大学明培体育馆奠基仪式正式启动。在奠基仪式上，面对记者们的提问和众人的称赞，他谦虚地回答道："我所奉献的，实

---

① 　赵鹏沛：《菲律宾侨贤佘明培捐资兴学　热忱华文教育事业》，见中国侨网：
　　https：//www.chinaqw.com/hwjy/2017/02-10/125958.shtml。

在是区区小数。我也仅仅是以此来表达我抛砖引玉、鼓励华人共同重视华文教育的一点心意，意在促进更多校友为厦大建设发展，绘画更加宏伟的图景。"①

体育馆的建设如火如荼地进行着，正在此时，一个噩耗却从东南亚传来，让学校师生乃至华侨界为之震惊：1988年5月9日，佘明培在马尼拉不幸遇难。佘明培先生没能看见体育馆建成的那一天，但他的夫人施淑好女士，在悲痛之中，默默肩负起了丈夫的事业和遗志。她召回了在外工作的儿女，共同挽救面临群龙无首的企业，在校学习的子女也待毕业后与其一同完成父亲未竟的事业。明培体育馆是佘明培先生生前最后一个大型项目。为了实现丈夫的遗志，施淑好持续关注和支持，佘明培的去世并没有影响到场馆的建设进程。

历经两年，明培体育馆终于迎来了建成竣工。1990年4月6日上午，西校门内鞭炮阵阵，人头攒动，正是在迎接明培体育馆的落成典礼。这一天，施淑好再一次从菲律宾回到了厦大，与校领导、来宾代表一起为体育馆落成剪彩。施淑好怀着悲喜交集的心情感慨道："明培在世时，一再强调以他有限的能力，献出区区之数，只是想抛砖引玉，如今他的意愿受到各方的响应，能得到如此热烈的反应，已可告慰先夫的在天之灵。"

佘明培虽然去世了，但其夫人施淑好女士及其儿女却继承了丈夫的遗志，与厦大再续前缘，结下了深厚的情谊。85岁高龄的施淑好女士祖籍泉州石狮，出生于菲律宾马尼拉，就读华文学校曙光学校（小学）、

---

① 戴岩：《学校举行明培体育馆落成典礼》，厦大校刊，1990年4月15日。

中正学院（中学），毕业于台湾师大。在其父母亲施嘉罗和李秀治潜移默化的影响下，养成温柔善良、乐善好施、服务社会的做人处世品德，是一位气质温润、谈吐不俗的女性。她为人明理，待人宽容，也十分热爱自己的家庭。她育有两儿三女，如今也是儿孙满堂。在她的办公室里，最大特色便是浓郁的家庭气氛，墙壁上处处挂着大家庭的合影，佘明培的相片仿佛一直在亲切地注视着他的妻子、他的儿女们。施淑好以一女子之力扛起家中产业，也深刻体验到守业的艰难，痛苦时便常在心中惦记着丈夫挂在墙上写有"忍"字的书画，以告诫自己"苦痛时，不言，受打击时，不动，固需极大耐力，但在打击下，仍朝目标继续前进，才是真正的忍耐"。即便丈夫的离去让施淑好心如刀割，但她仍秉承丈夫的遗志，保持着乐善好施的美德，将善的种子四处撒播。她坚持每年多次带领家人们周游各地，一同从事慈善事业。她设立"佘明培纪念基金会"资助贫寒大学生，捐建家乡的教育设施，曾经带着孩子们从厦门开始，走遍曾经捐献过的每一处，通过身体力行告诉孩子们"赚的钱应该取之社会用之社会"，建立起对爱心的概念，孩子们耳濡目染，都逐渐养成了善良孝顺的好品质。就像当年义无反顾地支持丈夫捐赠巨款时一样，施淑好也将这种精神带进家庭氛围中，每年全家出游的固定活动，必须全员到齐，缺一不可，团结一心是她对家庭的根本期望，她说："在家里，只要有一个人愿意付出，我们全家都会支持，从不说二话。"

如今，她的儿女们经过多年磨炼都已渐上正轨，为母亲分忧。施淑好除了鼓励他们在本行吸收经验外，还支持他们也各自独立创业，体验创业之艰，也可借此打破传统家族经营观念，好让他们在各司其职时发挥其潜能，把原有的菲立电线电缆有限公司扩大成多元化集团。现在，她的长子佘日彰已是菲律宾电器厂商联合会理事长、曾任华裔文化传统基金会董事长，次子佘日闻为佘氏宗亲会副理事长，小女佘怡静是菲华体育总会理事长，长女与次女也热心于推动公益事业。儿女们各展身手，践行先父遗志，步步壮大佘明培发家的菲立集团，偶尔他们也会反过来督促母亲的公益事业，常对她说，"妈，这点小事您也一起去做吧"，足见施淑好女士教子有方。

尽管孩子们已经成为自己得力助手，能够撑起公司的一片天，但施淑好仍然坚持定期来到办公室。她的长子佘日彰先生曾感慨说道，时常他还没来上班，母亲就已经坐在办公室里了，当他下班时，母亲仍然待在办公室。尽管已经处在不必为身外之物忧心的年纪，但施淑好对于这所公司的情感和责任却不是可以轻易放下的。施淑好女士不慕名利的义举令人钦佩，吸引不少志同道合的人与她一起参与公益事业。其中就有厦大1943级机电工程系校友、当时菲律宾中正学院院长邵建寅先生。从厦大毕业后，邵建寅去往菲律宾经营工商，在其事业如日中天之时，却毅然放下产业，选择回归教育事业。1999年8月，邵建寅先生捐资400万元建设萨本栋微机电研究中心大楼，取名"亦玄馆"，还先后为学校设立了多项奖学金。他与佘氏夫妇对教育怀着相似的志向，佘明培去世后不久，他与施淑好倾注心血对厦大菲律宾校友会进行改造和注资，将散播东南亚各地的校友们团结聚集起来，成为如今厦大背后强有力的支持，而他们的无私举动，也赢得来自校友和华侨华人的敬重。

尽管施淑好的事业成功，家庭美满，生活已无须为钱财所忧虑，但她却始终坚持着节俭的习惯。她每每与别人一同吃饭时，从不会点昂贵的菜肴，总是简简单单的两三道菜便解决一餐，但对国民事业的捐助上

却从未吝啬。她带着家人们继承了佘明培"希望播下爱的种子，将来能长出芬芳的花朵，结出丰硕的果实，遍洒全国和海外世界各地"的遗愿，共同设立了菲律宾第一个"佘姓华文教师奖励金"，捐资兴建家乡石狮永宁陶青小学科技馆和闪钞堂、石狮永宁中学体育馆、福建师范大学行政大楼"明培楼"和"明培排球馆"，以及许多山区小学，善行可嘉，令人赞叹不已。

◇◇◇ 20世纪20年代厦大第一座游泳池

◇◇◇◇ 厦大翔安校区佘明培游泳馆（刘璐摄）

施淑好并没有在厦大就读、学习，但其丈夫对母校的情谊却深深地感染着她，她的心与厦大紧紧牵连在一起。2012年，在厦大91周年校庆典礼上，施淑好更是携其子女慷慨捐赠600万元，在厦门大学翔安校区兴建一所游泳馆 —— 佘明培游泳馆，以此支持厦门大学的建设和体育活动的开展。2024年5月，施淑好女士与其女佘怡静女士带领菲律宾菲华体育总会篮球队来到明培体育馆与厦大学生篮球队进行友好比赛，施女士看到球馆有些破损，当即决定出资100万元人民币对体育馆进行修缮工作。施淑好表示"我希望以后人们在介绍我们时并不是说你捐了多少钱，因为这些地方从建设到运作，所用的金额不过是我们捐款的几分之几，可是我们的心意是真实在那里的"。每一栋捐赠建筑上的"明培"二字，都饱含了她对丈夫深切的纪念，其二人感情至深、善心至纯，携手共济教育事业，成就了一段佳话。2024年5月23日，校友总会荣誉理事黄良快陪同施淑好率领的菲华体育总会中学篮球联队友好访问团一行39人访问厦门大学，受到师生们的热烈欢迎。厦大体育教学部主任林致诚教授说，明培体育馆为体育教学提供了重要场地，也是学校大型比赛、活动的重要场新，为发展和繁荣学校体育文化发挥了重要作用。

明培体育馆是一扇窗，透过其建筑，我们能够窥见其背后珍贵的历史，其所蕴含的故事和人物精神历久弥新，它不仅是一座体育馆，更是一座情感的桥梁和历史的见证，承载着佘明培先生、施淑好女士及其子女对厦大的深厚情感。岁月如歌，明培体育馆经历了多少风雨与变迁，但它所承载的厦大体育精神却永远年轻、永不褪色。在这里，一代代厦大人挥洒汗水，锤炼意志，驰骋赛场，捍卫荣光，不仅在赛事上斩获佳绩，更在日常生活中养成积极向上的精神风貌，激励着他们去努力奋斗，勇于奉献，把厦大体育精神的种子播撒各地。如今，气势宏伟的明培体育馆屹立在西村大门临近处，鲜艳的红顶，稳固的屋体，这座如火炬般的体育建筑也向世人昭示着，厦大校友们继往开来，奉献义举薪火相传，体育精神代代赓续。

◇◇◇ 佘氏全家福（施淑好供图）

（厦门大学新闻传播学院学生陈诗彤参与了本文的采访、整理与撰写工作）

迈进 21 世纪的嘉庚楼群

黄　仁＊（口述）　詹心丽＊　曾国斌＊

一、践行嘉庚建筑理念，谱写嘉庚楼群新篇

黄　仁（口述）

在厦门大学筹办之初，校主陈嘉庚先生选址于厦门岛南端靠山面海

＊　黄　仁，厦门大学建筑与土木工程学院教授。

＊　詹心丽，厦门大学原副校长。

＊　曾国斌，厦门大学校友总会原秘书长，厦门大学教育发展基金会原秘书长。

之地，希望外国轮船出入厦门港的时候，从海上一眼就能看到一所壮观的学府。今天，隔海远眺厦门岛，海岸边最引人瞩目的建筑，一个是建南楼群的建南大会堂，另一个就是嘉庚楼群的颂恩楼。如果说宏伟壮丽的建南大会堂是厦门大学在新中国成立后的代表性建筑，那么巍然矗立的颂恩楼则是厦门大学迈进21世纪的标志性建筑。

厦门大学建筑与土木工程学院黄仁教授是创作设计嘉庚楼群的主持人。黄仁教授1961年毕业于同济大学城市建设系，留校任教，1990年调到厦门大学，任建筑系主任。2024年岁末，我们登门拜访黄仁教授，倾听这位88岁高龄老人介绍筹建嘉庚楼群的设计理念与经历。黄仁教授回顾30年前的往事，依然记忆犹新，思路清晰、侃侃而谈，因为这毕竟是他的得意之作啊！

黄仁教授说，厦门大学自创办之初，就依地势布局，形成"群落式"分散的建筑格局，错落有致，灵动自然。然而校园建筑如群星璀璨，却缺乏能统揽全局的核心。因此，在设计嘉庚楼群的时候，黄仁带领王绍森、陈阳、徐文才、陆敏玉等设计人员，分析传统嘉庚建筑的风格特点，延续了嘉庚建筑"一主四从"的布局，同时考虑现代建筑的发展和现代人的审美观。黄仁教授借鉴陈嘉庚先生的布局手法，将嘉庚楼群规划设计为"一主四从"，沿博学路成线性布局。五幢大楼东侧略成弧形，面向中心广场，前方是开阔的芙蓉湖。建筑总平面布置以双向轴联系内外环境空间，通过东西向轴线体现楼群总体朝向中心广场及芙蓉湖；南北轴线体现楼群单体的南北朝向及各幢楼之间的联系，以及与大南校门，西侧新校门之间的人流导向关系。平面布设沿东西主轴成"一主四从"的对称布局。考虑到每幢楼均有捐款人的意愿，让五幢楼在面向中心广场具有同样的重要性。

由于嘉庚楼群地处校园中心，面向芙蓉湖，从规模及高度上应该成为校园的主体楼群。因此黄仁教授构思嘉庚群楼的主楼为塔楼，居中位置，从楼分布在塔楼两侧，面向芙蓉湖，与校园的群贤楼群、芙蓉楼群、建南楼群相呼应。主楼塔顶做成朝向芙蓉湖的四坡顶，屋面出檐略有起翘，有传统建筑庑殿、歇山顶之韵味，传统手法与现代风格融为一体，达到"使整个楼群产生的效果是'建筑有厦大特色，同时又有新意'；既满足现代办学的物质功能要求，又能纪念前人，激发后人继承爱校爱国、艰苦创业的精神"之目的。当时，林祖赓校长根据广大师生的建议，并且征得主楼捐赠人、杰出校友蔡悦诗女士的支持，认为我们面临21世纪，将迎来百年校庆，楼层改18层为21层，楼高相应提升至100米（99.67米）。为此，黄教授设计一个楼顶，用一个弧形将它收起来，做成一个亭台，成为中国传统的亭台楼阁，使得主楼成为塔楼。有了这个塔楼，可以将校园里分散的各个楼群连成一个整体，同时，嘉庚楼群在万石山下的谷地湖畔突兀而起，不仅与校园其他楼群相互错落呼应，传承了嘉庚建筑风格的特点，而且将与背景五老峰竞相峥嵘，构成厦大校园的新景观。

◇◇◇◇ 嘉庚主楼（颂恩楼）屋顶细部

◇◇◇◇ 大楼设计者黄仁教授

1996年，以黄仁教授为主的设计方案在省内外众多投标方案中脱颖而出，最终中标。教育部专家组进行了评审，获得一致通过，并得到了中国科学院院士彭一刚、中国工程院院士何镜堂的肯定。嘉庚楼群被评为2003年福建省优秀建筑设计一等奖、建设部优秀建筑设计三等奖。1998年6月，嘉庚楼群开始施工，2001年4月6日于厦门大学80周年校庆之际竣工，在嘉庚广场举行盛大的落成典礼，以襄盛事。主楼楼名颂恩楼，楼高百米，共21层，面积19000平方米，屋顶融入"亭台楼阁"概念，中心的设计结合了中国传统建筑中常见的庑殿顶和歇山顶，四角又有楼阁簇拥，重檐错落，皆披红瓦，搭配西式楼体，覆以涂料，建筑整体大气磅礴，是名副其实跨越世纪的建筑。其余四幢楼风格与主楼相呼应，皆为6层、面积6500平方米，分别名为保欣丽英楼、成枫楼、祖营楼和钟铭选楼，分列颂恩楼左右，略呈弧形排开，面向嘉庚广场和芙蓉湖，楼宇之间以廊道相连。嘉庚楼群前是长达120米的花岗岩阶梯，与嘉庚广场相连，广场以荔枝面花岗岩石板铺就，平坦开阔，两侧是仰恩大学赠送的一对栩栩如生的石狮子，更烘托出主楼气势。中轴线上是旗台，两侧布置有厦门大学美洲校友会为庆祝母校八十华诞而捐赠的校训卧石。中式屋顶盖在西式建筑身上，气势灵动雄伟，大气磅礴，充分体现中式占主导地位，西式从属相辅的中西结合建筑风格。

如今，以嘉庚楼群为中心的区域成为厦大师生工作、学习的重要场地，也是游人喜爱的游览胜地。人们在嘉庚广场凝望"自强不息、止于至善"的校训，在芙蓉湖广场遥观芙蓉湖镜鉴嘉庚楼群，通过建筑探索和感怀厦大人的故事，更具象地体悟嘉庚精神和厦门大学深厚的精神文化底蕴。

黄仁教授崇尚"真正的建筑师之思想接近于哲学家与诗人"，他就是这样一位有诗意的建筑师。

◇◇◇◇ 芙蓉湖畔

（厦门大学社会与人类学院研究生陈杨钰参与了本文的采访、整理与撰写工作）

二、颂母校奖掖栽培之恩，赞天道化育万物之德
——蔡大姐与颂恩楼的故事

詹心丽

每当漫步于芙蓉湖畔，总要多看几眼雄伟壮观的嘉庚楼群。而高矗于楼群中央、已成为学校新地标的颂恩楼，更是勾起我许多美好的回忆。这不仅因为我曾在楼里工作过15年，更因与这幢楼的捐赠者蔡悦诗学长有过一段难忘的交往。她对母校无限热爱，为母校贡献卓越，校友和

母校的领导、老师都亲切地称呼她"蔡大姐"。她优雅美丽、知性睿智、待人谦和、风趣幽默、宽容大度、豁达爽朗……她是厦大人学习的楷模，是厦大女性的杰出代表。

记得第一次见到蔡大姐，是在1998年建文楼落成典礼上。当时就被蔡大姐典雅与高贵的气质惊艳到。这样一位仪态大方的女校友，一位事业成功的女实业家，当了解到母校缺少教职工活动场所后，为表达对母校的感恩和对教职工的敬重，她以她父亲蔡建文的名义，向母校捐建了一座七层楼的教职工活动中心——建文楼。

再次见到蔡大姐是在1949届校友毕业50周年的活动中。100多位1949届校友从世界各地回到母校欢聚，我荣幸应邀参加活动，与蔡大姐有了近距离的接触。听她娓娓叙说当年的故事，感受她对母校的浓郁情怀，对同窗的深情厚谊，以及她叙说往事的幽默与风趣。

2001年4月，学校隆重举行80周年校庆和嘉庚楼群落成典礼。嘉庚楼群传承嘉庚建筑风格，五幢楼一字排开，矗立于芙蓉湖畔，蔚为壮观。五幢楼从左到右，分别是由香港校友黄保欣、吴丽英伉俪捐建的保欣丽英楼；新加坡企业家吴定基、李织霞伉俪捐建的成枫楼；泰国校友丁政曾、蔡悦诗伉俪捐建的颂恩楼；菲律宾企业家洪文炳捐建的祖营楼；香港女企业家钟宝珠、钟宝玉姐妹捐建的钟铭选楼。

作为嘉庚楼群主楼——颂恩楼的捐赠者，蔡大姐在落成典礼上发表了热情洋溢而又谦虚幽默的演讲。记得她激动地说，没有母校的培养，就没有她的今天。她和先生为母校捐楼，是受嘉庚精神的感召。取名"颂恩楼"，以颂扬母校培育之恩！她衷心希望母校培育出更多优秀人才；她期盼21层的高楼，预示着母校21世纪更加辉煌！

20世纪90年代末期，东南亚金融危机对蔡大姐在泰国的企业造成严重损失，但她和先生仍然坚持把颂恩楼建至21层，仍然坚持捐款2000万元人民币！其爱校之心令人感佩！母校在颂恩楼左下角刻立的楼志这样写道："丁政曾、蔡悦诗伉俪拳拳服膺'自强不息，止于至善'之要旨，捐建此楼，取名颂恩，以颂母校奖掖栽培之恩；以赞天道化育万物之德；以彰易理生生不息之功。本本水源，裕后光前。爱校情殷，殊足矜式。爱勒石志之，以垂久远。厦门大学 立 二〇〇一年四月。"

此后，蔡大姐每回母校，我们都见面。蔡大姐阅历丰富，思维敏捷，每次聆听她侃侃而谈，妙语连珠，如沐春风，受益良多。一次在交谈中，我谈到母校的海外教育。我说母校的外国留学生中来自东南亚印尼、马来西亚、菲律宾的较多，来自泰国的少，特别希望能有更多的泰国学生来厦大学习。蔡大姐和陈汉涛学长听闻，回泰国后立马就在当地媒体刊登母校的招生信息，并亲自到曼谷的大学和中学做招生宣传！在蔡大姐和陈汉涛等学长的积极宣传推广下，到厦大学习的泰国留学生人数大幅增长！泰国校友会还帮助母校在曼谷设立了招生点，为来厦大学习的泰国学生设了奖学金。

2003年，蔡大姐创建并担任首届会长的厦大泰国校友会成立5周年，母校原校长、时任校友总会理事长林祖赓应邀率团参加，我有幸一道前往，再次目睹蔡大姐的耀眼光芒与大家风范，感受她及泰国校友对母校的浓浓情意。整整20年过去了，当时温馨热烈的庆典场景一直浮现在眼前。蔡大姐以她独特的人格魅力，成为校友们仰慕的偶像，大家如众星捧月，围绕在她的身旁，献花、拥抱、合影……

我想，校友们如此发自内心地崇敬她，是敬佩她的人品与事业的成功，感念她对校友们的关爱，赞颂她为母校的无私奉献。

2006年，时任学校常务副校长的潘世墨率团出访泰国，我有幸再次参加。除了商谈建立母校第一所孔子学院——皇太后孔子学院事务外，我们还参加了泰国校友会8周年庆祝活动。在盛典上，蔡大姐风采依旧，依然是最受来宾和校友瞩目与爱戴的焦点。

我们应邀参观了她的制衣厂。偌大的厂房，现代化的生产设备和工艺，成批产出的各式成衣，令我们目不暇接。但她在介绍企业时，却是那么谦虚，那样幽默，那般从容。从她云淡风轻的描述中，我们仍能想象出她和先生几十年创业与奋斗的艰辛。

蔡大姐总是面带笑容，开朗健谈，待人宽和，真诚善良。跟她相处，心情十分愉悦轻松。有时她童心未泯，显露纯真可爱。一次我们访问泰国时，应邀去参观泰国校友会副会长张祥盛、张祥裕兄弟创办的、享誉东南亚的"拉差龙虎园"——鳄鱼与老虎养殖基地。此园有供游客抱着小鳄鱼和小老虎拍照的项目。我们见了都害怕，不敢试。蔡大姐却幽默地说，让我先试吧，反正小老虎不会喜欢吃老太婆的肉。她开心地抱着小鳄鱼和小老虎，一脸得意的样子。看着蔡大姐，我们也都壮了胆，抱着小鳄鱼和小老虎拍照了。

◇◇◇◇ 颂恩楼（来源：网络）

蔡大姐1927年出生于福建晋江。幼年启蒙于菲律宾马尼拉曙光小学。1937年举家移居上海，1945年南迁。她在泉州培英女子中学完成高中学业后，考入厦大外文系，后转至教育系，在厦大校园度过四年美好时光，并结识了她的人生伴侣、厦大会计系的学生丁政曾。

毕业后，蔡大姐与丁政曾喜结良缘，并定居泰国，开始他们在曼谷的创业生涯。异国他乡打拼艰辛，但母校的校训和嘉庚精神一直是激励他们伉俪前行的力量。他们先是集资成立开源纺织有限公司，后又投资创设华泰制衣有限公司。先生运筹帷幄，夫人掌管财务，两人密切合作，乐观向上，终于在制衣行业创出了一片天地。

正当事业如日中天之际，丁先生不幸得了重病，经多方医治无效，与世长辞。蔡大姐与夫君相濡以沫几十年，悲痛万分！但她没有因此消沉，她强忍着心中的悲伤，以超然脱俗之心面对现实，继续着他们的事业。

蔡大姐有着一颗善良纯真的心，一直热心公益事业，热心中泰交流。她在家乡和母校厦大分别设立"蔡建文资深教师奖励金"，为母校捐赠"建文楼""颂恩楼"，还捐资支持母校"萨本栋微机电研究中心"的建设。1996年，蔡大姐荣获厦门市政府授予的荣誉市民殊衔。她也被泰皇御赐皇冠勋章。

最后一次见到蔡大姐，是2008年初。我和同事到香港参加内地高等教育展，得知蔡大姐在香港养病，就请旅港校友会时任会长林贡钦等陪同前往看望。蔡大姐那时已经病重，但得知我们到来，坚持在一家中餐厅宴请我们。我不敢相信，已深知自己病重的她，在与我们的交谈中，依然笑意盈盈，笑语不断。记得她说，虽然身子骨不好了，但她每天坚持锻炼。说着她就从餐桌旁站起来，甩动着双手和双脚，示范给我们看。

她以坚强的意志、乐观的心态与疾病作抗争！在座的无不为之动容！我永远无法忘记，她站在餐厅包间的门口，一手扶着门框，目送我们离去的情景。她的眼神充满慈爱，充满对生的渴望，和面对死神的泰然。蔡大姐的这个形象一直印记在我的脑海里。

2008年5月31日，我们敬爱的蔡大姐因病医治无效，在曼谷不幸辞世，享年83岁。噩耗传来，母校师生为失去这样一位德高望重的老学长而深感悲痛！母校在发去的唁电中对蔡大姐给予高度评价："悦诗学长平生淡泊明志，喜好交友，珍重窗谊。她倡导并捐资为同级同学在母校举行聚会，开校友返校聚会之先；她作为厦大泰国校友会的首任会长，积极联络校友感情，凝聚校友力量，为促进校友工作做出重要贡献。她崇高的人格和对同窗、校友的深情博爱，深得万千厦大人的无限崇敬与高度赞誉。学长之巨献，诚为我巍峨黄宫增光添彩，其竭尽所能为母校无私奉献的精神，是厦大人弘扬嘉庚精神的楷模，将永远成为一代代厦大人学习和传承的光辉典范。"

敬爱的蔡大姐已经离开我们15年了。这15年间，母校发生了很大的变化：建设了翔安校区和马来西亚分校；学科建设更上新台阶，跻身"双一流"大学行列；隆重庆祝建校百年，开启新百年新征程……一代代厦大人，弘扬嘉庚精神，传承学长风范，为国家富强、民族复兴贡献力量，为母校的发展奉献爱心。蔡大姐所捐建的颂恩楼、建文楼，为母校的新发展发挥着重要的作用；母校的思明校区、漳州校区、翔安校区和马来西亚分校，又有许多厦大人和各界友人捐建的高楼拔地而起。亲爱的蔡大姐，您在天堂看到母校的新发展、新变化，一定会露出欣慰的笑容。

蔡大姐魅力犹在，风范长存！

三、"要对得起自己是一个中国人"

——黄保欣与保欣丽英楼的故事

曾国斌

在美丽的厦大校园，"一主四从"、布局齐整的"嘉庚建筑"格外醒目，是学校百年楼宇文化经典标识。建成于 2001 年的嘉庚楼群雄伟挺拔，楚楚有致，是学校 21 世纪建筑的典型代表。其中一号楼为"保欣丽英楼"，由厦门大学 1945 届校友、香港政企领袖黄保欣先生慷慨捐建。他一生恪守"要对得起自己是一个中国人"的信条，自省、自觉、自律、自强，躬身践行"嘉庚精神"，演绎了爱校、爱乡、爱港、爱国的光辉人生。

◇◇◇◇ 杰出校友黄保欣先生

负笈厦大，创业香港

受家庭和周边环境影响，黄保欣先生幼年时便怀有报国为民的抱

负。他1923年出生于福建省惠安县下埔村，父亲是西医医生，母亲是农民，家中有一个姐姐、一个妹妹、七个兄弟，他在兄弟间排行老大。据他回忆，父亲"读了很多进步的书，像邹韬奋办的杂志，我也从小看""九一八事变时，我上小学，老师让每个学生画一张东三省地图，让我们要记得东三省，要把它收回来"。他从小成绩优异，1934年从时化小学毕业，进入泉州培元中学，之后12个学期中的10个学期，成绩均列榜首。1941年，他考入国立厦门大学，攻读化学专业，在山城长汀接受了严格而规范的科学训练。

厦门大学的优良校风和"自强不息，止于至善"的校训成为影响其一生的精神基因，为其创业、从政奠定坚实的基础。1945年，黄保欣先生毕业，次年1月与同窗吴丽英女士结为伉俪，1948年赴香港定居，学习和思考经商之道。"之前，我工作的公司很小，做一些土特产等。我是念化学的，一直觉得这些跟自己的专业没什么关系，就想，既然已决定要做生意，就要做自己在行的。"1958年，他与朋友合资建立联侨企业有限公司，从事化学品生意，业务包括塑料工业、电池工业、橡胶工业、搪瓷工业等原料供应，随后转型主打以塑料为主的贸易及制造业务。凭借在厦门大学所学知识，他做足市场调研，率先引进先进技术，向厂商提供技术性数据和市场情报，其塑料注塑机占据全港近70%市场，成为最权威供货商。黄保欣先生还将其"独家信息"公开与商界同行共享，经常带领香港塑料生产商到国外参观考察，帮助塑料原料商和生产商建立密切关系。1974年，香港塑料原料商会成立，黄保欣先生被公举为商会主席。任职15年间，他领导塑料从业者齐心协力，共同将塑料产品打造成香港三大支柱产业之一，赢得了"塑料原料大王"美誉。

"做生意第一要讲信用，不要掺假，答应的事情就要做到。还有就是财务健全，我从没有钱开始做生意，从来不在财务方面出问题。"黄保欣先生诚实守信、大公无私，同行业者交口称赞。

赞襄母校，造福桑梓

热爱母校、捐助母校，感恩桑梓、回馈桑梓是黄保欣先生永存心底的绵绵情义，事业有成后，他通过多种方式襄助母校建设，助力家乡发展，滴水涌泉，令人敬仰。

黄保欣先生的爱校情怀犹如一曲铿锵赞歌，感召着"厦大人"不忘初心，奋发向前。1981年，黄保欣先生率旅港校友团回母校参加厦门大学60周年校庆，周遍巡礼厦大校园，实地了解母校发展态势。为支持母校新世纪新发展，他于2001年捐资500万港币（约630万人民币）为厦门大学建设嘉庚楼群一号楼，学校感念其拳拳盛意，特以其夫妇雅名为大楼冠名"保欣丽英楼"。该楼共计6层，建筑面积6500平方米，现为管理学院教学和办公场所。2011年，85岁的黄保欣先生再次亲临厦大90周年校庆大会。他在致辞中说，自己和夫人于4月6日在香港《文汇报》刊登《厦门大学六十周年纪念歌》，热烈祝贺厦大校庆，以期重温20世纪三四十年代抗日战争时期母校内迁闽西"烽火书声不绝"的汀州岁月，激励厦大人永远"自强不息，止于至善"。黄保欣先生曾两度出任香港校友会理事长，生前一直兼任香港校友会荣誉会长，其美德与伟绩是厦门大学育人成果的典范。

◇◇◇◇ 厦门大学保欣丽英楼及其楼志

　　黄保欣先生心怀大爱，品德高尚，不忘家乡哺育，热心公益事业，大力兴学助教，堪为世人楷模。他先后为家乡捐资建成张坂中学骆柿实验楼、张坂镇锦溪小学教学楼、张坂镇卫生院保欣楼、惠南中学黄润苍教学楼、泉州培元中学黄润苍教学楼、保欣广场等，深受家乡父老爱戴与景仰。为表彰其造福桑梓的爱心义举，福建省人民政府专门为其立碑铭记，以彰后人。

　　2019年7月22日凌晨，黄保欣先生怀着对祖国无限赤诚辞别人世，享年96岁。哀讯传来，社会各界深切悼念，厦大师生无不悲恸，学校领导率团专程前往香港出席追思送别会，为黄保欣先生灵柩扶灵，为这位可敬可爱的厦大老校友送上最后一程。黄保欣先生毕生践行"要对得起自己是一个中国人"的信念，报国志坚，家国情深，足堪垂范！斯人已去，风范永存！

　　（厦门大学学生宋柳锐、吴文婷、张洁参与了本文的采访、整理与撰写工作）

四、厚德定基业，美誉织霞晖
——吴定基、李织霞伉俪与成枫楼的故事

曾国斌

嘉庚楼群二号楼由新加坡华侨吴定基、李织霞贤伉俪倾资捐建，被命名为"成枫楼"。他们夫妇二人身居异域心系桑梓，以金子般的爱心深爱故乡故国，对自身极其节俭，却乐于回馈社会、关爱他人；对文化、教育、交通和扶贫济医等公益慈善事业解囊慷慨，其浓情厚爱为人称颂。

勇投商海，伉俪双鸣

◇◇◇◇ 成枫楼

1943年，吴定基出生于新加坡，祖籍南安石井镇后店村。聪慧机敏的他自南阳工商补习学校小学毕业后便直接升入新加坡南洋华侨中学，经过不断地学习和努力，吴定基又成功考入南洋大学就读物理系。才华横溢、胆识过人的他毕业后并没有选择继续在物理学领域深造，而是和父亲一样，投身商海，从事进出口贸易。

李织霞是新加坡著名侨领、新马著名实业家、社会活动家李成枫先生的千金，毕业于南洋美术专科学院西洋画系，是一位多才多艺的大家闺秀，在戏剧、音乐等领域都有很高的造诣。

1970年，吴定基、李织霞喜结连理。夫妻二人感情深厚，琴瑟和鸣，共同创业，创立了新加坡南泰行有限公司。他们砥砺同行，靠着过人的才智和艰苦的努力，在新加坡打拼出一番天下，事业蒸蒸日上。20世纪90年代，随着我国改革开放的浪潮惠及南海，吴定基、李织霞贤伉俪率先把握商机，在内蒙古、福建、深圳、南京等多处投资合作兴办企业，成为既有丰富现代企业管理经验又有雄厚实力的实业家。

望学成枫，传于嘉庚

吴定基、李织霞贤伉俪对祖国大江南北多有捐赠，在教育方面的捐赠以初等教育和学前教育为主，而对高等教育捐赠的唯有厦门大学。

◇◇◇◇ 厦大校内雕塑

在厦门大学思明校区，有两座极具辨识度的建筑矗立在美丽的芙蓉湖畔。一个是厦门大学嘉庚楼群中的"成枫楼"，一个是芙蓉湖中湖心岛上的"嘉庚先生和学生们"的群雕，这两个标志性建筑由吴定基、李织霞贤伉俪在1998年慷慨捐资610.2万元修建而成。"成枫楼"建筑面积6500平方米，共有6层，以李成枫先生的名字命名，现作为管理学院的教学和办公之用。"嘉庚先生和学生们"群雕则早已成为厦大学子阅读、修习、交流的偏爱之所。

除了捐建楼宇铜像等建筑外，吴定基、李织霞贤伉俪对厦门大学始终充满关怀。2003年，他们专程委托南安市芙蓉基金会向厦门大学图书馆捐赠了由季羡林先生主编的《传世藏书》。这套藏书囊括了我国从先秦到晚清历代重要典籍，是继《四库全书》后200年来最大的古籍整理工程。他们夫妇二人希望通过捐赠书籍，进一步丰富学校图书馆藏、为厦大学子钻研中华传统文化提供宝贵、翔实的素材资源。

"定基业老骥协力，织霞晖雏鹰可期"，在南安县石井镇厚德中心幼儿园一块石头上，吴定基题写了人生格言，这饱含着夫妇二人对故乡教育事业浓浓的牵挂和希冀。值得一提的是，在他们捐建的多所学校建筑中，没有一栋楼以其个人名字命名。吴定基、李织霞贤伉俪用他们的善行义举书写着"达则兼济天下"的温暖诗篇，弘扬传承着感恩奉献、无私付出的华侨精神。

（厦门大学学生陈诺、阮瑜颖参与了本文的采访、整理与撰写工作）

五、祖泽承先弦歌设帐，营谋启后桃李满园
——洪文炳与祖营楼的故事

曾国斌

嘉庚楼群四号楼名曰"祖营楼"，是由知名菲律宾实业家洪文炳先生捐资432万元建造，以纪念其父洪祖营先生爱国爱乡尊师重教之遗训。翻开历史长河的记录，阅读楼宇背后的故事，我们为洪文炳先生弘扬嘉庚精神、心系厦大办学的情怀善举所动容。

菲侨翘楚，目光长远

洪文炳1922年出生于福建省晋江市金井镇埕边村。1937年，他随家人远赴菲律宾谋生，继续在华文学校就读到高中一年级。随着战事深入，菲律宾为日寇占领，洪文炳报名参加了"菲律宾华侨青年战时特别工作总队"，毅然投身抗日斗争，主要负责宣传和情报工作，曾经冒着生命危险将重要消息传递给碧瑶深山里的菲军游击队。后来，当记者问到他年轻时候的理想时，洪文炳说："年轻的时候，除了爱国，没有其他个人的理想。"有着如此魄力和精神的洪文炳也因此越来越为菲律宾社会所关注和尊重，展现出了中华儿女的风范和魅力。

抗战胜利后，洪文炳开始经商，初时虽步履艰难，但他勤学肯干、吃苦耐劳，一步步打好基础，开拓渠道，抓住时机和重点，积累了大量经验和人脉，生意逐渐有了起色，事业得以兴旺发达，逐渐成为菲律宾当地著名的华人之一。

受中国传统文化"达则兼济天下"思想的影响，在个人事业蒸蒸日上的同时，洪文炳也一直关注着整个菲律宾华人社会。在当时的历史环境下，虽然华人为菲律宾的经济建设和社会发展做出了诸多贡献，但终究属于少数族裔，尚未得到当地社会的认同。因此，洪文炳一直支持自己的儿子洪于柏参政议政，为提高华人社会地位而努力。在父亲的引导和鼓励下，洪于柏成为菲律宾政界第一位华人众议员，被同僚公认为菲律宾 200 多位众议员中的杰出者之一。

一脉相承，慈济家国

与许多华人华侨一样，洪文炳对自己曾经生活过的祖国大地怀有真挚热诚的情感，融入血液难以消散，凝聚成爱国立志、成就自己、报效祖国的家族文化予以传承。

洪文炳一直教育自己的孩子，永远都不要忘记自己是中华儿女。几十年来，他常秉乐善好施之情，多次回国返乡，捐资建电厂、铺道路、办果园、修建幼儿园和老人会址等，为家乡的社会福利和经济发展做出了积极的贡献。洪文炳特别重视教育事业，他认为在科技日新月异的时代，教育

◇◇◇◇ 洪文炳夫妇参加祖营楼
落成典礼

的普及和发达是国家强盛的关键。他在家乡兴建了小学和中学。走访过国内许多高校后，洪文炳觉得当时中国大学的普及程度还不够，办学发展还需要更多支持，于是慷慨解囊为华侨大学和厦门大学捐建了教学设施。在为华侨大学捐资筹建教学楼时，正赶上其因经营上的挫折，资金被冻结而一时拿不出大量的现金。洪文炳发动全家筹款，8个子女全都积极响应，老二洪金埕甚至拿出了自己在香港的全部存款协助父亲捐资兴学。洪文炳为厦门大学捐建的"祖营楼"楼高6层，建筑面积6500平方米，作为学校公共教学和一带一路研究院使用。"祖营楼"既承载了洪文炳对父亲的感恩和景仰，也传递着洪文炳无私奉献、爱国爱家、捐资重教的伟大情怀。

◇◇◇◇ 祖营楼

"祖泽承先弦歌设帐，营谋启后桃李满园"，正如洪文炳先生在家乡小礼堂上献给父亲洪祖营的对联。承前启后，这份爱国之情和赤子情怀不仅是洪氏家族的传承，更勉励着莘莘后学传承弘扬，不畏艰辛，呕求上进，爱家爱国。

（厦门大学学生林丛青、张洁参与了本文的采访、整理与撰写工作）

六、祖辈薪火子孙续，侨贤一门永流芳
——钟氏家族与钟铭选楼的故事

曾国斌

自1921年建校起，以校主陈嘉庚先生"倾资兴教"为内核的捐赠精神便融入厦门大学的文化底蕴，滋养了莘莘学子，激励着无数社会贤达，他们将这种捐赠精神接续传承、踔厉奋发，在厦门大学百年发展史中谱写出众志成城、聚爱成河的绚丽篇章。这其中，以爱国华侨钟铭选先生祖孙三代为代表的钟氏家族就是杰出的榜样典范。

钟铭选：研桑心计，公益行善

厦门大学嘉庚主楼群坐落在思明校区芙蓉湖畔，其中五号楼"钟铭选楼"就是为了纪念钟铭选先生爱国爱乡的义举、由其子女捐建而成。钟铭选先生作为钟氏家族的重要领导人，对于家族的建设和成长有着巨大的意义，而他本人也极具爱国之情，一直坚持回报桑梓。

钟铭选，福建省安溪县新溪里善坛乡（今官桥镇善坛村）人，早年南渡新加坡经商，后回国定居厦门，经营首饰生意，与堂亲开设振华银楼，事业经营得颇为顺利发达。随着时局变换，钟铭选将新加坡和香港选作商业据点，在两地续办金融业，并开办股票、房地产、建筑、旅游等行业。不论身处何地，钟铭选始终不忘自己的故土家乡，满怀感恩之

心，尽心竭力回报故乡。

1927年，厦门安溪公会发起创办"安溪民办汽车路股份有限公司"。钟铭选闻讯后积极参与筹建工作，踊跃投资认股，并任该公司董事，为建成安溪县历史上第一条公路——安溪至同安公路（今省道206线）做出重要贡献。抗日战争期间，厦门沦陷，社会动荡，人们生活极端困难，钟铭选慷慨解囊购买大量粮食救济父老乡亲，避免了饿殍遍地的惨状。1946年春，他又积极筹款、多方奔走，参与创办了泉州地区最早的侨办医院之一"官桥依新医院"，并担任医院董事长打理医院运营，极大提升了当地落后的医疗条件。

◇◇◇◇ 钟铭选楼

新中国成立后，钟铭选继续捐资助力家乡兴办公益事业。几十年间，他修路建桥，在家乡修建了多座桥梁和乡间道路，有力改善了当地居民的外出交通条件；他兴学建校，先后出资兴建了善坛小学、赤岭小学新校舍，并为蓝溪中学捐建一批校友楼；他还心系公益卫生事业，捐建官桥医院病房楼、添置救护车，完善了医院的各项基本设施。

1985年，钟铭选在香港病逝。他的遗孀及子女不忘其遗志、弘扬家风，继续在家乡兴办公益事业，为家乡的发展贡献力量。

钟江海、钟明辉昆仲：子承父业，赤子丹心

钟江海、钟明辉昆仲是钟铭选先生的哲嗣，他们从小受父亲耳濡目染，在他的引领下踏足商业，在金融业、房地产业都有所成就。此外，他们也继承了钟铭选的赤子爱乡之情，传承先辈遗风，始终心系家乡公益事业，又一次无私奉献出了钟氏家族的力量。钟江海、钟明辉昆仲在父亲爱国爱乡、仗义疏财的言传身教下，将济世精神发扬光大。

如今的安溪县很多地方都能看到以其父钟铭选命名的建筑和工程设施。安溪的"铭选中学"在筹办之初，遇到资金困难，钟江海、钟明辉昆仲获悉后，慷慨捐资捐物，使得学校得以顺利完工。学校建成后，兄弟俩还多次捐资助力学校发展，先后支持学校建成科技大楼、综合大楼、塑胶跑道运动场等建筑及设施，极大助推了家乡教育事业的发展。现在的"铭选中学"已经成为一所远近闻名的重点中学，每年为各高校输送了众多优秀人才。而钟铭选先生早年捐办的官桥医院，也在钟氏昆仲的不断资助下，建设成为一所先进的现代化医院，兄弟二人先后多次捐建楼宇大厦、添置医疗设备。2004 年，为了感佩钟氏家族为家乡做出的巨大贡献，福建省人民政府为钟江海、钟明辉昆仲颁发"福建省捐赠公益事业突出贡献奖"金质奖章，并为其立碑表彰。

◇◇◇◇ 1995年11月，侨亲钟江海、钟明辉接受省政府"兴医利民"奖匾

钟江海、钟明辉热爱公益，积极投身教育事业，与厦门大学也有着不解之缘。在嘉庚楼群筹建之初，钟江海、钟明辉和钟琼林昆仲共同慷慨捐资740多万元用于五号楼工程建设，为纪念其父钟铭选先生急公好义、乐善好施的精神，特将其命名为"钟铭选楼"。钟氏昆仲子承父业，倾心教育事业发展的故事，令厦大师生动容，无不感念其对于高等教育事业慷慨解囊、无私奉献的捐赠精神。

钟宝珠和钟宝玉姐妹：一门侨贤，慈济厦大

钟氏家族的第三代以钟氏姐妹钟宝珠和钟宝玉为代表，受家族长辈的影响，一直致力于造福桑梓、回馈社会，热心参与各项公益活动，为社会建设添砖加瓦。

1994年5月，为感念母亲，钟宝珠和钟宝玉等七姐弟联合捐赠港币60万元，在厦门大学西村校门前修建了"钟林美广场"，广场上最引人

注目的是一双展翅欲飞的翅膀雕像。这座雕像集书籍、白鹭、波浪等多种厦门特色意象于一体，寓意着厦大学子在知识的海洋中弄潮翱翔。

◇◇◇◇ 厦门大学钟林美广场

2001年4月6日，钟宝珠作为钟氏家族的代表出席了嘉庚楼群落成典礼，见证了钟铭选楼的正式启用。2011年3月，钟宝珠、钟宝玉姐妹与钟明辉、钟琼琳等家族成员再次捐赠港币30万元，献礼厦门大学90周年校庆。2016年3月，时任校领导李建发、詹心丽专程赴港拜访钟宝珠、钟宝玉姐妹并向她们介绍我校的最新发展概况，感谢钟氏家族对学校一直以来的关心与支持。

钟铭选楼与钟林美广场见证了厦门大学发展的历史进程，留下了钟氏家族捐资兴学的不朽印记，体现了钟氏家族精神的践行和传承，它们不仅象征着钟氏家族无私奉献的动人善举，更代表着扶贫济困、助人为乐的中华传统美德永不消逝！

◇◇◇ 1998年6月，厦门大学嘉庚楼群开工典礼（王志鹏供图）

◇◇◇ 2001年4月6日，厦门大学嘉庚楼群落成典礼（王志鹏供图）

（厦门大学学生张洁、刘晨、周晓钰、吴琦琦参与了本文的采访、整理和撰写工作）

话说海外教育那三栋楼

詹心丽

在厦大思明校区的白城山头，矗立着一栋五层高楼——黄宜弘楼。她在2014年前不叫这名称，而叫海外教育学院大楼。在她附近的半山坡上，并列着两栋楼：蔡清洁楼与联兴楼。这三栋面海而立的高楼，似成鼎足之势。因她们都曾与学校的海外教育有关，故这三栋楼以及与其并排的南光四、南光五所形成的片区，在较长一段时期被称为学校的海外教育区。

今天我就来说说这三栋楼的"前世今生"吧。

黄宜弘楼（原海外教育学院大楼）

◇◇◇◇ 黄宜弘楼（原海外教育学院大楼）

黄宜弘楼的前身——海外教育学院大楼，建成于1986年。在2014年前，她一直是学校海外教育学院的行政和教学楼。翔安校区建成后，学校重新规划了布局，将海外教育学院迁至翔安校区的坤銮楼，而原楼迁入教育研究院。

黄宜弘楼是以我校杰出校友黄克立先生（学校"克立楼"捐建者）的公子黄宜弘博士命名的。黄宜弘是香港著名的企业家、慈善家，曾担任前香港立法局、香港临时立法及特区立法会议议员、港区人大代表，2003年获颁金紫荆勋章。

黄宜弘先生的夫人梁凤仪博士是香港著名财经作家、企业家、慈善家，第十一届全国政协委员。梁凤仪向厦门大学捐赠1000万元，用于教育研究院大楼提升工程。她表示，宜弘平生能够对祖国包括香港的教育事业略尽绵力，是他的最大荣幸，教育是最佳投资，只会赢不会输。梁博士寄语青年学子珍惜个人"小爱"，培养国家民族"大度"，努力成长成才，为实现中华民族伟大复兴的中国梦更加努力奋斗。

要说这栋楼的来历，首先要介绍厦大海外教育的历史。

◇◇◇ 黄宜弘楼记（别敦荣供图）

我们可以很自豪地说，厦大的海外教育，全国最早：厦大是新中国成立后最早开展海外教育的高校——1956年，国家中侨委和高教部就在厦大设立了华侨函授部，面向广大海外华侨华人开展海外教育；厦大是全国唯一面向海外开展函授教育的高校，这个纪录保持了很长时间。

建国之初，国家之所以要建立华侨函授部，是因为新中国急需为海外尤其是东南亚国家的华侨提供接受教育、学习专业知识的机会，以满足他们对祖国的情感寄托和在当地生存的需要，而国家选择在厦大举

办，则是因为厦大是被毛泽东主席誉为
"华侨旗帜，民族光辉"的陈嘉庚先生
创办的。1921年厦大初建之时，陈嘉庚
就把招收培养华侨学生作为重要工作。
1955年，厦大时任领导经过认真调研考
察，提出了厦门大学的两个办学方向，
即"面向海洋，面向东南亚华侨"。高
教部颁发了《关于厦门大学发展方向的
决定》，确定："厦门大学应以面向东南
亚华侨、面向海洋为今后发展方向"。

◇◇◇◇ 黄克立与黄宜弘、
梁凤仪合影

厦大华侨函授部的创办成立，受到
海外特别是东南亚华侨的热烈欢迎，他们把华侨函授部看作"祖国母亲
伸出的温暖的手"。仅1956—1966年10年间，就先后开设中文、数、理、
化、中医五个专科和多个进修班，招收学生1万多名。开办之初，学校
聘请方德植教授兼任华侨函授部首任主任。1958年，中侨委派陈曲水
先生担任华侨函校部主任兼南洋研究所副所长。新加坡著名中医学家李
选龙先生慷慨地说："没有厦门大学的中医教育，就没有东南亚的中医。"
印尼校友丘瑞霖先生说她当年盼望批改寄回的作业时的心情："就像盼
望情书一样。"

◇◇◇ 华侨函授部、南洋所成立大会合影（1956年摄于建南大会堂门厅）

　　华侨函授教育因"文革"停办。改革开放后的1980年恢复招生招收中文、中医专业。学校任命时任副校长潘懋元兼任已改名为海外函授学院首任院长，蒋林、蔡铁民为副院长。聘请著名中医专家盛国荣为名誉院长。复办后的海外函授学院除了招收中文、中医海外函授专科生和专修班外，开始招收来华学习汉语的短期留学生。1983年，学校成立了国际教育中心，开始接收中国政府奖学金的外国留学生。有到各系学习专业的本科生和研究生，也有学习一到两年汉语的进修生，以及汉语短期班学生。国际教育中心由周世雄任主任，肖丽娟、林事恒任副主任。

　　乘着改革开放的春风，学校的海外教育事业蓬勃发展。海外函授学院因在世界各地特别是东南亚，培养了一大批校友，有丰富的办学资源，复办后发展很快；国际教育中心以接收政府奖学金留学生为主，留学生规模也不断扩大。为了更好地整合资源，学校遂于1987年将这两个单位合并，成立海外函授学院/国际教育中心，调庄明萱任合并后首任院

长／主任，周世雄担任副院长／副主任（1995年担任院长）。学院／中心下设留学生部、中文部、中医部（后改为华文系，中医系）和办公室。1991年，学校经过严谨论证，并报教育部批准，正式将海外函授学院／国际教育中心更名为海外教育学院，同时批复厦大成立海外华文教育研究所。我校"海外教育学院"这一名称，是当时国内用这个名称的第一所高校，后来不少高校效仿，采用同样的名称。

海外教育学院大楼，是合并前的海外函授学院自筹资金建造的。当时的海外函授学院在学校没有专项资金投入的情况下，靠单位的创收和部分校友的捐资，就把一栋五层楼盖起来了。海外教育学院大楼的建成，以及两个单位力量的有效整合，极大地促进了学校海外教育的发展。这栋楼见证了从1987—2014年近30年间，厦大海外教育事业的发展壮大。

合并后的海外教育学院，在学校党政领导的高度重视和大力支持下，顺应我国改革开放、国际"汉语热""中医热"的大好形势，中文和中医学科得到大力发展。中文函授从专科发展到本科学历教育，对外汉语教学从以招收来华汉语进修生为主，到开办汉语与经贸专业相结合的本科班。随着互联网技术的发展，通过互联网开展海外中文远程学历教育也成了厦大海外教育学院新的办学增长点。2001年，海外教育学院获批为国务院侨办华文教育基地。同年，国家汉办确定厦门大学为支持周边国家汉语教学重点学校。2003年，开办面向海外的对外汉语教学硕士学位班，后来又设立"汉语国际教育"硕士点，又与中文系联合培养博士生，成为海内外高层次汉语国际教育专门人才的培养基地。2004年，我校被教育部确定为全国首批建立孔子学院的高校。在国家汉办的大力支持和学校党政领导的高度重视下，我校陆续在全球五大洲16个国家，与当地著名大学共建了16所孔子学院，成为中国一流大学建立孔子学院最多的高校之一。

中医的办学在2000年也因可授予海外成人教育学士学位而有了质的飞跃。2002年，我校中医学专业在培养海外本科学士学位学生的基础上，经教育部批准，开始招收培养国内全日制本科生，使之成为当时国内综合性大学唯一开展国内外中医学历教育的高校。正是基于中医学科的重要发展，2004年，学校做出了将海外教育学院中医系转入厦门大学医学院、王彦晖教授由海外教育学院副院长改任医学院副院长的决定，从此我校的中医教育，既保持着海外教育的传统特色，又积极开展国内的医学教育，在本科教育基础上，开始了国内外中医研究生的培养。中医系转入医学院，使我校的医学教育，以中西医教学与研究相结合的优势，在中国重点高校中独树一帜。

我校独具特色的海外教育，近70年来为全球近百个国家和地区，培养了6万多名了解并热爱中国、掌握专业知识和技能、热心传播中华语言文化的海外人才。我校是向海外传播中国文化的先行者，为传播中国声音、讲好中国故事做出了巨大贡献。

1987年，我从校团委调至海外教育学院工作，从此与海外教育结下了不解之缘。回顾自己在这栋楼里工作的18年，点点滴滴，常在心头。难忘历任领导们为海外教育发展殚精竭虑；难忘老师们在课堂上对海外学生循循善诱；难忘班主任们带着留学生参观考察，让他们在实践中了解中国；难忘行政人员在开拓生源与学生管理事务上付出的艰辛；更难忘，一个个肤色不同、文化各异的青年，带着对中国的憧憬与对知识的渴望，从世界各地来到厦大，又满载所学知识和对中国人民的友谊，回

到所在国，服务当地社会，架设起一座座与中国交流沟通的桥梁！

尽管工作有压力，但在这面朝大海、春暖花开的大楼里工作，心情总是愉悦的。尤记得，每次要去和平码头迎接新生，我们总掐算着时间，当从办公室窗口看到海面上出现从香港开来的"集美号"客轮时，我们便乘车前往和平码头，迎接新到来的留学生。这其中就包括因写《我不见外》而爆红网络的潘维廉教授。潘维廉于1988年由香港"中国之友基金会"推荐来厦大学习汉语。当年他们夫妇带着两个孩子，大的上托儿所，小的尚在襁褓中，生活上遇到不少困难。与他一批入学的留学生，多数带着家眷。我们尽心帮助，尽力服务，免除他们学习生活的后顾之忧，如帮他们孩子入托，配置宿舍厨具，搭建自行车棚……潘维廉来厦大不久，就积极参与了反映留学生在厦大学习生活的专题片《中国梦》的拍摄。

海外教育学院大楼是个多功能大楼。面海的有五层，其中二层和四层是教室，一层是教材室，三层是行政办公室，第五层则是宽敞的会议厅。面朝校园的有四层，曾作为汉语短期生和中医实习生的宿舍，后来改为教师工作室；左侧面，是汉语电化教学室、中医标本室等。大楼的中央是个露天的小山丘，右侧是著名的历史文化遗址"镇北关"城墙，据说是当年郑成功收复台湾操练水兵时修建的。尽管年代久远，几百年间历经沧桑，仍依稀可见它当年的雄姿。大楼在改为教育研究院之用后，香港黄宜弘伉俪捐资对大楼进行了改造提升，同时也对"镇北关"这个历史文化遗址作了全面维护。在它的旁边，矗立起了一座高大的雕像——跨马振臂、气宇轩昂的郑成功。雕像为"镇北关"城墙遗址增添了时代气息和现实意义，也成了厦大的一个新景点。郑成功雕像由泉州校友在百年校庆时捐立。

◇◇◇◇ "镇北关"城墙遗址（许慧峰摄）

　　五楼会议厅，是学院举办开学、毕业典礼，以及举行各种会议的场所。我已不记得在这会议厅里，出席过多少次海外学生开学、毕业、结业典礼，参加过多少次学院的教职工大会、学术研讨会，接待过多少位来学院洽谈海外学生招收与合作的客人……

　　会议厅外，是面向大海的露天平台，也是举办汉语晚会、中秋晚会的绝佳舞台。留学生们充分施展才华、尽情释放自我，他们用流利的汉语表演小品，生动幽默、惟妙惟肖；厦门传统中秋博饼的骰子在学生们手中传递，喜中状元的惊叫与欢呼声，在水天一色的夜空中回响……

　　1997年，我的办公室来了几位沙特客人。他们从北京一路南下，考察多所大学，希望找到一所有条件与他们公司合作的大学，培养懂汉语的化工人才。他们听说厦门大学化学化工学科不错，就来了。林祖庚校长亲自带领客人参观厦大化学国家重点实验室，很快就让沙特客人做出了与厦大合作的决定。从1998年秋季开始，一批批来自沙特阿美石油公司的沙特学生，到厦大学习化工专业。他们是中沙建交后第一批来华

的沙特留学生。在对他们两年汉语、五年化工专业的培养中，海外学院和化工系的老师们呕心沥血，无微不至。这些沙特学生也没有辜负厦大的培养和公司的期望，毕业后成为化工行业的优秀人才，为促进沙特与中国的交流合作做出积极贡献。特别值得一提的是，2009年时任国家主席胡锦涛访问沙特、2011年时任国家副主席习近平访问沙特时，为这两位中国国家领导人访问沙特阿美石油公司担任中文翻译的，就是厦大培养的两位沙特学生——海森、麦赫。2023年在厦门投洽会上说一口流利汉语而成为网红的沙特投资部次大臣赛乐，也是第一批的沙特学生。

在这栋楼里学习过的海外学生，已成为其所在国各行各业精英者不计其数。如波兰驻澳大利亚大使保罗，德国莱比锡大学孔子学院院长岳拓，加拿大麦吉尔大学东亚研究中心主任丁荷生，获马来西亚沙捞越州元首颁发勋衔的著名中医王慧英，等等。尤其感到骄傲的是，在这栋楼里学习过的，有我校培养的中国第一个外籍会计学博士——科威特的王大洋，第一个外籍环境科学博士——摩洛哥的哈里德。感谢余绪缨、洪华生、曲晓辉等博导当年爽快地答应接收外籍博士生，并倾注心力，把他们培养成优秀的高层次国际人才！

发生在这栋楼里的故事还有很多，说不尽，道不完。但有一巧合不能不说：这栋楼建成之初，潘懋元先生是海外函授学院院长；多年后这栋楼易主，作为教育研究院之用时，潘先生仍担任教育研究院名誉院长。潘先生与这栋大楼有缘啊！我在担任海外教育学院院长期间，每年都去拜访潘老，得到他诸多的教诲。潘老曾多次谈到，我们在培养海外函授生时，在教学上以"精批细改""教学相长"为特色，深受海外学生好评。他恳切希望，我校独有的海外办学与教学特色一定要很好地传承下去。同时，他也殷切期望，新时期的海外教育，要不断与时俱进，开阔视野，拓展海外办学渠道，探讨新的教育教学模式，在教育国际化的挑战中获得更多的发展机遇。

蔡清洁楼

◇◇◇ 蔡清洁楼

20世纪90年代初，厦门大学海外教育事业快速发展，来华留学生人数不断增加，改善留学生住宿条件成了当务之急。

恰在此时，十分敬仰陈嘉庚的菲律宾著名华人企业家蔡清洁先生得知此情，经时任副校长王洛林教授的推荐，到实地考察后，遂决定向厦大捐资530万元，建造楼高10层的厦大留学生宿舍楼——蔡清洁楼。蔡

清洁楼（原项目名称：海外教育中心大楼）是1992年蔡清洁捐款建设的，1993年建成，建筑面积6140平方米。

同年11月，在海外教育学院举行的35周年院庆典礼上，王洛林副校长代表学校聘任蔡清洁先生为厦大荣誉校友，并亲自将一枚厦大校徽别在了蔡先生的西装上。

◇◇◇◇ 蔡清洁先生在海外教育学院35周年院庆大会上致辞

1993年9月，楼高10层、设施齐全的厦大留学生宿舍楼——蔡清洁楼，屹立在临海的山坡上，成为厦大又一个标志性建筑。

学校隆重举行了留学生宿舍楼落成典礼。蔡清洁先生携夫人和孩子专程前来参加。时任校长林祖赓在落成典礼上说："蔡清洁先生胸怀宽广，放眼世界。站在蔡先生捐建的这幢大楼顶上，我们可以看到整个厦门，也能看到整个世界。"面对刚落成的大楼和参加典礼的师生代表，蔡清洁先生深情地说："作为海外游子，心中充满了对祖国、对家乡的无限眷念。能在陈嘉庚先生开拓的美丽校园里留下我的一点足迹，我感到十分欣慰！"

蔡清洁1937年生于石狮，就读石光中学，于1951年随母赴菲律宾投靠经商的父亲。1957年，考取菲律宾大学化工系，他曾以"苦行僧"比喻自己的大学生涯。勤学刻苦，为他后来事业的成功打下了坚实的基础。大学毕业后，他先后涉足造纸、钢铁、金融证券、电器等行业。1973年，他创办了泰祥炼钢有限公司。凭着坚韧不拔的毅力、吃苦耐劳的精神，他很快成为菲律宾商界的后起之秀，被誉为"菲律宾钢铁大王"，并被推举为菲华商联总会理事长。在任期间，他事必躬亲，鞠躬尽瘁，赢得一致好评，在菲律宾华商界享有极高的声誉。

1978年春，已离开故土近30年的蔡清洁陪同母亲一起返回家乡石狮。看到家乡荣卿村依然贫穷落后，遂出资在家乡建输变电网、水泥公路、大型灯光球场、小学校舍等。1986年春节回乡时，他又为母校石光中学捐了330万元，建教学楼、科学实验楼和学生宿舍楼。当得知母校还缺一座体育馆时，他又毫不犹豫捐出300多万元，捐建"蔡清洁体育馆"。蔡先生还为华侨大学、泉州师范学院等高校捐建了许多项目，为福建省的教育事业做出了卓越贡献。1995年，福建省人民政府为颂扬蔡清洁先生情系桑梓、慷慨捐资、兴学育才的功德，为其立碑表彰。

蔡清洁先生不幸于2002年5月1日病逝，享年65岁。噩耗传来，深感痛惜，学校和海外教育学院发去唁电，高度评价蔡清洁先生为厦大做出的杰出贡献。在蔡清洁先生离世13年后，他的中国母校厦门大学与他菲律宾的母校菲律宾大学共建了孔子学院，开启了两校多方面的交流与合作。蔡先生泉下有知，定然十分欣慰！

如今，蔡清洁楼仍是在思明校区学习的本科、硕士、博士外国留学生的宿舍楼。百年校庆之际，学校对该楼进行了内外装修改造，使之焕然一新，更显挺拔壮观！

联兴楼

◇◇◇◇ 联兴楼外景

　　在蔡清洁楼建成后的第五年，又一栋高楼在她的身旁拔地而起。这就是印尼著名华人企业家林联兴先生捐资兴建的海外学生多功能教学楼——联兴楼。联兴楼建筑面积4300平方米，建成于1997年。林联兴先生1928年出生于印尼加里曼丹，原籍福建福清。

　　1951年，23岁的林联兴因协助父亲从商，失去求学机会。流利的印尼语、外柔内刚的个性，谦逊稳重的处事能力，使林联兴先生开始在商业崭露头角。经过几十年的发展，林氏家族企业规模已非同寻常，业务扩充至木材、金矿、铝矿、棕榈油、航运、证券、房地产投资等诸多领域。1990年，林联兴先生将盛兴旗下各企业整合重组，成立Harita控股集团——为亚洲规模最大、涉及矿藏资源最丰富的矿业王国之一。2015年，他本人以135亿元市值进入胡润全球华人富豪百强。

就在事业成功之时，他毅然放下事业，追求自己年轻时的梦——读大学。听说中国的厦门大学有海外函授本科教育，他便于1995年报读了厦大海外中文函授本科课程。攻读海外函授本科，需要完成20多门课程的学习。在四年多时间内，林先生完成了所有课程作业和论文，顺利通过了本科学位论文答辩。林先生报读时年已花甲，可以想知，林先生是拿出了当年创业拼搏的精神，来完成他的学业！在读期间，他了解到厦大海外教学设施不足，遂与子女商量捐出200万元，建海外学生教学楼——联兴楼。联兴楼面海而建，楼高四层，1998年落成后，极大地改善了海外学生的教学条件。2000年4月，在崭新的联兴楼多功能厅，林联兴先生提交的《鲁迅〈药〉、〈故乡〉、〈孔乙己〉的结构特色》毕业论文，顺利通过了由厦门大学人文学院和海外教育学院8位专家、教授组成的论文答辩小组的答辩与审核，成为厦大中国语言文学专业最年长的本科毕业生。时任副校长潘世墨教授为林联兴先生颁发了本科毕业证书和学位证书，林先生激动地说："这是我一生中最激动、最难忘的时刻，这一刻，我等了五十年。"他由衷感谢老师们耐心指导和鼓励，感谢厦大帮他圆了大学梦！他表示，将继续努力，活到老，学到老！

◇◇◇ 2000年，林联兴先生在崭新的联兴楼多功能厅举行的学位授予仪式上致辞

在厦大本科毕业后，林先生报读了上海交通大学在新加坡举办的MBA硕士课程并获学位。2000年，72岁的他继续在上海交通大学攻读企业管理博士课程，并于2005年顺利毕业，以77岁高龄获得博士学位！此外，他还参加过新加坡国立大学、中国北京语言大学相关课程的学习。林先生用实际行动，践行了自己"活到老，学到老"的诺言！

2011年，上海大世界基尼斯总部经严格考核认证，向林联兴先生颁发了"大世界基尼斯之最"的荣誉证书，称其为"最大年龄获得博士学位的外籍华人"。

凡见过林先生的人，无不称赞他的儒雅气质。林先生一米八多的高个，永远身姿挺拔，衣冠整洁，笑容满面，和蔼可亲。林先生将孔子思想和儒家文化奉为人生最高哲学，并将其与企业管理完美结合，形成了自己独特的经营哲学。他孜孜不倦，勤奋好学；儒雅谦逊，低调随和；乐观豁达，积极向上；见贤思齐，内外兼修；坚韧不拔，意志坚强；宅心仁厚，乐善好施……可以说，中华儒家思想和优良美德在林先生身上体现得淋漓尽致。

我有机会在学校多次与林先生接触，了解到他的高尚品德；我亦有幸两次随团到访印尼，应邀到林先生家中做客，感受林先生其乐融融的温馨大家庭，见识林先生严慈相济的家教和良好家风。林先生伉俪育有八个子女。子女们都对林先生的求学和慈善事业予以最大支持。特别记得林太太跟我说起的两件事：一是林先生跟子女商量各项捐赠，子女从没有一句反对；二是在家里吃饭时，孙辈们都知道要把盘中吃干净，否则爷爷会教育他们"谁知盘中餐，粒粒皆辛苦"。就是这样一位勤勉律己、刻苦自励的长者，怀有救世济民的抱负、兼济天下的追求，在事业成功之后，乐此不疲地做着慈善：他在家乡福清创办莲峰小学、祖钦中学，修建东瀚至莲峰的"祖钦路"，创办东方星淡水养殖有限公司等；他热心教育，在他的母校厦大和上海交大分别捐建"联兴楼"。他心中还有个愿望，希望能为家乡福清的大学尽微薄之力。2021年93岁的林先生向福建技术师范学院捐赠1000万元，兴建"林联兴科技楼"。实现了心愿，他倍感欣慰。林联兴先生的生活极为简朴，一双75元皮鞋，一套500元港币西装，在他看来，很不错了。正如他自己所言，"我们追求事业，并不是为了个人的享乐，我们需要关注社会的需要"。林联兴先生作为厦大的"大学长"，用实际行动传承和践行"嘉庚精神"，他不仅是商界儒雅的长者，更是厦大后学的人生楷模。

林先生担任的职务、获得的荣誉无数。印尼林氏宗亲总会理事长，印尼华商总会名誉主席，印尼中国经济社会、文化合作协会高级顾问……；他应邀参加建国50周年大典；曾荣获"十大杰出华商领袖""最值得人民记忆的慈善家""共和国经济建设功勋人物"等称号。

在众多头衔中，他最看重的是印尼孔教忠恕基金会主席、厦门大学印尼校友会名誉主席这两个职务。他一生都在践行儒家思想，传承与弘

扬中华民族传统美德；他广泛联络印尼的厦大校友，为校友会开展活动提供各项支持，与厦大校友一起创办印尼东方语言文化中心，促成了该中心与厦大海外教育学院在人才培养上的长期合作。

2020年元旦和2023年11月，我和海外教育学院的老同事两次应邀前往新加坡，参加林联兴伉俪70周年白金婚纪念和林先生95寿辰庆祝活动。林先生伉俪依然精神矍铄，满面春风。在仪式举行的前一天，他们在家人陪同下，到我们下榻的酒店来看望我们。林先生现场背诵文天祥的《正气歌》。这首三百字的五言古诗，林先生一口气背完，铿锵有力，酣畅淋漓！让我们无比震撼和感佩！他还送给我们每人一本他每日必读的《古今诗词五首》，有诗词原文、注释和译文。这正是林先生对博大精深的中华文化的终身追求。

在两个庆典仪式上，我又看到了曾经看到过的一幕，全家人围绕在林先生伉俪身旁，喜气洋洋，尽享天伦之乐；我又听到了林先生演唱《爱拼才会赢》歌曲。林先生喜欢唱卡拉OK，《爱拼才会赢》是他的最爱。我们两次到访他家，都跟他一起唱；2001年，海外教育学院在建南大会堂举办45周年院庆晚会，林先生作为杰出院友代表，在台上引吭高歌——《爱拼才会赢》！全场一起拍掌合唱的热烈场面，至今犹在眼前。

随着海外教育学院迁入翔安校区，联兴楼已为文史哲几个教学科研单位所用，继续发挥着她的重要作用。林先生没有忘记当年的承诺，再次表示愿意出资加盖楼层。他对母校的拳拳之心与无私奉献，我们将永远铭记！

从"厦大一条街"
到访客中心

邬大光

2021年的最后一天，我邀请本学期选修我的"大学历史与文化"通识课的四位本科生到校园内建好的访客中心撮一顿。四位同学是我应对考核的"衣食父母"，如果没有这四位同学选我的课，本学年给本科生上课的规定就不达标了。这是我第一次到访客中心，也许是出于疫情防控的需要，访客中心的人不是很多，基本上没有"访客"，都是校园师生，但每个餐馆基本满座。吃罢午饭，在从访客中心走回办公室的路上，看

着琳琅满目装饰一新的众多店铺以及闲逛的几位同事，突然想起了当年大南校门口的一条街，许多记忆涌上来。如果说大学是一个生命体，从一条街到访客中心，写满了她成长的记忆。我猛然觉得这是一个值得写点儿东西的话题，从一条街到访客中心：大学"街文化"的历史变迁。

我对厦大访客中心既陌生又熟悉。说到陌生，是因为访客中心与地下停车场是一体，每天上班都是把车停在负一层，但从来没有到负二层的访客中心去过。几个月前，有一位老领导给我发了几张访客中心的照片，建议我到访客中心看看，可还是没有去，总觉得自己不是"访客"。若不是今天请四位本科生吃饭，恐怕还不会去负二层的访客中心。说起熟悉，是因为从学校筹划建设访客中心到完工，我基本参与了决策的全部过程，其中的一波三折与酸甜苦辣也略知一二。访客中心建好之后，校园核心区再也看不到一辆车停在地面上，校园整洁了许多，每天上下班必经之地，能说不熟悉吗？

说到厦大一条街，恐怕从改革开放的1978年到2008年，每一位在厦大读书或工作的师生都有一段忘不掉的记忆。30余年前我在厦大读书时，就已经有了一条街，但较少光顾。听说是"文化大革命"结束之后，学校百废待兴，学校的经济条件和生活条件比较艰苦，总务处得知深圳大学在校园外围有一条学生街，办得很繁荣，便组织几位老师和学生代表一同前往深圳考察与学习，最后决定在厦大周边也办起一条学生街：既能为学校缓解经济负担，也能方便校内学生的生活。这就是曾经的"厦大一条街"的由来。

25年前我调回厦大，彼时的一条街比读书时繁荣了许多。遇到有课的日子，每天课程结束，经常到一条街解决午饭，价格既便宜又实惠。

不仅我们去吃，潘懋元老师也经常与学生一起在一条街午餐，标准是每人10元。我的女儿对一条街更是情有独钟，那里有她喜欢的各种玩具和小食品。她当时在读高中，每天下午放学后必然在一条街逛上一圈，如果见她迟迟没有回家，只要到一条街去找，一找一个准。当时的一条街最高档且具有本土化的餐馆是南海渔村，最具国际化色彩的店铺是法国蜗牛餐馆，最体现两岸交流的餐馆是林家鸭庄，理念最先进的是为一条街带来"套餐"餐饮观念的温莎堡。一条街的尽头是菜市场，更是为当年教职工采购食材提供了极大方便。我会的几句闽南话，都是在菜市场上学的，那是最体现闽南市井特色的地方……

是否有必要写这篇杂文，我给人文学者朱水涌老师打了一个电话，他明确地说非常值得写。他告诉我："从一条街的店铺变化上，可以看到中国的经济走向，看到大学几十年变迁的缩影。"最早的时候，占据一条街的是酱油厂、饮食公司等国营单位的门市部；接着，是个体经营的时代。有一阵子，一条街上曾有家简陋的理发店，深受欧美外教的青睐。还有一段时间，一条街是台湾客商的"登鹭"地点，一共有三家店铺的老板是台湾人。林家鸭庄落户一条街是在1988年，老板是台湾人李先生。林家鸭庄的店提供英文菜谱，这也使得它一直是在厦大的外国人最爱的餐馆，很多外教从林家鸭庄开始接触中国。老板似乎是依据厦大的时间安排经营，厦大放假，他也跟着放假——尽管暑假是旅游旺季，游人如织，老板照样眼睛不眨地关门，给员工放暑假。林家鸭庄主打台湾口味菜，有一道"生菜鸽松"，让不少厦大师生难以忘怀。

一条街还有为厦大学子津津乐道的"晓风书屋"。1994年4月晓风书屋开业时，是一条街上第一间书店，仿佛是一条街上的第一盏灯。小

小的书店心高气傲，专卖学术性的书。看到晓风书屋的风光，越来越多的书店纷纷落户一条街，学人、晓窗、新青年、文心阁、建筑书店、阳光书坊、演武书店等，品位和晓风书屋相似。有一天下班，路过晓风书屋进去随便翻翻，翻到木心的一本书，写着"生命是时时刻刻不知如何是好"，这句话一下子就击中了我的心灵，因为这句话我把那本书买了，从此"认识"了木心，开始品读木心。从那次开始，我对晓风书屋有了一种特殊的情感，尽管它后来几经搬迁，但我依然一直追随晓风书屋。遗憾的是，厦门的晓风书屋目前只剩一家，活得勉勉强强。

◇◇◇ 厦大一条街旧貌

现今已开设了近50家分店的鹭达眼镜店，也发家于厦大一条街。老板张和辉是1995年毕业于厦大音乐系的学生，天时地利人和，一条街的眼镜店使他赚到了第一桶金。一条街还有不可或缺的"阿炳"和他的二胡。阿炳是个高高瘦瘦的男子，他的脸曾被火严重烧伤，阿炳坐在一条街的木椅上拉了好多年的二胡，常常引来多人驻足。可以说，不知道厦大一条街的人，称不上"老厦大"。

一日复一日，一年复一年，一条街的商铺前前后后改朝换代了好几拨，小店越开越多，生意也越来越好。然而到了2008年，大南校门前的那条公路已经变得拥堵不堪，车辆对开都十分吃力，旧时的道路宽度已经无法满足人们的需要。加之学校自身的发展需要，一条街面临着拆迁和易地重建的问题。当学校"痛下"决心拆掉一条街的时候，不知引来多少师生的反对。一时间，学校的BBS上和校长信箱都是师生的"投诉"。拆迁的那段日子里，分管保卫和后勤的副校长的日子很难过，每天都会有人到现场拍照，每天都会有人写回忆文章。拆迁后，许多厦大学生、校友在BBS上发帖回忆一条街，称"拆的全是我的回忆……"。厦大有一个毕业生在市委党校工作，他经常到厦大来"怀旧"，结婚后还经常带上儿子一起来寻找"历史痕迹"。他曾说，"来厦大怀旧，厦大却无旧可怀"。厦大一条街，是那个年代的厦大读书人难以忘怀的记忆。

2022年元旦假期的第一天，开始在家里写作此文，几位学生到家里拜年，聊起了我昨天在访客中心的感受，告诉他们正在写一篇关于访客中心的联想，一位学生告诉我曾经在一条街打过工，我叫她把自己打工的经历写下来给我，现抄录如下：

我对一条街的美好记忆与一家售卖CD唱片的音像店有关。当年大二的我和室友一起应聘到店里做店员，工资以小时计，每小时2.5元。老板娘性格爽朗，自身教育程度不是很高，但对我们这些勤工助学的大学生很好，到了饭点常常请我们共进佳肴。我和

室友都从北方来，印象中大学时代吃的海鲜大餐基本上都是和老板娘一起吃的。更重要的是饭桌上听她讲创业艰辛、酸甜苦辣、职场百态。难忘的是碰上下雨天，我独自坐在店里，听着"靡靡之音"，看着门前走过形形色色的人，虽然厦大师生居多，但也不乏各行各业，有时会猜猜他们的身份、职业；有时会出神地关注和比较他们的表情和神态；更多时候是设想自己的未来可能；自食其力的"底层自信"和面向未来的人生规划从此开启，从学生到社会人的恐惧就这样不经意地从指缝中流走了。

给我提供打工素材的这位学生，如今已经是学校的一位中层干部。她还说："与我同时打工的一些同学，有几个人留校了，如今也是学校的中层干部。"不知道在今天的访客中心，还有多少同学在打工？也不知道今天的"打工"经历会给他们的人生留下什么样的记忆？

恐怕每一所大学校园的周边都曾经有像厦大这样的一条街，虽不繁华，但十分方便，要吃有吃，要玩有玩。那是时代的产物，那是学生最喜欢去的地方，那是一段让人难以忘记的大学记忆。初稿在1月2日完成之后，为了更多地了解大学"街文化"，2日晚刻意在家里做了一场沙龙，主题就是讨论笔墨未干的此文，没想到同学们很快就打开了"话匣子"，给我讲述各自学校的"街文化"，现抄录几段：

A同学：正如老厦大人怀念"一条街"一般，我也会时常怀念本科母校对面的小吃街。如果哪一天，因为改造项目，它被拆除了，或者因为形象提升工程，改变了，我将会感到强烈的不适。因为，它所承载的故事,我所经历的曾经,再也没有了依托。记忆变成了回忆,成为没有依靠的浮萍,成为失去参照的坐标,只是在思维中飘荡的斑斑点点,并随着岁月的流逝,彻底湮没在了时间里。但是,我们往往希望对这个世界认知是完整的、统一的和连续的。记忆的空白会带给我们强烈的紧张与不安,我们会苦苦寻觅,追寻曾经的足迹,怀念过往,延续记忆。所以,甲子更替,薪火传承,作为最稳定的社会机构,无论这个时代变化得有多快,大学应该是传统的、保守的、怀旧的,成为能够承载我们共同记忆的家园。

B同学:说起母校旁边的商业街,我脑海中第一时间浮现的是南阳师院的中区西街。西街的"好吃再来"拉面馆承载着我对南阳师院最深沉、最直接的心灵与身体记忆。"好吃再来"拉面与常见的兰州拉面不同,主营拌面和拌刀削,家族经营,儿子负责拉面、削面和煮面,父亲主要是拌酱,煮好的面条淋入深色的酱汁,添加花生大小的精瘦肉粒,点缀些许香菜,一碗喷香、劲道的拌刀削或拌面就被端上餐桌。自入学吃到这家面,我闲来无事时,家教回校时,考研煎熬时,与两三好友聚会时,都会去吃"好吃再来"。因为常去,每次到店门口,店家都会说,"来啦,大碗拌面?"。"好吃再来"成为南阳师院留给我的常常被唤起的记忆符号。毕业后,我很少回南阳,但每到南阳,还会再吃"好吃再来",甚至来到厦大后,得益于同门的师姐是南阳人,我曾过分地要求她帮我从南阳带"好吃再来"拉面。可惜到了厦门,面已经不是当时的味道,可吃面的我却又回到在南阳的日子。对我来说,西

街的那碗面是我回南阳师院的路，没有了那声"来啦，大碗拌面"，我可能不知道怎么回返我的大学。

C同学：我本科就读中央司法警官学院，学校马路对面那条双胜街，承载了警院学子太多的回忆与思念。双胜街虽"破"，却是"麻雀虽小五脏俱全"。还记得一入学，很多同学就在双胜街入口处置办了宿舍各种生活用品，经济又实用。再往里走，"干煸四季豆""东北麻辣拌""过桥米线"等，可谓是各地美食汇聚其中，满足同学的不同口味，一到下课或者周末，必然满座甚至需要排号等位。更有"果木烤鸭"、鸭脖、凉菜、各种饼类，打包回宿舍，也是一顿美美的聚餐。夏季，训练后大汗淋漓，来双胜街点一份刨冰或炒酸奶，沁人心脾；冬至，没抢到东北水饺，就来一顿火锅鸡，依然热闹火热。一个人的时候，一份5元的油泼辣子面或者茄汁面，已是心满意足……还有路边的驴肉火烧、糖炒栗子、冰糖葫芦，都是警院学子枯燥训练生活中的一剂慰藉心灵的良药。警院严明的纪律与双胜街放任的自由形成了鲜明的对比，似乎只有在双胜街，同学们才能享受片刻青春的任性与不羁。2020年3月，一条名为"保定30年的双胜街要拆迁，这里是否有你的美好回忆？"的视频在校友群里引发热议。众多校友都表示"太难过了""回忆没有了"……不可否认，拆除双胜街是棚户区改造升级项目，改造后的双胜街在安全问题、居住功能提升及环境治理等方面有了质的飞跃，而我们怀念的从来不是"老、破、旧"，而是那里承载了太多的青春记忆。

D同学：今晚才知道曾经有一条充满烟火气的老街成为无数厦大人难以忘却的"记忆密码"。回忆我的大学，"记忆密码"自然把我带回了毕业季的"跳蚤市场"。山东大学毕业季"跳蚤市场"的传统不知从何时开始，但每年的五六月份都会如期举行，大约持续两三周。学校会辟出一条道路作为专用场地，同学们在道路两旁席地而坐，物品沿路摆放。"小贩"们性格各异，有的是"姜太公钓鱼——愿者上钩"，有的则是大声吆喝，甚至专门制作横幅打起广告。不仅学生，不少校外人员也慕名而来，往来人群如织，吆喝声、砍价声此起彼伏，热闹非凡。从大一到大四，我都是跳蚤市场的常客。起先是"顾客"，下课了，约着三五好友，从街头逛到街尾，淘一本喜欢的书或是一个好玩的小玩意，给闷热的夏日午后增添了许多乐趣。当时光的车轮行进到大四，"顾客"身份也自然变成了"小贩"。清理四年的东西，可用之物不外乎书和生活用品，做了三四天的"小贩"，一个暖手宝三元，一盏台灯五元，卖出几本书，大约三五元一本……物品一一"清仓"，记忆也似乎在被割舍，又因它们找到了新的归宿在校园中继续"漂流"。记得当时五块钱卖出的风扇就是"跳蚤市场"淘的旧物，毕业之际转手他人，不知后来又"漂流"向何方。物品的流转就这么带着一个又一个主人的记忆在校园中流转。"跳蚤市场"售卖所得往往寥寥无几，少者二三十块，多者百八十块，但一起"逛街"，一起摆摊的欢笑却成为串起大学四年的欢乐亮色，承载着无数山大人关于大学的文化记忆，成为一种符号深深地印刻在心底。

E同学：我不知道厦大历史上的一条街，我想应该与今天海韵校区门口的小吃街一样。就我个人的经历，联想到的是上大学的"多乐街"，那是在学习和生活每每遇到瓶颈时，我便会走上几圈的一条街。这条街本来叫"多乐街"，位于江城的南望山脚下，这条街后来叫着叫着就变了音，被叫成了"堕落街"。街两边店铺众多，每到晚上和周末街上便会摩肩接踵，到了毕业季更是充满了学子的忧伤与慌乱。这条由两排民房组成的街，承载了一届届地大学子的青春，成了地大学子学习之余放松休闲的乐园，也成了我记忆中最美好的一条街。我也曾常常到这条街上"堕落"，心情失落的时候静静独坐甜品店，一杯奶茶足以治愈；写作没有思路的时候，一份周黑鸭即可激发灵感；同学生日的时候，用一顿火锅分享快乐……时至今日，记忆里还常常闪现粉面馆里思维的碰撞声，饺子馆里的欢笑声。我曾带着几位外国学者游逛"堕落街"，向他们介绍美食、中国高校的街文化，以及这条街对于我们的意义，他们表示不理解。可见，这种街文化是具有中国特色的大学文化。几乎每所大学周围都有这样一条街，毕业多年之后可能忘记了一些人一些事，但"堕落街"里的故事是学生聚会每每必不可少的话题，这种文化情感深深地根植于每位学子的内心深处。

F同学：大学于我而言，更多的是一种"感性"或是"选择性遗忘"的文化，不仅留下了个体生命里温暖的瞬间，而且忘却了大学生活中的苦涩。穿梭于不同时空场域的求学之舟，泛起的却是一种街巷形式渲染出的大学记忆的阵阵涟漪。"莲花市场"就是令我难以忘却的大学记忆。市场坐落于校外的西北部，占地面积很广，虽与学校西边校外铺设的砖石路相连，但从学校西边进入市场却仍有段泥泞且较为狭窄的小路（尤其阴雨天去莲花市场闲逛，总要踮起脚尖方能进入市场）。"莲花市场"虽大，但靠近学校最北侧围墙一字排开的临街店铺才是其精华所在，沿街店家的叫卖声、讨价还价的嬉笑声、制作饭食的油烟声……为"莲花市场"注入了独特的灵魂——市井的喧嚣气息与便宜的冲动消费。每次与同伴好友相约而去，总会忍不住购买很多熟食与点心。清楚记得在一家制作红豆饼的店铺，我因购买次数过多甚至与店家成为熟人，每次去必买五块的红豆饼作为一周上课辛苦的犒劳。这份小小的红豆饼不仅逐渐成为自己假期离校时具有本地特色的"礼物"而搬运回家，更是成为有关市场回忆的特殊符号。自己虽对"莲花市场"的记忆逐渐模糊，但却记得初去时的欣喜，未想到大学旁竟存在一个近距离感受所在城市韵味的场所。行走于"莲花市场"不同的巷道，美食区、娱乐区、服装区等，总能为忙碌的生活寻找到片刻的心灵安慰，这些场所也留下了自己与同学们、朋友们嬉笑、畅聊的回忆。当得知"莲花市场"被拆之时，突然有种无助感，我回母校还有什么地方可以"怀旧"？当记忆的场所不再，我所心心念念的大学还是我求学的那所大学吗？曾有同学说到，街上的一家咖啡馆在他读小学之际便已存在，且今天依旧存在，时间跨二十载。当听到之时，难以想象一条小路竟有如此神奇之处，也许咖啡馆坚持存在的意义恰如大学文化的坚

守——选择了自己值得存在的。在我读书的阶段也见证了"夜市"的逐渐萧条，当城市管理与流动摊贩之间的博弈平衡，真实却生硬地带走了一条街充满喧闹、较为烟火的一面，市井气息的抽离更映衬着道路两边店铺的"冰冷"，而当这份"冰冷"遇见更冰冷的政策规划安排时，竟也显得分外"温暖"。

但是也有同学们持"相反"的见解。年龄最小的"准博士"G同学说：

其实我不是一个很念旧的人，也不是一个不念旧的人。现代社会瞬息万变，社会的快速发展也在大学中刻下了印痕，大学成为社会发展的一个缩影，逝去的街巷中的烟火气息也成为很多人的"历史记忆"。但我却很少怀念大学时候的过往。于我而言，那只是我的成长轨迹，同时那也是一所大学的"成长"轨迹。我不愿做一个"拾荒者"，过多地去拾捡过往中的记忆碎片，我更愿做一个活在当下的"开拓者"，去迎接时代的挑战，享受新鲜事物所带来的新奇，享受科技所带来的便捷，如此而已。

三十年，弹指一挥间。厦大一条街变成了访客中心，一条街从地上来到了地下，一条街从消失又回到了人们的视野。从一条街到访客中心，不仅是经济发展的缩影，不仅是城市发展的缩影，也是大学发展的缩影，更是中国大学成长的轨迹。回头望去，不知道在中国大学的发展进程中，还有多少大学有类似的故事。从一条街到访客中心，从街衢店面到商业中心场，意味着城市和大学的壮大与品质的提升，规范了，有序了，理性了。然而，一些大学人总忘不了那最先改变了校园环境的一条街。

◇◇◇◇ 厦大一条街旧貌

实际上，无论是一条街还是访客中心，都属于大学的"街文化"，它们折射着大学的生活史，还称不上正统的大学文化，但是它却承载着大学人那些最深切和鲜活的青春记忆，毕竟人是感性的动物，具象化的生活记忆更能和过往岁月血脉相连。很多大学人可能都会有这种体验，对大学的最深记忆似乎都停留在具象的生活和人身上，曾经在一起吃吃喝喝的场景甚至味道，在宿舍天南地北的神侃以及舍友的各种嗜好，都会比教师在课堂上的讲授更让人记忆犹新。因此，"街文化"虽不是正统的大学文化，但却是大学"衍生"出的文化，是学生和教师忘不掉的文化，是维系和传承大学文化不可或缺的重要手段和途径。

因此我们应该思考，当一个人离开大学的时候，母校究竟应该留给

他怎样的回忆？大学生本该拥有丰富的学习体验、生活体验、情感体验，但现实却是我们对学习体验的重视明显凌驾于对生活体验与情感体验的重视之上。我曾经看过国外很多大学的跳蚤市场，这也是一种衍生的大学文化，这些"市场"和"街"是学生勤工助学、参与互动的文化体验地，记录了学子们从入学到毕业每一个得意时刻、失意时刻，刻录了学生的青春记忆、成长记忆，标志着大学生从一个孩子长大成人。这些吃喝玩乐的地方，在不经意间已经被赋予了一种教育的价值，让正统的大学文化变得鲜活，让年轻学子与学术薪火建立起血脉联系，让一代代不同的大学人在这一地和这一刻找到了心灵相通的感觉。

改革开放以来，大学一条街的出现及其热闹的景观，意味着大学挣脱束缚，走向开放的激动与躁动。今天访客中心的出现，则意味着大学校园环境的转型，也是大学发展的转型。如果说一条街是大学"街文化"的1.0，访客中心则是2.0。中国大学伴随着20世纪80年代改革开放，百废待兴，以自己的方式"野蛮生长"，在市场的自由支配下，汇聚各方民间力量与大学师生的学习生活彼此交融，形成中国大学特有的"街"文化。彼时的大学，一方面希冀在人才培养与学术研究上做出更多建树，另一方面不免卷入市场化的自由竞争之下。随着时代的发展，高等教育在国家力量强大之下逐渐走上正轨，走向标准化与规范化。与此同时，大学周边的"学生街"被一个一个地取缔改造，取而代之的是周边大型的商场进驻。这种现象在越知名的大学、越发达的城市尤为显著。这一方面是城市经济发展的结果，另一方面又何尝不是中国大学40年的鲜活变迁？在这个变迁过程中我国大学获得了很多，也失去了很多，从土里土气走向理性与规范，完成"华丽转身"。但是无论哪种形式，随着时间的推移，都会成为大学人的新记忆。不同的时代有不同的文化，赋予学生不同的体验。发展是无法阻挡的车轮，它按照既定的轨迹滚滚朝前。

面对大学的躁动与喧嚣，大学人提出了"回归"，实际上在一个变化的社会，不是什么东西都是可以回归的，即使在形式上回归了，在内涵上已经有了天壤之别，这是我们不得不面对的现实。大学人对大学生活的记忆，只能是百年大学发展过程中的一个横断面，无论是今天的访客中心，还是过去的一条街，都是如此。访客中心的主要功能是面向游客，是一所大学传递给游客的一张名片，是对游客开放的缓冲地。那么我们不禁思考：大学边界的开放程度在哪？从一条街到访客中心，预示着大学从传统走向现代的轨迹，在转型过程中大学获得了很多，也失去了很多，从土里土气走向了高大上，但也缺少了烟火气息。随着时间的推移，访客中心是否会成为新厦大人的回忆？老厦大人会怀念一条街，但是新厦大人也许更偏爱访客中心。

一个人对大学的回忆，不仅是老师和同学亲情友情，还包括那些生活的记忆。以厦大为例：有人怀念一条街，有人怀念芙蓉湖，有人怀念情人谷，有人怀念咖啡厅，而我更怀念的是大学的文化与精神。尽管从怀旧的角度，一条街承载了更多老厦大人的记忆，那是过去的青春记忆，不要过多地苛责毕业多年的厦大学子回忆大学的第一印象总是落在一条街。老厦大人对一条街的怀念是对曾经迷惘、曾经为赋新词强说愁、曾经欢乐、曾经满怀未来憧憬的大学生活的怀念。往深了追究，无论是一条街还是访客中心都不属于大学的领地，是游离在大学之外的商业生活文化，区别只是从更接地气的"学生街"走向了千篇一律的"万达商场"。

无法否认大学周边的商业生活文化与大学文化息息相关，是大学变迁的"见证人"与"亲历者"。从大学起源来说，大学的精神内核应该是一种安静的文化，是求学的孤寂与学术的平静。相反，商业生活文化却是嘈杂喧嚣的，本该格格不入的二者却神奇地融合了。无论是一条街还是访客中心，代表的都是时代的大学"街文化"，疏离却又嵌入大学的生活，只是从"当下"来说，一个已是时代的眼泪，另一个却是时代的新兴事物，未来走向何方难以预测。我一直在思考：是否可以把校史馆等放置在访客中心，让游客在访客中心除了接触同质化的商业文化以外还可以了解厦大的历史和文化。大学在前行中应该为大学文化找到怀旧的痕迹，大学要做的是如何提供校友寻根的"药引子"。

年纪大的人是从前长，年轻人是未来长。年纪大的人总是刻意"寻根"，总想停下脚步回头找找来时的路。不同年龄的人思维的方向不一样，年轻人往前看，年纪大的人往后看，看走过的长长的路。老厦大人总想来厦大怀点儿旧，却无奈发现随着大学发展变迁，似乎已"无旧可怀"。但是大学真的无旧可怀了吗？未必！厦大永续长存的校主精神，厦大百年屹立不倒的风华正茂，厦大散落在世界各地的莘莘学子，哪一样不是每一个厦大人内心永不褪色的记忆？一条街是老厦大人对母校记忆深处的"初恋情人"，但旧梦不可重温，唯有对大学的爱，对青春的怀念将会永存。厦大一条街：一段回不去的日子；厦大访客中心：一位刚刚走出襁褓的婴儿，你将走向何方？

最后我想说：本文无意探讨一条街的街头文化与访客中心的现代商业文化孰优孰劣，我只是想表达：无论什么时代，大学都可以将更多鲜活的"街文化"留在学生的记忆中。这种"街文化"不是我们刻意为之的手段，它只需要一点土壤就能繁衍生长于大学之中，大学有责任把这种生活还给学生！我还想说，大学的"街文化"也是大学发展的一种规律，不管在地上还是地下，不管名称是"街"还是"中心"，它会自然而然地形成，但是其实质或导向却可以彰显一所大学的内涵与规划。

但愿，一条街的回忆不仅是我这个老厦大人在元旦期间的偶发感怀，也是为大学"街文化"大踏步地前行给予的一点儿新年期许。

2022元旦偶得，是为记。

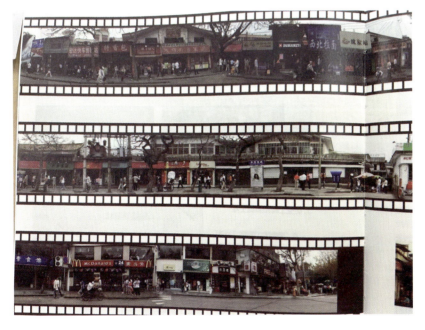

◇◇◇ 厦大一条街旧照集锦

芙蓉隧道涂鸦：
厦大网红打卡点

邹海燕[*]　　蒋卓群[*]　　蔡增娱[*]

　　在厦门大学石井—芙蓉学生公寓和海韵学生公寓之间有这样一条隧道，名曰"芙蓉"。200多幅由厦大学生创作的涂鸦作品满满覆盖了隧道两侧的墙壁，天马行空的想象，五彩斑斓的颜色，自由奔放的线条，

----

* 邹海燕，厦门大学建筑与土木工程学院党委副书记。
* 蒋卓群，厦门大学出版社美术编辑室编辑。
* 蔡增娱，厦门大学建筑与土木工程学院硕士研究生。

每一笔都是创意的喷薄，每一画都是灵感的表达，每一幅画都诉说着不同的故事，每一个角落都有爱的播撒。这不仅是一条普通的隧道，更是厦大校园文化与艺术的象征，是连接过去与未来、梦想与现实的纽带。芙蓉隧道已经从为两端学子提供交通便利的建筑物变成了厦大学子精神乐园之一。无论你是游客还是厦大的学生，在芙蓉隧道里行走的每一步都能感受到那份属于厦大的独特魅力和青春活力。

一、芙蓉隧道的诞生

1999年开始，为了适应当时社会经济发展的需求，满足人民群众日益增长的教育需求，同时也为了减缓升学压力并在一定程度上缓解了就业压力，教育部实行教育改革，扩大高等教育招生人数，提高高考录取率。根据国家的教育改革政策，厦门大学也从1999年开始大幅度增加年度招生数，高考招生数从1998年的2000多名，逐年提高到2002年近5000名。在校生数的大幅度增加，校内的学生宿舍资源已远远无法满足学生的实际居住需要。厦门市委市政府在毗邻思明校区的曾厝垵建设学生公寓，帮助厦门大学解决学生宿舍紧张的问题。从2003年开始，近万名厦大在校生入住海韵学生公寓。

◇◇◇◇ 芙蓉隧道

海韵学生公寓与学校"三家村"的直线距离不超过2公里，但是因为两地之间隔着一座小小的"狮山"，住在学生公寓的同学们往返两地时不得不依赖公交车沿环岛路绕行，日常的学习、科研、生活受到了较大的影响。

2007年，旨在构建海韵学生公寓与思明校区之间便捷交通方式，同时承担一定人防功能的隧道建成。隧道长1015米，净宽8米，净高5.1米，内部安装了完备的照明设施和通风系统。隧道建成伊始就明确仅供行人和非机动车同行。足够的通行空间，相对开阔的视野，冬暖夏凉的舒适通行环境，没有汽车尾气的喧扰，这条隧道在同学们心中是柔美和安静的。因为隧道在思明校区一侧的出口位于芙蓉学生食堂南侧，因此得名"芙蓉"。

隧道建成后，每天背着书包步行的、自行车骑行的同学们，忙忙碌碌地穿梭于学生宿舍、教室、实验室、食堂。隧道的人流随着晨起日落，上课下课钟声回荡，时多时少。同学们之间的私语声、笑声、歌声，还有那自行车车轮滚动声，始终不息不止。即使是在夜深人静的午夜时分，也偶尔响起既疲惫又雀跃的脚步声，这是从隧道内实验室完成任务返回宿舍休息的学生脚步。人来人往中，海韵学生公寓学生与思明校区师生的沟通联系，厦大校园文化在海韵学生公寓的落地生根，也都搭上了快速道。

二、芙蓉隧道涂鸦的缘起

2007年左右，涂鸦文化悄然在厦大校园兴起。芙蓉湖畔的石阶、不引人注目的墙角、高高的石头挡墙、人行道的路沿石、地面的井盖板……校园内的角角落落添上不少涂鸦小作品，或是精心设计，或是随兴寥寥几笔。

现代涂鸦文化起源于20世纪60年代的美国，最初是一些出现在地铁和街头巷尾的画作，这些画作受波普艺术风格和黑人文化运动，以及后来形成的嬉皮士文化的影响，通过在公共区域的墙上涂写绘画，表达和传播创作者的观念、想法。涂鸦艺术在形成几年后便影响到了欧洲，创作的内容和形态更加多元化，进而演变成年轻人表达自由和豪放不羁的态度的一种街头艺术。涂鸦成为一种年轻人主张自我个性和态度的艺术形式。改革开放后，涂鸦艺术也逐渐传入了中国。

新一代大学生，更强调自我，更加个性张扬，在关注的事件上更注重自我态度的表达，涂鸦成为校园中的他们表达自我、展现自我的理想方式之一。

芙蓉隧道两侧的墙面，虽是原始状态的水泥墙，但胜在面积大、高度高、欣赏者众——来往于海韵学生公寓和思明校区的脚步川流不息。隧道中，同为校园学子的欣赏者，他们及时的情感共鸣和积极的"响应"涂鸦，更是激发了同学们的涂鸦热情。因此，芙蓉隧道特别是隧道的两端的墙面，一时间成为"涂鸦"理想地。

老校长朱崇实是一位亲民爱生的校长，他常常在校园里漫步，随时随地与师生们驻足畅聊，并用他睿智的目光发现校园中的点滴变化。那一幅幅或大或小，或严肃或浪漫，或复杂或简洁的涂鸦吸引了朱校长的目光。他提出为厦大的学生提供一块更大的"画布"，让他们更加自由地创作，也希望这些充满厦大特色、洋溢着青春气息、富有现代文艺色彩的涂鸦成为更多厦大人的美好回忆。因此，学校在2009年下半年粉

刷了芙蓉隧道两侧墙面，白色的墙面，明亮的灯光，"涂鸦理想地"进化成了"涂鸦圣地"。从此，各院学子在这里争奇斗艳，充分发挥自己的艺术才华，白色墙壁上的艺术创作——从童年的回忆到毕业留念，从学术公式到诙谐语言，从现实生活到神话想象，从工笔写生到"cute"味漫画，形态各异的人物、鲜艳夺目的色块、生动活泼的线条，整条隧道成了一条独特的艺术长廊，宛如现代版的"敦煌石窟"。芙蓉隧道当之无愧成为具有时代气息的"厦大建设"。

◇◇◇◇ 芙蓉隧道内涂鸦作品

三、芙蓉隧道内的明星作品

1.《我爱你，再见》

◇◇◇◇ 芙蓉隧道内涂鸦作品：《我爱你，再见》

在隧道的涂鸦中，从不曾被覆盖，悲伤又甜蜜的"我爱你，再见"被厦大学生奉为经典，表达了许多厦大毕业学子毕业离校时的心声。在2010年春夏之交的那个上午，当伍静和其他三位同学在靠近芙蓉隧道入口的墙壁上画下这幅名为《我爱你，再见》的涂鸦时，伍静说"我爱你，再见"的诞生，并非来自朴树那首美丽的同名歌曲，也没有传说中浪漫的情愫，而完完全全是她和同学们对广告传播的一次实验。当时学校把芙蓉隧道开放给学生作为施展才华的舞台，长长的隧道涂鸦作品还不多，同学们可以任意挑选位置创作。伍静和同伴选择了靠近入口的位置，以便来往的同学都看得到。他们在墙壁上写下占据画面主体的五个

大字，一些彩虹和气球点缀其中，再加上照着翻译软件"临摹"下来的不同语言版本的"我爱你，再见"，这幅日后给人们留下无数回忆的涂鸦作品就此诞生。这幅《我爱你，再见》，成为学子毕业时最留恋的元素。毕业不仅是从校园离开，更是和青春做的一场告别，当凤凰花开满路口的时候，漫步在美丽的校园，回想起厦大陪伴自己走过的时光，的确没有比"我爱你，再见"这样充满深情、略带感伤又期待的句子，更能凝练出每位学子心中对厦大的深情，对校园青春的眷恋。

2.《厦大特色嘉庚建筑》

◇◇◇◇ 芙蓉隧道内涂鸦作品：《厦大特色嘉庚建筑》

　　嘉庚先生不仅是一位伟大的爱国者、教育家，也是一名伟大的建筑家。百年厦大的建筑之美就是缘始于嘉庚先生的个人建筑审美品位与闽南能工巧匠智慧的碰撞。嘉庚先生独创的嘉庚式建筑，美观大方、典雅庄重、坚固科学、经济实用。一字形布局，"一主四从"组团建筑，呈现出嘉庚建筑的磅礴气势，体现了嘉庚先生的博大胸怀；红砖墙、歇山顶、燕尾脊、灰雕泥塑、木雕垂花的闽南传统建筑元素在厦大建筑中的运用，时时向厦大人传递着嘉庚先生对家乡对祖国深深的爱。

厦大学子在隧道涂鸦描绘了自己心中的嘉庚建筑，其中最有特色的涂鸦是《百年嘉庚建筑》。这幅作品线条精细，色彩丰富，用独特的构图集中展示了厦门大学建校百年来嘉庚建筑的代表。画面中，红砖绿瓦、飞檐翘角，将嘉庚建筑的宏伟与周围的自然景观巧妙融和，展现了自然环境的和谐共生之美，让每一个在画前驻足的人都能感受到嘉庚建筑的独特魅力和深厚底蕴。

3.《西部梦想·西望支教队》

◇◇◇◇ 芙蓉隧道内涂鸦作品：《西部梦想·西望支教队》

名为《西部梦想·西望支教队》的作品，画面简洁、色彩简单。深蓝色天空，点点星光闪耀，十几位身穿绿色T恤的年轻人，举起的双手手手紧握，仿佛在回望过去时光的点滴、在期待新梦想的起航，又仿佛在为当时的自己欢呼呐喊。"西部梦想·西望支教队"仅仅9个字，就已经告诉欣赏者好多好多故事。

这幅简单的涂鸦，欣赏者、合影者众多，既有接过接力棒即将奔赴西部支教事业的新一代执教者，也有完成支教任务却始终心系支教工作的一代代"西梦人"，还有一个个曾经在"西梦老师"的指导下走出大山茁壮成长的"西梦儿"，更多的是普普通通的厦大学子，因为他们赞赏既在画面中又始终在身边的"西梦人"，因为他们始终关注支持厦门大学20多年来坚持并将一直坚持下去的西部支教事业。

4.《星辰大海》

◇◇◇ 芙蓉隧道内涂鸦作品：《星辰大海》

问起隧道中高互动性、高出镜率的涂鸦作品是哪一幅，《星辰大海》一定当仁不让。《星辰大海》以蓝色为画面主色调，通过不同亮度、浓度的蓝色，画出一个个优美的螺旋，形成一个旋涡状的星空，旋涡的中心闪烁着明亮的星星。旋涡似乎通向未知的宇宙，激起了欣赏者探索宇宙的好奇心。站在画作前，举起手机，亮起"手电筒"，仿佛就站在了宇宙的中心，无穷宇宙的浩瀚感，以"一己之光牵引经纬"的自豪感瞬时蔓延全身。不论身处何时何地，都不要忘记经常抬头仰望星空，追寻自己的梦想——这就是作者想要告诉大家的吧！

5.《情牵厦金，两岸同心》

2024年12月，厦门大学与金门大学的两岸学子携手在芙蓉隧道内绘制涂鸦作品，以艺术为桥梁，跨越海峡，表达两岸青年紧密相连的深厚情谊。

◇◇◇ 芙蓉隧道内涂鸦作品：　　　◇◇◇ 厦门、金门两地学子交流新画卷
《情牵厦金，两岸同心》

6.涂鸦作品集锦

◇◇◇◇ 芙蓉隧道内涂鸦作品集锦

　　芙蓉隧道成为厦门大学一张亮丽的名片，不仅在于它作为厦大学子"涂鸦圣地"的身份，也在于它同时是厦大学子的创新实践基地之一。厦门大学"大学生创新实践基地"进驻芙蓉隧道，在这里安下了家，RCS机器人队工作室、飞思卡尔智能车工作室、本科生机电方向创新创业孵化室，以及物理与机电工程学院社会科普公益工作室都是这个基地的主要成员。在这里，厦大学子们不断探索未知，挑战自我。

　　艺术创作和科研探索的完美组合与火热碰撞，就在芙蓉隧道。

水脉悠远，文脉绵长

——厦大思源谷与芙蓉湖的变迁

黄茂林*　刘炫圻*

　　厦门大学思明校区三面环山，一面向海。北、西、东侧的五老峰、蜂巢山、狮山的山上流水，潺潺汇入校区，通过东大沟和西大沟流入南侧的大海。曾几何时，在厦门这座海岛上，厦大所在的区域汇集了相对丰富的淡水资源，形成了山海之间溪流潺潺、湖面如鉴的自然景观。考

* 黄茂林，厦门大学出版社党总支原副书记、原副总编，编审。

* 刘炫圻，厦门大学出版社历史文化编辑室编辑。

古调查显示，今蜂巢山、建南大会堂、东边社一带在三四千年前就已有先民活动。可以想象，这片区域的淡水资源为先民"靠海吃海"的生活提供了水源保障。经过历史时期的漫长开发与百年以来厦大的兴建和发展，自然景观逐渐变迁，并在其基础上形成了独具特色的人文景观。水脉与文脉萦绕，编织出了多少厦大故事。

与东边社同名的东边溪曾是贯穿厦门大学的主要水道，可谓厦门大学的"母亲河"。东边溪发源于五老峰麓，其流向大致是从如今的建南水厂而下，经过凌云三、华侨之家，从芙蓉二、芙蓉三之间流过，沿芙蓉一、博学楼、鲁迅广场、成义楼后穿过大学路，在曾呈奎楼附近入海。随着校园的基础建设，东边溪变成了排洪的"东大沟"。大约在20世纪90年代初，东大沟被覆盖，明沟转为暗渠，在每日车来人往的路面下，为厦大校园的排水默默做着贡献。

西大沟与演武路并行，通往大海，与东大沟一样，起排洪、排污的作用。21世纪初，演武路扩建，将西大沟掩盖在路下。

厦大思明校区内的地势，总体东北高西南低，西校门附近为面积约2公顷的低洼区域，西校门口为最低点，低于南侧海洋三所地面标高，形成了局部低洼，遇台风时雨水全部汇聚到这一区域，经常积水成涝。为尽快消除厦大西校门积涝安全隐患，2018年6月，市政园林局实行东大沟片区（校外段）扩容及演武路截沟、雨水篦改造应急工程，同年8月底竣工，取得明显的效果，此后在厦大西校门内外再未发生积涝情况。

如今被称为思源谷的厦大水库亦是东边溪的遗产。1921年，厦大水库通过拦阻溪水而建成。初建时容量为3.2万立方米，经过多次扩容，现在容积超过 10 万立方米。这座与厦大同龄的水库，不仅见证了厦大的百年成长，在无自来水供应的年代，亦为厦大师生源源不断地提供生活用水，滋养了一代又一代的厦大人。

厦门大学 90 周年校庆时，外贸系 1979 级的 31 位校友集体捐资千万元，将水库修葺一新，也修缮和开辟了沿线道路，并在水边勒石铭记母校恩情，上书"思源谷"三字，背面以遒劲的字体留下石刻："怀群贤教诲之恩念山水哺养之情七九外贸学子思源图报庆贺母校九秩华诞捐资千万佳境增色泽被后学拳拳之心勒石为记。"为彰显校友们的善举，学校把水库所在的这片山谷命名为"思源谷"。

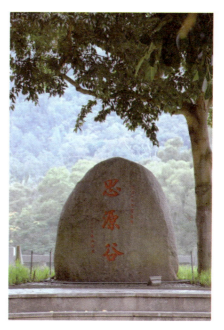

◇◇◇ 思源谷石碑

然而在这之前的三四十年里，思源谷在学生之间已经有了一个流传很广的戏称——"情人谷"，虽然这从来都不是它正式的名字，但是靠着口耳相传，"情人谷"的叫法从 20 世纪 70 年代流传至今。

情人谷名称的由来有一段故事。过去厦大海边设有海防前线并有哨兵看守，校园情侣们常去海边享受浪漫，但后来因发生男生下海游泳被潮水带到敌占岛的事件，校方和军方联合颁布禁令，情侣们便转移到风景优美、环境宁静的水库，从此这里有了"情人谷"之名。如今这里不仅是厦大男女生的情中圣地，也吸引着全国各地的游客前来观光。思源

谷的修建竣工，为厦大师生提供了一处极佳的休闲、学习场所。

值得一提的是，水库如今是厦大龙舟队每周进行两次上舟训练的场地。开练时，有节奏的击鼓声响彻湖面。此外，厦大还在山谷中兴建攀岩场和高尔夫训练场，这也是厦大学生体育课的特色。

在厦大，抬头就能看到连绵的五老峰，却看不到山间那片湖。当身处谷中时也望不到外面，只见郁郁葱葱的山峦将湖重重围住，悠悠碧落像张大圆幕一样张在空中，目之所及不是树就是天，待久了便会忘记自己在山上。

"情人谷"的名字不免给人一种纤风细细、温婉朦胧的深闺之感，其实不然。环绕水库也有将近1.4公里的步程。斑驳的石碑湮没在荒草稀树里，树向着湖生长，有的直接横在路中央，从湖面吹来的风常年潮湿凛冽，春秋冬三季不分明，初春和晚秋是最适合去情人谷的季节，其中尤以清晨和傍晚为佳。

2011年4月，厦大90周年校庆期间，《海峡导报》曾采访厦大校史办原主任、1947级厦大校友、时年已经81岁高龄的洪永宏老师。说起情人谷，洪老感慨万千。以下摘取部分报道原文：

> "情人谷？"，当被问到情人谷时，他先是迷惑、思索了好一会儿，才缓缓地说道："当时没这说法，只记得学校的自来水都是从厦大水库来的。"
>
> 1948年秋冬，厦门大旱，几十名厦大学生从水库提水运至市区沿街叫卖，参与救饥活动，抗议腐败的国民党当局罔顾民生。
>
> "卖水喽！卖水喽！"洪永宏一提起厦大水库，耳畔便仿佛回

响着当时同学们的叫卖声。当时的洪永宏19岁，是厦大商学院二年级的学生。1949年2月的一个早晨，这名同学眼中家境优越的"富家子"和往常一样，7点钟起床，到膳厅要了一份稀饭、一个煎蛋，再配上家中带来的酱瓜、肉松等小菜。

由于上午没课，洪永宏一边往囊萤宿舍走，一边在脑袋中琢磨着昨天刚看完的《历史唯物论》。上了大学后，他对进步书籍十分着迷，还暗中借来《新民主主义论》《论共产党员的修养》等"禁书"在课余时间偷偷翻阅、学习，虽然自己衣食无忧，但时局的动荡、贫穷同学的困境让他联系起了书本的知识，陷入思索。

"永宏！要不要跟我们去卖水？"一名拉着板车的师兄看到他，热切地招呼着。卖水？原来，厦大因地处五老峰山麓，即使早年也可以到山腰处水塘即厦大水库汲取淡水。一开始，是工友先意识到可以利用水库，后来，学生们也参与进来，组成了100人左右的卖水队，出西校门后沿着大学路为居民们提供淡水，仅收取少量的金圆券。既然这样，就搭把手吧，洪永宏见有辆载着满满10大桶水的板车只有一人在前面拉，一人在后面推，赶紧跑过去帮忙推了起来。

洪永宏记得，当时的水每担60元金圆券，一天下来收获不多，但看到居民们争抢着买水，并且所得还能资助一些家里极其贫穷的同学，他还是很乐于参加。那段时间他往往天蒙蒙亮就出门，一直到傍晚天黑才回到宿舍，中午就和同学在市区买点碗糕、菜包吃。

1949年8月，国民党当局开始抓捕地下党员，积极参与地下活动的洪永宏也撤离了学校，没想这一别，竟就几十年过去……

洪老告诉记者，情人谷整修前，充满了神秘感，整修后显得开阔明朗，有另一番风致了。

据当年东村的居民潘世墨回忆：

50年代开始，从东村侧面通往厦大水库的道路被一堵石墙切断，墙上两扇大木门挂着一块牌子，上面写"闲人莫进"，水库成为禁区，是个神秘的地方。毗邻水库的东村孩子们，开始还好奇地往里边张望，里面的大黄狗一有动静就狂吠不停，故无人敢靠近水库。水库边山顶是水厂，就是几个大大的过滤池，把水抽进过滤池，经过几道工序，通过大型水管，进入厦大家家户户。70年代末，厦大开始引入市区的用水，关闭水池，开放库区，才有了以后情人谷、思源谷的故事，水库地区才成为学校一个风景优美的景区。

1984年，为解决用水之需，厦大校委会决定在校内山上自主开井取水，后来发展为建南水厂（建南矿泉水公司），位于今攀岩场和高尔夫球训练场之间。在建南水厂中，特别设置了矿泉水文化馆，将水厂建设中体现的"自强不息，止于至善"校训与水文化融合，将以甘泉回馈社会与"服务社会"的嘉庚精神实质结合，在思源谷中打造了独具厦大特色的文化景观。

除东边溪的潺潺流水外，厦大所在地也曾有过波光粼粼的自然湖泊。厦大湖泊湿地的演替可追溯到数千年前，当时，厦大一带曾是一个古海湾，今沙坡尾避风坞、演武池、南普陀寺放生池、芙蓉湖等低洼处都是古海湾的遗迹。随着闽南地区的开发，九龙江携来的泥沙激增，在沙坡尾至白城一带形成沙坝。沙坝阻碍了古海湾与大海的潮汐沟通，使其形成潟湖，水体因离海距离的远近逐渐淤塞、淡化。在厦大建校前夕，除沙坡尾避风坞通海以外，古海湾的其余部分多为夹杂池塘的低洼地带，湿地植被广布，地势略高之处则辟为农田。

建校后的20余年里，随着水系的治理，厦大校园水势降低，湿地进一步旱化，只剩较少低洼地为池塘或水沟。广袤的农田与教学楼相映成趣，形成独特的景观。

如今的芙蓉湖为厦大思明校区的中心水面及绿化核心区，南临科艺中心（恩明楼），西侧是雄伟的主楼——嘉庚楼群，从北至东南，被芙蓉楼群包围，往北可望五老峰、万石群山，往南可观世茂双子塔。"芙蓉"二字源自陈嘉庚女婿李光前的家乡——南安芙蓉乡。李光前对厦大早期校园建设做出过重大贡献。

◇◇◇◇ 黑天鹅游弋在芙蓉湖

芙蓉湖也曾是"厦门东澳农场"农田，种植油菜、包菜和甘蓝菜，是厦门港一带居民重要的蔬菜基地。20世纪八九十年代，在时任校领导锲而不舍的协调下，校内菜农终于完成大搬迁，这片菜园子迎来了华丽转身，才有了现在的芙蓉湖。

大概在1981年4月厦大60周年校庆以后，学校开始将芙蓉二前面的这一大片农田挖建成湖，当年1977、1978、1979级同学参与挖掘，他们记忆犹新：

> 开挖后，我们全班同学在指定时间和指定地点进行农田挖土方作业。班上同学大多数是恢复高考后考进厦大的高中应届生和历届生，只有少数几个是来自农村的知青或来自工厂的工人。挖土工地上，没有"农业学大寨"的锣鼓喧天、红旗招展，没有"工业学大庆"的热火朝天、捷报频传，也没有挖土机械轰鸣和运土车辆穿梭不停的场面。同学们使用着最原始生产工具，用锄头挖一米多深的泥土，肩挑簸箕运土，有点蚂蚁搬家的场景。挖多少土，运多少土，尽力而为，同学们嘻嘻哈哈，谈天说地，甚至有的同学在翻书备考，背英语单词……后来，我们班率先实行了挖土方量承包制，挖完运走定额土方就收工，效率大大提高了，我们同时进行合理分工，安排身强力壮的男生负责挖土方，体弱的男生和女生负责运土，原来在工地上磨蹭一下午干的活，不到两小时就完成了。

偌大的芙蓉湖建设工地上，每天都有许多班级的同学在挖土方，每当我们完成任务早早收工的时候，许多美慕的诧异的目光就投射过来，我们班的同学十分得意，该休息的休息，该上教室的上教室。承包工程的方法不胫而走，许多班级纷纷效仿，大大加快了工程进度。一大片农田就这样变成了10多万平方米的芙蓉湖，成了厦大一景。

受1999年14号台风影响，芙蓉湖植物倒伏，以及为配合嘉庚楼群建设及建校80周年校园环境整体提升，学校决定重修芙蓉湖。经过几次修整，芙蓉湖除与广场相邻的湖面做成弧形岸线外，其他各处还是做成带有曲折变化的自然岸线，同一时期建成的嘉庚楼群及广场拥向芙蓉湖，与湖面、山峦相呼应，这一格局让人们在楼群前感受到湖面的开阔，同时具有小中见大的意境。整个芙蓉园占地60亩，其中水面面积约22亩。

为支持厦大人文景观的建设，厦门市政府曾于2010年赠送厦大12只黑天鹅。厦大随即对黑天鹅采取了特别的保护措施，包括在湖边搭建木质"小别墅"，设立围网，并安排专人看守。如今，这群黑天鹅已在芙蓉湖生活了十几年，成为芙蓉湖一抹美丽的倩影，是厦大校园里一道标志性的风景。学子们每每经过芙蓉湖，都能听到它们悠扬的嗓音，看见它们益然自信的身影。

曾经的一大片农田，就这样变成了闻名遐迩的芙蓉湖，从此，这里郁郁葱葱，小桥流水，风声、雨声、读书声皆是芙蓉之声，并由此成为许多厦大故事发生的场所。如今的芙蓉湖，在校园里起到了调节气温与湿度的作用，是校园重要的空气净化器。凤凰花开的时候，快毕业的学

子们，总喜欢在这里留下最后一张毕业照。芙蓉湖的北面，穿过芙蓉桥，有一座湖心岛，小岛如一艘船，隐喻陈嘉庚先生早年远渡南洋艰难创业、成就回国之后建校的故事。这里有个很多人不知道的秘密基地——陈嘉庚与青年群雕，三三两两的学生，或抚石沉思，或静坐聆听，围绕在校主陈嘉庚先生的周围，摇曳的柳林，窸窣的风声，仿佛听到了嘉庚先生的教诲。

唐绍云油画作品：湖畔

后 记

　　本书紧紧围绕"厦大建筑：流淌的故事"这一主题，既记载厦大著名楼宇、文化景观，也涉及鲜为人知的老建筑。撰稿者从亲历者角度，陈述这些楼群老屋变迁历程，重点讲述这些老房子涉及的人和事，重温亲情、友情、爱国情、师生情、邻里情，记录那个虽艰难却充满温馨和斗志的年代。从这些朴实的文字中，我们看到了许多如今已是学术大咖的青葱岁月，看到了百年厦大"不仅有大楼，也有大师"的漫漫历史长路。

　　本书记述的时间跨度逾百年，内容大体分四类：一是校主陈嘉庚创办厦大时秉持的建筑理念；二是思明校区里著名的建筑和文化景观，或虽不为众知但值得一写的建筑物，如桂华山楼；三是校外为厦大所用的建筑物，如鼓浪屿原日本领事馆、长汀时期的校舍；四是校外与厦大密切相关的建筑物，如东澳小学（演武小学）。

　　本书出版的目的是探寻和保存厦大百余年发展历程中珍贵的建筑史料，弘扬历代厦大人不屈不挠、艰苦置业的精神，纪念那些不能忘却的岁月。

　　本书由潘世墨教授倡议编撰和出版，编委会在经过充分的调研后，采取主动约稿的方式，向部分知情校友发出了撰写《厦大建筑：流淌的故事》的倡议。接到约稿邀请的校友们响应热烈，他们立刻打开了深藏在脑海的涓涓细流，让历史画面、人物故事、岁月感想行走在笔端，汇集成文，并提供相关图片，或提供相关资料和线索，或建言献策。编委会短时间内就收集了近40篇文稿，校友们对母校的深情令人动容。

　　在策划和编辑过程中，主编潘世墨教授首先提出编写原则、内容要求、文稿入选标准、图片安排等。编委会在主编的带领下，分

工协作，认真审校文稿，对个别不能确切把握的问题，则重返现场，实地考证；委托校友会联系身在千里之外的耄耋老人，请其回忆亲身经历；多次召开知情者座谈会；等等。本书同时收入几篇已发表的较有影响的相关文稿，如陈延庭先生的《抗战前厦大建筑史》、林惠祥教授的《战后校景巡礼》，以使全书内容更加完整和丰富。初稿完成后，编委会几经讨论，反复磋商，数易其稿。

衷心感谢广大校友及长期以来关心支持厦大的社会各界人士为本书的编撰提供的不可或缺的帮助；感谢厦门大学出版社各相关编辑提供的专业支持；感谢厦门大学哲学系以及宣传部、校友总会、教育发展基金会、档案馆、基建处、资产处等单位的大力支持；感谢书中图片的拍摄者，有些图片来源于不同渠道，无法逐一署上著作权人姓名，敬请谅解。本书部分文章参考或引用其他图书或网络上相关论述，在此一并致谢。

因时间和篇幅所限，厦大不少名楼，包括漳州校区、翔安校区和马来西亚分校著名楼宇的故事在本书里没有着墨呈现，我们期待广大校友能撰写续篇，让更多鲜为人知的厦大建筑里的故事，展示在人们面前。

书中个别作者的回忆叙事，因年代久远，难免有不完整或不准确之处，而由于时间所限，编委会不能逐一予以核对，敬请广大读者谅解。

本书撰稿者、编委会及出版者怀着对母校深深的情感，集体创作并出版本作品，在厦大104周年校庆前夕推出，以期作为献礼之作。不足之处还请广大读者批评指正，以利后续修订完善。

本书编委会

2024年11月